U0806068

山东省高等教育名校建设工程课程改革教材

工程水文水力学

（修订版）

主　编　肖　汉
副主编　邓婷婷　王　娟
　　　　张　雷　孟祥达
主　审　徐星星

黄河水利出版社
·郑州·

内 容 提 要

本书是山东省高等教育名校建设工程课程改革教材，是本着高职教育的特色，依据中央财政支持专业建设方案和山东省特色名校建设方案要求进行编写的。全书共分2个领域、13个学习项目和4个综合训练项目，主要讲述工程水文与水力学的基本理论和方法。

本书可作为高等职业院校、高等专科学校的水利工程、水利水电建筑工程、水利水电工程管理等专业的教材，也可供相关专业的工程技术人员学习参考。

图书在版编目(CIP)数据

工程水文水力学/肖汉主编. —郑州：黄河水利出版社，2015.8 （2023.1 修订版重印）
山东省高等教育名校建设工程课程改革教材
ISBN 978-7-5509-1218-2

Ⅰ.①工… Ⅱ.①肖… Ⅲ.①工程水文学-高等学校-教材②水工建筑物-水力学-高等学校-教材 Ⅳ.①TV12②TV135

中国版本图书馆 CIP 数据核字(2015)第 207034 号

组稿编辑：王路平　电话：0371-66022212　E-mail：hhslwlp@163.com

出 版 社：黄河水利出版社
地址：河南省郑州市顺河路黄委会综合楼14层　邮政编码：450003
发行单位：黄河水利出版社
发行部电话：0371-66026940、66020550、66028024、66022620(传真)
E-mail：hhslcbs@126.com
承印单位：河南承创印务有限公司
开本：787 mm×1 092 mm　1/16
印张：21
字数：490 千字　印数：6 001—7 000
版次：2015年8月第1版　印次：2023年1月第3次印刷
2023年1月修订版

定价：46.00元

前 言

本书是依据中央财政支持提升社会服务能力重点建设专业和山东省高等教育名校建设工程重点建设专业——水利工程专业和水利水电工程管理专业的人才培养方案和课程建设目标要求,并按照国家及行业有关工程水文水力学的新规范、新法规、新标准编写完成的。在吸收有关教材和技术文献资料精华的基础上,充实了新思想、新理论、新方法和新技术;以"工学结合"为主线,以培养学生的实践动手能力为目标,不过分苛求学科的系统性和完整性,注重学生职业能力训练和综合素质培养,体现了高等职业教育的特点,突出了适用性、实践性、创新性的教材特色。

为了不断提高教材质量,编者于 2023 年 1 月,根据国家及行业最新颁布的规范、标准,以及近年来在教学实际中发现的问题和错误。对全书进行了系统的修订完善。

本书在编写过程中紧密联系工程实际,突出了实用性、针对性和和创新性,强调对学生的能力培养。全书共分基本知识学习和综合训练 2 个领域,13 个学习项目和 4 个训练项目。主要讲述了水文要素的观测和计算方法、设计年径流的计算和年内分配方法、推求设计洪水的方法、恒定有压管流水力计算、明渠恒定均匀流水力计算及水流衔接与消能的原理和方法等内容。

本书由山东水利职业学院主持编写工作,编写人员及编写分工如下:山东水利职业学院肖汉、日照市水文局张雷合作编写学习项目 1、3、6、7;山东水利职业学院王娟、山东众川工程设计咨询有限公司孟祥达合作编写学习项目 2、4、5;山东水利职业学院赵德远、孟祥达合作编写学习项目 8、12、13;山东水利职业学院邓婷婷、张雷合作编写学习项目 9~11;肖汉、孟祥达编写综合训练领域。本书由肖汉担任主编,并负责全书统稿;由邓婷婷、王娟、张雷和孟祥达担任副主编;由抚顺市水利勘测设计研究院徐星星担任主审。

本书在编写过程中参考并引用了有关院校编写的教材和生产科研单位的技术文献资料,除部分已经列出外,其余未能一一注明,在此一并致谢!

由于编写时间仓促及编者水平有限,书中难免存在不足之处,恳请读者批评指正,提出宝贵意见。

编 者

2023 年 1 月

课程描述表

学习项目:13 个　　综合训练项目:4 个　　基本学时:84 学时

其中:理论知识学习 72 学时,校内实训 12 学时

学习目标

- 掌握流域平均降水量的计算方法、径流的形成过程、度量单位。
- 掌握水文要素观测所用仪器设备、观测及计算的方法和途径。
- 能够熟练绘制频率曲线。
- 掌握设计年径流量及年内分配的分析计算方法。
- 掌握由设计暴雨推求设计洪水的基本原理和方法。
- 掌握小流域设计洪水“水文所法”的应用。
- 能够正确推求年调节水库兴利库容。
- 掌握水库防洪调节计算的具体方法和步骤。
- 掌握静水压力的计算方法。
- 能够熟练运用水力学三大方程。
- 能够正确计算水头损失。
- 掌握简单短管的水力计算。
- 掌握明渠均匀流的基本公式。
- 能够熟练运用闸孔出流和堰流公式

学习内容

- 水文循环的基本知识。
- 水文资料的收集方法和途径。
- 统计参数的计算方法。
- 适线法的具体步骤。
- 相关分析的方法和步骤。
- 设计年径流年内分配的方法。
- 由设计暴雨推求设计洪水的方法。
- 设计洪水计算成果合理性分析的方法。
- 小流域设计洪水的推求方法。
- 水库兴利和防洪调节计算的原理及方法。
- 静水压强和静水压力基本方程。
- 水流运动的基本概念。
- 恒定总流的连续性方程、能量方程和动量方程。
- 简单短管的水力计算。
- 明渠恒定均匀流水力计算。
- 闸孔出流和堰流的流量计算。
- 水流衔接与消能形式的原理及方法

学习方法

- ➢情景式教学。
- ➢讨论式教学。
- ➢现场教学。
- ➢多媒体教学。
- ➢启发式教学。
- ➢项目导向教学。
- ➢任务驱动教学。
- ➢案例教学。
- ➢实验法

目 录

第二部分　综合训练领域

第一部分 基本知识学习领域

学习项目1 水文循环

学习单元1 水文循环

1 学习目标

(1)了解水文循环的概念。
(2)理解水文循环机制。

2 学习内容

(1)水文循环的概念。
(2)水文循环的分类。

3 任务实施

3.1 水文循环的概念

地球上的水以液态、固态和气态的形式分布于海洋、陆地、大气和生物机体中,这些水体构成了地球的水圈。水圈中的各种水体在太阳辐射作用下,不断地蒸发变成水汽进入大气,并随气流输送到各地;输送中,遇到适当的条件,凝结成云,在重力作用下降落到地面形成降水。降落的雨水,一部分被植物截留并蒸发;另一部分降落到地面,其中一部分渗入地下,另一部分形成地面径流沿江河回归大海。渗入地下的水,有的被土壤和植物的根系吸收,然后通过蒸发或散发返回大气;有的渗透到较深的土层形成地下水,并以泉水或地下水流的形式渗入河流回归大海。水圈中的各种水体通过这种不断蒸发、输送、降落、下渗、地面和地下径流的循环往复过程,称为水文循环。水文循环中各种现象如图1-1所示。形成水文循环的外因是太阳辐射和重力作用,内因是水的三态转化。

3.2 水文循环的分类

水文循环可分为大循环和小循环。从海洋表面蒸发的水汽,被气流输送到大陆上空,冷凝成降水后落到陆面。除其中一部分重新蒸发又回到空中外,大部分则从地面和地下

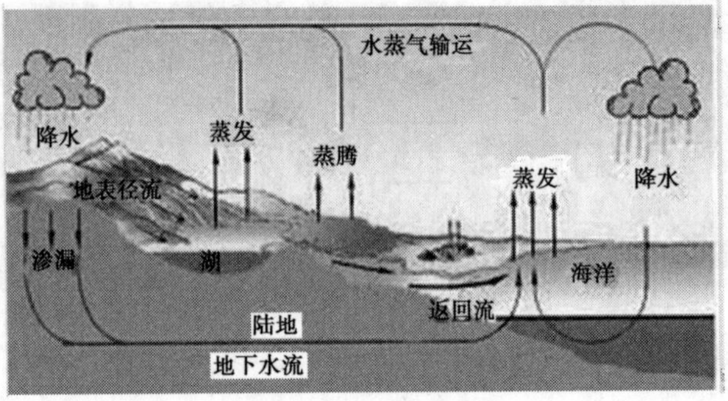

图 1-1　水文循环示意图

汇入河流重返大海，这种海陆间的水分交换过程称为大循环。海洋表面蒸发的水分，在海洋上空凝结直接降落到海洋上，陆地上的部分水蒸发成水汽冷凝后又降落到陆地上，这种局部的水文循环称为小循环。前者称为海洋小循环，后者称为内陆小循环。内陆小循环对内陆地区降水有着重要作用。因为地区距离海洋很远，从海洋直接输送到内陆的水汽不多，通过内陆局部地区的水文循环，使水汽逐步向内陆输送，这是内陆地区主要的水汽来源。由于水汽在向内陆输送过程中，沿途会逐渐损耗，故内陆距海洋越远，输送的水汽量越少，降水量越小。

水循环的途径及循环的强弱，决定了水资源的地区分布及时程变化。人类也可以通过农林措施与水利措施对水循环产生影响。研究水文循环的目的，在于认识它的基本规律，揭示其内在联系，这对合理开发和利用水资源，抗御洪旱灾害，改造自然、利用自然都有十分重要的意义。

学习单元 2　降　水

1　学习目标

(1)掌握流域平均降水量的计算方法。

(2)理解降水的形成和分类。

2　学习内容

(1)降水的基本概念。

(2)降水的形成和分类。

(3)降雨量的计算方法。

3　任务实施

3.1　降水的基本概念

从云雾中降落到地面的液态水或固态水，如雨、雪、霰、雹、露、霜等称为降水。降水是气象要素之一，也是自然界水循环和水量平衡的基本要素之一，降水量时空分布的变化规律直接影响河川径流情势，所以在水文水利计算中必须研究降水，特别是降雨。

3.2 降水的形成与分类

3.2.1 降水的形成

形成降水，尤其比较大的暴雨，必须具备两个条件：一是大量的暖湿空气源源不断地输入雨区；二是这里存在使地面空气强烈上升的机制，如暴雨天气系统，使暖湿空气迅速抬升，上升的空气因膨胀做功消耗内能而冷却，当温度低于露点后，水汽凝结为愈来愈大的云滴，上升气流不能浮托时，便形成降水。

3.2.2 降水的分类

按空气抬升形成动力冷却的原因可以把降水分为对流雨、地形雨、气旋雨、锋面雨等四种类型。

3.2.2.1 对流雨

对流雨是由于地面局部受热，下层湿度比较大的空气膨胀上升，与上层空气形成对流，动力冷却而致雨的。这种降雨多发生在夏季酷热的午后，降雨强度大、范围小、历时短，常常形成小流域的暴雨洪水。

3.2.2.2 地形雨

地形雨是近地面的暖湿空气运移过程中遇山脉阻挡时，将沿山坡抬升，由于动力冷却而致雨的。过山脉后，气流沿山坡下降，故迎风面雨多，背风面雨少，甚至出现干旱少雨区域，称雨影区。

3.2.2.3 气旋雨

气旋是中心气压低于四周的大气涡旋。在北半球，气旋内的空气做逆时针旋转，并向中心辐合，引起大规模的上升运动，水汽因动力冷却而致的雨，称为气旋雨。按热力学性质分类，气旋可分为温带气旋和热带气旋两类，相应产生的降水称为温带气旋雨和热带气旋雨。

1. 温带气旋雨

温带地区的气旋是由锋面波动产生的，称为锋面气旋，一个发展成熟的锋面天气为：气旋前方是暖锋云系及伴随的连续性降水天气，气旋后方是狭窄的冷锋云系和降水天气，气旋中部是暖气团天气，有层云或毛毛雨。

2. 热带气旋雨

热带气旋指发生在低纬度海洋上的强大而深厚的气旋性漩涡。我国气象部门把中心附近地面最大风速达到 8 ~ 11 级的热带气旋称为台风，12 级以上的称为强台风。台风雨在海上形成，水汽供应充足，上升运动比较强烈，带来狂风暴雨，对沿海地区影响很大。

3.2.2.4 锋面雨

在较大范围内存在着水平方向物理性质，如温度、湿度等分布比较均匀的大范围空气，称为气团。气团可分为冷气团（温度低、湿度小）和暖气团（温度高、湿度大），冷暖气团相遇时，在它们接触处所形成的不连续面称为锋面，锋面与地面的相交地带叫作锋。

锋面雨可分为冷锋雨和暖锋雨。当冷暖气团相遇时，冷气团沿锋面楔进暖气团，迫使暖气团上升，发生动力冷却而成雨，称为冷锋雨，见图 1-2(a)。冷锋雨强度大，历时较短，雨区范围较小。若暖气团行进速度快，暖气团将沿界面爬升到冷气团之上，冷却致雨，称为暖锋雨，见图 1-2(b)。暖锋雨强度小，历时长，雨区范围大。

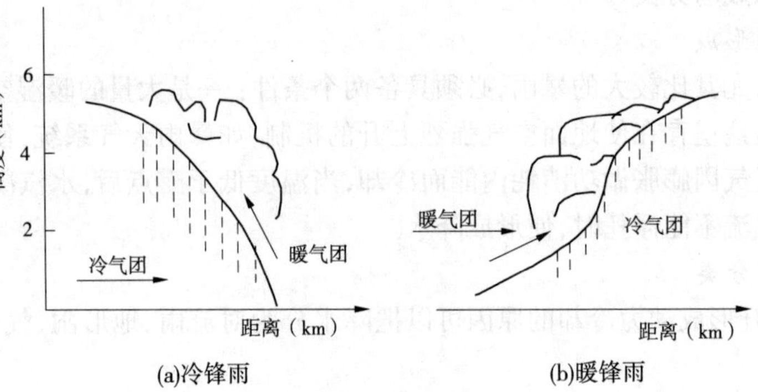

图1-2　锋面雨

3.3　降水特性的描述

降雨的性质和特征用降雨量、降雨历时、降雨时间、降雨强度、降雨面积四个基本要素表示。

3.3.1　降雨量

降雨量是指一定时段内降落在某一点或某一流域面积上的水层深度，以 mm 为单位。在表明降雨量时一定要指明时段，如次降雨量、日降雨量等。

3.3.2　降雨历时和降雨时间

降雨历时是指一次降雨自始至终所经历的实际时间；降雨时间是根据需要人为划分的时段，如 1 h、3 h、6 h、12 h、24 h 和 1 d、3 d、5 d 等，用以计算各时段内的降雨量。降雨历时内的降雨是连续的；而降雨时间内的降雨可能是连续的，也可能是间歇的。

3.3.3　降雨强度

降雨强度表示单位时间内的降雨量，以 mm/min 或 mm/h 计，简称雨强。雨强大小反映了一次降雨的强弱程度，故常用雨强进行降雨分级，常用分级标准如表 1-1 所示。

表 1-1　降雨强度分级　（单位：mm）

等级	12 h 降雨量	24 h 降雨量	等级	12 h 降雨量	24 h 降雨量
小雨	0.2～5.0	<10	暴雨	30～70	50～100
中雨	5～15	10～25	大暴雨	70～100	100～200
大雨	15～30	25～50	特大暴雨	>100	>200

3.3.4　降雨面积

降雨面积是指降雨笼罩的水平面积，以 km^2 计。

此外，降雨中心、降雨走向等降雨要素对流域的降雨也有较大的影响。

3.4　降雨的表示方法

为了反映一次降雨在时间上的变化及空间上的区别，常用以下图示方法。

3.4.1　降雨过程线

降雨过程线是表示降雨在时程上的分配，可用降雨强度过程线表示。降雨过程线常以时段雨量为纵坐标，时段时序为横坐标，采用柱状图表示，如图 1-3 所示。至于时段的长短,可根据计算的需要选择,如 min、h、d、月等。降雨强度可以是瞬时的或是时段平均的。瞬时降雨强度过程线是根据自记雨量计的观测记录整理绘制的,过程线下所包围的面积就是这次降雨的总雨量。时段平均降雨强度过程线则是根据雨量器按规定时段进行观测的雨量记录绘制的,过程线各时段内的矩形面积表示该时段内的降雨量。

3.4.2 降雨量累积曲线

降雨过程也可用降雨量累积曲线表示。此曲线横坐标为时间,纵坐标代表自降雨开始到各时刻降雨量的累积值,如图 1-4 所示。自记雨量计记录纸上的曲线,即是降雨量累积曲线。曲线上每个时段的平均坡度是各时段内的平均降雨强度。曲线上的斜率表示该瞬时的降雨强度。曲线坡度陡,降雨强度大;反之则小。若坡度等于零,说明该时段内没有降雨。

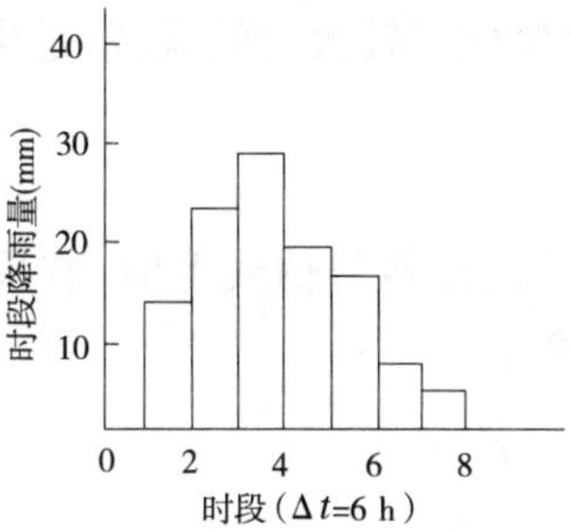

图 1-3 降雨过程线

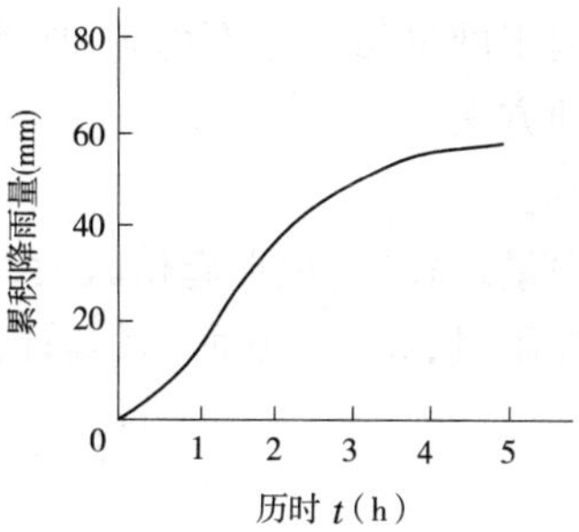

图 1-4 降雨量累积曲线

如果将相邻雨量站的同一次降雨量累积曲线绘制在同一张图上,可用于分析降雨在时程上和空间上分布的变化特性。

3.4.3 降雨量等值线图

降雨量等值线图是表示某一地区或流域的次降雨量或时段(如 h、d、月、年)降雨量地理分布的常用工具。它的具体做法是:在地形图上将各雨量站相同起迄时间内的时段雨量标注在相应的地理位置上,根据直线内插的原理,并考虑地形对降雨的影响,勾绘出等值线。

3.5 流域平均降雨量的计算

雨量站观测的降雨量只代表该站点的降雨量(或称点雨量),而形成河川径流的则是整个流域上的降雨量,对此可用流域平均雨量(或称面雨量)来反映。下面介绍 3 种常用的计算方法。

3.5.1 算术平均法

算术平均法是将流域内各站点同一时段内的降雨量进行算术平均的一种方法。该方法适用于雨量站分布均匀、地形起伏变化不大的流域。其计算公式如下

$$\overline{P} = \frac{1}{N}\sum P_i \tag{1-1}$$

式中 $\overline{P}$——某一指定时段的流域平均雨量,mm;

N——流域内的雨量站数;

P_i——流域内第 i 站指定时段的雨量,mm。

3.5.2 泰森多边形法

泰森多边形法假定流域上各点的雨量以其最近的雨量站的雨量为代表,因此需要采用一定的方法推求各站代表的在流域中距其最近的点的面积,这些站代表的面积图称泰森多边形,其做法是:先用直线(图 1-5 中的虚线)就近连接各站为许多三角形,然后作各连线的垂直平分线,它们与流域分水线一起组成 n 个多边形,每个多边形的面积,就是其中的雨量站代表的面积。设第 i 站代表的面积为 f_i,第 i 站的降雨量为 P_i, 则该法计算流域平均雨量的公式为

$$\overline{P} = \sum \frac{f_i}{F} P_i \tag{1-2}$$

式中 f_i/F—— 第 i 站代表面积占流域面积的比值,称权重。

该方法适用于雨量站分布不均匀、地形起伏变化比较大时的流域,是生产实践中应用比较广泛的一种方法。

3.5.3 等雨量线法

当流域内雨量站较多,地形起伏较大,能绘制出雨量等值线图时,宜采用等雨量线法计算流域平均降雨量,如图 1-6 所示,其计算公式为

$$\overline{P} = \frac{1}{F} \sum_{i=1}^{n} p_i f_i \tag{1-3}$$

式中 f_i——相邻两条等雨深线间的面积,km^2;

p_i——相邻两等雨深线值上的平均雨量,mm。

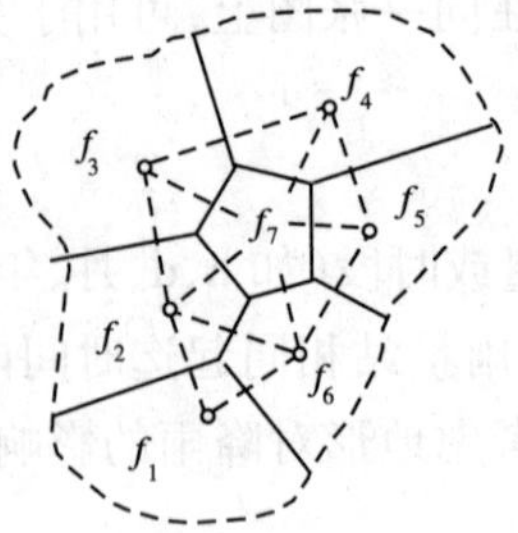

图 1-5 泰森多边形

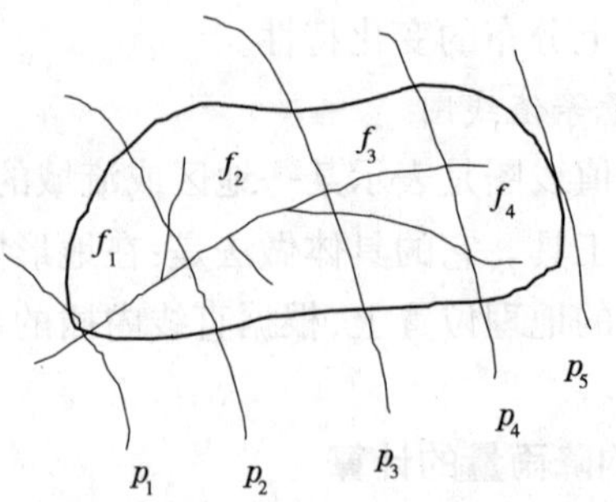

图 1-6 等雨量线

4 案例分析

【例 1-1】 某流域内设有 5 个雨量站,如图 1-7 所示。某日各站的降雨量观测值分别为 25 mm、35 mm、30 mm、45 mm、50 mm,各雨量站控制面积分别为 20 km^2、25 km^2、30 km^2、30 km^2、27 km^2。试用算术平均法和泰森多边形法计算流域平均降雨量。

解 算术平均法:
$$\overline{P} = \frac{1}{n} \sum_{i=1}^{n} p_i = 37(\text{mm})$$

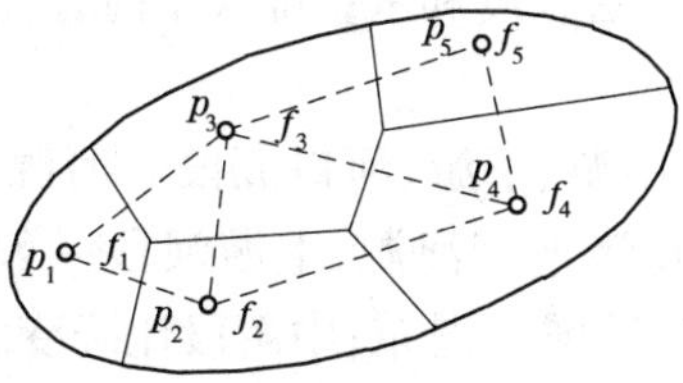

图1-7 泰森多边形图

泰森多边形法：$F = \sum_{i=1}^{n} f_i = 20 + 25 + 30 + 30 + 27 = 132(\text{km}^2)$

$$\overline{P} = \frac{1}{F}\sum_{i=1}^{n} p_i f_i = \frac{1}{132} \times (20 \times 25 + 25 \times 35 + 30 \times 30 + 30 \times 45 + 27 \times 50)$$

$$= 37.7(\text{mm})$$

学习单元3 径 流

1 学习目标

(1)掌握流域的特征及其特征值。

(2)掌握径流的度量单位。

(3)掌握径流的形成过程。

2 学习内容

(1)河流与流域的基本概念。

(2)流域的基本特征。

(3)径流的形成过程。

(4)径流参数的计算方法。

3 任务实施

径流是指流域表面的降水或融雪沿着地面与地下汇入河川，并流出流域出口断面的水流。河川径流的来源是大气降水。降水的形式不同，径流形成的过程也不一样，一般可分为降雨径流和融雪径流。在我国河流主要以降雨径流为主，冰雪融水径流只在局部地区或某些河流的局部地段发生。

3.1 河流

3.1.1 水系、干流和支流

干流、支流和流域内的湖泊、沼泽彼此相连构成一个脉络相连的泄水系统，称为河系，又叫水系或河网。水系的名称通常以它的干流或注入的湖泊、海洋命名，如太湖水系、长江水系等。在一个水系里面，一般以长度最长或水量最大的河流作为干流，注入干流的河流为一级支流，注入一级支流的河流为二级支流，其余依此类推。但干流划分有时根据过去习惯来定,如岷江和大渡河,后者长度和水量都大于前者,但却把大渡河称为岷江的支流。

3.1.2 河流分段

河流一般分为河源、上游、中游、下游、河口五段。河源是河流发源的地方,可以是溪涧、泉水、湖泊或沼泽等;上游直接连接河源,上游河段一般落差大,水流急,下切和侵蚀强,在该段形成的地貌多为急流险滩及瀑布;中游段比降变缓,下切力减弱,而其向两侧的侵蚀力加强,河道弯曲,两岸常有滩地,河床较稳定;下游段比降变得更为平缓,流速较小,常有浅滩、沙洲,淤积作用显著(如黄河开封段的地上黄河,河床高出开封市 10 余 m);河口是河流的终点,即河流注入湖泊、海洋或其他河流的地方。

3.1.3 河流的基本特征

3.1.3.1 河长 L

河长是自河源沿干流到流域出口的流程长度,以 km 计。河长通常是在水系地形图上用求线仪或卡尺丈量所得的。

3.1.3.2 河网密度 D

单位面积内的河流总长度称为河网密度。它表示一个地区河网的疏密程度。以 km/km^2 计。河网密度越大,说明水系排泄水流能力强,汇流时间短,洪水涨落快,洪峰高。河网密度计算公式为

$$D = \frac{\sum_{i=1}^{n} l_i}{F} \tag{1-4}$$

式中 $\sum_{i=1}^{n} l_i$ ——流域内各干、支流长度的总和,km;

F——流域面积,km^2;

D——河网密度,km/km^2。

3.1.3.3 河床和河谷

两山之间狭长弯曲的洼地叫山谷,排泄水流的谷地叫河谷。由于地质构造和水流侵蚀的作用,河谷的横断面一般可分为峡谷、宽广河谷和台地河谷三种类型。谷底的过水部分称为河床或河槽。

河槽横断面是指与水流方向相垂直的断面,也称过水断面。当河水涨落变化时,则过水断面的形状和过水面积的大小也随着变化,如图 1-8 所示。

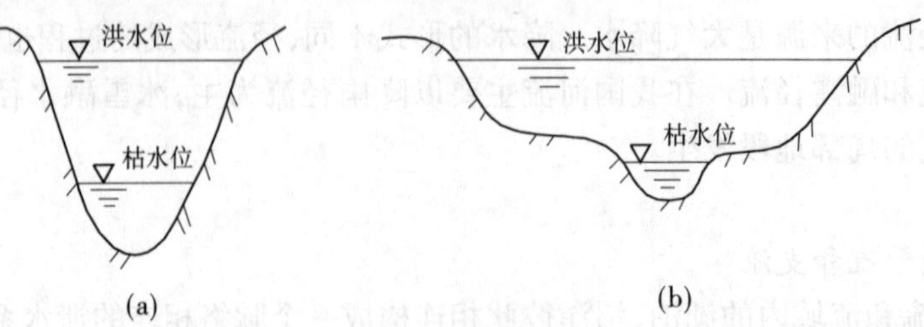

图 1-8 河槽横断面图

3.1.3.4　河道纵比降

河段两端的河底高程差称为落差,单位河长的落差称为河道的纵比降。

若河道纵断面呈折线或曲线变化(见图1-9),则整个河道的纵比降用河道平均比降表示,按下式计算河道平均纵比降。

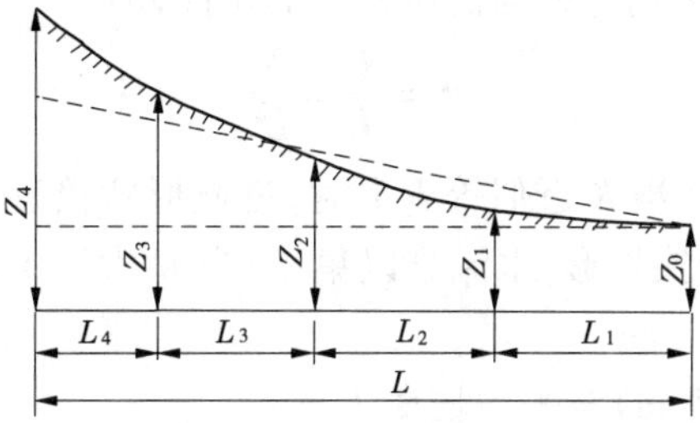

图1-9　河流纵断面

$$\bar{J}=\frac{(Z_0+Z_1)L_1+(Z_1+Z_2)L_2+\cdots+(Z_{n-1}+Z_n)L_n-2Z_0L}{L^2} \quad (1\text{-}5)$$

式中　$Z_0,Z_1,\cdots,Z_n$——自出口断面起,向上沿干流底部各转折点的高程,m;

$L_1,L_2,\cdots,L_n$——干流底部各转折点的距离,m;

L——河道全长,m;

$\bar{J}$——河道平均纵比降。

3.2　流域及其分类

河流某一断面来水的集水区域,即该断面(称流域出口断面)以上地面分水线、地下分水线包围的区域,称为流域。流域的边界通常是山脊或高地岭脊的连线,它起着分水作用,故称为分水线。如我国秦岭以南的水流归入长江,以北的水流归入黄河,所以秦岭山脊的连线是长江和黄河的分水线。分水线有地面分水线和地下分水线之分,地面分水线包围区域为地面集水区,地下分水线包围区域为地下集水区。在垂直方向上地面分水线、地下分水线重合的流域称为闭合流域,一般的大中流域均属此类。而非闭合流域则为地面分水线、地下分水线不重合的流域,如岩溶地区的河流和一些很小的流域,如图1-10所示。

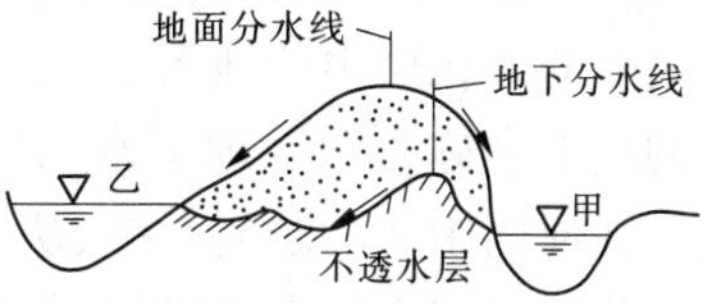

图1-10　地面分水线与地下分水线示意图

3.3　流域基本特征

3.3.1　几何特征

3.3.1.1　流域面积 F

在地形图上绘出流域的分水线,用求积仪量出分水线包围的面积,即为流域面积,以 km^2 计。在实际工作中,由于地下分水线难以确定,常以地面分水线包围的面积为集水面积,也称流域面积。

3.3.1.2　流域长度 L

流域长度是指从流域出口到流域最远点的流域轴线长度,以km计。

3.3.1.3　流域平均宽度 B

流域平均宽度是流域面积与流域长度的比值，即 $B=\frac{F}{L}$，以 km 计。

3.3.1.4　流域形状系数

流域形状系数是流域平均宽度与流域长度的比值，即

$$K=\frac{B}{L}=\frac{F}{L^2}$$

K 是一个无因次系数。当 K 近似等于 1 时，流域形状接近方形，则水流易于集中；当 K 小于 1 时，流域形状则为狭长形，水流难以集中；当 K 大于 1 时，流域形状则为扁形，水流也易于集中。

3.3.1.5　流域平均高度 H(m)与平均坡度 J

将流域划分成 100 以上的正方格，定出每个方格交叉点上的高程及坡度，这些格点的高程和坡度的平均值为流域平均高度和平均坡度。流域平均高度直接影响流域的气温与降水，流域平均坡度对径流的产流、汇流、下渗、土壤流失等有很大的影响。

3.3.2　流域的自然地理特征

流域的地理位置、地形、气候、土壤与地质、植被、湖泊和人类活动等，都是与流域水文情势有密切关系的自然地理特征。因此，在研究流域的水文问题时，需要对流域的自然地理特征及其变化状况进行专门的研究。

3.4　径流形成过程

根据径流途径的不同，可以把径流分为地面径流和地下径流。降雨开始后，除少量降落在水面直接形成径流外，一部分降雨被滞留在植物的枝叶上，称为植物截流，其余落到地面上的雨水向土中下渗，补充土壤含水量并逐步下层渗透。下渗水如能到达地下水面，便可以通过各种途径渗入河流，成为地下径流。地下径流可分为不同的组成部分。位于不透水层之上的冲积层中的地下水，它具有自由水面，称为浅层地下径流；位于两个不透水层之间的地下水称为深层地下水，其水源很远，流动缓慢，流量稳定，称为深层地下径流。两者都在河网中从上游向下游、从支流到干流汇集到流域出口断面，经历了一个流域汇流阶段。我们习惯上把上述径流形成过程，概化为产流过程和汇流过程两个阶段。但是，在径流形成过程中，由于降水、蒸发以及土壤含水量存在时间和空间上的不均匀性，从而使产流和汇流在流域中的发展也具有不均匀性和同步性。

3.4.1　产流过程

降雨开始时，一部分雨水被植物茎叶所截留，这一部分水量以后消耗与蒸发，回归大气中。其余落到地面的雨水，除下渗外，有一部分填充低洼地带或塘堰，称为填洼。这一部分水量，有的下渗，有的以蒸发形式被消耗。当降雨强度小于下渗能力时，降落在地面的雨水将全部渗入土壤；当降雨强度大于下渗能力时，雨水除按下渗能力入渗外，超出下渗能力的部分便形成地面径流，通常称为超渗雨。下渗的雨水，滞留在土壤中，除被土壤蒸发和植物散发而损耗掉外，其余的继续下渗，通过含气层、浅层透水层和深层透水层等产流场所形成壤中流、浅层地下径流和深层地下径流向河流补给水量，见图 1-11。由此可见，产流过程与流域的滞蓄和下渗有着密切的关系。

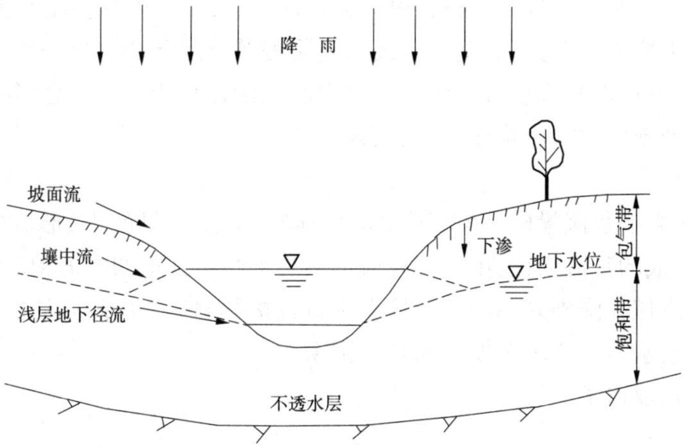

图1-11 径流形成过程示意图

3.4.2 汇流过程

降水形成的水流,从它产生的地点向流域出口断面的汇集过程,称为流域汇流。汇流可分为坡地汇流及河网汇流两个阶段。

3.4.2.1 坡地汇流

坡地汇流是指降雨产生的水流从它产生的地点沿坡地向河槽的汇集过程。坡地是产流的场所,包括坡面、表层和地下三种情况。坡面汇流习惯上被称作坡面漫流,是超渗雨沿坡面流往河槽的过程,坡面上的水流多呈沟状或片状,汇流路线很短,因此汇流历时也较短。暴雨的坡面漫流,容易引起暴涨暴落的洪水,这种水流被称为地面径流。表层汇流是雨水渗入土壤后,使表层土壤含水量达到饱和,后续下渗雨量沿该饱和层的坡度在土壤孔隙间流动,注入河槽的过程。这种水流称为壤中流或表层径流。表层流的实际发生条件和表现形式比较复杂,目前难以做出更确切的描述和定量分析,在实际的水文分析工作中往往将它并入地面径流。重力下渗的水达到地下水面,并经由各种途径注入河流的过程,称为地下汇流。这部分水流统称地下径流。由于地下往往存在不同特性的含水层,地下径流可分为浅层地下径流和深层地下径流。浅层地下径流通常指冲积层地下水(也称潜水)所形成的径流,它在地表以下第一个常年含水层中,补给来源主要是大气降水和地表水的渗入。深层地下径流由埋藏在隔水层之间含水层中的承压水所形成,它的水源较远,流动缓慢,流量稳定,不随本次降雨而变化。

3.4.2.2 河网汇流

河网汇流是指水流沿河网中各级河槽出口断面的汇集过程。显然,在河网汇流过程中,沿途不断有坡面漫流和地下水流汇入。对于比较大的流域,河网汇流时间长,调蓄能力大,当降雨和坡面漫流停止后,它产生的径流还会延长很长的时间。

3.5 径流的影响因素

径流形成的影响因素可分为三大类,即流域的气候因素、地理因素和人类活动因素。

3.5.1 流域的气候因素

3.5.1.1 降雨

降雨是径流形成的必要条件,降雨特性对径流的形成和变化起着重要的作用。在其他条件相同时,降雨量大,降雨历时长,降雨笼罩面积大,则产生的径流量也大。降雨强度愈大,所产生的洪峰流量愈大,流量过程线多呈尖瘦状。暴雨中心在下游,洪峰流量则较大;暴雨中心在上游,洪峰流量就小些。暴雨中心如由流域上游向下游移动,各支流洪峰流量相互叠加,使干流洪峰流量加大,反之则小。

3.5.1.2　蒸发

蒸发是直接影响径流量的因素,蒸发量大,降雨的损失量就大,形成的径流量就小。对于一次暴雨形成的径流来说,虽然在径流形成过程中蒸发量的数值相对不大,甚至可以不予以计算,但流域在降雨开始时的土壤含水量直接影响着本次降雨的损失量,即影响着径流量,而土壤含水量与流域蒸发有密切的关系。

3.5.2　流域的地理因素

3.5.2.1　流域地形

流域地形特征包括地面高程、坡面倾斜方向及流域坡度等。流域地形一方面是通过影响气候,间接影响径流的特性,如山地迎风坡降雨量大,背风坡是气流下沉区,降雨量小。同时,山地高程较高时,气温较低,蒸发量较小,故降雨损失量较小。另一方面,流域地形还直接影响汇流条件,从而影响径流过程。例如:地形陡峻,河道比降大,则水流速度快,河槽汇流时间较短,洪水陡涨陡落,流量过程线多呈尖瘦形;反之,则较为平缓。

3.5.2.2　流域的大小和形状

流域本身具有调节水流的作用,流域面积愈大,地面与地下蓄水容积愈大,调节能力也愈强。流域面积较大的河流,河槽下切较深,得到的地下水补给就较多;而流域面积小的河流,河槽下切往往较浅,因此地下水补给也较少。

流域长度决定了流域上的径流到达出口断面所需要的汇流时间。汇流时间愈长,流量过程线愈平缓。流域形状与河系排列有密切关系。羽形排列的河系,各支流洪水可顺序而下,遭遇的机会少,流量过程线较矮平;扇形排列的河系,各支流洪水较集中汇入干流,流量过程线往往较陡峻;平行状排列的河系,其影响与扇形排列的河系类似。

3.5.2.3　河道特性

如河道短、坡度大、糙率小,则水流速度大,河道输送水流能力强,径流容易排泄,流量过程线尖瘦;反之,则较为平坦。

3.5.2.4　土壤、岩石和地质构造

流域土壤、岩石和地质构造与下渗量的大小有直接关系,从而影响产流和径流过程特性。

3.5.2.5　植被

植被能阻滞地表水流,增加下渗。森林地区表层土壤容易透水,有利于雨水渗入地下,从而增大地下径流,减少地面径流,使径流趋于均匀。对于融雪补给的河流,由于森林内温度较低,能延长融雪时间,使春汛径流历时增长。

3.5.2.6　湖泊和沼泽

湖泊和沼泽对洪水能起一定的调节作用,在涨水期,它能拦蓄部分洪水到退水期再逐渐放出。因此,它对削减洪峰起很大作用,使径流过程变得平缓。

3.5.3 人类活动因素

径流是自然环境的产物,人类社会的生活和生产活动改变了自然环境,因而会导致径流的量和质的变化。对径流量的影响主要是通过农、林、水利等措施致使蒸发与径流的比例、地面径流与地下径流的比例以及径流量的时空分布等情况发生变化。例如,农业措施(旱地改水田、坡地改梯田等)将使田间蓄水量增加,从而增加蒸发量,减少径流量;林牧措施(封山育林、植树造林、种植牧草等)将增加流域下渗,延缓地面径流,减少水土流失;水利工程措施(修建水塘、闸堰、水库等)除改变蒸发与径流的比例外,还通过调节径流,使径流在时间和空间上进行再分配,尤其是跨流域引水或排水工程,对天然径流的影响更为明显。对水质的影响主要是人类生活和生产活动排放的废水和污水对水资源的污染使水质变坏。

人类活动除对径流的量和质产生影响外,还会对人类生存的环境产生广泛的影响。水利工程或其他措施,可以把恶劣的自然环境改造成满足人们需要的美好环境,也有可能破坏原有的生态平衡产生新的问题,例如修建水库,不仅可以调节径流,还对水质、地貌、气候、地质以及生态环境要素产生不利于人类的影响。不合理地开采地下水资源,使地下水位急剧下降,水质恶化,造成地面下沉、浅层水井报废、树木枯萎、咸水入侵等问题;不合理地引水灌溉,在引水地区可产生土壤盐渍化、污染转移、疾病蔓延等问题,在引出地区则可能产生水源不足、污染加剧、破坏水域生态环境等问题。因此,在水利工程规划设计中,必须把保护环境,对环境影响评价作为重要内容之一。

3.6 径流表示方法与度量单位

3.6.1 流量 Q

单位时间内通过河流某一断面的水量称为流量,以 m^3/s 计。流量随时间的变化过程可用流量过程线来表示,它可由水文年鉴刊布的流量资料绘制。水文中常用的流量还有:日平均流量、月平均流量、年平均流量、多年平均流量及指定时段的平均流量。

3.6.2 径流总量 W

径流总量是指历时 t 内流过某一断面的径流体积,也称总水量,以 m^3、万 m^3、亿 m^3 计。有时也用时段平均流量与时段的乘积表示,如(m^3/s)·月或(m^3/s)·日等。

3.6.3 径流深 R

径流深为将径流总量 W 平铺在流域面积 F 上的水深,以 mm 计。

$$R = \frac{W}{1\,000F} = \frac{\overline{Q}T}{1\,000F} \tag{1-6}$$

式中 W——时段 T 内径流量,m^3;

$\overline{Q}$——时段 T 内平均流量,m^3/s;

T——计算时段,s;

F——流域面积,km^2。

3.6.4 径流模数 M

径流模数是平均单位流域面积上的流量,以 $m^3/(s·km^2)$ 或 $L/(s·km^2)$ 计。

$$M = \frac{1\,000Q}{F} \tag{1-7}$$

随着对 Q 赋予的不同意义,径流模数也有不同的含义。例如,Q 为洪峰流量,相应的 M 为洪峰流量模数;Q 为多年平均流量,相应的 M 为多年平均流量模数,等等。

3.6.5 径流系数 α

某一时段的径流深 R 与该时段内流域平均降雨深度 P 之比称为径流系数,即

$$\alpha = \frac{R}{P} \tag{1-8}$$

因 $R<P$,所以 $\alpha \leqslant 1$。

4 案例分析

【例 1-2】 已知某小流域流域面积 $F = 130\ \text{km}^2$,多年平均降雨量 $\overline{P} = 915\ \text{mm}$,多年平均径流深 $\overline{R} = 745\ \text{mm}$。求该流域的多年平均径流量 $\overline{W}$、多年平均流量 $\overline{Q}$、多年平均径流模数 $\overline{M}$ 以及多年平均径流系数 α。

解

$$\overline{W} = 1\ 000\overline{R}F = 1\ 000 \times 745 \times 130 = 9\ 685(\text{万 m}^3)$$

$$\overline{Q} = \frac{\overline{W}}{T} = \frac{9\ 685 \times 10^4}{31.536 \times 10^6} = 3.07(\text{m}^3/\text{s})$$

$$\overline{M} = \frac{\overline{Q}}{F} = \frac{3.07}{130} = 23.6 \times 10^{-3}(\text{m}^3/(\text{s}\cdot\text{km}^2)) = 23.6\ \text{L}/(\text{s}\cdot\text{km}^2)$$

$$\alpha = \frac{\overline{R}}{\overline{P}} = \frac{745}{915} = 0.81$$

学习单元 4 蒸发与下渗

1 学习目标

(1)理解蒸发的变化规律。

(2)理解下渗的变化规律。

2 学习内容

(1)蒸发的基本概念和规律。

(2)下渗的基本概念和规律。

3 任务实施

3.1 蒸发

蒸发是水文循环及水量平衡的基本要素之一,对径流有直接影响。蒸发过程是水由液态或固态转化为气态的过程,是水分子运动的结果。流域的蒸发分为水面蒸发、土壤蒸发和植物散发三种。

3.1.1 水面蒸发

水面蒸发是指江、河、水库、湖泊和沼泽等地表水体水面上的蒸发现象。水面蒸发是

最简单的蒸发方式，属于饱和蒸发。影响水面蒸发的主要因素是温度、湿度、风速和气压等气象条件。

水面蒸发常用蒸发器进行观测，常用的蒸发器有 E－601 型蒸发器、口径为 80 cm 的带套盆的蒸发器和口径为 20 cm 的蒸发皿 3 种。这三者都属于小型蒸发器，由其观测到的蒸发量与天然水体水面蒸发量有差别。因此，用上述设备观测的蒸发量数据应乘以折算系数，才能作为天然水体水面蒸发量的估算值。折算系数一般通过与大型蒸发池（面积为 100 m^2）的对比观测资料确定，在实际工作中，应根据当地的资料分析采用。其换算关系为

$$E = K^1 E^1 \tag{1-9}$$

式中 E——天然水面蒸发量，mm；

E^1——蒸发器实测蒸发量，mm；

K^1——蒸发器折算系数，与蒸发器的类型、季节、地理环境及地理位置等有关。

3.1.2 土壤蒸发

土壤蒸发比水面蒸发要复杂得多，湿润的土壤，其蒸发过程一般可以分为三个阶段：第一阶段，表层土壤的水分蒸发后，能得到下层土壤的水分补充，这时土壤蒸发主要发生在表层，蒸发速度稳定，其蒸发量接近相同气象条件下的水面蒸发能力。第二阶段，土壤表面局部地方开始干化，土壤蒸发一部分在地表进行，另一部分发生在土壤内部时，蒸发速度逐渐降低。第三阶段，当毛管水完全不能到达地表，土壤水分蒸发发生在土壤内部时，蒸发的水汽由分子扩散作用逸入大气，蒸发速度缓慢。因土壤蒸发观测比较困难，而且精度较低，一般测站均不进行土壤蒸发观测。

3.1.3 植物散发

土壤中的水分经植物根系吸收后，输送至叶面，经冒气孔逸入大气，称为植物散发。土壤水分消耗在散发上的数量很大，散发过程是一种生物物理过程。目前，我国植物散发的观测资料很少，散发量难以计算。

3.2 下渗

下渗是指降落到地面上的雨水从地表渗入土壤的运动过程。作为降雨径流形成过程中的一项重要因素，下渗不仅直接影响到地面径流量的大小，也影响到土壤含水量及地下径流量的消长。

3.2.1 下渗及其变化规律

当雨水落在干燥的土壤表面后，首先在土粒分子的作用下吸附在土粒周围，形成薄膜水。当薄膜水得到满足后，继续入渗的水分充填土粒间的空隙，且在表面张力的作用下产生毛管力，使水分向土隙细小的地方运动。当表层土壤的毛管水满足以后，继续入渗的水分首先使表层土壤饱和，这时，饱和层毛管力的方向向下，水分在毛管力作用下向下层渗透，同时空隙中的自由水在重力作用下沿空隙向下运动。如果地下水埋藏不深，重力水可补给地下水，形成地下径流。由此可见，下渗是在分子力、毛管力和重力的综合作用下进行的，开始三种力同时作用，入渗速度最大；随着土壤湿度增大，前两种力逐渐减小或消失，水分主要在重力作用下运动，入渗速率就趋于一个稳定的值。下渗是一个极为复杂的过程，不同的土壤，或同类土壤不同的水分条件下，其下渗过程都不相同。

3.2.2 天然条件下的下渗

上述下渗容量曲线是在供水充分的条件下得出的地面单点(或一极小面积)的下渗规律,反映土壤的最大下渗过程。在天然条件下,一次降雨的供水情况要比上述条件复杂得多,降雨强度的时空变化很大,很不稳定,且有时不连续,因而实际的下渗过程也是不稳定和不一定连续的。在一次降雨过程中可能会出现降雨强度小于、大于或等于下渗能力的各种情况,只有当降雨强度超过或等于该时刻的下渗能力时,水分才按下渗能力下渗;否则,实际下渗率是达不到下渗能力的,而只能按降雨强度下渗。

影响下渗率和下渗过程的主要因素有土壤特性、土壤前期含水量、植被、地形和降雨特性等。即使是一个较小流域,以上这些因素在时空分布上也是不均匀的,因此流域各处的下渗过程及其特点也就不相同。这在实际水文分析工作中必须引起注意。

学习单元5 流域水量平衡

1 学习目标

掌握水量平衡原理及其方程。

2 学习内容

(1)水量平衡原理。

(2)水量平衡方程。

3 任务实施

3.1 地球上的水量平衡

水文循环过程中,地球上对任一地区、任一时段进入的水量与输出的水量之差,必等于该区域内蓄水量的变化量,这就是水量平衡原理,它是水文计算中始终要遵循的一项基本原理。依此,可得任一地区、任一时段的水量平衡方程。

3.1.1 对于某一时段

就全球的整个大陆,其方程为

$$P_c - R - E_c = \Delta S_c \tag{1-10}$$

就全球的海洋,其方程为

$$P_0 + R - E_0 = \Delta S_0 \tag{1-11}$$

式中 P_c、P_0——大陆和海洋在时段 Δt 间的降水量,mm;

R——流出陆地(流入海洋)的径流量,mm;

ΔS_c、ΔS_0——大陆和海洋在时段 Δt 间的蓄水变量,等于时段末的蓄水量减时段初的蓄水量。

对于全球，显然是把式(1-10)、式(1-11)相加即可：

$$P_c + P_0 - (E_c + E_0) = \Delta S_c + \Delta S_0 \tag{1-12}$$

3.1.2 对于多年平均

由于每年的 ΔS_c、ΔS_0 有正有负，多年平均趋于零，故有

大陆 $$P_c - R = E_c \tag{1-13}$$

海洋 $$P_0 + R = E_0 \tag{1-14}$$

全球 $$P_c + P_0 = E_c + E_0 \tag{1-15}$$

即全球多年平均的蒸发量等于多年的降水量。

3.2 流域水量平衡

根据水量平衡原理，对于非闭合流域，即流域的地下分水线与地面分水线不相重合，可列出如下水量平衡方程式：

$$P + E_1 + R_{表} + R_{地} + S_1 = E_2 + R^1_{表} + R^1_{地} + S_2 \tag{1-16}$$

式中 P——时段内的降水量，mm；

E_1、E_2——时段内的水汽凝结量和蒸发量，mm；

$R_{表}$、$R_{地}$——时段内地面径流和地下径流流入量，mm；

$R^1_{表}$、$R^1_{地}$——时段内地面径流和地下径流流出量，mm；

S_1、S_2——时段初和时段末的蓄水量，mm。

令 $E=E_2-E_1$，代表净蒸发量，则式(1-16)写成：

$$P + R_{表} + R_{地} + S_1 = E + R^1_{表} + R^1_{地} + S_2 \tag{1-17}$$

式(1-17)即为非闭合流域的水量平衡方程。对于一个闭合流域，即流域的地下分水线和地面分水线重合，显然 $R_{表}=0$，$R_{地}=0$。若令 $R=R^1_{表}+R^1_{地}$，$\Delta S=S_2-S_1$，则闭合流域水量平衡方程为：

$$R = P - E - \Delta S \tag{1-18}$$

对多年平均情况而言，式(1-18)中蓄水变量项 ΔS 的多年平均值趋近于零，故上式可简化为：

$$\overline{P} = \overline{R} + \overline{E} \tag{1-19}$$

式中 $\overline{P}$、$\overline{R}$、$\overline{E}$——流域多年平均年降水量、径流量和蒸发量，mm。

4 案例分析

【例 1-3】 某流域多年平均流量 $\overline{Q}=2.00\ m^3/s$，流域面积 $F=100\ km^2$，流域多年平均年降雨量 $\overline{P}=900$ mm。试计算该流域多年平均年径流总量 $\overline{W}$、年径流深 $\overline{R}$、年径流模数 $\overline{M}$、年径流系数 $\overline{\alpha}$ 及年蒸发量 $\overline{E}$。

解 一年的时间为 $T=365\times24\times3\ 600=31.54\times10^6$(s)

多年平均年径流总量 $\overline{W}=\overline{Q}T=2.00\times31.54\times10^6=6.3\times10^7(m^3)=6\ 300$ 万 m^3

多年平均年径流深 $R=\dfrac{W}{1\ 000F}=\dfrac{6.3\times10^7}{1\ 000\times100}=630$(mm)

多年平均年径流模数 $\overline{M}=\frac{1\ 000Q}{F}=\frac{1\ 000\times2.00}{100}=20(\mathrm{L/(s\cdot km^2)})$

多年平均年径流系数 $\overline{\alpha}=\frac{\overline{R}}{\overline{P}}=\frac{630}{900}=0.7$

将流域近似看作闭合流域，则多年平均年蒸发量

$$\overline{E}=\overline{P}-\overline{R}=900-630=270(\mathrm{mm})$$

知识训练

1-1　如何确定河流某一指定断面控制的流域面积？

1-2　实际上，应从哪些方面判别一个流域是否为闭合流域？

1-3　毁林开荒为什么会加剧下游的洪水灾害？

1-4　围垦湖泊，为什么会使洪水加剧？

1-5　时段的长短对水量平衡计算没有影响，对吗？

1-6　为什么我国的年降水量从东南沿海向西北内陆递减？

1-7　为什么我国夏季常常发生大洪水？

1-8　对于闭合流域来说，为什么径流系数必然小于1？

1-9　河川径流是由流域降雨形成的，为什么久晴不雨河水仍然川流不息？

1-10　某流域如图1-12所示，流域面积 $F=350\ \mathrm{km^2}$，流域内及其附近有 A、B 两个雨量站，其上有一次降雨，它们的雨量依次为360 mm和210 mm，试绘出泰森多边形图，并用算术平均法和泰森多边形法计算该次降雨的平均面雨量（提示：A、B 雨量站泰森多边形权重分别为0.78、0.22）。

1-11　某流域如图1-13所示，流域面积 $F=300\ \mathrm{km^2}$，流域内及其附近有 A、B、C 三个雨量站，其上有一次降雨，它们的雨量依次为260 mm、120 mm和150 mm，试绘出泰森多边形图，并用算术平均法和泰森多边形法计算该次降雨的平均面雨量（提示：A、C 雨量站泰森多边形权重分别为0.56、0.44）。

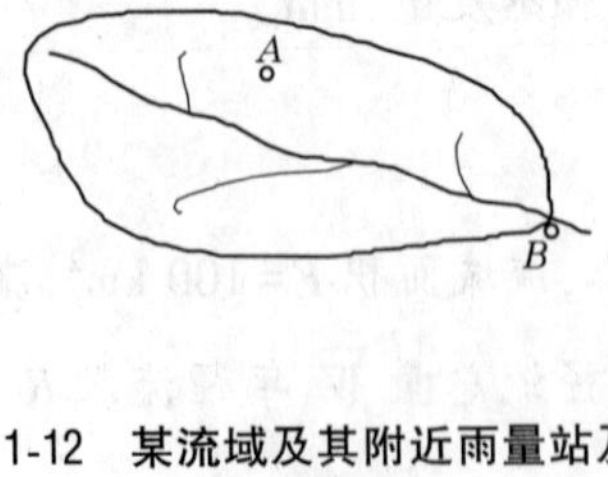

图1-12　某流域及其附近雨量站及一次雨量分布（一）

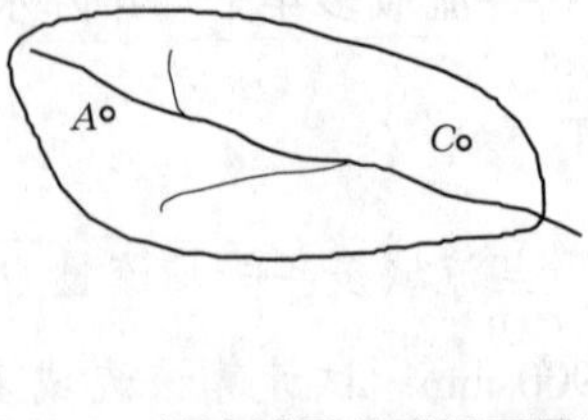

图1-13　某流域及其附近雨量站及一次雨量分布（二）

1-12　某流域内及其附近有甲、乙、丙、丁4个雨量站，如图1-14所示。试绘出泰森多边形图，并计算该流域该日平均面雨量。

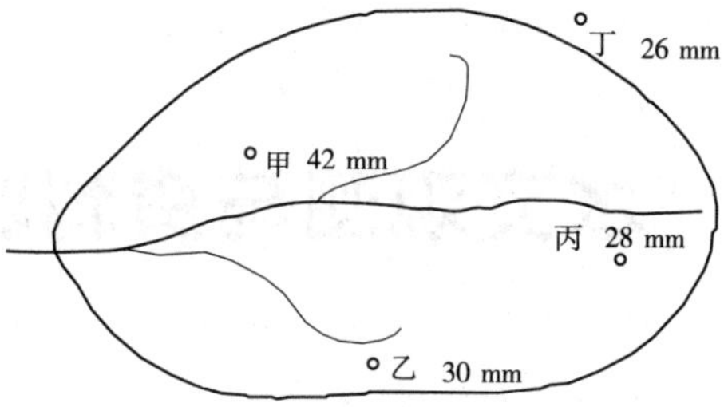

图 1-14 某流域雨量站位置图

1-13 已知某水文站控制的集水面积 $F = 800\ km^2$，某次洪水过程线如表 1-2 所示。试求：

(1)该次洪水的径流总量。

(2)该次洪水的径流深。

表 1-2 某水文站一次洪水过程线 (单位：m^3/s)

时段次序	0	1	2	3	4	5	6	7
Q	0	110	130	1 500	1 350	920	700	430
时段次序	8	9	10	11	12	13	14	15
Q	310	260	230	200	170	150	60	0

1-14 某站控制流域面积 $F = 121\ 000\ km^2$，多年平均年降水量 $\overline{P} = 767\ mm$，多年平均流量 $\overline{Q} = 822\ m^3/s$。试根据这些资料计算多年平均年径流总量、多年平均年径流深、多年平均流量模数、多年平均年径流系数。

学习项目2 水文观测与资料收集

学习单元1 水文观测

1 学习目标

(1)了解水文测站的任务。

(2)了解水文测站的分类。

(3)了解水文站的日常工作内容。

2 学习内容

(1)水文测站的概念。

(2)水文测站的任务。

(3)水文测站的分类。

(4)水文站的日常工作内容。

3 任务实施

3.1 水文测站的概念、任务及分类

3.1.1 水文测站的概念

水文测站是为经常收集水文数据而在河、渠、湖、库上或流域内设立的各种水文观测场所的总称。在一定地区或流域内,按一定原则,用一定数量的各类水文测站构成的水文资料收集系统称为水文站网。它必须按照统一的规划,合理布局,既要能收集到大范围内的基本水文资料,满足水利水电工程建设、环境保护及其他国民经济建设的需要,又要做到经济合理。

3.1.2 水文测站的任务

(1)按照统一标准,对指定地点的水位、流量、泥沙、降水、蒸发、水温、冰情、水质、地下水位等水文要素进行系统观测并对观测资料进行计算分析和整编。

(2)负责水文调查、水文预报、水文计算、水文试验研究和指导群众性水文工作的任务。

3.1.3 水文测站的分类

根据测站的性质和作用,水文测站可分为基本站、辅助站、水文实验站和专用站。

3.1.3.1 基本站

基本站是为公用目的,经统一规划设立,能获取基本水文要素值多年变化资料的水文

测站。它应执行《水文测验规范》的规定标准进行较长时期的连续观测,资料刊入《水文年鉴》或录入水文资料数据库长期存储。基本测站按其设站目的和观测的主要项目不同,又可分为流量站、水位站、雨量站、泥沙站等。

3.1.3.2 辅助站

辅助站是为补充基本站网不足,而设置的一个或一组水文测站。

3.1.3.3 水文实验站

水文实验站是在天然和人为特定实验条件下,由一个或一组水文观测试验项目的站点组成的专门场所,如径流实验站、河床实验站、湖泊(水库)实验站等。

3.1.3.4 专用站

专用站是为科学研究、工程建设、管理运用等特定目的而设立的水文测站。它可兼作基本站或辅助站,其观测项目和年限依设站目的而定,对基本站网起补充作用,但不具备基本站的特点。

3.2 水文测站的设立

3.2.1 选择测验河段

水文测站的设立,首先应按照规定要求选择测验河段。测验河段是为测量水文要素,按照一定技术要求,在河流上选择对水位流量关系稳定性起控制作用,并设有相应测验设施的河段。选择测验河段不仅应考虑当时河流情况,而且还要调查研究在稀遇洪水和枯水时期,都能测到水位和流量等项资料。它选择的恰当与否对测验工作影响很大。

3.2.1.1 测验河段应符合的基本条件

(1)必须满足设站的目的和要求,即规定了测验河段要在站网规划的河段范围内选择。

(2)便于进行水文测验和水文资料整编,同时保证成果有必要精度。

3.2.1.2 选择测验河段的具体要求

根据设站的目的要求,在野外选择测验河段时,应该根据河流特性,灵活掌握,慎重选择。一般应考虑以下条件:

(1)流速垂直于横断面,各点流速相互平行,垂线上和沿河宽的流速分布曲线是有规律的,流速大于 0.1 ~ 0.15 m/s,水深大于 0.3 m。

(2)河床稳定而有规则,水流不致漫溢出河道的堤岸,不生长水草。

(3)选择测流河段应在干支流汇合口上游附近所引起的变动回水范围以外,并离开运转频繁的码头。

(4)对于平原河流,应尽量选择顺直、稳定、水流集中、便于布设测验设施的河段,顺直长度一般不应小于洪水主槽宽度的 3 ~ 5 倍;对于山区河流,在保证测验工作安全的前提下,尽可能选在急滩、石梁、卡口等的上游处。

(5)一般设置在建筑物的下游,并且要避开水流紊动的影响。

3.2.2 布设测验断面

在测验河段内进行水文要素测验的河渠横断面称为测验断面。水文测站只有布设测验断面,才能观测各种水文要素。根据不同用途,测验断面可分为基本水尺断面、流速仪测流断面、浮标测流断面和比降水尺断面。

3.2.2.1　基本水尺断面

经常观测水文测站水位而设置的断面称为基本水尺断面。它一般设在测验河段的中央,大致垂直于流向。

3.2.2.2　流速仪测流断面

用流速仪法测定流量而设置的断面称为流速仪测流断面。它应尽可能与基本水尺断面重合,以便简化测验与整编工作。有困难时可分别设置,但应尽量减少两断面间的距离,中间不能有支流汇入和分出。测流断面应垂直于断面平均流向。

3.2.2.3　浮标测流断面

用浮标法测定流量而设置的上、中、下三个断面称为浮标测流断面。中断面可与流速仪测流断面或基本水尺断面重合。在中断面的上下游相等距离处布设上下浮标断面。它是用于计算浮标航行距离的,其间距主要考虑计时测量的精度和浮标测得速度的代表性。一般上、下断面间距是断面最大平均流速的50~80倍,干旱小河站为20~50倍。对于山区河流,条件困难,可缩短为最大断面平均流速的20倍。WMO的《水文气象实践指南》建议浮标漂流历时宜大于20 s,以确定浮标上、下断面间距。

3.2.2.4　比降水尺断面

观测河段水面比降而设置的上下两个或多个断面称为比降水尺断面。比降上下断面应布设在基本水尺断面的上下游;测流断面应在比降上下断面的中间,以便推算河床糙率。全河段要求顺直平整,底坡不应有明显的转折,使测得的比降能真正代表测流断面上的纵比降。比降水尺断面的间距应满足比降测算精度的要求。测验断面布设见图2-1。

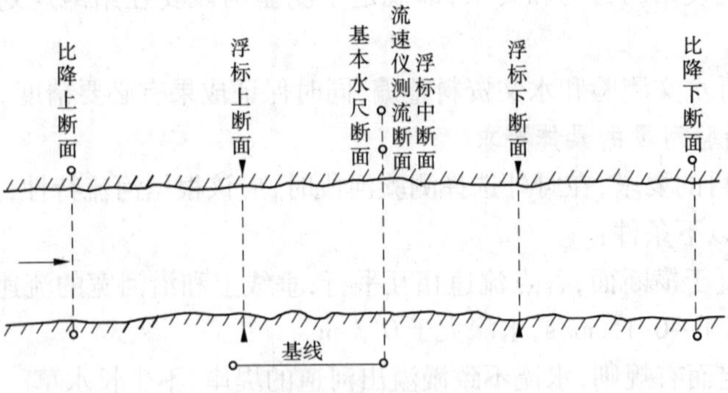

图2-1　测验断面布设

3.2.3　布设基线

测算垂线及浮标在断面线上的起点距而在岸上设置的线段称为基线,也叫基本测量线段。基线应垂直于测流断面,且起点应在断面起点桩上。其长度视河宽而定,为满足测量精度的要求,基线长度应不小于河宽的0.6倍。此外,还应重视按要求设置水准点,测定测站高程及修建各种观测水文要素的设施。

3.3　水文测站的日常工作内容

水文测站的日常工作概括地讲主要包括以下四方面的内容:

(1)根据测站的性质和类型,对要观测的水文要素按要求进行定时观测,以获取实测水文资料。

(2)对实测水文资料按统一的方法和格式进行计算和整编。
(3)在汛期及时上报有关实测水情资料。
(4)进行水文调查,以弥补实测资料的不足。

学习单元2 降水与蒸发的观测

1 学习目标

(1)掌握降雨量观测所用仪器设备和观测方法。
(2)了解蒸发量观测所用仪器设备和观测方法。

2 学习内容

(1)降水观测。
(2)蒸发观测。

3 任务实施

3.1 降水观测

降水量的观测场地应选在四周空旷平坦的地方,避开局部地形、地物的影响,观测降水的仪器目前一般采用20 cm口径的雨量计和自记雨量计。

3.1.1 人工雨量筒观测

人工雨量筒是一个圆柱形金属筒,如图2-2所示。在降雨时雨水由漏斗进入储水瓶,降雨后,把储水瓶中的降雨倒入特制的量杯可直接读出雨量深度,并记录。

用人工雨量筒测雨一般采用分段定时观测,常用两段制(每日8时、20时)观测,雨季采用四段制(每日8时、14时、20时、2时)、八段制(每日8时、11时、14时、17时、20时、23时、2时、5时),甚至雨大时还需增加观测次数。若用人工雨量筒观测降雪,可将漏斗和储水瓶取出,只留外筒作为承雪器具。

3.1.2 自记雨量计观测

自记雨量计多采用虹吸式自记雨量计(如图2-3所示)或翻斗式自记雨量计等。常用的虹吸式自记雨量计的工作原理为:雨水由承雨器进入浮子室后将浮子升起并带动自记笔在自记钟的外围的记录纸上做出记录。当浮子室内雨水储满时,雨水通过虹吸管排出到储水瓶,同时自记笔又下降到起点,继续随雨量增加而上升。这样降雨过程便在自记纸上绘出。

从自记雨量计的记录纸上可以确定降雨的起止时间,降雨随时间的累积变化,还可以从记录纸上摘录不同时段的降雨强度。但自记雨量计不能直接用来测量降雪过程。

3.1.3 降水资料整理

取得降水资料后,应对资料进行整理。主要内容包括:编制汛期降水量摘录表;统计不同时段最大降水量;计算日、月、年降水量等,日降水量以8时为分界,即以昨日8时至今日8时的降水量作为昨日的日降水量。

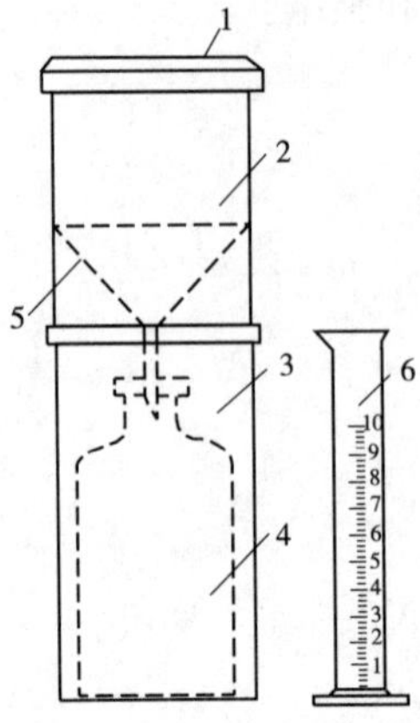

1—器口;2—承雨器;3—雨量;
4—储水瓶;5—漏斗;6—雨量杯筒

图 2-2　人工雨量筒

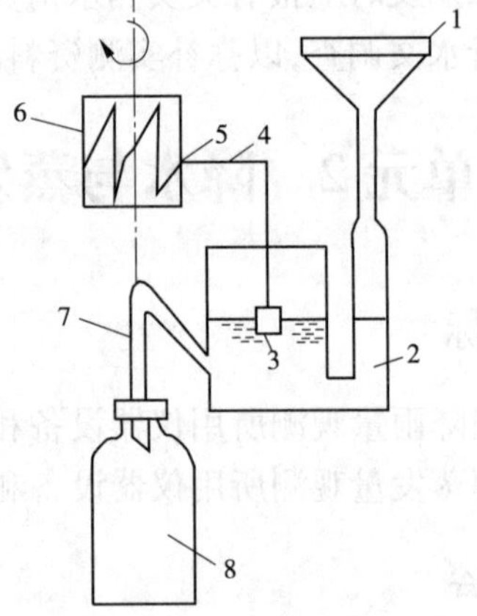

1—承雨器;2—浮子室;3—浮子;4—连杆;
5—自记笔;6—自记钟;7—虹吸管;8—储水瓶

图 2-3　虹吸式自记雨量计

3.2　蒸发观测

蒸发有水面蒸发、土壤蒸发和植物散发三类。

3.2.1　水面蒸发观测

水面蒸发按蒸发场的设置方式分为陆上水面蒸发场和漂浮水面蒸发场两种。水面蒸发观测仪器有 E－601 型蒸发器、口径为 80 cm 的带套盆的蒸发器和口径为 20 cm 的蒸发器,其他还有 ГГИ－3000 型蒸发器、水上漂浮蒸发器、20 m^2 及 100 m^2 大型蒸发池等。

E－601 型蒸发器是埋在地表下的带套盆的蒸发器,其内盆面积 3 000 cm^2 内盛水,安装时它平置在地面,器口与地面平齐并在内盆外再套一水圈,如图 2-4 所示。

蒸发量观测为每日 8 时定时观测,测得前 1 日的蒸发量。蒸发量的观测值是根据蒸发器中测针所指示的水面高度的变化量以及日降雨量计算出来的。

3.2.2　土壤蒸发观测

土壤蒸发观测相对水面蒸发观测而言比较复杂,目前常用称重式土壤蒸发器。它是通过测量一定时段(一般为 1 d)内蒸发器中土块的重量变化,并考虑到观测时段内的降水及土壤渗漏的水量,用水量平衡原理推求出土壤蒸发量。目前,我国常用的仪器是 ГГИ－500 型土壤蒸发器和大型蒸渗仪等,其中 ГГИ－500 型土壤蒸发器结构简单,安装、观测较为方便,使用较广。

一定时段内的土壤蒸发量由下式计算:

$$E_{土} = 0.02(G_1 - G_2) - (Y + I) + H \tag{2-1}$$

式中　$E_{土}$——土壤蒸发量,mm;

Y——径流量,mm;

I——渗漏量,mm;

H——降水量,mm;

G_1、G_2——前后两次筒内土样质量,g;

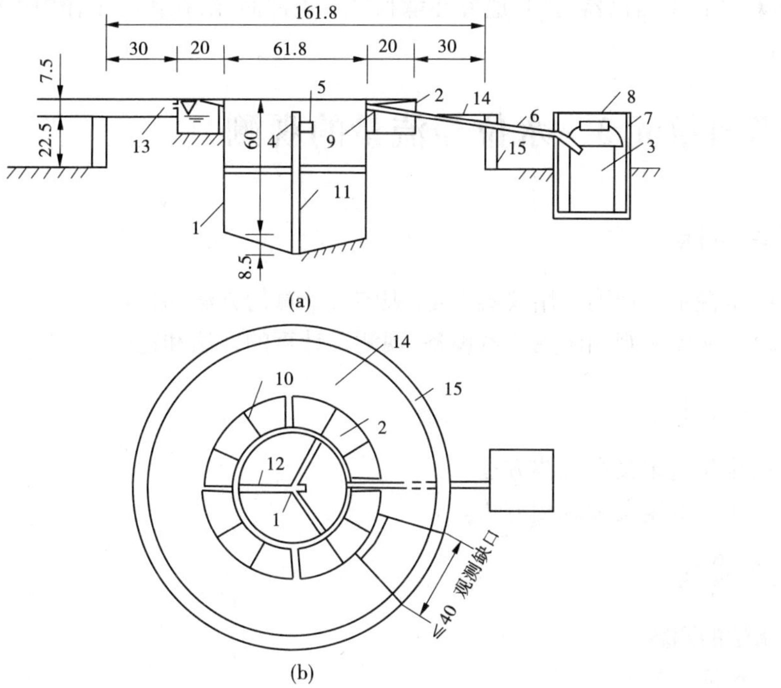

1—蒸发器;2—水圈;3—溢流桶;4—测针桩;5—器内水面指示针;6—溢流用胶管;7—放溢流桶的箱;8—箱盖;9—溢流嘴;10—水圈上缘的撑挡;11—直管;12—直管支撑;13—排水孔;14—土圈;15—土圈外围的防坍设施

图2-4 E-601型蒸发器结构安装图 (单位:cm)

0.02——500 cm^2面积蒸发量的换算系数。

土壤蒸发器观测的土壤蒸发量,由于器壁的存在,蒸发器阻碍了土样与周围土壤正常的水、热交换,因此测得的土壤蒸发量有一定的误差。

另外,土壤蒸发量还可以用水量平衡法和经验公式进行估算。

3.2.3 植物散发观测

植物散发是土壤中水分经植物根系吸收后输送至叶面,然后由叶面细胞间隙气孔逸入大气,而气孔具有随外界条件变化而缩放的能力,可以调节水分散发的强度。植物散发不只是水分物理过程,而且还是植物生理过程,直接观测比较困难。即使在实验站条件下对小样本进行研究,也只具有理论上的价值,难以直接引用。

3.2.4 蒸发资料整理

蒸发资料的整理是指对观测值进行日、月、年蒸发量的计算,并对有关特征值进行统计。对于用蒸发器皿测得的水面蒸发,由于蒸发器的水热条件、风力影响与天然水体有显著区别,测得的蒸发量偏大,所以不能直接把蒸发器观测成果作为天然水体的蒸发值。有关单位研究表明,蒸发池的直径大于3.5 m以后,蒸发强度与蒸发池面积间的关系才变得较小,因而认为其蒸发量可以代表天然蒸发量。因此,对大量的小型蒸发器所观测的数据需要再乘以折算系数 k 才较符合实际。折算系数的计算公式如下

$$k = \frac{\text{天然水体蒸发量}}{\text{蒸发器蒸发量}} \tag{2-2}$$

折算系数 k 因仪器类型、地方环境和气候条件而异，在实际工作中可根据当地试验成果选用。

学习单元3　水位与流量的观测

1　学习目标

（1）掌握水位观测所用仪器设备、观测及计算的方法和途径。

（2）掌握流量观测所用仪器设备、观测及计算的方法和途径。

2　学习内容

（1）水位的定义和观测方法。

（2）流量的定义和观测方法。

3　任务实施

3.1　水位的测算

3.1.1　水位的定义

海洋、河流、湖泊、沼泽、水库等水体某时刻的自由水面相对于某一固定基面的高程，称为水位，其单位以 m 表示。

计算水位和高程的起始面称为基面。这个基面可采取海滨某地的多年平均海平面或假定平面。水文资料中涉及的基面有绝对基面（标准基面）、假定基面、测站基面和冻结基面。

3.1.2　水位观测的目的和意义

水位是水利建设、防洪抗旱的重要依据，直接应用于堤防、水库、堰闸、灌溉、排涝等工程的设计，并据以进行水文预报工作。

水位又是一项为河流航运、木材浮运、城市用水等国民经济建设服务的基本资料，在航道、桥梁、港口、给水、排水等工程建设中，也都需要了解水位情况。

在水文测验中，进行其他项目如流量、泥沙、水温的测验时，也需要同时观测水位，作为水流情况的重要标志。

3.1.3　水位观测的设备及方法

在水位观测中常用的观测设备有人工水尺和自记水位计两种类型。

3.1.3.1　人工水尺观测

水尺是观测河流或其他水体水位的标尺，是测站观测水位的基本设施，按型式可分为直立式、倾斜式、悬锤式和矮桩式四种。直立式水尺是垂直于水平面的一种固定水尺。倾斜式水尺是沿稳定岸坡或水工将建筑物边壁的斜面设置的一种水尺，其刻度直接指示相对于该水尺零点的竖直高度。悬锤式水尺是由一条带有重锤的绳或链所构成的水尺，它用于从水面以上某一已知高程的固定点测量距离水面的竖直高差来计算水位。矮桩式水尺是由设置于观测断面上的一组矮桩和便携测尺组成的水尺。将测尺直立于水面以下某一桩顶，根据其已知桩顶高程和测尺上的水面读数来确定水位。其中，以直立式水尺构造简单,观测方便,为一般测站所普遍采用。它用坚硬平直的板条或搪瓷制成,安置在岸边便于观测的直立桩上或钉在桥柱或闸墙上。若水位变幅较大,应设立一组水尺。倾斜式水尺是将水尺直接涂绘在特制的斜坡或水工建筑物的斜壁,如水库的迎水坡、砌护的渠坡上。观测水位时,水面在水尺上的读数加上水尺零点高程即为水位。

水位观测的时间和次数,以能测得完整的水位变化过程为原则。当一日内水位平稳或变化缓慢时,可分别在每日8时定时观测一次或8时、20时定时观测二次;水位变化较大时,可在每日2时、8时、14时和20时观测四次;洪水期水位变化急剧时,则应根据需要增加测次,使能测得洪水峰、谷水位和洪水过程。观测时应注意视线水平,注意波浪及壅水的影响,读数应准确无误,读至0.5 cm。

3.1.3.2 自记水位计观测

自记水位计是自动记录水位变化过程的仪器,具有记录完整、连续、节省人力的优点。目前国内外发展了多种感应水位的方法,其中多数可与自记和远传设备联用,这些方法包括测定水面的方法、测定水压力的方法、由超声波传播时间推算水位的方法等。目前,较常用的自记水位计类型有浮筒式自记水位计、水压式自记水位计、超声波水位计。

1. 浮筒式自记水位计

浮筒式自记水位计是一种较早采用的水位计,目前这种水位计的结构已经比较完善,能适应各种水位变幅和时间比例的要求。水位的变化除自记外,也可适应远传、遥测,但它们大都利用浮筒感应水位。

横式自记水位计是目前比较常用的一种浮筒式自记水位计。该仪器的工作原理是:当与河水相连通的测井内水位升降时,浮筒也随之升降,比例轮带动记录筒转动,时钟控制记录笔的横向位置,使记录笔在记录纸上反映水位随时间的变化过程,如图2-5所示。

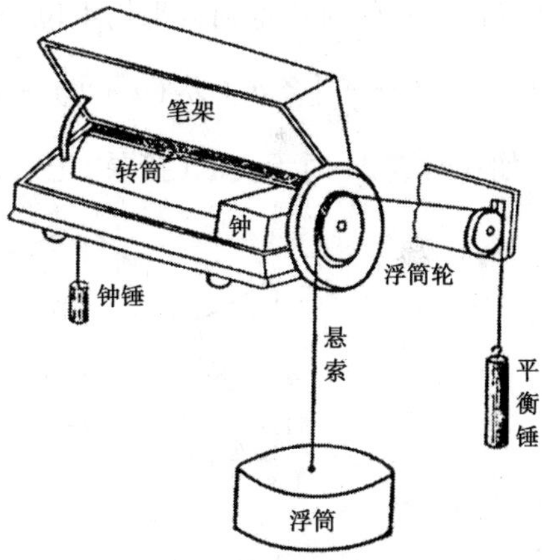

图2-5 横式自记水位计

对于使用浮筒式自记水位计记录水位的测站,可不必进行频繁的水位观测,一般每日定时进行一次检测和检查。当水位涨落急剧,采用质量较差的自记水位计时,应适当增加校测和检查次数。当自记水位计与校核水尺的水位相差超过2 cm,或时间误差每日超过10 min,水位变化急剧时,应对自记水位记录进行订正。因此,设立浮筒式自记水位计的地方,还必须设立校核水尺。

2. 水压式自记水位计

水压式自记水位计的工作原理是:测量水压力,即测定水面以下一已知测点高程以上的水柱 h 的压强 p,从而推算水位。按水力学,静水压强为

$$p = \gamma h \tag{2-3}$$

式中 γ——水的容重。

因此,只有在水的容重是常数的条件下,水压式自记水位计才能达到较准确的观测成

果。一般来说,这类仪器对于内陆地区的水位观测比较可靠。在沿海的河口地区,由于淡水与咸水相混合,水的容重经常变化,往往难以达到要求的精度,测得误差可能为几十厘米。因此,在河口地区使用这种水位计时必须十分注意。

3. 超声波水位计

超声波水位计是利用超声波测定水位,是在河床 Z_1 高程处安置换能器,测定一超声波脉冲从换能器射出经水面反射,又回到换能器的时间 T。根据公式 $2h = CT$, $h = 0.5CT$,即可求出水深 h,从而算出水位:$Z = Z_1 + h$。其中,C 为超声波在水中的传播速度,一般为 1 500 m/s 左右,其大小随水的温度、盐度变化而有微小的变化。

3.1.4 水位观测成果的计算

3.1.4.1 日平均水位的计算

日平均水位的计算方法主要为算术平均法和面积包围法。

1. 算术平均法

当一日内水位变化缓慢,或水位变化虽较大,但观测是等时距时,可将各次观测的水位用算术平均法计算,即

$$\overline{Z} = \frac{1}{n}(Z_0 + Z_1 + \cdots + Z_n) \tag{2-4}$$

2. 面积包围法

当水位变化大,一日内观测为不等时距时,可将本日 0~24 时的水位过程线所包围的面积除以一日的时间得到日平均水位(见图 2-6),即

$$\overline{Z} = \frac{1}{48}[Z_0a + Z_1(a+b) + Z_2(b+c) + \cdots + Z_{n-1}(m+n) + Z_nn] \tag{2-5}$$

如 0 时或 24 时无实测(摘录)记录,则应根据前后相邻水位按直线内插求得。

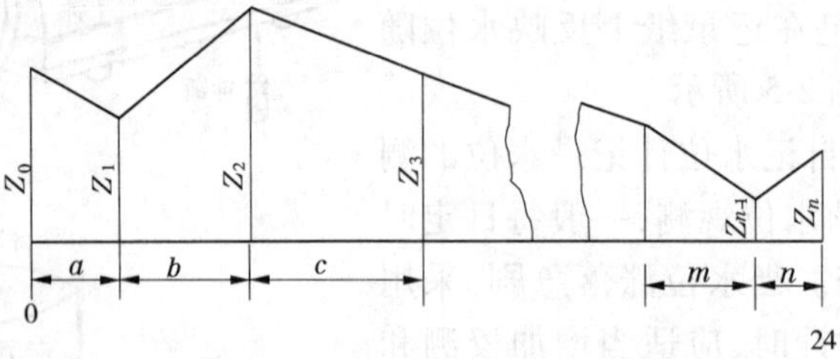

图 2-6 面积包围法求日平均水位示意图

3.1.4.2 月、年平均水位的计算

用式(2-6)与式(2-7)进行月平均水位、年平均水位的计算

$$\text{月平均水位} = \frac{\text{月总数(即全月各日日平均水位之和)}}{\text{月总日数}} \tag{2-6}$$

$$\text{年平均水位} = \frac{\text{年总数(即全年各日日平均水位之和)}}{\text{年总日数}} \tag{2-7}$$

3.1.4.3 各种保证率水位的挑选

保证率水位是指一年中有多少天的水位等于或高于某一水位,则此水位称相应的保证率(历时)水位。在有航运的河道上,应挑选各种指定保证率的日平均水位,如最高日

平均水位,从高向低数的第 15 d、30 d、90 d、180 d、270 d 的日平均水位及最低日平均水位,以便汇编时刊印。

3.2 流量的测算

3.2.1 概述

流量是单位时间内流过河渠或管道某一横断面的水体体积,以 m^3/s 计。流量是反映河流水资源和水量变化的基本资料,在水利水电工程规划设计和管理运用中都具有重要意义。下面介绍流速面积法进行流量测验的方法。

通过实测断面上的流速和过水断面面积来推求流量的方法称为流速面积法。其测定流量的原理为:由水力学可知,流量等于断面平均流速与水流断面面积的乘积。天然河流因受边界条件影响,断面内的流速分布很不均匀,流速随横向及垂直方向位置的不同而变化,因此用垂线将水流断面分成若干部分,然后测定部分流速 v_i 和部分面积 f_i,两者的乘积即为通过该部分面积上的流量 q_i,最后求得全断面的流量 $Q = \sum q_i$。

3.2.2 流量测算

采用流速面积法进行流量测验主要包括过水断面测量、流速测量及流量计算三部分工作。

3.2.2.1 过水断面测量

过水断面是河流、渠道或管道内能排泄水流的横断面。其测量包括在断面上布置若干条测深垂线,施测各垂线的水深、起点距及水位,如图 2-7 所示。

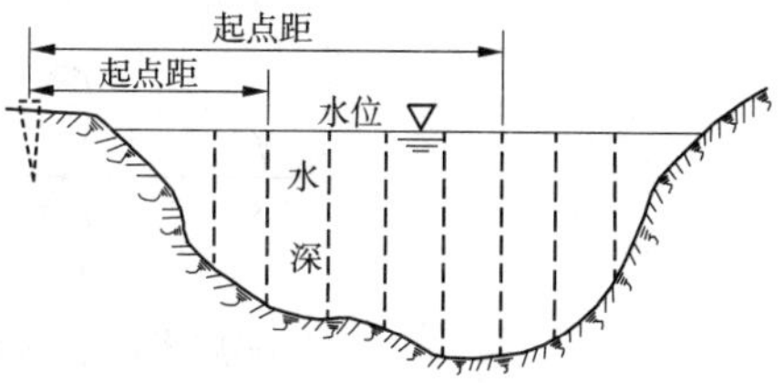

图 2-7 过水断面测量示意图

断面测量时测深垂线的数目及其分布要求达到能控制断面形状的变化,以求能正确绘出断面图。一般原则是:测深垂线的位置应能控制河床变化的转折点,主槽部分一般应较滩地密。大断面测量水下部分的最少测深垂线数目见表 2-1。

表 2-1 大断面测量的最少测深垂线数目

水面宽(m)		<5	6	50	100	300	1 000	>1 000
最少测深垂线数	窄深河道	5	6	10	12	15	15	15
	宽浅河道				15	20	25	>25

测量水深的方法随水深、流速大小、精度要求及测量方法的不同而异。其方法通常有下列几种:用测深杆、测深锤、测深铅鱼等测深器具测深,缆道悬索测深,超声波回声测深仪测深等。

起点距是指在测验断面上各测深、测速垂线至起点桩(在基线上)的水平距离。起点距的测定是断面测量工作必不可少的。水道断面的起点均以高水时的起点桩(一般为左岸桩)作为起算零点。测定起点距的方法很多,常见的方法有断面索观读法、测角交会法、无线电定位法等。

各测深垂线的水深及起点距测得后,各垂线间的部分面积及全断面面积即可求出,具体算法见例2-3。

3.2.2.2　流速测量

流速测量方法很多,下面仅介绍天然河道中普遍采用的流速仪测流速法。

1. 流速仪简介

流速仪是测定水流运动速度的仪器,式样及种类很多,最常见的是转子式流速仪。转子式流速仪又分为旋杯式和旋桨式两种,见图2-8、图2-9。旋杯式流速仪是以旋杯作为转子的流速仪,旋杯绕着竖轴转动,其转速与周围水流的流速成单值对应关系,见图2-10(b)。旋桨式流速仪是以旋桨作为转子的流速仪,旋桨绕着水平轴转动,其转速与周围水流的流速也成单值对应关系,见图2-10(a)。

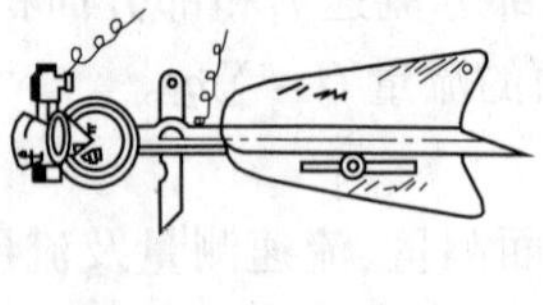

图2-8　旋杯式流速仪

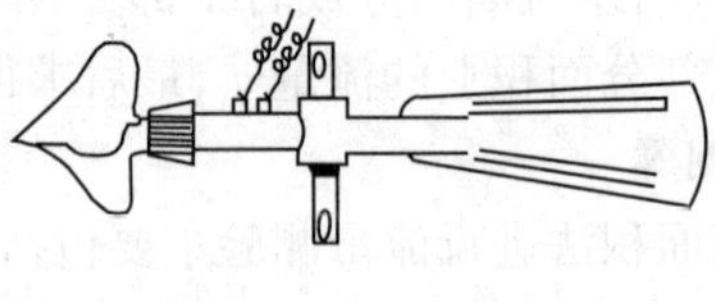

图2-9　旋桨式流速仪

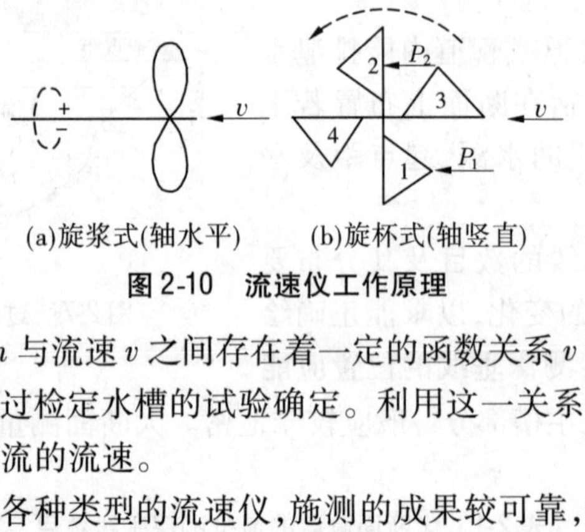

(a)旋浆式(轴水平)　(b)旋杯式(轴竖直)

图2-10　流速仪工作原理

流速仪转子的速度 n 与流速 v 之间存在着一定的函数关系 $v=f(n)$。大量试验证明:其关系相当稳定,可以通过检定水槽的试验确定。利用这一关系,在野外测量中,记录转子的转速,就可以算出水流的流速。

目前,国内外使用的各种类型的流速仪,施测的成果较可靠,基本上能满足测验精度要求。但转子都具有惯性作用,水流含沙较大使转轴加速磨损等问题仍存在,因此各国试验研究并推广采用其他感应器来测速,如超声波测速法、电磁测速法等,这些流速仪都称为非转子式流速仪。

超声波测流方法是利用超声波传播具有很强的方向性,以及超声波传播速度随水流流速成正比变化的特点来测流速的。其原理是:在河流两岸边水下某深度处,分相对上下游,装置一对可相互发射和接收超声波的换能器,由于水流流速的因素,上游岸边换能器所发射的超声波传播到下游河流另一岸边换能器所用时间,不同于下游岸边换能器所发射的超声波传播到上游河流对岸换能器所用时间,根据时间差可推求出流速。

电磁法测流仪是以法拉第电磁感应定律为根据制成的,用以测定水流速度的仪器。其原理是:在河流施测断面产生一匀强磁场,水流便成了切割磁力线的导体,将产生一电动势,用电位差计量得电动势,根据法拉第电磁感应定律电动势与导线运动的速度成正比,可求出水流的平均速度。

2. 测速垂线和测点布设

流速仪法测流时必须在断面上布设测速垂线和测速点,以测量断面面积和流速。目前,我国对测速垂线数目规定见表2-2。

表2-2 我国精测法、常测法最少测速垂线数目

水面宽(m)		<5.0	5.0	50	100	300	1 000	>1 000
垂线数	精测法	5	6	10	12~15	15~20	15~25	>25
	常测法	3~5	5	6~8	7~9	8~13	8~13	>13

测速垂线上测速点数目和位置的布设,应根据水深而定,同样需要考虑资料精度要求,节省人力与时间。一般可用一点法(在水面以下相对水深为0.6或0.5的位置)、二点法(0.2及0.8相对水深)、三点法(0.2、0.6及0.8相对水深)。在特殊情况下,可采用多点法,如五点法(0.0、0.2、0.6、0.8、1.0)。其中,相对水深是从水面算起的垂线上任一测点的深度与实际水深的比值。

3. 测点流速的测定

测点流速是在测验断面内任意垂线测点所测得的水流速度。测速时,把流速仪放到垂线测点位置上,待信号正常后开动秒表,记录各测点总转数N和测速历时T,可求得测点的流速,计算公式为

$$v = K\frac{N}{T} + C \tag{2-8}$$

式中 v——水流速度,m/s;

N——流速仪在T历时内的总转数,一般以接收到的信号数乘以每一信号所代表转数求得;

T——测速历时,s,为了消除流速脉动影响,一般不小于100 s;

K、C——流速仪常数,流速仪出厂时由厂家率定并标注于铭牌或说明书中。

3.2.2.3 流量计算

下面用列表法计算流量,见表2-5。计算的步骤是由测点流速推求垂线平均流速,再计算相邻二测速垂线间部分面积上的部分平均流速。由相邻二垂线水深和间距计算部分面积。部分面积与相应部分流速相乘即得部分流量。部分流量之和即为断面流量。现分述如下。

1. 垂线平均流速计算

垂线平均流速是测速垂线上各测点流速的加权平均值。其可根据各条测速垂线上的点流速计算得出,计算公式如下:

一点法
$$v_{m} = v_{0.6} \tag{2-9}$$

二点法
$$v_{m} = \frac{1}{2}(v_{0.2} + v_{0.8}) \tag{2-10}$$

三点法
$$v_{m} = \frac{1}{3}(v_{0.2} + v_{0.6} + v_{0.8}) \tag{2-11}$$

五点法
$$v_{m} = \frac{1}{10}(v_{0.0} + 3v_{0.2} + 3v_{0.6} + 2v_{0.8} + v_{1.0}) \tag{2-12}$$

式中　v_m——垂线平均流速,m/s;

$v_{0.0}$、$v_{0.2}$、$v_{0.6}$、$v_{0.8}$、$v_{1.0}$——水面、0.2、0.6、0.8 相对水深及河底的流速。

2. 部分平均流速计算

部分平均流速是两相邻测速垂线的垂线平均流速的平均值,或岸边垂线流速乘以相应系数的积。岸边部分平均流速计算公式如下:

$$v_1 = \alpha v_{m1} \tag{2-13}$$

$$v_{n+1} = \alpha v_{mn} \tag{2-14}$$

式中　v_{m1}、v_{mn}——距离两岸最近的两条垂线平均流速;

α——岸边流速系数,视岸边情况而定,斜坡岸边可取用0.7,陡岸边根据其光滑程度取用0.8~0.9,死水边可用0.6。

中间部分平均流速,按相邻二垂线平均流速的平均值计算,即

$$v_i = \frac{1}{2}(v_{m(i-1)} + v_{mi}) \tag{2-15}$$

3. 部分面积计算

部分面积是测深或测速两相邻垂线间或岸边垂线与水边线间的水道断面面积。部分面积的计算,岸边部分按三角形计算,中间部分按梯形计算。

4. 部分流量计算

部分流量等于部分平均流速与部分面积的乘积,即 $q_i = v_i f_i$。

5. 断面流量计算

断面流量为断面上各部分流量之和,即 $Q = \sum q_i$。

4　案例分析

【例 2-1】　某水文站观测水位的记录如表 2-3 所示,试用算术平均法推求该日的日平均水位。

表 2-3　某测站某日水位变化过程

时间 t(h)	0	4	8	12	16	20	24
水位观测值 Z(m)	24.0	25.0	27.0	28.0	27.0	25.0	24.0

解　用算术平均法计算日平均水位,得:

$$\overline{Z} = (24.0 + 25.0 + 27.0 + 28.0 + 27.0 + 25.0 + 24.0)/7 = 25.714(\text{m})$$

【例 2-2】　某水文站每日 4 段制观测水位的记录如表 2-4 所示,试用面积包围法求该日平均水位。

表 2-4　某水文站水位观测记录

时间(月-日)	07-13	07-14				07-15	
时	20	2	8	14	20	2	8
水位(m)	48.10	49.10	50.20	49.80	49.40	49.10	48.90

解　第一步：内插出7月14日0时水位：

$$Z_0 = 48.10 + \frac{49.10 - 48.10}{6} \times 4 = 48.77(\mathrm{m})$$

第二步：内插出7月14日24时水位：

$$Z_{24} = 49.40 - \frac{49.40 - 49.10}{6} \times 4 = 49.20(\mathrm{m})$$

第三步：计算7月14日平均水位：

$$\overline{Z} = \frac{1}{48} \times [48.77 \times 2 + 49.10 \times (2+6) + 50.20 \times (6+6) + 49.80 \times (6+6) + 49.40 \times (6+4) + 49.20 \times 4] = 49.61(\mathrm{m})$$

【例2-3】　某一水文站施测流量，岸边系数 α 取0.7，按上述方法计算流量，成果见表2-5。

表2-5　某站测深、测速记载及流量计算

施测时间：2000年5月10日8时00分至8时30分											流速仪牌号及公式：LS251型 $v=0.2557N/T+0.0068$				
垂线号数		起点距(m)	水深(m)	仪器位置		测速记录		流速(m/s)			测深垂线间		断面面积(m^2)		部分流量(m^3/s)
测深	测速			相对水深	测点深(m)	总历时 T(s)	总转数 N	测点	垂线平均	部分平均	平均水深(m)	间距(m)	测深垂线间	部分	
左水边		10.0	0.00												
										0.69	0.50	15	7.50	7.50	5.18
1	1	25.0	1.00	0.6	0.60	125	480	0.99	0.99						
										1.04	1.40	20	28.00	28.00	29.12
2	2	45.0	1.80	0.2	0.36	116	560	1.24	1.10						
				0.8	1.44	127	480	0.97							
										1.17	2.00	20	40.00	40.00	46.80
3	3	65.0	2.21	0.2	0.44	104	560	1.38	1.24						
				0.6	1.33	118	570	1.24							
				0.8	1.77	111	480	1.11							
										1.14	1.90	15	28.50	35.25	40.18
4		80.0	1.60												
											1.35	5	6.75		
5	4	85.0	1.10	0.6	0.66	110	440	1.03	1.03						
										0.72	0.55	18	9.90	9.90	7.13
右水边		103.0	0.00												
断面流量 128.4 m^3/s				断面面积 120.7 m^2				平均流速 1.06 m/s			水面宽 93.0 m			平均水深 1.30 m	

学习单元4 水文调查与资料收集

1 学习目标

掌握收集水文基本资料的方法和途径。

2 学习内容

(1)洪水调查。
(2)暴雨调查。
(3)枯水调查。
(4)水文资料收集方法。

3 任务实施

水文站网的定位观测工作是观察水文现象、提供水文资料的主要途径。但由于定位观测有时间和空间的局限性,往往不能满足要求。因此,必须通过其他途径来收集水文资料,补充定位观测之不足,使资料更加充分,满足国民经济各部门工作的需要。水文调查是为了弥补基本水文站网定位观测不足或其他特定目的,采用勘测、观测、调查、考证、试验等手段采集水文信息及其有关资料的工作。本节只对洪水、暴雨、枯水的调查作简单介绍。

水文资料是水文分析计算的依据,因此在进行水文分析计算前,应尽可能收集有关水文资料,使资料更加充分。收集水文资料可借助于《水文年鉴》、水文手册和水文图集、水文数据库等。

3.1 洪水调查

洪水调查是为推算某次洪水的洪峰水位和流量、总量、过程及其重现期等所进行的现场调查和资料收集工作。洪水调查主要是对历史洪水而言的,一般可上溯到几百年甚至上千年以前。调查可推算出历史大洪水的洪峰流量,作为设计洪水计算的一项重要资料,对水利工程的规划设计具有十分重要的意义。

3.1.1 调查的内容

内容主要包括:收集流域的有关基本资料,如地形图、河道纵横断面图;沿河水准点的高程和位置;应查阅的历史文献,了解历史上大洪水发生的次数的年代、大小、顺序等情况;要明确调查任务,制订计划,准备必要的测量仪器、工具等。调查首先应取得当地领导的协助和支持,紧密依靠群众才能搞好这项工作。

3.1.2 估算洪峰流量

若调查洪水痕迹靠近某一水文站,可利用水文站实测的水位流量关系线,向上延长至洪痕高程,则可推得历史洪水的洪峰流量。

如果附近没有水文站,当调查河段的断面呈单一式时,可近似地按稳定均匀流公式推

求洪峰流量 Q_m，即

$$Q_m = \frac{1}{n}AR^{2/3}J^{1/2} \tag{2-16}$$

式中　A——相当于最高水位时的过水断面面积，m^2；

R——相应的水力半径，m；

J——水力比降，用上下断面洪痕点的高差除以两断面间沿河间距而得，一般认为有3个以上洪痕点决定的比降才比较可靠；

n——糙率，应根据历史洪水发生时的河道情况，查《水力学手册》中 n 表确定。

若河道上已有堰坝工程，或在卡口桥孔处，可用水力学法计算出洪峰流量；河床如为复式断面，具有较宽滩地，则应将主槽及滩地分开计算，总洪峰流量为主槽与滩地流量之和。

3.2　暴雨调查

暴雨调查是为查明有关地区暴雨的暴雨量、时程分配、空间分布、天气系统、灾情、重现期等所进行的调查工作。流域历史大暴雨因时隔长久，难以调查到确切的数量。一般参考历史文献的记载和群众对当地雨情的回忆，或以近期某次暴雨作对比分析，估算出暴雨的量级和大致的范围。近期大暴雨因群众记忆较深，可从暴雨中心开始，逐步扩大调查范围。雨量可根据群众使用的生产、生活用具估算，还应对测雨设备做出鉴定。对已记录的一些资料也应进行复核。

当年出现的大暴雨，应及时组织调查，对雨量站观测资料、暴雨中心位置、雨量的量级、雨区的范围等进行补充调查。配合基本站网测到的暴雨和洪水资料，进行对比分析，反复核实。暴雨调查最后要对暴雨中心发生的时间、地点、暴雨量、雨区范围、降雨过程、该次暴雨的重现期等，做出定性和定量的分析。

总之，水文调查要注意反复核实，多方论证，去伪存真，客观分析，如实反映情况。

3.3　枯水调查

枯水调查是对未实测到的河流最低水位和最小流量的调查工作。枯水时的水位和流量是水文计算中不可缺少的资料，对灌溉、水力发电、航运、给水等工程的规划设计、管理工作都有重要意义。枯水调查常与洪水调查同时进行，基本方法相似。历史枯水一般难以找到枯水痕迹，但大江大河上有时也能找到枯水位的刻记。例如，四川涪陵长江江心岩上，发现唐代刻的石鱼图案，并有历代刻记的江水枯落年份最低水位与石鱼距离的记载，经过整理，得到了1200年间长江枯水的宝贵资料。

3.4　水文年鉴

水文资料的主要来源，是各水文测站观测和整编的资料。《水文年鉴》是按照统一的要求和规格并按流域、水系统一编排卷册，逐年刊印的水文资料。我国所有基本水文站的水文资料，以《水文年鉴》形式逐年刊布。按大区或大流域分卷，每卷又依河流或水系分册，共分10卷74册。《水文年鉴》的正文部分有水位、流量、泥沙、水温、冰凌、降水量、蒸发量等资料。如果需要使用近期尚未刊布的水文资料或查阅原始观测记录，可向有关流域机构或水文部门收集。《水文年鉴》中未刊布的专用站的水文资料，需要时应向主管部门索取。

3.5　水文手册和水文图集

水文手册是汇集气象、水文要素资料，经过统计、分析和地区综合，将水文计算有关参数和特征值以图、表、公式等形式给出，供用户查算的实用手册。水文图集是表示各种水文要素和水文特征值时空分布的专业图集。各地区水文部门编制有地区水文手册和各种水文图集，它是在分析研究该地区所有水文站资料的基础上编制出来的，载有地区各种水文特征值等值线图及计算各种径流资料特征值的地区经验公式等。利用水文手册和水文图集可以估算缺乏实测水文观测资料地区的水文特征值，还有各水利水文部门编辑刊印的洪水调查资料、可能最大暴雨资料及水资源调查资料等，亦可供分析应用。

知识训练

2-1　什么是水文测站？其观测的项目有哪些？

2-2　什么是水位？观测水位有何意义？全国水位统一采用的基面是什么？

2-3　计算日平均水位常用哪些方法？各种方法的适用条件是什么？

2-4　水文调查为什么特别受到重视？

2-5　流量测验的原理和方法步骤是什么？

2-6　某一测站逐日平均水位表的摘录见表 2-6，其测量的基面为测站基面（海拔 5.43 m），如采用黄海基面，试求每日的水位。

表 2-6　某测站逐日平均水位表（部分摘录）　　（单位：m）

日	月					
	1	3	5	7	9	11
1	43.88	44.34	48.26	48.03	46.37	46.18
2	83	45.09	94	47.30	47.07	38
3	80	27	46	46.70	53	47.55

2-7　某河某站横断面如图 2-11 所示，试根据图中所给测流资料计算该站流量和断面平均流速。图中测线水深 $h_1=1.5$ m，$h_2=0.5$ m，$v_{0.2}$，$v_{0.6}$，$v_{0.8}$ 分别表示测线在 $0.2h$、$0.6h$、$0.8h$ 处得测点流速，$\alpha_{左}$，$\alpha_{右}$ 分别表示左右岸的岸边系数。

2-8　某河某站横断面如图 2-12 所示，试根据图中所给测流资料计算该站流量和断面平均流速。图中测线水深 $h_1=1.5$ m，$h_2=1.0$ m，$h_3=0.5$ m，$v_{0.2}$，$v_{0.6}$，$v_{0.8}$ 分别表示测线在 $0.2h$、$0.6h$、$0.8h$ 处得测点流速，$\alpha_{左}$，$\alpha_{右}$ 分别表示左右岸的岸边系数。

2-9　皖河潜水袁家渡站 1983 年 7 月各时刻的实测水位记录如表 2-7 所示，试用面积包围法计算出 7 月 14 日的平均水位。

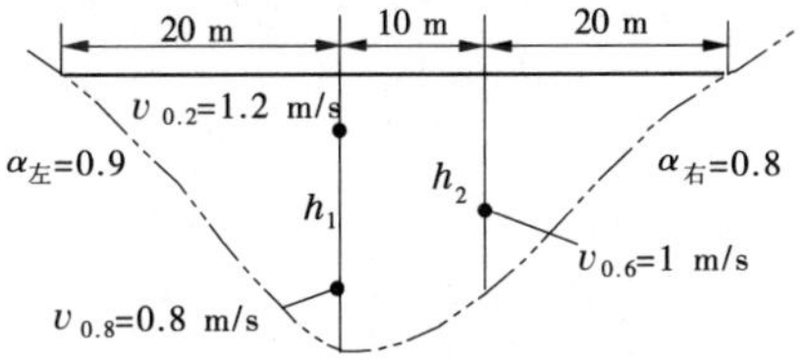

图 2-11 某河某站横断面图(一)

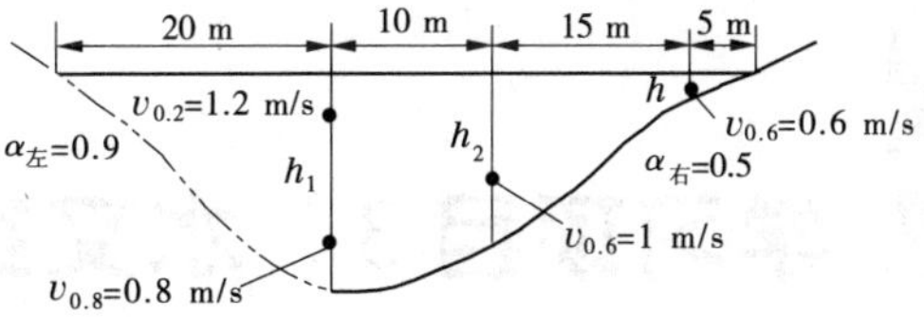

图 2-12 某河某站横断面图(二)

表 2-7 皖河潜水袁家渡站 1983 年 7 月实测流水位记录表 (单位:m)

时间			水位	时间			水位
日	时	分	m	日	时	分	m
14	0		70.49	14	15		70.55
	8		70.35		15	30	70.55
	12		70.41	15	0		70.40
	13	30	70.49				

学习项目3 水文统计

学习单元1 概率、频率与重现期

1 学习目标

(1)理解事件、概率和频率的概念。

(2)掌握重现期的概念和计算方法。

2 学习内容

(1)事件、概率和频率的概念及计算方法。

(2)重现期的定义和计算方法。

3 任务实施

在自然界和人类社会中存在着两类现象:一类是指在一定条件下,事物在发展、变化中某种现象必定发生或必定不会发生,这类现象称为确定性现象,即必然现象。例如,在标准大气压下,水温达到100 ℃时,水会沸腾。另一类是指在一定条件下,事物在发展、变化中某种现象可能发生也可能不发生,称这类现象为随机现象,即偶然现象。例如,抛掷一枚硬币,有时正面朝上有时反面朝上。对随机现象,在基本相同的条件下,重复进行试验或观察,可能出现各种不同的结果;试验共有哪些结果事前是知道的,但每次试验出现哪一种结果却是无法预见的,这种试验称为随机试验。每次试验不能预测其结果,这反映了随机试验结果的出现具有偶然性;但如果进行大量重复试验,所出现结果又具有某种规律性。例如,抛掷硬币时出现正面或反面朝上,从表面上看杂乱无章,没有规律。但如果抛的次数逐渐增加到足够多,正面朝上与反面朝上出现的机会均等。这种通过对某一随机现象作大量的观测或试验,揭示出来的规律称为统计规律。

水文现象是一种自然现象,它具有必然性的一面,也具有偶然性的一面。例如,汛期流域降雨量增加,河道水位就会上涨;枯季降雨量减少,河道水位就会下降。某地区的年降雨量的取值是随机的,事先无法确定,但某地区的多年平均降雨量是一个较稳定的数值,显示了年降雨量的统计规律。数学中研究随机现象统计规律的学科称为概率论,而由随机现象的一部分试验资料去研究总体现象的数字特征和规律的学科称为数理统计学。把概率论与数理统计的方法应用到水文分析与计算上称为水文统计。

3.1 事件

事件是概率论中最基本的概念,是指发生的某一现象或随机试验的结果,在水文统计中是表示水文现象。事件一般用大写英文字母 $A,B,C,\cdots$ 表示。事件可以分为必然事件、不可能事件和随机事件三种。如果在一定试验条件下,可以断定某一事件在试验中必然发生,称此事件为必然事件,例如水到0 ℃会结冰;一年会有四个季节;天然河流中,洪水到来时水位一定上涨。而在一定试验条件下,可以断定试验中不会发生的事件称为不可能事件,例如洪水来临时,天然河流中的水位下降,这显然是不可能事件。必然事件或不可能事件虽然不同,但又具有共性,即在因果关系上都具有确定性。

在客观世界中还有另外一类事件,这类事件发生的条件和事件的发生与否之间没有确定的因果关系,在试验结果中可能发生也可能不发生,这样的事件就称为随机事件。例如,某地区夏季可能发生特大暴雨,也可能不发生特大暴雨;年降雨量可能大于某一个数值,也可能小于该数值。这些事件事先是不能确定的,即属于随机事件。在长期的实践中人们发现,虽然对随机事件作一两次或少数几次观察,随机事件的发生与否没有什么规律,但如果进行大量的观察或试验,发现随机事件具有一定的规律性。例如一枚硬币,投掷一次或几次的时候看不出什么规律,但是在同样的条件下反复多次进行试验,把硬币投掷成千上万次,就会发现硬币落地时正面朝上和反面朝上的次数大致是相等的。再例如,一条河流的某一个断面的年径流量在各个年份是不相同的,但进行长期观测,如观测30年、50年、80年,就会发现年径流量的多年平均值是一个稳定数值。随机事件所具有的这种规律称为统计规律。

3.2 概率

概率是表示统计规律的方式。随机事件在试验结果中可能出现也可能不出现,但其出现(或不出现)可能性的大小则有所不同。用概率可以表示和度量在一定条件下随机事件出现或发生的可能性。

按照数理统计的观点,事物和现象都可以看成是试验的结果。如果某试验可能发生的结果总数是有限的,并且所有结果出现的可能性是相等的,又是相互排斥的,则称其为古典概型事件。按照古典概型的定义,随机事件的概率计算公式如下:

$$P(A) = \frac{m}{n} \tag{3-1}$$

式中 $P(A)$——在一定的条件组合下,出现随机事件 A 的概率;

m——在试验中出现随机事件 A 的结果数;

n——在试验中所有可能出现的结果数。

例如,掷骰子的情况就符合式(3-1)的条件。因掷骰子可能发生的结果是有限的(1~6点),试验可能发生结果的总数是6;同时骰子是一个均匀的六面体,掷骰子掷成1点到6点的可能性都是相同的,又是相互排斥的(一次掷一个骰子不可能同时出现两种点数)。如果定义 Z 为随机事件"掷骰子的点数大于2",则符合 Z 的结果为3点、4点、5点、6点4种情况,即事件 Z 可能发生的结果数是4。按照上述公式,Z 的概率 $P(Z)=\frac{4}{6}$。显然,必然事件的概率等于1,不可能事件的概率等于0,随机事件的概率介于0与1之间。式(3-1)只适用于古典概型的事件。

在客观世界里,随机事件并不都是等可能性的。如射手打靶打中的环数是随机事件,但打中 0 环到 10 环各环的可能性并不相同,优秀的射手打中 9 环、10 环的可能性大,而新手打中 1 环、2 环的可能性就较大。水文事件一般不能归结为古典概型的事件。例如,某地区年降雨量可能取值的总数是无限的,该地区年降雨量大于 100 mm 的可能性与年降雨量大于 1 000 mm 的可能性显然也不相等;一条河流出现大洪水的可能性和一般洪水的可能性显然也是不同的。为了计算一般情况下随机事件的概率,下面提出随机事件的频率的概念。

3.3 频率

水文事件不属于古典概型事件,只能通过试验来估算概率。设随机事件 A 在重复 n 次试验中出现了 m 次,则称

$$W(A) = \frac{m}{n} \tag{3-2}$$

为事件 A 在 n 次试验中出现的频率。任何事件的频率都是介于 0 与 1 之间的一个数。

频率一般与试验次数 n 有关;并且在 n 固定时,作若干组 n 次试验,各组频率一般也不相同。但当 n 很大时,频率却呈现某种稳定性,即 $W(A)$ 在某常数附近摆动;且当 n 无限增大时,一般说来,频率会"趋向"这个常数。这种规律便是随机现象的统计规律。很自然,把频率所稳定到的那个常数表示事件 A 在一次试验中发生的可能性的大小,称作概率, 记为 $P(A)$。也就是说,在试验次数足够大的情况下,事件的频率和概率是十分接近的。这样,我们就可以用频率来近似估计概率,概率的这种定义称为统计定义。

例如,掷一枚硬币,可能出现正面,也可能出现反面。记 $A = \{出现正面\}$,当硬币均匀时,在大量试验中出现正面的频率应接近 50%。历史上有不少数学家作过试验,结果如表 3-1 所示。自然地,我们认为对均匀硬币来说,$P(A) = 1/2$。

表 3-1 抛掷硬币试验

实验者	掷硬币次数	出现正面次数	频率
蒲丰	4 040	2 048	0.506 9
皮尔逊	12 000	6 019	0.501 6
皮尔逊	24 000	12 012	0.500 5

虽然我们并不能由概率的统计定义确切地定出一个事件的概率,但是它提供了一种估计概率的方法。频率与概率的关系就像物体长度的测量值与该长度之间的关系:物体的长度是客观存在的,是该物体的固有属性,测量值是它的某种程度的近似值。同样,随机事件发生的可能性的大小——概率,是随机事件的客观属性,多次随机试验所得的频率则是它的某种程度的近似。随着试验次数的增多,频率渐趋稳定。此时便可将频率当作某事件出现的概率。

3.4 重现期

一定范围内,水文特征值出现的总可能性为累积频率。累积频率可以预测多个水文特征值未来发生的概率。在实际工程中为了更明确、直观地反映水文特征值在未来出现的可能性,常用"重现期"来代替"频率"。"重现期"或者"多少年一遇",都是工程和生产上用来表示随机变量统计规律的概念。所谓重现期,表示在长时间内,随机事件发生的平

均周期，即在很长的一段时间内，随机变量的取值平均多少年发生一次，又称多少年一遇。

水文随机变量是连续型随机变量，水文变量的频率是水文变量大于或等于某个数值的概率。对应于频率，水文变量的重现期是指水文变量在某一个范围内取值的周期。如某条河流百年一遇的洪水洪峰流量是1 000 m^3/s，是指这条河流洪峰流量大于或等于1 000 m^3/s 的洪水重现期是100年，而不是指洪峰流量恰恰等于1 000 m^3/s 的洪水重现期是100年。重现期和概率一样，都表明随机事件或随机变量的统计规律。根据研究问题的性质不同，频率 P 与重现期 T 的关系有两种表示方法。

(1)当为了防洪研究暴雨洪水问题时，一般设计频率 $P<50\%$，此时重现期是指水文随机变量大于或等于某一数值这一随机事件发生的平均周期。按照频率和周期互为倒数的关系，可知洪水、多水时，重现期计算公式为

$$T = \frac{1}{P} \tag{3-3}$$

式中 T——重现期，年；

P——频率(%)。

例如，某河流断面设计洪水的频率 $P=10\%$，则重现期 $T=10$ 年，表示该河流断面大于或等于这样的洪水在长时期内平均10年发生一次。

(2)当考虑水库兴利调节研究枯水问题时，一般设计频率 $P>50\%$，此时重现期是指水文随机变量小于或等于某一数值这一随机事件发生的平均周期。按照概率论理论，随机变量“小于或等于某一数值”是“大于或等于某一数值”的对立事件，“小于或等于某一数值”的概率等于 $1-P$，故此时重现期的计算公式为

$$T = \frac{1}{1-P} \tag{3-4}$$

例如，某河流断面灌溉设计保证率 $P=90\%$，则重现期 $T=10$ 年，表示该河流断面小于这样的年来水量在长时期内平均10年发生一次。

重现期 T 是指水文现象在长时期内平均 T 年出现一次，而不是每隔 T 年必然发生一次，它是对于类似于洪水这样的随机事件发生的可能性的一种定量描述。例如百年一遇的洪水，是指大于或等于这样的洪水在长时期内平均100年发生一次，而不能理解为百年一遇的洪水每隔100年一定出现一次。实际上，百年一遇洪水可能间隔100年以上时间发生，也可能连续两年接连发生。

4 案例分析

【例3-1】 某城市在不同河流上建有独立运行的两水泵站。甲泵站受到洪水淹没破坏的概率为2%，乙泵站受到洪水淹没破坏的概率为5%，求洪水期两泵站同时遭到破坏的概率有多大？

解 由于两泵站从不同河流中取水，且独立运行，则两泵站同时遭到破坏的概率为

$$P(AB) = P(A)P(B) = 2\% \times 5\% = 0.1\%$$

【例3-2】 已知某水厂取水口流量 $Q \geqslant 800\ m^3/s$ 的年频率为96%，求 $Q<800\ m^3/s$

设计枯水流量的重现期。

解　由 $P(Q \geq 800) = 96\%$，得

$$P(Q < 800) = 1 - 96\% = 4\%$$

由重现期的定义得　$$T(Q<800) = \frac{1}{P(Q<800)} = \frac{1}{4\%} = 25$$

所以，重现期为25年一遇。

学习单元2　随机变量及其概率分布

1　学习目标

(1)理解随机变量及其概率分布。

(2)了解随机变量的数字特征。

(3)掌握随机变量及其统计参数的计算。

2　学习内容

(1)随机变量的概念。

(2)随机变量的概率分布。

(3)随机变量统计参数的概念和计算方法。

3　任务实施

3.1　随机变量

要进行水资源管理工作及对水资源进行配置、节约和保护，必须了解和掌握水资源的规律，必须预测未来水资源的情势。但因影响水资源的因素十分众多和复杂，目前还难以通过成因分析，对水资源进行准确的长期预报。实际工作中采用的基本方法是对水文实测资料进行分析、计算，研究和掌握水文现象的统计规律，然后按照统计规律对未来的水资源情势进行估计。而这样做，需要对随机事件定量化地表示，为此引入随机变量。

3.1.1　离散型随机变量

若随机变量可能取的值为有限个或可列无限个，则称为离散型随机变量。离散型随机变量的一切可能取值为有限个或可列个，这些数值可以逐个写出来，并且相邻两值之间不存在中间值。例3-1、例3-2即属于这种类型的随机变量。其他，如投掷骰子出现的点数、某地在一年内降雨的天数、某流量站汛期涨洪的次数等皆属于离散型随机变量。

3.1.2　连续型随机变量

若随机变量可取某个有限或无限区间中的一切值，则称为连续型随机变量。连续型随机变量可能取的数值不能一一列举出来，而是充满某一区间的值。例如，某一个长途汽车站，每隔30 min有一班车发往某地。对于一位不知道长途汽车时刻表的旅客，来车站等车到出发的时间是一个随机变量，这个随机变量取值可以是0～30 min区间的任意值，所以是一个连续型随机变量。连续型随机变量是普遍存在的。水文变量，如通过某断面

的流量,其取值范围是从零到最大可能流量之间的任何数值,其他如降雨量、降雨时间、蒸发量、河流的流量、水量、水位等都是连续型随机变量。

3.2 随机变量的概率分布

3.2.1 离散型随机变量的概率分布

设离散型随机变量用大写字母 X 表示,它的种种可能取值用相应的小写字母 x 表示。若取 n 个,则 $X=x_1,X=x_2,\cdots,X=x_n$。一般将 $x_1,x_2,\cdots,x_n$称为系列,而 X 的可能取值 x_i 出现的概率用 p_i表示,即

$$P(X = x_i) = p_i \tag{3-5}$$

称为随机变量 X 的分布列。

将 X 可能取值与其相应的概率列成表,如表 3-2 所示。

表 3-2 离散型随机变量分布列

X	x_1	x_2	…	x_i	…
$P(X=x_i)$	p_1	p_2	…	p_i	…

3.2.2 连续型随机变量的概率分布

对连续型随机变量来说,分布列不存在,随机变量的可能取值为一连续区间的一切值时,就无法一一罗列这些值及其概率。例如,前面提到的乘客在长途汽车站等车的例子,等车时间可以是 0 ~ 30 min 区间里的任何时间,故无法列举所有的随机变量及其相应概率。实际上,等车时间在 0 ~ 30 min 的任何时间的可能性是相等的,对于这个区间的任意时间,其概率等于无穷大分之一,即近似等于 0。从这个例子可以看出,列举连续型随机变量各个值的概率不仅做不到,而且是没有实际意义的。

由于连续型随机变量所有可能取值有无限多个,而取任何个别值的概率为零,所以只能研究某个区间取值的概率,或是研究事件 $X \geqslant x$ 的概率,以及事件 $X \leqslant x$ 的概率,后面两者可以相互转换,在工程水文里,就是研究某一水文变量大于或等于某一数值的概率。

对于一个随机变量,大于或等于不同数值的概率是不同的。当随机变量取为不同数值时,随机变量大于等于此值的概率也随之而变,即概率是随机变量取值的函数。这一函数称为随机变量的概率分布函数。分布函数的公式为

$$F(x) = P(X \geqslant x) \tag{3-6}$$

式中 X —— 随机变量;

x —— 随机变量 X 的取值;

$P(X \geqslant x)$—— 随机变量 X 取值大于或等于 x 的概率;

$F(x)$—— 随机变量 X 的分布函数。

随机变量的分布函数可用曲线的形式表示。其几何图形如图 3-1(b)所示,图中纵坐标表示变量 x,横坐标表示概率分布函数值 $F(x)$,在数学上称此曲线为随机变量的概率分布曲线。在工程水文里,又习惯于将水文变量取值大于或等于某一数值的概率称为该变量的频率,同时将表示水文变量分布函数的曲线称为频率曲线。

当研究事件 $X \leqslant x$ 的概率时,数理统计学中常用分布函数 $G(x)$ 表示:

$$G(x) = P(X \leqslant x) \tag{3-7}$$

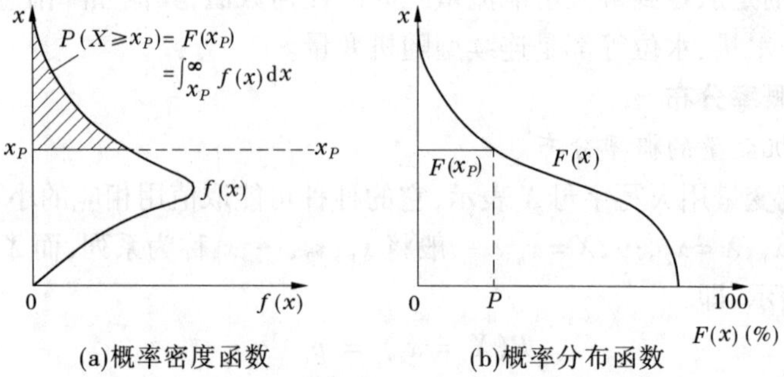

图 3-1　随机变量的概率密度曲线和概率分布曲线

这种形式称为不及制累积概率形式，相应的水文统计用的分布函数 $F(x)$ 称为超过制累积概率形式，两者之间有如下关系：

$$F(x) = 1 - G(x) \tag{3-8}$$

对于连续性随机变量，还有另一种表示概率分布的形式——概率密度函数。随机变量概率分布函数的导数的负值，称为概率密度函数，记为 $f(x)$，即

$$f(x) = -F'(x) = -\frac{\mathrm{d}F(x)}{\mathrm{d}x} \tag{3-9}$$

密度函数的几何曲线称为密度曲线。水文中习惯以纵坐标表示变量 x，横坐标表示概率密度函数值 $f(x)$，如图 3-1(a) 所示。

实际上，分布函数与密度函数是微分与积分的关系。概率密度函数是分布函数的导数。概率密度函数在某一个区间的积分值，表示随机变量在这个区间取值的概率。在工程水文中，频率是水文变量取值大于或等于某一数值的概率，因此，水文变量的频率就是概率密度函数从变量取值到正无穷大区间的积分值。用公式表示水文变量频率和概率密度函数之间的关系可以写为

$$F(x) = P(X \geq x) = \int_x^{\infty} f(x)\,\mathrm{d}x \tag{3-10}$$

式(3-10)中，$F(x)$ 是随机变量 X 的分布函数值，也就是当水文变量 X 取值为 x 时的频率，而 $f(x)$ 是概率密度函数。其对应关系可在图 3-1 中看出来，图中两边的纵坐标均表示随机变量的取值，图 3-1(a) 的横坐标表示概率密度函数值，图 3-1(b) 的横坐标表示频率。图 3-1(a) 中随机变量取值的概率密度函数值越大，表明随机变量在这个值附近区间取值的概率越大。因频率 $F(x_P)$ 是概率密度函数从 x_P 到正无穷大这个区间的积分，所以图 3-1(b) 中的 $F(x_P)$ 等于图 3-1(a) 中 x_P 以上的阴影面积。从图 3-1 中可以看到，x_P 取值越小，阴影面积越大，频率 $F(x_P)$ 取值也越大。这显然是合理的，因为随机变量取值越小，大于等于这个取值的可能性越大。

概率密度曲线和概率分布曲线从不同的角度描述了水文变量的概率分布规律。从年降雨量的分布规律中可知，特别大或特别小的年降雨量出现的机会较少，而中等大小的年降雨量出现的机会较多。其他水文要素如年径流量等，也都具有这种特性。在水文计算中，一般不绘制水文变量的概率密度曲线，而绘制其概率分布曲线。水文统计上习惯把概率分布曲线称为频率曲线。

3.3 随机变量的统计参数

统计参数有总体统计参数与样本统计参数之分。所谓总体,是指某随机变量所有取值的全体,把总体中的每一个基本单位称为个体。水文现象的总体通常是无限的,它是指自古迄今及未来长远岁月所有的水文系列,现有的水文观测资料可以认为是水文变量总体的随机样本。显然,水文随机变量的总体是不知道的,只能靠有限的样本观测资料去估计总体的统计参数或总体的分布规律,即由样本统计参数来估计总体统计参数。水文计算中常用的样本统计参数有均值、均方差、变差系数和偏态系数等。

3.3.1 均值

均值又称为期望,它表示随机变量平均数的概念。设某水文变量的观测系列(样本)为 $x_1,x_2,\cdots,x_n$, 则其均值为

$$\bar{x}=\frac{x_1+x_2+\cdots+x_n}{n}=\frac{1}{n}\sum_{i=1}^{n}x_i \tag{3-11}$$

均值表示系列中变量的平均情况,可以说明这一系列总体水平的高低。例如,甲河多年平均流量为2 460 m^3/s,乙河多年平均流量为260 m^3/s,说明甲河流域的水资源比乙河流域丰富。均值不仅是频率曲线方程中的一个重要参数,而且是水文现象的一个重要特征值。

令 $K_i=\frac{x_i}{\bar{x}}$,则

$$\bar{K}=\frac{1}{n}\sum_{i=1}^{n}K_i=1 \tag{3-12}$$

K_i称为模比系数,模比系数组成的系列,其均值等于1。这是水文统计中的一个重要特征。对于以模比系数所表示的随机变量,在其频率曲线方程中,可以减少一个均值参数。

3.3.2 均方差

均值能反映系列中各变量的平均情况,但不能反映系列中各变量集中或离散的程度。例如,有两个系列:第一系列49,50,51;第二系列1,50,99。

这两个系列的均值相同,都等于50,但两者离散程度很不相同。直观地看,第一系列只变化于49~51,而第二系列的变化范围则增大到1~99。

研究系列中各变量集中或离散的程度,是以均值为中心来考查的。离散特征参数可用相对于分布中心的离差 $x_i-\bar{x}$ 来计算。但离差有正有负,其平均值为零。为了使离差的正值和负值不致相互抵消,一般取$(x_i-\bar{x})^2$ 的平均值的开方表示离散程度的大小,称为均方差,即

$$\sigma=\sqrt{\frac{\sum_{i=1}^{n}(x_i-\bar{x})^2}{n}} \tag{3-13}$$

如果系列的均值相等,则 σ 越大表示系列分布越离散,σ 越小表示系列分布越集中。按式(3-13)计算上述两个系列的均方差为 $\sigma_1=0.82$,$\sigma_2=40.0$。显然,第一系列的离散程度小,第二系列的离散程度大。

3.3.3 变差系数

均方差虽然能说明系列的离散程度,但对于均值不同的两个系列,则不能用均方差直接比较系列的离散程度。例如,有两个系列:第一系列 5,10,15,$\bar{x}=10$;第二系列 995,1 000,1 005,$\bar{x}=1\ 000$。

按式(3-13)计算上述两个系列的均方差都等于 4.08,说明这两个系列的绝对离散程度是相同的,但它们对均值的相对离散程度就很不相同了。可以看出,第一系列中的最大值和最小值与均值之差都是 5,这相当于均值的 5/10 = 1/2;而在第二系列中的最大值和最小值与均值之差虽然也都是 5,但只相当于均值的 5/1 000 = 1/200,在近似计算中,这种差距甚至可以忽略不计。

为了克服以均方差衡量系列离散程度的这种缺点,水文计算中用均方差与均值之比作为衡量系列的相对离散程度的一个参数,称为变差系数,或称离差系数、离势系数,用 C_v 表示。变差系数为一无因次的小数,C_v 也可以理解为变量 x 换算成模比系数 K 以后的均方差。其计算式为

$$C_v = \frac{\sigma}{\bar{x}} = \sqrt{\frac{\sum_{i=1}^{n}(K_i - 1)^2}{n}} \tag{3-14}$$

均方差和变差系数都表示随机变量的离散情况,但均方差和随机变量取值的大小有关,而变差系数是一个无因次的量,排除了随机变量自身大小的影响。

变差系数 C_v 越大,表示系列的离散程度越大;C_v 越小,表示系列的离散程度则越小。按式(3-14)计算上述两个系列的变差系数 $C_{v1}=0.408$,$C_{v2}=0.004\ 08$,可见第一系列的离散程度明显大于第二系列。

C_v 是水文统计中常用的一个重要参数,用来说明水文特征值的变化情况。我国的年降雨量和年径流量的 C_v 值存在明显的地理分布规律,即南方大于北方,内陆大于沿海,山区大于平原。此外,C_v 还与流域的大小和流域形状有关,一般是大流域 C_v 值比小流域要小,狭长流域的 C_v 值比枝状流域要大。现有的 C_v 等值线图可供水文工作者查用。

3.3.4 偏态系数(偏差系数)

变差系数只能反映系列的离散程度,而不能反映系列在均值两边的对称程度。在水文统计中采用偏态系数 C_s 作为衡量系列在均值两边对称程度的参数,其计算式为

$$C_s = \frac{\dfrac{\sum_{i=1}^{n}(x_i - \bar{x})^3}{n}}{\sigma} = \frac{\sum_{i=1}^{n}(x_i - \bar{x})^3}{n\sigma^3} \tag{3-15}$$

将式(3-15)右端的分子、分母同除以 $\bar{x}^3$,则得

$$C_s = \frac{\sum_{i=1}^{n}(K_i - 1)^3}{nC_v^3} \tag{3-16}$$

C_s 值的大小,可以反映频率分布的不对称程度,是一个无因次量。通常 C_s 的绝对值越大,频率分布曲线越不对称;相反,如果 C_s 的绝对值越小,频率分布曲线就越接近于对

称。当系列对于 $\bar{x}$ 对称时，$C_s=0$，称为对称分布(或正态分布)；当系列对于 $\bar{x}$ 不对称时，$C_s\neq0$，当正离差的立方占优时，$C_s>0$，称为正偏分布；当负离差的立方占优势时，$C_s<0$，称为负偏分布。C_s对密度曲线的影响如图3-2所示。

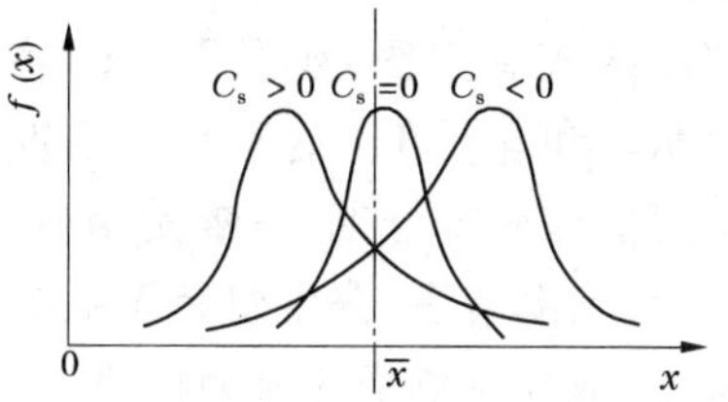

图3-2 C_s 对密度曲线的影响

水文现象大多属于正偏分布，即水文变量取值大于均值的机会比取值小于均值的机会少。当资料的项数不多时，计算出来的 C_s值误差很大。一般认为，资料在100项以下时，C_s是不能用公式计算的。因为短系列资料，离均差有误差，立方后误差更大，尤其是极端项影响更大。在实际工作中一般采用经验性的方法，比如取 C_s等于若干倍的 C_v。如年降雨量或年径流量的计算，常用 $C_s=2C_v$的关系，对于年最大流量与年最大降雨量通常取 C_s等于3~4倍的 C_v。

综上所述，均值、变差系数和偏态系数都可以用各种矩表示。

4 案例分析

【例3-3】 某水文站具有62年实测年降雨量资料，现按下列步骤进行统计分析。

解 (1)将年降雨量分组，并统计各组出现次数和累积次数。分组距离 $\Delta x=200$ mm，统计结果列于表3-3中的①~④栏。第④栏累积次数，表示年降雨量大于或等于该组下限值 x 的出现次数。

表3-3 某站年降雨量分组频率计算表

序号	年降雨量(组距=200 mm)	出现次数(年)		频率(%)		组内平均频率密度
		组内	累积	组内频率 ΔP	累积频率 P	$\Delta P/\Delta x$ (10^{-4}/mm)
①	②	③	④	⑤	⑥	⑦
1	2 300~2 100.1	1	1	1.6	1.6	0.80
2	2 100~1 900.1	2	3	3.2	4.8	1.60
3	1 900~1 700.1	3	6	4.8	9.7	2.40
4	1 700~1 500.1	7	13	11.3	21.0	5.65
5	1 500~1 300.1	13	26	21.0	41.9	10.50
6	1 300~1 100.1	18	44	29.0	71.0	14.50
7	1 100~900.1	15	59	24.2	95.2	12.10
8	900~700.1	2	61	3.2	98.4	1.60
9	700~500.1	1	62	1.6	100.0	0.80

(2)计算各组出现的频率、累积频率及组内平均频率密度。将表 3-3 中的第③、④栏数值除以总次数 62,即得第⑤、⑥栏中的相应频率;将第⑤栏中的组内频率 ΔP 除以组距离 Δx 得第⑦栏,它表示频率沿 x 轴上各组所分布的密集程度。

(3)绘图。以各组平均频率密度 $\Delta P/\Delta x$ 为横坐标,以年降雨量 x 为纵坐标,即由表 3-3中的第⑦、②栏数值,按组绘成直方图,如图 3-3(a)实线所示。各个长方形面积表示各组的频率,所有长方形面积之和等于 1。这种频率密度随随机变量取值 x 变化的图形,称为频率密度图。频率密度值的分布情况,一般是沿纵轴 x 数值的中间区段大,而上下两端逐渐减小。如果资料年数无限增多,分组组距无限缩小,频率密度直方图就会变成光滑的连续曲线,频率趋于概率,则称为随机变量的概率密度曲线,如图 3-3(a)中虚线所示。

以累积频率 P 为横坐标,以年降雨量 x 为纵坐标,由表 3-3 中的第⑥、②栏数值,按组绘成如图 3-3(b)所示的阶梯形实折线。这种表示大于或等于 x 的累积频率随随机变量取值 x 变化的图形,称为频率分布图。同样,如果资料年数无限增多,分组组距无限缩小,实折线就会变成 S 形的光滑连续曲线,频率趋于概率,则称为随机变量的概率分布曲线,如图 3-3(b)中虚线所示。

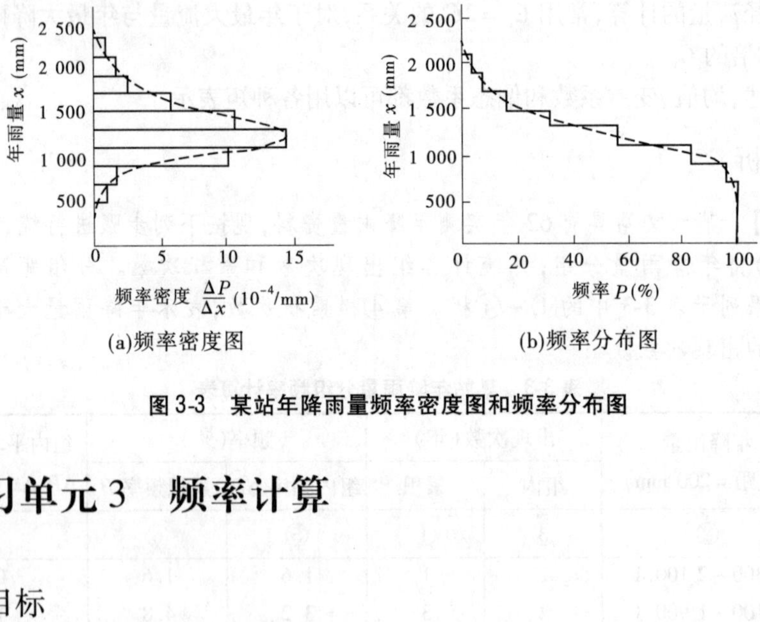

图 3-3　某站年降雨量频率密度图和频率分布图

学习单元 3　频率计算

1　学习目标

(1)理解正态分布、皮尔逊Ⅲ型分布线型。

(2)学会使用 Φ 值表或 K_p 值表。

(3)掌握用矩法估算统计参数的方法。

(4)理解统计参数对频率曲线的影响。

(5)理解经验频率的概念。

(6)掌握水文频率计算适线法。

(7)理解适线的目的、步骤,掌握适线的技巧。

2 学习内容

(1)经验频率曲线的概念及绘制方法。

(2)理论频率曲线的概念及绘制方法。

3 任务实施

水文频率计算是以水文变量的样本为依据,探求其总体的统计规律,对未来的水文情势作出概率预估,以满足水利水电工程规划、设计、施工和运行管理的需要。水文分析计算中使用的概率分布曲线俗称为水文频率曲线。习惯上把由实测资料(样本)绘制的频率曲线称为经验频率曲线。由实测水文变量系列求得的经验频率曲线,是对水文变量总体概率分布的推断和描述,它是水文频率计算的基础, 具有一定的实用性。而把由数学方程式所表示的频率曲线称为理论频率曲线。所谓水文频率分布线型,是指所采用的理论频率曲线(频率函数)的型式,它的选择主要取决于与大多数水文资料的经验频率点据的配合情况。分布线型的选择与统计参数的估算,一起构成了频率计算的两大内容。

3.1 经验频率曲线

3.1.1 经验频率计算公式

设某水文系列共有 n 项,按由大到小的次序排列为:x_1, x_2,…, x_m,…, x_n,则系列中大于或等于 x_m的经验频率可按下式计算:

$$P = \frac{m}{n} \times 100\% \tag{3-17}$$

若掌握资料的数量很多,即样本容量充分大,相当于掌握了总体,按式(3-17)确定频率并无不合理之处,但用于样本容量有限时就有问题了。例如,对于系列中的最末项 $m = n$,按式(3-17)计算得到其经验频率为 100%,它说明等于或大于样本末项的频率为 1.0,为必然事件,也就是说样本末项 x_n就是总体中的最小值,显然这样计算经验频率是不符合事实的,因为比样本最小值更小的数值今后仍可能出现。所以,必须探求一种合理的估算经验频率的方法。

经验频率的估算在于对样本序列中的每一项取值,估算其对应的频率。目前,我国水文计算上广泛采用的是经修正后的频率计算公式,最常用的数学期望公式为:

$$P = \frac{m}{n+1} \times 100\% \tag{3-18}$$

式中 P——等于和大于 x_m的经验频率;

m——x_m的序号,即等于和大于 x_m的项数;

n——系列的总项数。

3.1.2 经验频率曲线的绘制

根据实测水文资料,按从大到小的顺序排列,然后用式(3-18)计算系列中各项的经验频率。以水文变量 x 为纵坐标,以经验频率 P 为横坐标,在频率格纸上点绘经验频率点据,根据点群趋势绘出一条平滑的曲线,即为该水文变量的经验频率曲线。有了经验频率曲线,即可在曲线上求得指定频率 P 的水文变量值 x_P。

3.1.3　经验频率曲线存在的问题

经验频率曲线是由实测资料绘制而成的，计算工作量小，绘制简单，查用方便，它是水文频率计算的基础，具有一定的实用性。但如果直接把经验频率曲线用于解决工程实际问题，还存在着一定的局限性。因为我国目前的水文实测资料一般不超过几十年，算出的经验频率至多相当于几十年一遇，加上实测系列（如流量）在特大洪水期间或特小的枯水期间受各种因素的影响，往往缺少实测资料，无法绘出高水与低水部分的经验累积频率曲线，当水文变量的设计频率较大或较小时，可能无法从经验频率曲线上直接查得相应的设计水文数据，而在工程规划设计里面，常需要确定更为稀遇的水文变量值，这些稀遇值无法从经验频率曲线上直接查出，这部分频率值又是计算设计洪水或设计枯水的重要因素，因此必须要对经验累积频率曲线下端或上端进行外延。为解决累积频率曲线的外延问题，以及为了便于统一标准，进行综合对比，使设计成果更为合理，可利用数学方法，寻求一种适合的数学模型，即具有一定数学方程式的频率分布曲线，一般称之为理论频率曲线。

3.2　理论频率曲线

我国水文工作中被广泛采用的水文频率曲线是皮尔逊Ⅲ型分布。

3.2.1　皮尔逊Ⅲ（P-Ⅲ）型曲线

19 世纪末期，英国生物学家皮尔逊对大量的物理、生物以及经济等方面的实验资料进行了整理、统计，提出了 13 种随机变量的分布曲线线型。被引入水文计算中的就是其中的第Ⅲ种分布，根据经验，皮尔逊Ⅲ型分布曲线是与水文资料配合较好的线型，这种曲线在我国水文工作中被广泛采用，简称 P-Ⅲ型曲线。皮尔逊Ⅲ型分布的概率密度曲线是一条一端有限另一端无限的不对称单峰、正偏曲线，数学上常称伽马分布，其概率密度函数为

$$f(x) = \frac{\beta^{\alpha}}{\Gamma(\alpha)}(x - a_0)^{\alpha-1}e^{-\beta(x-a_0)} \tag{3-19}$$

式中　$\Gamma(\alpha)$——α 的伽马函数；

α、β、a_0——皮尔逊Ⅲ型分布的形状、尺度和位置参数，$\alpha>0$，$\beta>0$。

显然，这三个参数确定以后，该密度函数随之也可以确定了。可以推论，这三个参数与总体三个参数 $\bar{x}$、C_v、C_s 具有如下关系：

$$\left.\begin{aligned} \alpha &= \frac{4}{C_s^2} \\ \beta &= \frac{2}{\bar{x}C_vC_s} \\ a_0 &= \bar{x}\left(1 - \frac{2C_v}{C_s}\right) \end{aligned}\right\} \tag{3-20}$$

为了实际应用皮尔逊Ⅲ型分布，必须对它的概率密度函数进行积分，这样才能得到随机变量在某个区间取值的概率。在工程水文里，要求出水文变量的频率，即水文变量从某一个取值到正无穷大的概率，需要求出指定频率 P 所相应的随机变量取值 x_P，通过对密度曲线进行从随机变量的各个取值到无穷大的积分，即

$$P = P(x \geqslant x_P) = \frac{\beta^{\alpha}}{\Gamma(\alpha)} \int_{x_P}^{\infty} (x - a_0)^{\alpha - 1} e^{-\beta(x - a_0)} dx \tag{3-21}$$

从而求出等于及大于 x_P 的累积频率 P 值。

因皮尔逊Ⅲ型分布的概率密度函数十分复杂，水文计算中，直接由式(3-21)计算 P 值进行积分相当困难。为了能够在实际工作中运用皮尔逊Ⅲ型分布，可以通过变量转换，根据拟定的值进行积分，并将成果制成专用表格，从而使计算工作大大简化。

令

$$\Phi = \frac{x - \bar{x}}{\bar{x} C_v} \tag{3-22}$$

则有

$$x = \bar{x}(1 + C_v \Phi) \tag{3-23}$$

$$dx = \bar{x} C_v d\Phi \tag{3-24}$$

Φ 是标准化变量，称为离均系数。Φ 的均值为0，标准差为1。这样经过标准化变换后，将式(3-23)、式(3-24)代入式(3-21)，简化整理成下面的积分形式：

$$P(\Phi \geqslant \Phi_P) = \int_{\Phi_P}^{\infty} f(\Phi, C_s) d\Phi \tag{3-25}$$

式(3-25)中被积函数只含有一个待定参数 C_s，其他两个参数 $\bar{x}$、C_v 都包含在 Φ 中。因此，只需要假定一个 C_s 值，便可通过对式(3-25)积分求出 P 与 Φ 之间的关系。对于若干个给定的 C_s 值、Φ_P 和 P 的对应数值表，已先后由美国福斯特和苏联雷布京制作出来，见附表1。

在频率计算时，由已知的 C_s 值，查离均系数 Φ 值表得出对应于不同的频率 P 的 Φ_P 值，然后利用已知的 $\bar{x}$、C_v，通过式(3-23)即可求出与各种 P 相应的 x_P 值，从而可绘制出水文变量的皮尔逊Ⅲ型频率曲线。

为了更方便地进行频率分析计算，当 C_s 等于 C_v 的一定倍数时，皮尔逊Ⅲ型频率曲线的模比系数 $K_P = \frac{x_P}{\bar{x}}$，有人根据皮尔逊Ⅲ型分布的离均系数表制作了模比系数表，见附表2。频率计算时，由已知的 C_s 和 C_v 可以从附表2中查出与各种频率 P 相对应的 K_P 值，然后即可算出与各频率对应的 $x_P = K_P \bar{x}$。有了 P 和 x_P 的一些对应值，即可绘制出皮尔逊Ⅲ型频率曲线。

3.2.2 频率曲线参数估计

在概率分布函数中都含有一些表示分布特征的参数，如皮尔逊Ⅲ型分布曲线中就包含有 $\bar{x}$、C_v、C_s 三个参数。水文频率曲线线型选定之后，为了具体确定出概率分布函数，就得估计出这些参数。由于水文现象的总体是无限的，无法直接获得，就需要用有限的样本观测资料去估计总体分布线型中的参数，称为参数估计。

$$\bar{x} = \frac{1}{n} \sum_{i=1}^{n} x_i \tag{3-26}$$

$$\sigma = \sqrt{\frac{\sum_{i=1}^{n} (x_i - \bar{x})^2}{n - 1}} \tag{3-27}$$

$$C_v = \sqrt{\frac{\sum_{i=1}^{n} (K_i - 1)^2}{n-1}} \tag{3-28}$$

$$C_s \approx \frac{\sum_{i=1}^{n} (K_i - 1)^3}{(n-3) C_v^3} \tag{3-29}$$

水文计算上习惯称上述公式为无偏估值公式，并用它们估算总体参数，作为适线法的参考数值。

3.2.3 统计参数对频率曲线的影响

为了避免适线时调整参数的盲目性，必须了解统计参数对频率曲线的影响。假设水文变量总体服从皮尔逊Ⅲ型分布，现在讨论 $\bar{x}$、C_v 和 C_s 对频率曲线的影响。

3.2.3.1 均值 $\bar{x}$ 对频率曲线的影响

当皮尔逊Ⅲ型频率曲线的两个参数 C_v 和 C_s 不变时，由于均值 $\bar{x}$ 的不同，可以使频率曲线发生很大的变化，如图 3-4 所示。由图可见，C_v 和 C_s 相同时，由于均值不同，频率曲线的位置也就不同，均值大的频率曲线位于均值小的频率曲线之上；均值大的频率曲线比均值小的频率曲线陡。

3.2.3.2 变差系数 C_v 对频率曲线的影响

为了消除均值的影响，以模比系数 K 为变量绘制频率曲线，如图 3-5 所示（图中 $C_s = 1.0$）。当 $C_v = 0$ 时，说明随机变量的取值都等于均值，此时频率曲线即为 $K = 1$ 的一条水平线。C_v 值越大，说明随机变量相对于均值越离散，因而频率曲线将越偏离 $K = 1$ 的水平线。随着 C_v 值的增大，频率曲线的偏离程度也随之增大，曲线显得越来越陡。

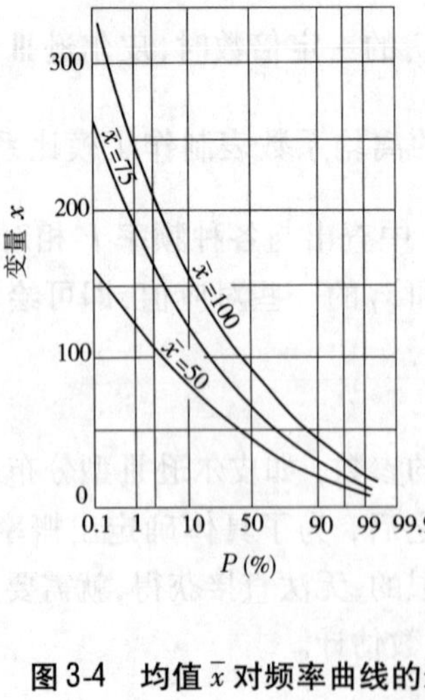

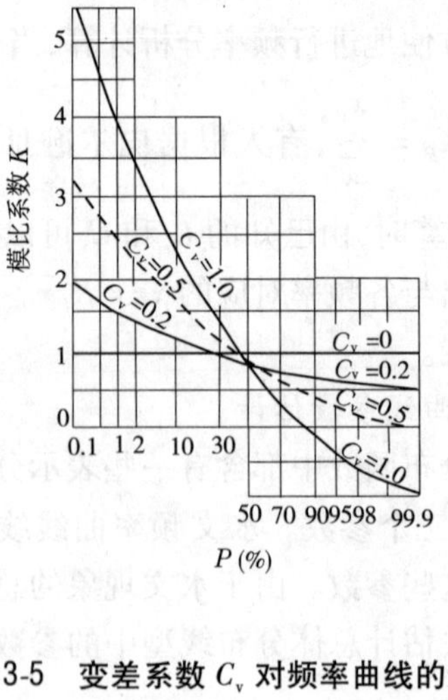

图 3-4 均值 $\bar{x}$ 对频率曲线的影响　图 3-5 变差系数 C_v 对频率曲线的影响

3.2.3.3 偏态系数 C_s 对频率曲线的影响

偏态系数 C_s 主要影响频率曲线的弯曲程度。图 3-6 表示 $C_v = 0.1$ 时不同的 C_s 对频率曲线的影响情况。从图 3-6 中可以看出，正偏情况下，C_s 愈大，均值（图中 $K = 1$）对应的频率愈小，频率曲线的中部愈向左偏，且上段愈陡，下段愈平缓，曲线变弯，即两端部上翘，中间下凹。当 $C_s=0$ 时，曲线变成一条直线。

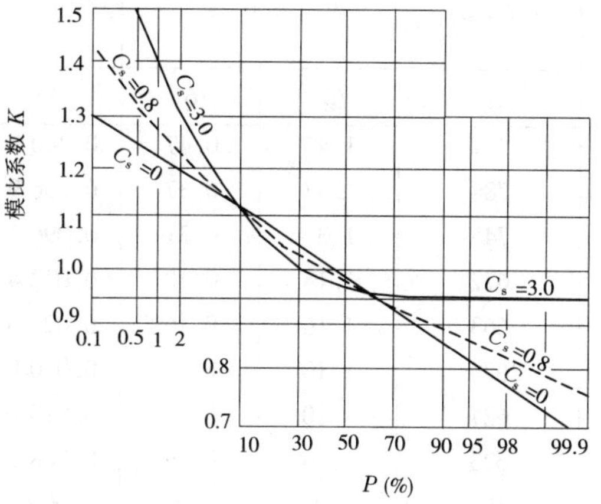

图 3-6 偏态系数 C_s 对频率曲线的影响

3.3 水文频率计算适线法

适线法（或称配线法）是以经验频率点据为基础，在一定的适线准则下，求解与经验点据拟合最优的频率曲线参数。适线法是我国估计水文频率曲线统计参数的主要方法，包括两大类，即目估适线法和优化适线法。下面仅介绍目估适线法。

目估适线法是以经验频率点据为基础，给它们选配一条符合较好的理论频率曲线，并以此来估计水文要素总体的统计规律。具体步骤如下：

（1）将实测资料由大到小排列，计算各项的经验频率，在频率格纸上点绘经验点据（纵坐标为变量的取值，横坐标为对应的经验频率）。

（2）选定水文频率分布线型（一般选用皮尔逊Ⅲ型）。

（3）采用矩法估计出频率曲线参数的初估值 $\bar{x}$、C_v，而 C_s 凭经验初选为 C_v 的倍数。

（4）根据拟定的 $\bar{x}$、C_v 和 C_s，查附表 1 或附表 2，计算 x_P 值。以 x_P 为纵坐标，P 为横坐标，即可得到频率曲线。将此线画在绘有经验点据的图上，看与经验点据配合的情况。若不理想，可通过调整参数（主要调整 C_v 和 C_s），再次进行计算，重新适线。

（5）根据频率曲线与经验点据的配合情况，从中选出一条与经验点据配合较好的曲线作为采用曲线，相应于该曲线的参数便看作是总体参数的估值。

（6）求指定频率的水文变量设计值。

4 案例分析

【例 3-4】 选用某站有代表性的实测年降雨量资料 24 年，如表 3-4 中第①、②栏所示，试绘制该样本系列的经验频率曲线。

解 （1）将系列由大到小重新排列，列入表 3-4 中第③、④栏。

表 3-4　某站年降雨量的频率计算表

年份	年降雨量 x_i (mm)	序号 m	由大到小排列 x_i(mm)	模比系数 K_i	K_i-1	$(K_i-1)^2$	$(K_i-1)^3$	$P=\frac{m}{n+1}\times 100\%$
①	②	③	④	⑤	⑥	⑦	⑧	⑨
1957	745	1	841	1.47	0.47	0.220 9	0.103 8	4
1958	841	2	784	1.37	0.37	0.136 9	0.050 7	8
1959	386	3	745	1.31	0.31	0.096 1	0.029 8	12
1960	565	4	672	1.18	0.18	0.032 4	0.005 8	16
1961	623	5	663	1.16	0.16	0.025 6	0.004 1	20
1962	558	6	629	1.10	0.10	0.010 0	0.001 0	24
1963	585	7	627	1.10	0.10	0.010 0	0.001 0	28
1964	784	8	623	1.09	0.09	0.008 1	0.000 7	32
1965	561	9	585	1.02	0.02	0.000 4	0	36
1966	488	10	565	0.99	−0.01	0.000 1	0	40
1967	543	11	561	0.98	−0.02	0.000 4	0	44
1968	629	12	558	0.98	−0.02	0.000 4	0	48
1969	410	13	556	0.97	−0.03	0.000 9	0	52
1970	663	14	548	0.96	−0.04	0.001 6	−0.000 1	56
1971	556	15	543	0.95	−0.05	0.002 5	−0.000 1	60
1972	526	16	530	0.93	−0.07	0.004 9	−0.000 3	64
1973	548	17	526	0.92	−0.08	0.006 4	−0.000 5	68
1974	627	18	514	0.90	−0.10	0.010 0	−0.001 0	72
1975	672	19	512	0.90	−0.10	0.010 0	−0.001 0	76
1976	514	20	491	0.86	−0.14	0.019 6	−0.002 7	80
1977	346	21	488	0.85	−0.15	0.022 5	−0.003 4	84
1978	530	22	410	0.72	−0.28	0.078 4	−0.022 0	88
1979	491	23	386	0.68	−0.32	0.102 4	−0.032 8	92
1980	512	24	346	0.61	−0.38	0.152 1	−0.059 3	96
Σ	13 703		13 703	24.00	0	0.952 6	0.073 7	

(2)由式(3-18)计算各项的经验频率,列入表 3-4 中第⑨栏。

(3)由表 3-4 中第④栏和第⑨栏相对应的数值,在频率格纸上点绘经验频率点据。

(4)分析点群分布趋势,目估过点群中心绘制一条光滑的曲线,即为该站年降雨量的经验频率曲线,如图 3-7 中①线所示。

【例 3-5】　根据某地区年降雨量资料,求得统计参数和 $\bar{x}=1\ 000$ mm, $C_v=0.5$, $C_s=2C_v$,若该地区的年降雨量服从皮尔逊Ⅲ型分布,试求 $P=1\%$ 的年降雨量。

解　由 $C_s=1.0$, $P=1\%$,查附表 1 得 $\Phi_P=3.02$,由式(3-23)得:

$$x_P=\bar{x}(1+C_v\Phi_P)=1\ 000\times(1+0.5\times3.02)=2\ 510(\mathrm{mm})$$

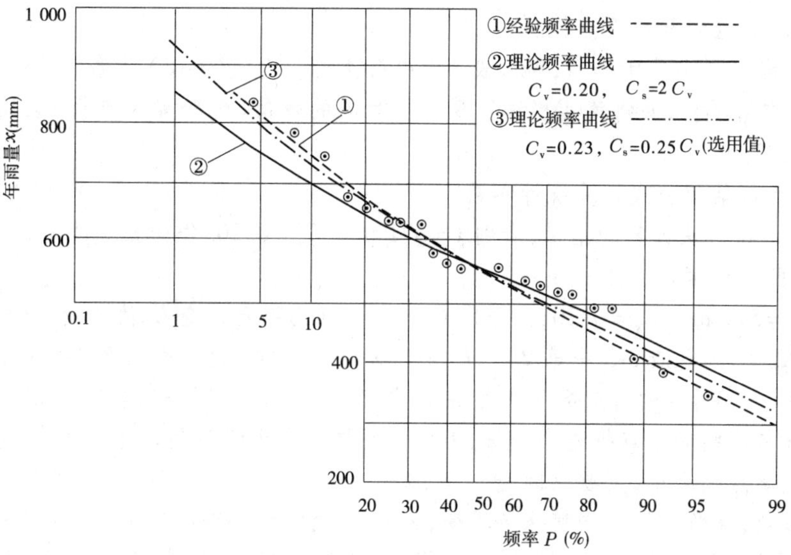

图 3-7 某站年降雨量频率曲线图

或由 $C_v = 0.5, C_s = 2C_v, P = 1\%$，查附表 2，得 $K_P = 2.51$，得：

$$x_P = K_P\bar{x} = 2.51 \times 1\ 000 = 2\ 510(\mathrm{mm})$$

【例 3-6】 资料同例 3-4，选用某站有代表性的实测年降雨量资料 24 年，如表 3-4 中第①、②栏所示，试用矩法计算该样本系列的统计参数。

解 用矩法计算过程如下：

(1) 将系列由大到小重新排列，列入表 3-4 中第③、④栏。

(2) 利用式(3-26)计算系列的多年平均降雨量

$$\bar{x} = \frac{1}{n}\sum_{i=1}^{n} x_i = \frac{1}{24} \times 13\ 703 = 571(\mathrm{mm})$$

(3) 计算各项的模比系数 $K_i = \frac{x_i}{\bar{x}}$，列入表 3-4 中第⑤栏，其总和应等于 n。

(4) 计算各项的 $K_i - 1$，列入表 3-4 中第⑥栏，其总和应等于 0。

(5) 计算各项的 $(K_i - 1)^2$，列入表 3-4 中第⑦栏，利用式(3-28)可求得变差系数

$$C_v = \sqrt{\frac{\sum_{i=1}^{n}(K_i - 1)^2}{n - 1}} = \sqrt{\frac{0.952\ 6}{24 - 1}} = 0.20$$

(6) 计算各项的 $(K_i - 1)^3$，列入表 3-4 中第⑧栏，利用式(3-29)可求得偏态系数

$$C_s \approx \frac{\sum_{i=1}^{n}(K_i - 1)^3}{(n - 3)C_v^3} = \frac{0.073\ 7}{(24 - 3) \times 0.20^3} = 0.44$$

【例 3-7】 资料同例 3-5 和例 3-6，选用某站有代表性的实测年降雨量资料 24 年，见表 3-4 中第①、②栏，试用目估适线法求该站年降雨量的理论频率曲线，并推求 10 年一遇

的设计年降雨量。

解　(1)点绘经验频率点据。

将系列由大到小重新排列,列入表 3-4 中第④栏。由式(3-18)计算各项的经验频率,列入表 3-4 中第⑨栏,并将第④栏和第⑨栏相对应的数值(经验频率点据)点绘在频率格纸上,见图 3-7。

(2)按无偏估值公式计算统计参数。

利用例 3-6 矩法计算的结果,得到 $\overline{x}=571$ mm, $C_v=0.20$,作为初选的统计参数。

(3)选配理论频率曲线。

选定 $\overline{x}=571$ mm, $C_v=0.20$,并假定 $C_s=2C_v$,利用附表 2 查 K_P 值表,得出相应于不同频率 P 的 K_P 值,列入表 3-5 中第②栏, K_P 乘以 $\overline{x}$ 得相应的 x_P 值,列入表 3-5 中第③栏。将表 3-5 中第①、③两栏的对应数值点绘在频率格纸上,如图 3-7 中的②线,发现理论频率曲线的中段与经验频率点据配合较好,但头部明显偏离于经验频率点据之下,尾部明显偏离于经验频率点据之上,主要原因是 C_v 偏小。

改变参数,重新适线。均值保持不变,将 C_v 稍微调大一些。选定 $C_v=0.23$, $C_s=2C_v$,再查附表 2 求出各 K_P 值,计算出各 x_P 值,将 K_P、x_P 列入表 3-5 中第④、⑤栏。根据第①、⑤栏中的对应数值再次点绘理论频率曲线,发现与经验频率点据配合仍不理想。

再次改变参数,进行第三次适线。均值保持不变,选定 $C_v=0.23$, $C_s=2.5C_v$,再查 K_P 值表,计算 x_P 值,将 K_P、x_P 列入表 3-5 中第⑥、⑦栏。根据第①、⑦栏中的对应数值绘出理论频率曲线,如图 3-7 中的③线,可见该线与经验频率点据配合较好,即可作为最后采用的理论频率曲线。

(4)推求 10 年一遇的设计年降雨量。

由图 3-7 或表 3-5 查得 $P=10\%$ 对应的设计年降雨量为 748 mm。

表 3-5　理论频率曲线选配计算表

频率	第一次适线		第二次适线		第三次适线	
	$\overline{x}=571$ mm, $C_v=0.20$, $C_s=2C_v$		$\overline{x}=571$ mm, $C_v=0.23$, $C_s=2C_v$		$\overline{x}=571$ mm, $C_v=0.23$, $C_s=2.5C_v$	
	K_P	x_P	K_P	x_P	K_P	x_P
①	②	③	④	⑤	⑥	⑦
1	1.52	868	1.61	919	1.63	931
2	1.45	828	1.53	874	1.54	879
5	1.35	771	1.41	805	1.41	805
10	1.26	719	1.30	742	1.30	748
20	1.16	662	1.19	679	1.18	674
50	0.99	565	0.98	560	0.98	560
75	0.86	491	0.84	480	0.84	480
90	0.75	428	0.72	411	0.73	417
95	0.70	400	0.66	377	0.66	377

学习单元4 相关分析

1 学习目标

(1)理解相关分析的基本概念和意义、作用。

(2)掌握回归分析的方法,特别要掌握两变量直线相关的分析方法和具体步骤。

2 学习内容

(1)相关分析的概念。

(2)简单直线相关的分析方法和具体步骤。

3 任务实施

3.1 相关关系的概念

3.1.1 相关的意义与应用

自然界中有许多现象并不是各自独立的,而是相互之间有着一定的联系,不过这种联系有的很密切,有的不太密切。例如,气温与蒸发、降雨与径流、水位与流量都是有联系的。又如,数条支流汇合后的流量是与各个支流的流量有联系的。按数理统计法建立上述两个或多个随机变量之间的联系,称之为近似关系或相关关系。把对这种关系的分析和建立称为相关分析。

3.1.2 相关的种类

根据变量之间相互关系的密切程度,变量之间的关系有以下三种情况。

3.1.2.1 完全相关(函数关系)

两变量 x 与 y 之间,如果每给定一个 x 值,就有一个完全确定的 y 值与之对应,则这两个变量之间的关系就是完全相关(或称函数相关)。完全相关的形式有直线关系和曲线关系两种,如图3-8所示,相关点子完全落在直线或曲线上。

3.1.2.2 零相关(没有关系)

两变量之间毫无联系,或某一现象(变量)的变化不影响另一现象(变量)的变化,这种关系则称为零相关或没有关系,如图3-9所示。

3.1.2.3 相关关系

若两个变量之间的关系界于完全相关和零相关之间,则称为相关关系或统计相关。如果把对应数值点绘在方格纸上,则能发现这些点子有某种明显的趋势,通过点群中心可以配出直线或曲线来,如图3-10所示。

当只研究两个变量的相关关系时,称为简相关;当研究三个或三个以上变量的相关关系时,则称为复相关。在相关的形式上,又可分为直线相关和非直线相关。

3.2 简单直线相关

设 x_i,y_i 代表两同步系列的观测值,共有 n 对,以自变量 x_i 为横坐标值,以倚变量 y_i 为纵坐标值,把它们的对应值点绘于方格纸上,得到很多相关点。如果相关点的平均趋势近

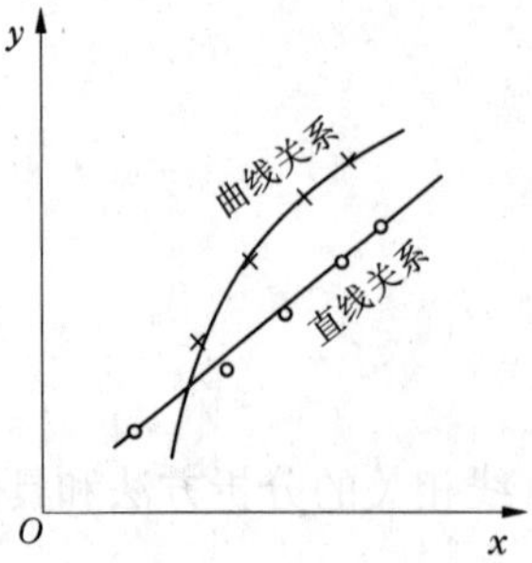

图 3-8　完全相关示意图

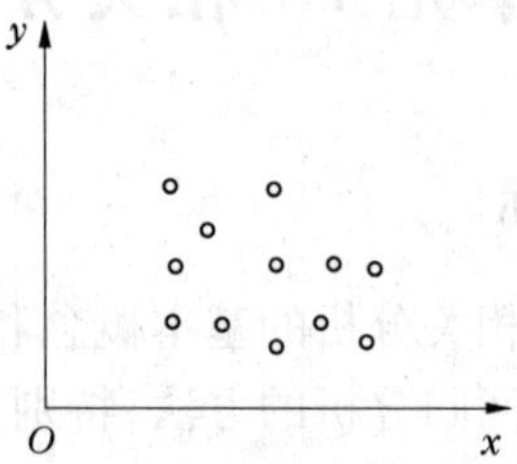

图 3-9　零相关示意图

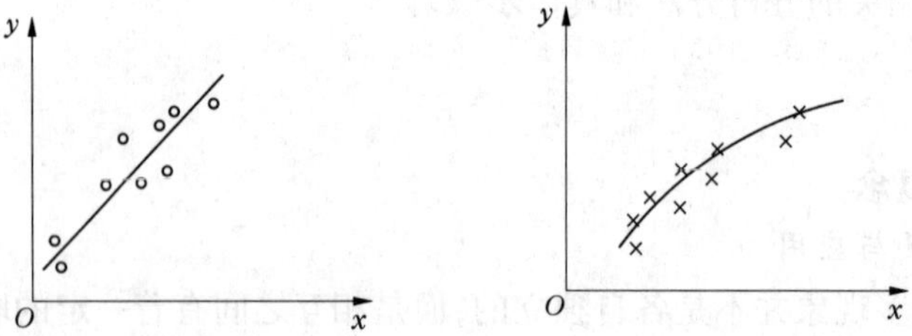

(a)直线相关　　(b)曲线相关

图 3-10　相关关系示意图

似直线，则判定为简单直线相关，如图 3-11 所示。可以用图解法或计算法求出两变量的直线方程式

$$y = a + bx \tag{3-30}$$

式中　x——自变量；

y——倚变量；

a、b——待定常数，a 为直线在纵轴上的截距，b 为直线的斜率。

3.2.1　相关图解法

先目估通过点群中间即$(\bar{x},\bar{y})$点，绘出相关直线，然后在图上量出直线的斜率为 b，直线在纵轴上的截距为 a，则直线方程式 $y = a + bx$ 即为所求的相关方程。该法简单实用，一般情况下精度尚可，但目估定线有一定的任意性，且缺乏一个定量的指标来判断两个变量间的密切程度。

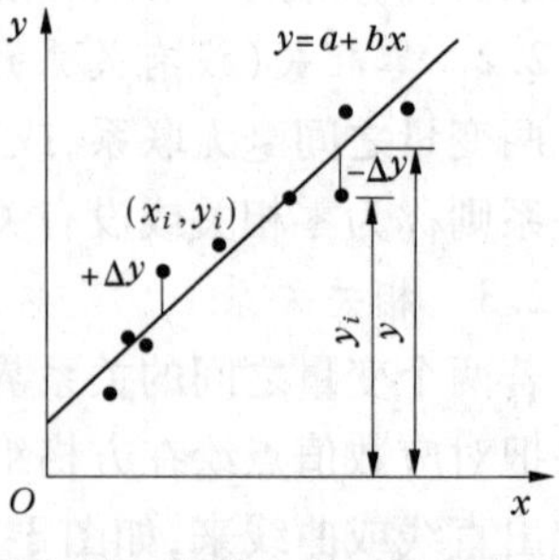

图 3-11　简单直线相关示意图

3.2.2　相关计算法

为避免相关图解法在定线上的任意性，常采用相关计算法来确定相关线的方程。待定常数 Δy 由观测点与直线拟合最佳，通过最小二乘法进行估计得相关直线方程：

$$y - \bar{y} = r\frac{\sigma_y}{\sigma_x}(x - \bar{x}) \tag{3-31}$$

式中　σ_x、σ_y—— x、y 系列的均方差；

$\bar{x}$、$\bar{y}$—— x、y 系列的均值；

r —— 相关系数，表示 x 、y 两系列间的密切程度，其计算式为

$$r = \frac{\sum_{i=1}^{n}(x_i - \bar{x})(y_i - \bar{y})}{\sqrt{\sum_{i=1}^{n}(x_i - \bar{x})^2 \sum_{i=1}^{n}(y_i - \bar{y})^2}} = \frac{\sum_{i=1}^{n}(K_{x_i} - 1)(K_{y_i} - 1)}{\sqrt{\sum_{i=1}^{n}(K_{x_i} - 1)^2 \sum_{i=1}^{n}(K_{y_i} - 1)^2}} \tag{3-32}$$

在水文统计中相关直线也称为回归线，所以式(3-31)又称为 y 倚 x 的回归方程，通过此方程式可以由自变量 x 的值来估计 y。直线斜率 $r\frac{\sigma_y}{\sigma_x}$ 称为 y 倚 x 的回归系数，记为 $R_{y/x}$。若以 y 求 x，则要应用 x 倚 y 的回归方程，同样可以求得 x 倚 y 的回归方程式：

$$x - \bar{x} = r\frac{\sigma_x}{\sigma_y}(y - \bar{y}) \tag{3-33}$$

式中　$r\frac{\sigma_x}{\sigma_y}$——$x$ 倚 y 的回归系数，记为 $R_{x/y}$。

一般 y 倚 x 与 x 倚 y 的两回归线并不重合，但有一个公共交点$(\bar{x},\bar{y})$。

3.2.3　相关分析的误差

(1)若 $r^2=1$，说明所有观测点都落在回归线上，两变量间具有函数关系，即完全相关。

(2)若 $r^2=0$，说明两变量间不具有直线相关关系(零相关)。

(3)若 $0<r^2<1$，则介于上述两种情况之间，说明两变量间为直线相关，其相关程度密切与否，视 r 的大小而定。$|r|$越大，相关程度越密切。r 为正值表示正相关，r 为负值表示负相关。

一般 n 应在 12 以上，同时要求$|r|\geq 0.8$。在插补延长系列时，应注意回归线外延不应过长，还应避免辗转相关。

4　案例分析

【例3-8】　某设计雨量站有13年(1970~1982年)实测年降雨量资料，同地区有一邻近雨量站(称参证站)实测年降雨量资料系列较长(1950~1982年)。两站同步观测资料系列1970~1982年降雨量资料分别列入表3-6中第①、②、③栏。试用相关图解法建立相关直线方程，并将设计站年降雨量资料系列延长。

解　(1)点绘相关图。将设计站年降雨量用 y 表示，参证站年降雨量用 x 表示。以 y 为纵坐标，x 为横坐标，将表3-6中第②、③栏同步系列对应的数值点绘在普通方格纸上，如图3-12所示，共得到13个相关点。由表3-6中第②、③栏总和分别计算 x、y 系列的均值

$$\bar{x} = \frac{1}{n}\sum_{i=1}^{n}x_i = \frac{1}{13}\times 7\ 256 = 558(\text{mm})$$

$$\bar{y} = \frac{1}{n}\sum_{i=1}^{n}y_i = \frac{1}{13}\times 8\ 085 = 622(\text{mm})$$

表 3-6　某设计站和参证站年降雨量相关计算表

年份	参证站 x (mm)	设计站 y (mm)	K_{x_i}	K_{y_i}	$K_{x_i}-1$	$K_{y_i}-1$	$(K_{x_i}-1)^2$	$(K_{y_i}-1)^2$	$(K_{x_i}-1)\times(K_{y_i}-1)$
①	②	③	④	⑤	⑥	⑦	⑧	⑨	⑩
1970	663	728	1.19	1.17	0.19	0.17	0.036	0.029	0.032
1971	556	596	1.00	0.96	0.00	-0.04	0.000	0.002	0.000
1972	526	599	0.94	0.97	-0.06	-0.03	0.004	0.001	0.002
1973	548	610	0.98	0.98	-0.02	-0.02	0.000	0.000	0.000
1974	627	773	1.12	1.24	0.12	0.24	0.014	0.058	0.029
1975	672	847	1.20	1.36	0.20	0.36	0.040	0.130	0.072
1976	514	496	0.92	0.80	-0.08	-0.20	0.006	0.040	0.016
1977	346	412	0.62	0.66	-0.38	-0.34	0.144	0.116	0.129
1978	530	652	0.95	1.05	-0.05	0.05	0.003	0.003	-0.003
1979	491	560	0.88	0.90	-0.12	-0.10	0.014	0.010	0.012
1980	512	535	0.92	0.86	-0.08	-0.14	0.006	0.020	0.011
1981	726	717	1.30	1.15	0.30	0.15	0.090	0.023	0.045
1982	545	560	0.98	0.90	-0.02	-0.10	0.000	0.010	0.002
合计	7 256	8 085	13	13	0	0	0.357	0.442	0.347

(2) 绘制相关直线。根据相关点的分布趋势，过点群中心并以均值点(558,622)为控制定出一条直线，见图 3-12 中的 1 线。

(3) 建立直线方程。根据所绘直线，在图上查算出参数 $a=8$，$b=1.10$，则直线方程式为

$$y = 1.10x + 8$$

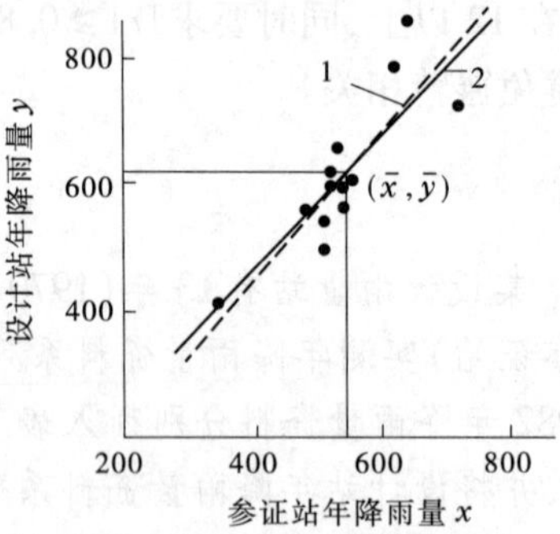

1—图解法；2—计算法

图 3-12　某设计站和参证站年降雨量相关图　（单位：mm）

(4) 延长设计站年降雨量资料系列。将参证站 1950～1969 年的年降雨量值 x_i 分别代入直线方程可求出相应的设计站年降雨量 y_i，如表 3-7 所示。

表 3-7 设计站年降雨量展延成果表

年份	参证站 x (mm)	设计站 y (mm)	年份	参证站 x (mm)	设计站 y (mm)
1950	632	703	1960	492	549
1951	570	635	1961	544	606
1952	578	644	1962	583	649
1953	621	691	1963	555	619
1954	526	587	1964	627	698
1955	683	759	1965	636	708
1956	540	602	1966	702	780
1957	475	531	1967	693	770
1958	666	741	1968	568	633
1959	598	666	1969	609	678

【例 3-9】 已知资料情况同例 3-8，某设计雨量站有 1970～1982 年共 13 年的实测年降雨量资料，同一地区有一邻近雨量站（称参证站）实测年降雨量资料系列为 1950～1982 年。试利用如表 3-6 第②、③栏所示两站同步观测资料进行相关计算，并展延设计站年降雨量资料。

解 为了便于相关计算，按表 3-6 顺序依次计算第④～⑩栏，由表 3-6 的计算成果，可进一步算出以下各值。

均值

$$\bar{x} = \frac{1}{n}\sum_{i=1}^{n} x_i = \frac{1}{13} \times 7\,256 = 558(\text{mm})$$

$$\bar{y} = \frac{1}{n}\sum_{i=1}^{n} y_i = \frac{1}{13} \times 8\,085 = 622(\text{mm})$$

均方差

$$\sigma_x = \bar{x}\sqrt{\frac{\sum_{i=1}^{n}(K_{x_i}-1)^2}{n-1}} = 558 \times \sqrt{\frac{0.357}{13-1}} = 96(\text{mm})$$

$$\sigma_y = \bar{y}\sqrt{\frac{\sum_{i=1}^{n}(K_{y_i}-1)^2}{n-1}} = 622 \times \sqrt{\frac{0.442}{13-1}} = 119(\text{mm})$$

相关系数

$$r = \frac{\sum_{i=1}^{n}(K_{x_i}-1)(K_{y_i}-1)}{\sqrt{\sum_{i=1}^{n}(K_{x_i}-1)^2\sum_{i=1}^{n}(K_{y_i}-1)^2}} = \frac{0.347}{\sqrt{0.357 \times 0.442}} = 0.87$$

回归系数

$$R_{y/x} = r\frac{\sigma_y}{\sigma_x} = 0.87 \times \frac{119}{96} = 1.078$$

y 倚 x 的回归方程

$$y = \bar{y} + R_{y/x}(x - \bar{x}) = 622 + 1.078 \times (x - 558) = 1.078x + 20$$

把参证站 1950～1969 年的年降雨量值 x_i 分别代入回归方程中，可以算出对应的设计站年降雨量 y_i，如表 3-8 所示，从而使设计站和参证站的年降雨量资料系列具有同样的长度。

表 3-8　设计站年降雨量展延成果表

年份	参证站 x（mm）	设计站 y（mm）	年份	参证站 x（mm）	设计站 y（mm）
1950	632	701	1960	492	550
1951	570	634	1961	544	606
1952	578	643	1962	583	648
1953	621	689	1963	555	618
1954	526	587	1964	627	696
1955	683	756	1965	636	706
1956	540	602	1966	702	777
1957	475	532	1967	693	767
1958	666	738	1968	568	632
1959	598	665	1969	609	677

知识训练

3-1　何谓水文统计？它在工程水文中一般解决什么问题？

3-2　两个事件之间存在什么关系？相应出现的概率为多少？

3-3　概率和频率有什么区别和联系？

3-4　重现期与频率有何关系？$P=90\%$ 的枯水年，其重现期为多少？含义是什么？

3-5　什么叫总体？什么叫样本？为什么能用样本的频率分布推估总体的概率分布？

3-6　何谓抽样误差？如何减小抽样误差？

3-7　分布函数与密度函数有什么区别和联系？

3-8　何谓经验频率？经验频率曲线如何绘制？

3-9　如何利用皮尔逊¢型频率曲线的离均系数 Φ 值表绘制频率曲线？

3-10　统计参数 $\bar{x}$、C_v、C_s 含义及其对频率曲线的影响如何？

3-11　设有一水文系列：300、200、185、165、150，试用无偏估值公式计算系列的均值 $\bar{x}$、均方差 σ、离差系数 C_v、偏态系数 C_s。

3-12　现行水文频率计算适线法的实质是什么？简述适线法的方法步骤。

3-13　何谓相关分析？它在水文上解决哪些问题？

3-14　已知某水文站年降雨量与年径流量资料，见表3-9。试用图解法和分析法推求相关直线，并对这两种方法作出评述。

表3-9　某站年降雨量和年径流量资料

年份	年降雨量（mm）	年径流量（m^3/s）	年份	年降雨量（mm）	年径流量（m^3/s）
1980	1 200	760	1988	1 341	788
1981	689	300	1989	900	541
1982	870	536	1990	707	289
1983	904	392	1991	1 033	688
1984	1 139	715	1992	1 201	868
1985	725	275	1993	1 006	534
1986	997	466	1994	808	405
1987	853	334			

3-15　为什么相关系数能说明相关关系的密切度？

3-16　某水文站有24年的实测年径流量资料，见表3-10。试根据该资料用矩法初选统计参数，用适线法推求10年一遇的设计年径流量。

表3-10　某站实测年径流量资料

年份	年径流量（m^3/s）	年份	年径流量（m^3/s）	年份	年径流量（m^3/s）
1977	538.3	1985	964.2	1993	615.5
1978	624.9	1986	657.3	1994	417.1
1979	663.2	1987	546.7	1995	606.7
1980	591.7	1988	509.9	1996	586.7
1981	557.2	1989	789.3	1997	567.4
1982	998.0	1990	732.9	1998	587.6
1983	641.5	1991	1 064.5	1999	709.0
1984	341.1	1992	769.2	2000	883.5

3-17　已知某流域年径流深R和年降雨量P同期系列呈直线相关，且$\overline{R}=760$ mm，$\overline{P}=1\ 200$ mm，$\sigma_R=160$ mm，$\sigma_P=125$ mm，相关系数$r=0.90$。（1）试写出R倚P的相关方程。（2）某年年降雨量为1 500 mm，试求年径流深。

学习项目4 年径流与枯水径流分析计算

学习单元1 基本知识

1 学习目标

(1)掌握年径流的概念。

(2)了解影响年径流的因素。

(3)理解设计年径流的目的和任务。

2 学习内容

(1)年径流的概念及其特征。

(2)影响年径流的因素。

(3)设计年径流的目的及任务。

3 任务实施

3.1 年径流的概念及其特征

3.1.1 年径流的概念

在一个年度内,通过河流某断面的水量,叫作该断面以上的年径流量。它可用年平均流量(m^3/s)、年径流深(mm)、年径流总量(万 m^3 或亿 m^3)或年径流模数($m^3/(s \cdot km^2)$)表示。

我国《水文年鉴》中,年径流量是按日历年度统计的,而在水文水利计算中,年径流量通常是按水文年度或水利年度统计的。水文年度以水文现象的循环规律来划分,即由当年枯季末至次年枯季末所经历的12个月时段,包括了一年中水情的各个阶段的专用年度。对于北方春汛河流,则以融雪情况来划分水文年。水利年度是以水库蓄泄周期来划分的。水文年和水利年的起止日期划分各地不一,各地均有具体规定。

3.1.2 年径流的特征

通过对年径流观测资料的分析,可以看出年径流的变化具有以下特征:

(1)年径流具有大致以年为周期的汛期与枯季交替变化的规律,但各年汛期、枯期有长有短,发生时间有迟有早,水量也有大有小,年年不同,从不重复,具有偶然性质。

(2)年径流量在年际间变化很大,有些河流丰水年径流量可达到平水年的2~3倍,枯水年径流量仅为平水年的1/10~1/5。例如,淮河蚌埠站实测最丰年的年平均流量为多年平均流量的2.67倍,而实测最枯年的年平均流量只有多年平均流量的14%。年径流量的最大值与最小值之比长江、珠江为4～5,黄河、海河为14～16。

(3)年径流量在多年变化中有丰水年组和枯水年组交替出现的现象。例如,黄河1991～1997年连续7年断流,海河出现过二三年甚至四五年的连续干旱,松花江1960～1966年出现过连续7年丰水年组。浙江新安江水电站1956～1968年出现连续13年的枯水年组,影响到水库的正常运行。

3.2 影响年径流的因素

分析研究影响年径流量的因素,对年径流量的分析与计算具有重要的意义。

由闭合流域年水量平衡方程式

$$Y = H - E - \Delta W \tag{4-1}$$

可知,年径流深Y取决于降水量H、年蒸发量E、时段始末的流域蓄水变化量ΔW等因素。前两项属于流域的气候因素,后一项属于下垫面因素以及人类活动情况。

3.3 设计年径流的目的及任务

3.3.1 设计年径流的目的

人类开发利用水资源时,需要对河川径流进行水利规划,兴建各种水利水电工程,所以要掌握工程地点的河流水量及其变化规律。因来水量不同时,来水与用水的矛盾大小不一,而为解决矛盾所采取的工程措施也不一样。因此,年径流计算的目的是为了满足国民经济各部门的需水要求,提供在设计条件下所需的年径流资料,此资料直接影响工程的规模及建筑物的尺寸,故应慎重对待。

3.3.2 设计年径流的任务

由于水利水电工程调节性能的差异和采用的径流调节计算方法的不同,要求提供的设计年径流的形式也有所不同。一般可归纳为下述两大类:

(1)设计的长期年、月径流系列。是为水利计算中长系列操作法确定工程规模所提供的一种设计年径流及其时程分配。

(2)代表年的年径流量及其年内分配。代表年分为实际代表年和设计代表年两种。提供这类径流资料的思路是,认为工程使用期限内的年径流按照过去发生的实际代表年或符合某一设计频率的设计代表年的径流模式发生,即把实际代表年或设计代表年的年径流及其年内分配作为工程未来的来水。根据水电站等用水部门的规模和设计精度要求等因素,设计代表年又分为设计枯水年、设计平水年和设计丰水年三种情况。

在实际工作中,经常遇到具有长期实测径流资料、具有短期实测径流资料和缺乏实测径流资料三种情况,本项目将逐一介绍。

学习单元2 具有长期实测径流资料时设计年径流计算

1 学习目标

(1)掌握具有长期实测径流资料时设计年径流量的分析计算方法。

(2)掌握具有长期实测径流资料时设计年径流量年内分配的分析计算方法。

2 学习内容

(1)设计代表年的资料选取。

(2)同倍比与同频率计算方法。

3 任务实施

3.1 设计代表年的长期年、月径流量系列的选取

通过对径流资料的审查和分析,可以获得一份具有可靠性、一致性和代表性的历年逐月径流量资料,然后将它按水利年度重新排列,并以列表形式给出,如表4-1所示。它就是水利计算要求提供的设计的长期年、月径流量系列。它是以过去历年实测的年、月径流量作为未来工程运行期间的来水资料。

表4-1 某河某断面历年逐月平均流量 (单位:m^3/s)

年度	月份												年平均
	6	7	8	9	10	11	12	1	2	3	4	5	
1961~1962	149	278	168	176	122	72.0	50.0	43.6	28.0	41.4	56.0	65.0	104
1962~1963	152	229	323	144	191	84.0	35.8	29.4	25.1	25.1	50.0	89.5	115
⋮	⋮	⋮	⋮	⋮	⋮	⋮	⋮	⋮	⋮	⋮	⋮	⋮	⋮
1967~1968	150	252	620	504	283	145	77.7	56.6	45.6	42.9	114	117	200
⋮	⋮	⋮	⋮	⋮	⋮	⋮	⋮	⋮	⋮	⋮	⋮	⋮	⋮
1972~1973	269	339	189	241	160	105	68.0	48.7	38.3	41.0	119	176	150
⋮	⋮	⋮	⋮	⋮	⋮	⋮	⋮	⋮	⋮	⋮	⋮	⋮	⋮
1979~1980	190	248	553	286	204	106	65.4	46.9	33.8	51.8	78.4	163	169
平均值	250	330	208	253	150	103	60.8	50.7	41.7	38.1	109	136	153

3.2 设计代表年的年、月径流量的计算

设计年径流指的是相应于设计标准的年径流量,设计年径流量在年内各月(或旬)的分配称为设计年内分配,通常是采用按代表年径流过程缩放的办法求得的,因此也称为设计代表年的年、月径流量。

设计代表年的年、月径流量计算内容包括设计年径流量及设计时段径流量的计算,设计年径流量的年内分配。

3.2.1 设计年径流量及设计时段径流量的计算

3.2.1.1 确定计算时段

在确定设计代表年的径流量时,一般要求年径流量及一些计算时段的径流量达到指定的设计保证率,因此在对年径流量进行频率计算时,常需对其他时段的径流量也进行计算。此时根据工程需要确定计算时段:如以灌溉为主的水库,可取灌溉期为径流计算时段;以发电为主的水电工程以年及枯水期为计算时段,据此计算发电量及保证出力。

3.2.1.2 频率计算

如计算时段为年，则按水利年度统计年、月径流量，构成新的年径流量系列。如计算时段为枯水期4个月，则统计历年连续最枯的4个月总水量，组成枯水系列。用频率计算方法，计算出年径流量(或时段径流量)，即为设计年径流量(或设计时段径流量)。

径流频率计算依据的径流系列应在20年以上。径流系列年份应尽可能连续。当调查到历史特枯(丰)水年或实测中有一特(丰)枯水年，经考证确定其重现期后，合理修正其在样本中计算的经验频率，再进行绘点配线确定统计参数。

3.2.1.3 成果合理性检查

应用水文统计方法推求的成果必须符合水文现象的客观规律。因此，需要对所求频率曲线和统计参数进行合理性检查，检查方法如下：

(1)所求年及其他各时段径流量频率曲线在实用范围内不得相交，即要求同一频率的设计值，长时段的要大于短时段的，否则应修改频率曲线。

(2)各时段的径流量统计参数在时间上能协调，即均值随时段的增长而加大，C_v 值一般随时段的增长有递减的趋势。

(3)所求统计参数与上下游、干支流、邻近河流的同时段统计参数进行对比分析，在地区上应符合一般规律，即流量的均值随流域面积的增大而增大，C_v 值一般随流域面积的增大有减小的趋势。如不符，应结合资料情况和流域特点进行深入分析，找出原因。

(4)可将年径流量统计参数与流域平均年降水量统计参数进行对比，即年径流量的均值应小于流域平均降水量的均值；而一般以降雨补给为主的河流，年径流量的 C_v 值应大于年降水量的 C_v 值。

3.2.2 设计年径流量年内分配的计算

当求得设计年径流量之后，尚需根据径流年内变化特性及水利计算要求确定设计年径流量的年内分配。径流量年内分配计算多采用缩放典型年径流过程的方法，具体分同倍比法和同频率法两种。

3.2.2.1 典型年的选择

典型年应从测绘精度较高的实测年份中挑选，一般选丰、平、枯三个典型年。典型年的选择应考虑以下两个方面：

(1)典型年的年径流量和调节供水期的径流量应接近于设计年径流量。

(2)当满足此条件的典型年不只一个时，应选取其中较为不利的，使工程设计偏于安全的典型年。如对灌溉工程，应选取灌溉需水季节径流比较枯的年份；对水电工程，则选取枯水期较长，径流又较枯的年份。

3.2.2.2 设计年径流量年内分配的计算

将设计时段径流量按典型年的月径流过程进行分配，具体有同倍比法和同频率法两种。

1. 同倍比法

按上述原则选定典型年后，计算设计年径流量 W_P 与典型年的年径流量 W_D 之比值 K_Y，即

$$K_Y = W_P/W_D \tag{4-2}$$

以 K_Y 乘以典型年的逐月平均流量，求得设计年径流量过程。

若计算时段是枯水期，则计算设计时段径流量 W_{TP} 与典型年时段径流量 W_{TD} 之比值 K_T，即

$$K_T = W_{TP}/W_{TD} \tag{4-3}$$

以 K_T 乘以典型年的逐月平均流量，求得设计时段径流的分配。

因年内各月均采用同一倍比，故称为同倍比缩放法。

2. 同频率法

上述同倍比法所求的设计年内分配，只是年或某一时段的径流量符合设计频率的要求。有时需要所求设计年内分配的年及其他各个时段的径流量都能符合设计频率，这就得采用同频率法。

同频率法也可以称为多倍比法，即将代表各月(旬)的径流量分段按不同的倍比缩放。例如，若要求设计最小 1 个月、最小 3 个月、最小 5 个月以及全年的径流量(W_{1P}、W_{3P}、W_{5P} 和 W_{12P})都符合设计频率，则各时段的缩放倍比为

最小 1 个月的倍比
$$K_1 = \frac{W_{1P}}{W_{1D}} \tag{4-4}$$

最小 3 个月其余 2 个月的倍比
$$K_{3-1} = \frac{W_{3P} - W_{1P}}{W_{3D} - W_{1D}} \tag{4-5}$$

最小 5 个月其余 2 个月的倍比
$$K_{5-3} = \frac{W_{5P} - W_{3P}}{W_{5D} - W_{3D}} \tag{4-6}$$

全年其余 7 个月的倍比
$$K_{12-5} = \frac{W_{12P} - W_{5P}}{W_{12D} - W_{5D}} \tag{4-7}$$

用同频率法求出的设计年径流的年内分配，其各时段流量都符合设计频率的要求，但由于采用了几个一般来说不会相同的倍比缩放，结果是破坏了年径流的分配形状，因此对同频率法所得的成果要进行成因分析和合理性分析。

3.3 实际代表年的年、月径流量选取

在小型灌溉工程的规划设计中，广泛采用实际代表年法进行水利计算。该法的来水是通过下述方法确定的：对当地历史上发生过的旱灾情况进行调查分析、确定各干旱年的干旱程度，然后根据要求从实测年、月径流资料中选定某一实际的干旱年份作为代表年，该年的径流过程就是实际代表年的年、月径流量。以此作为来水，加上该年的实际用水资料进行调节计算，就可确定工程规模。

4 案例分析

【例 4-1】 某水库具有 28 年的年、月径流资料，计算时段采用年、最小 3 个月、最小 5 个月，求丰水年 $P=10\%$、平水年 $P=50\%$、枯水年 $P=90\%$ 时段为年的设计年径流量和 $P=90\%$ 的最小 3 个月、最小 5 个月的设计时段径流量。

解 首先对年、月径流量资料进行整理和分析，并列表统计各时段径流量(统计表略)，然后进行频率计算，成果见表 4-2。

表4-2 某水库时段径流量频率计算成果

计算时段	均值 (m^3/s)	C_v	C_s/C_v	径流量(m^3/s)		
				$P=10\%$	$P=50\%$	$P=90\%$
12个月	131	0.32	2.0	188	128	81.8
最小5个月	18.0	0.47	2.0			8.45
最小3个月	9.10	0.50	2.0			4.00

【例4-2】 某河某断面有1961～1980年共20年的逐月径流资料，现拟在该断面处兴建水力发电站，需要求出频率为90%的设计枯水年流量年内分配，频率为10%的设计丰水年流量年内分配。

解 (1)根据径流分配特性和水力计算要求，取6月至次年5月为水利年度。将原有径流资料按水利年度重新统计为19年资料，见表4-1。

(2)根据19年年平均流量系列，通过频率计算，求得频率为90%、10%的设计年流量为$Q_{90\%}=106\ m^3/s$，$Q_{10\%}=210\ m^3/s$。

(3)根据19年逐月径流系列分别建立最大1个月、最大3个月、最小1个月、最小3个月径流量系列。通过频率计算，求得频率为90%的设计最小1个月、最小3个月径流量分别为27 (m^3/s)·月、97 (m^3/s)·月；频率为10%的设计最大1个月、最大3个月径流量分别为608 (m^3/s)·月、1 282 (m^3/s)·月。

(4)根据选择典型年的原则，分别选出1961～1962年和1967～1968年的流量过程线为90%枯水年和10%丰水年的典型流量过程线。其中，典型枯水流量过程线中最小1个月、最小3个月径流量分别为

$$W_{1D}=28.0\ (m^3/s)\cdot 月$$

$$W_{3D}=43.6+28.0+41.4=113((m^3/s)\cdot 月)$$

典型丰水流量过程线中最大1个月、最大3个月径流量分别为

$$W_{1D}=620\ (m^3/s)\cdot 月$$

$$W_{3D}=620+504+283=1\ 407((m^3/s)\cdot 月)$$

(5)用同倍比法将各个典型年过程线缩放成设计流量过程线。对于90%枯水年倍比为106/104＝1.02，10%丰水年倍比为210/200＝1.05。

(6)用同频率法将各个典型年过程线缩放成设计流量过程线。对于90%枯水年，其倍比如下：

最小1个月倍比

$$K_1=\frac{W_{1P}}{W_{1D}}=\frac{27}{28}=0.96$$

最小3个月其余2个月的倍比

$$K_{3-1}=\frac{W_{3P}-W_{1P}}{W_{3D}-W_{1D}}=\frac{97-27}{113-28}=0.82$$

全年其余9个月的倍比

$$K_{12-3}=\frac{W_{12P}-W_{3P}}{W_{12D}-W_{3D}}=\frac{106\times 12-97}{1\ 249-113}=1.03$$

同理，计算10%丰水年倍比如下：

最大1个月倍比

$$K_1=\frac{W_{1P}}{W_{1D}}=\frac{608}{620}=0.98$$

最大3个月其余2个月的倍比

$$K_{3-1}=\frac{W_{3P}-W_{1P}}{W_{3D}-W_{1D}}=\frac{1\ 282-608}{1\ 407-620}=0.86$$

全年其余9个月的倍比

$$K_{12-3}=\frac{W_{12P}-W_{3P}}{W_{12D}-W_{3D}}=\frac{210\times 12-1\ 282}{2\ 407-1\ 407}=1.24$$

计算成果见表4-3。

表4-3　设计年径流过程计算

分类	项目		计算各月及全年平均流量(m^3/s)												
			6	7	8	9	10	11	12	1	2	3	4	5	全年
典型年	1961～1962年		149	278	168	176	122	72.0	50.0	43.6	28.0	41.4	56.0	65.0	104
90%设计枯水年	同倍比	倍比	1.02	1.02	1.02	1.02	1.02	1.02	1.02	1.02	1.02	1.02	1.02	1.02	106
		设计过程线	152	284	171	180	124	73	51	44.5	28.6	42.2	57.1	66.3	
	同频率	倍比	1.03	1.03	1.03	1.03	1.03	1.03	1.03	0.82	0.96	0.82	1.03	1.03	106
		设计过程线	153	286	173	181	126	74.2	51.5	35.8	26.9	33.9	57.7	67.0	
典型年	1967～1968年		150	252	620	504	283	145	77.7	56.6	45.6	42.9	114	117	200
10%设计丰水年	同倍比	倍比	1.05	1.05	1.05	1.05	1.05	1.05	1.05	1.05	1.05	1.05	1.05	1.05	210
		设计过程线	158	265	651	529	297	152	81.6	59.4	47.9	45.0	120	123	
	同频率	倍比	1.24	1.24	0.98	0.86	0.86	1.24	1.24	1.24	1.24	1.24	1.24	1.24	210
		设计过程线	186	312	608	433	243	180	96.3	70.2	56.5	53.2	141	145	

学习单元3　具有短期实测径流资料时设计年径流计算

1　学习目标

(1)掌握具有短期实测径流资料时设计年径流量的分析计算方法。

(2)掌握具有短期实测径流资料时设计年径流量年内分配的分析计算方法。

2　学习内容

(1)年径流量系列的插补展延法。

(2)相关展延系列时须注意的问题。

3 任务实施

前面已详述了实测径流资料较长时,设计年径流量及其年内分配的计算。但是,要求所有设计断面具备较长的实测资料,显然是不可能的,因此必须设法解决资料不足时的计算问题。在这种情况下,主要采用展延系列的方法将短期系列展延为长期系列,然后以上节介绍的方法推求设计年径流及其年内分配。系列展延的方法一般用学习项目3的相关分析法,但要注意参证变量的选择。一般选择参证变量的条件是:参证变量与设计断面的年(月)径流量成因上有密切联系;参证变量具有充分长的实测资料,以利于用来展延出代表性较高的系列;参证变量与设计断面的实测年径流量之间有一段相当长的平行观测系列,以便用来建立相关关系。当然,对不同流域而言,最恰当的参证变量可以完全不同。对同一断面在不同年份按资料情况也可选用不同的参证变量。

相关展延系列时必须注意以下问题:

3.1 平行观测项数的多寡问题

假如平行观测项数过少,或观测时期气候条件反常,或其中个别年份有特殊的偏高,其相关结果将歪曲两变量间本来的关系。利用这种不能反映真实情况的相关关系来展延系列,势必带来系统误差。显然,平行观测项数愈多,则其相关关系愈可靠。因此,用相关法展延系列时,要求设计变量与参证变量平行观测项数不得过少,一般应在15~20项以上。

3.2 辗转相关问题

如果一条河流或不同的河流仅有一个测站的资料年限较长,上、下游几个站均需借助这一测站的资料进行插补延长,有时迫不得已还得用辗转相关。对于这种辗转插补延长的方法必须注意成果的精度。如图4-1所示,从长沙插补衡阳,衡阳插补祁阳,祁阳插补零陵,其各关系尚称密切。但若以长沙直接与零陵相关,则关系就不甚密切了,如图4-1上第四象限所示。实际上,由长沙辗转插补零陵,是将两个系列值的差异分散在各个中间关系中,表面上似乎第一、二、三象限的相关点据都很密切,但长沙和零陵的直接关系并不算好,对于零陵插补成果的精度是较差的。辗转相关常隐匿了实际上积累的巨大误差,给人以虚假现象,最终成为假相关。因此,最好不用辗转相关展延系列。当实在要用时,必须十分慎重,对于展延的成果应作合理性的分析,以此取舍。

3.3 假相关问题

为了说明假相关的概念,先看图4-2~图4-4。图4-2显示变量x和y之间的相关,在每一组中都是非常微弱的(接近于零),但是将两组资料组合在一起,相关系数却变得很高,这是一种假相关。图4-3显示变量x和y无相关存在,但如该两变量除以第三变量z后,则x/z和y/z便显示出某种关系,如图4-4所示。该图似乎表示,在估计y时,x能提供一定的信息,而事实上两者是无关系的,所以图4-4所显示的关系也是一种假相关。在建立相关关系时,当应用无因次量、标准化量或含有相同变量时,最容易出现这样一种假相关。例如,用径流模数与流域面积相关就会造成假相关。因此,为了避免假相关,应直接在原始变量之间寻求关系。

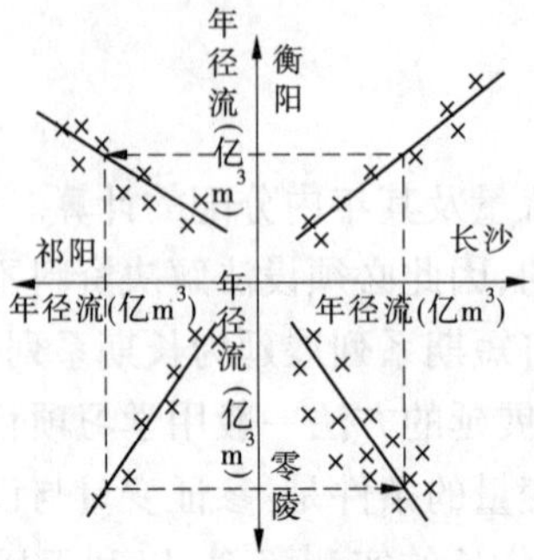

图 4-1　年径流量合轴相关图

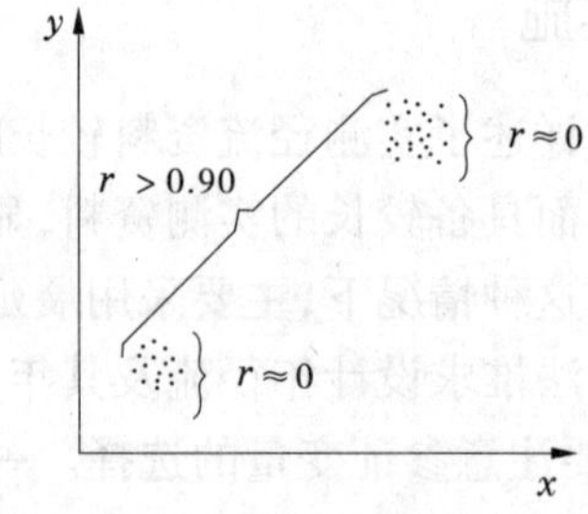

图 4-2　资料成群形成的假相关

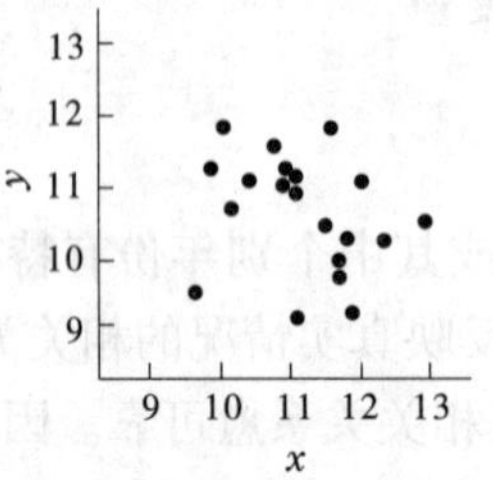

图 4-3　两变量无关系存在

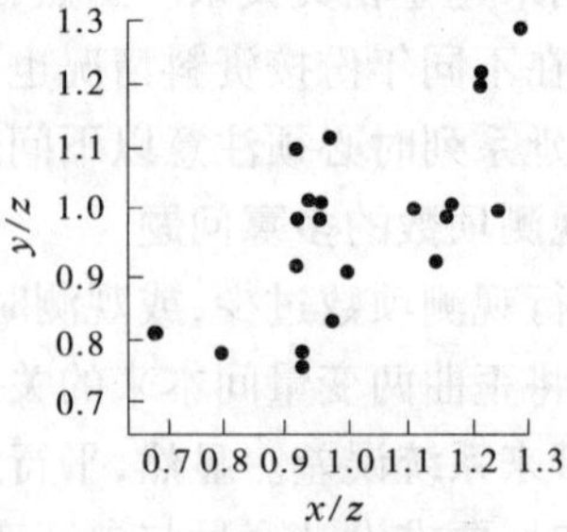

图 4-4　引入第三变量后形成的假相关

3.4　外延幅度问题

一般而言,利用实测资料建立的相关关系,只能反映在实测资料范围内的定量关系。若超出该范围插补展延资料,其误差将随外延的幅度加大而加大。因此,在实际应用相关线时,外延一般不宜超出实测资料范围太远。例如,对于年径流量不宜展延超过50%。

3.5　插补的项数问题

相关线反映的是平均情况下的定量关系。由相关线而得的插补值是最可能值,是平均值。而实际值则可大可小。对于展延后的系列,变化幅度将较实际情况较小。这使整个系列计算的变差系数偏小,最终影响成果的精度。因此,插补的项数以不超过实测值的项数为宜,最好不超过后者的一半。

学习单元 4　缺乏实测径流资料时设计年径流计算

1　学习目标

(1)掌握缺乏实测径流资料时利用等值线图法设计年径流量及年内分配的分析计算方法。

(2)了解水文比拟法。

2 学习内容

(1)正常径流深等值线图法。

(2)水文比拟法。

(3)年径流量 C_v 等值线图法。

3 任务实施

当缺乏资料时,设计年径流量及其分配的计算,主要依据水文特征值的地区分布规律。但在具体计算时,二者有一定的差别。现分别加以叙述。

3.1 设计年径流量的计算

要推求各种频率的年径流量,只要估算出年径流量分布的三个统计参数,即正常径流量、C_v 和 C_s 就可以了。因此,缺乏资料时推求设计年径流量,可归结为如何利用各种方法估算三个统计参数的问题。下面分别叙述估算三个统计参数的方法。

3.1.1 正常径流量(多年平均年径流量)的估算

3.1.1.1 正常径流深等值线图法

影响闭合流域的多年平均年径流量的主要因素是气候因素——降水与蒸发。由于降水量和蒸发量具有地理分布规律,所以多年平均年径流量也具有这一规律。因此,可以绘制多年平均年径流量等值线图,或称正常径流量等值线图,并用它来推求缺乏资料地区多年平均年径流量。为了消去流域面积这一非分区性因素的影响,多年平均年径流量等值线图总是以径流深(mm)或径流模数($m^3/(s \cdot km^2)$)表示,而不以平均流量(m^3/s)或径流总量(m^3)表示。将流域的多年平均年径流量(以深度或模数计),标记在各该流域的形心或平均高程处,并考虑各种自然地理因素(特别是气候、地形)的特点,勾绘等值线,然后用大流域站的资料加以校核调整,并和多年平均降雨量等值线图对照,消除不合理现象,构成适当比例的图形,以便应用。

3.1.1.2 水文比拟法

所谓水文比拟法,就是将参证流域的某一水文特征量移用到设计流域来的一种方法。这种移用是基于设计流域影响径流的各项因素与参证流域的各项因素极为相似。很明显,使用水文比拟法时,最关键的问题在于选择恰当的参证流域。参证流域应具有长期观测资料,其主要影响因素应与设计流域接近。所谓主要影响因素,对不同的水文特征量有所差异,就多年平均年径流量而言,其主要影响因素对较大流域应该是气候条件。对于小地区是地面高程和坡面方位,对于干旱地区是河床的水文地质条件、土壤性质和河床下切深度等。在特殊地区,要注意特殊自然地理条件的影响。

当设计站与参证站处于同一河流上、下游,并且参证流域面积与设计流域面积相差不大,或者两站不在一条河流上,但气候与下垫面条件相似时,可以直接把参证流域的多年平均年径流深 $Y_{参}$ 移用过来,作为设计流域的多年平均年径流深 $Y_{设}$,即

$$Y_{参} = Y_{设} \tag{4-8}$$

当两个流域面积相差较大,或气候与下垫面条件又有一定差异时,要将参证流域的多年平均流量 $Q_{参}$ 修正后再移用过来,即

$$Q_{设} = K_R Q_{参} \tag{4-9}$$

式中　K_R——考虑不同因素影响时的修正系数。

如果只考虑面积不同的影响,则

$$K_R = \frac{F_{设}}{F_{参}} \tag{4-10}$$

式中　$F_{设}$、$F_{参}$——设计流域与参证流域的面积,km^2。

如果考虑设计流域与参证流域上的多年平均降降雨量的不同,但径流系数接近时,其修正系数为

$$K_R = \frac{H_{设}}{H_{参}} \tag{4-11}$$

式中　$H_{设}$、$H_{参}$——设计流域及参证流域的多年平均年降雨量,mm,可以从水文手册中查得。

3.1.2　年径流量变差系数的估算

当缺乏径流资料时,年径流量 C_v 的估算通常应用下列几种方法。

3.1.2.1　年径流量 C_v 等值线图法

前面已经讲过,影响年径流量变化的因素主要是气候因素。在一定程序上,也可用等值线图来表示年径流量 C_v 值在地区上的变化规律。因此,可以应用年径流量 C_v 等值线图来估算无实测资料时流域年径流量的 C_v 值。

3.1.2.2　水文比拟法

在缺乏实测径流资料时,也可设法直接移用邻近测站的年径流量 C_v 值。移用参证流域的年径流量 C_v 值时要求满足下列条件:

(1)两测站所控制的流域特征大致相似。

(2)两流域属于同一气候区。

当考虑影响径流的因素有差异时,可采用修正系数 K,则设计流域年径流深变差系数 $C_{vY设}$ 为

$$C_{vY设} = KC_{vY参} \tag{4-12}$$

$$K = \frac{C_{vH设}}{C_{vH参}} \tag{4-13}$$

式中　$C_{vH设}$、$C_{vH参}$——设计流域及参证流域年降雨量的变差系数,可从水文手册中查得;

$C_{vY参}$——参证流域年径流深的变差系数,可从水文手册中查得。

3.1.3　年径流量偏态系数 C_s 的估算

当缺乏实测径流资料时,年径流量 C_s 值一般通过 C_s 与 C_v 的比值定出。根据水文比拟法可以将参证站 C_s 与 C_v 的比值直接移用或作适当的修正。在实际工作中,常采用 $C_s = 2C_v$。

3.2　设计径流年内分配的计算

求得上述三个统计参数后,根据指定的设计频率,查 P-Ⅲ型曲线模比系数 K_P 值表确定 K_P,然后按公式 $Q_P = K_P Q$,就可计算出设计年径流量 Q_P。

当设计流域缺乏实测径流资料时,广泛使用比拟法来推求设计年径流量的年内分配,

即可直接移用参证流域各种典型年的各月径流分配比乘以设计年径流量得设计年内分配。必须说明,在有些情况下,不直接移用参证流域的各月径流分配比,而是将参证流域典型年的径流资料用水文比拟法移到设计流域来。

4　案例分析

【例4-3】　求某水库($F=284\ km^2$)坝址处的丰水年(设计频率$P=10\%$)、平水年($P=50\%$)、枯水年($P=90\%$)三个典型年的设计年径流量及其年内分配。

解　1. 求设计年径流量

由多年平均年径流深及年径流量C_v等值线图(见图4-5)查得$\bar{y}=1\ 360$ mm,换算得$\overline{Q}=12.25\ m^3/s$,$C_v=0.26$,$C_s$采用$2C_v$。由P-Ⅲ型表查得各频率的设计年径流量如表4-4所示。

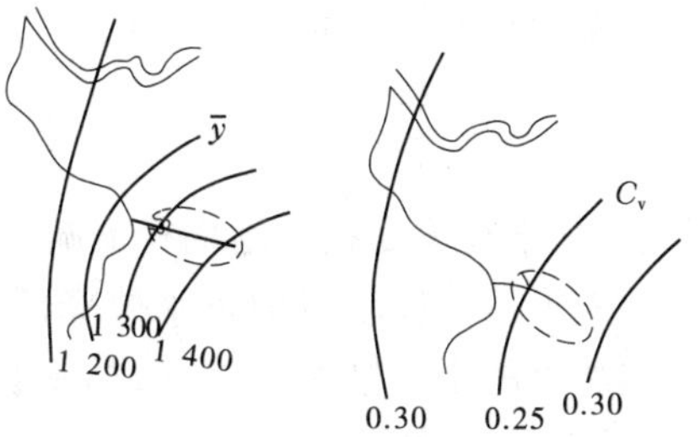

图4-5　多年平均年径流量$\bar{y}$及年径流C_v等值线图

表4-4　指定频率的设计年径流量计算表

P(%)	10	50	90
K_P	1.34	0.977	0.685
$Q_P(m^3/s)$	16.4	12.0	8.39

2. 求设计年内分配

根据水文手册上给出的本地区丰、平、枯三个典型年的年内分配百分比,乘以设计年径流量(还要乘以年内的月数12)即得设计年内分配,见表4-5。

表4-5　设计径流年内分配计算表

项目	1月	2月	3月	4月	5月	6月	7月	8月	9月	10月	11月	12月	全年
丰水典型年分配百分比(%)	1.6	2.7	11.0	18.3	28.6	11.8	5.2	6.1	3.2	4.2	3.6	3.7	100
$P=10\%$设计月径流量(m^3/s)	3.1	5.3	21.6	36.0	56.3	23.2	10.2	12.2	6.3	8.3	7.1	7.3	16.4×12
平水典型年分配百分比(%)	3.1	2.8	9.8	9.3	27.3	20.2	10.2	5.9	2.9	4.0	2.6	1.9	100
$P=50\%$设计月径流量(m^3/s)	4.5	4.0	14.1	13.4	39.3	29.1	14.7	8.5	4.2	5.8	3.7	2.7	12.0×12
枯水典型年分配百分比(%)	1.0	3.3	10.5	13.2	13.7	36.6	7.3	5.9	2.1	3.5	1.7	1.2	100
$P=90\%$设计月径流量(m^3/s)	1.0	3.3	10.6	13.3	13.8	36.8	7.3	5.9	2.1	3.5	1.7	1.2	8.39×12

学习单元5　枯水径流分析计算

1　学习目标

(1)了解枯水径流量的分析计算方法。
(2)了解枯水径流量年内分配的分析计算方法。

2　学习内容

(1)具有长期资料情况下的枯水径流分析计算。
(2)具有短期资料情况下的枯水径流分析计算。
(3)缺乏资料情况下的枯水径流分析计算。

3　任务实施

对于一个水文年度,河流的枯水径流是指当地面径流减少,河流的水源主要靠地下水补给的河川径流。一旦当流域地下蓄水耗尽或地下水位降低到不能再补给河道时,河道内出现断流现象。这就会引起严重的干旱缺水。因此,枯水径流与工农业供水和城市生活供水等关系甚为密切,必须予以足够的重视。

设计枯水径流量计算和分析,随水文资料情况的不同而有所差别,现分为三种资料情况叙述。

3.1　长期资料情况下设计枯水径流量的计算

3.1.1　资料的审查分析

设计枯水径流量频率计算,一般要求具有20年以上的实测资料。对实测资料,要作审查分析以确定资料系列的可靠性、一致性和代表性。审查的原则和方法大致同前所述,只是枯水径流的可靠性和一致性的审查应予以足够的重视。分析的重点是枯水流量的测验误差和人类活动的影响。

3.1.1.1　测验误差

通常枯水测验往往测次少,垂线布置稀疏,加之枯水径流的测验也有一些实际困难,低水时期流速本身较小及流速仪性能所限,难以精确测定。此外,河床演变、水草生长、冰花等因素的影响,也使测验精度降低,相对误差增大。

3.1.1.2　人类活动的影响

人类活动对枯水径流的影响很大。河流上修建了水库,径流受到调节,流域内植树造林,可以增加地下蓄水量,增大枯水径流;上游提水灌溉或筑坝取水,甚至可以使下游发生断流现象,改变枯水径流量数值。因此,在对枯水资料进行审查分析时,除考虑测验误差外,尚需分析人类活动对枯水径流的影响,根据不同影响因素,用不同方法对枯水径流进行改正和还原。

3.1.2　设计枯水径流量的计算

设计枯水径流量频率计算方法和年径流量原则上是一样的,即将枯水流量系列,按频率计算的要求直接点绘在概率格纸上，然后按照经验点据的位置目估配线，或者只绘制经验频率曲线。在具体计算中会出现以下两种情况，须作特殊处理。

3.1.2.1 $C_s < 2C_v$ 时对频率曲线的处理

对枯水流量频率计算时，经配线 C_s 常有可能出现小于 $2C_v$ 的情况，使得在设计频率较大（如 $P=97\%$，$P=98\%$，…）时，所推求的设计枯水流量有可能会出现小于零的数值，这是不符合水文现象规律的，目前常用的处理方法是用零来代替。

3.1.2.2 $C_s < 0$ 时对频率曲线的处理

水文特征值的频率曲线在一般情况下都是呈凹下的形状，但枯水流量的经验分布，有时会出现凸上的趋势，如图4-6所示，如用矩法公式计算 C_s，则 $C_s < 0$，因此必须用负偏频率曲线对经验点据进行配线。而现有的P－Ⅲ型曲线离均系数 Φ_P 值或 K_P 值由查表所得均属于正偏情况，故不能直接应用于负偏分布的配线，需作一定的处理，经数学计算可得：

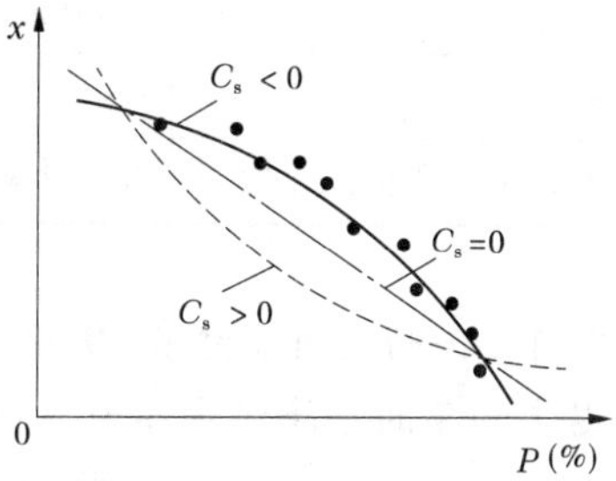

图4-6 负偏频率曲线

$$\Phi(-C_s, P) = -\Phi(C_s, 1-P) \qquad (4\text{-}14)$$

也就是说，当 C_s 为负时频率 P 的 Φ 值与当 C_s 为正时频率 $1-P$ 的 Φ 值，其绝对值相等，符号相反。

3.2 有短期资料情况下设计枯水径流量的计算

当实测枯水资料不足20年或虽有20年左右的资料，但经分析资料代表性较差，以及资料不连续有缺测时，应设法将资料进行插补或展延，然后按前述方法进行频率计算。展延枯水径流的方法可采用上下游枯水流量相关、本流域与邻近流域枯水相关和本站水位与流量相关进行枯水流量展延。

3.3 缺乏资料情况下设计枯水径流量的计算

资料缺乏时，设计枯水径流量的计算通常应用等值线图法、水文比拟法等，当参证站与设计站同在一条河上下游时，可以采用与年径流量一样的面积比方法修正枯水流量。另外，各地还有计算枯水流量的经验公式，也可查用。使用以上几种方法中，都必须对流域进行查勘和必要的枯水测验，以修正计算的成果。

知识训练

4-1 何谓年径流？它的表示方法和度量单位是什么？

4-2 人类活动对年径流有哪些方面的影响？如何影响年径流及其变化？

4-3 简述年径流年内、年际变化的主要特征。

4-4 水文资料的“三性”审查指的是什么？如何审查资料的代表性？

4-5 如何分析判断年径流系列代表性的好坏？怎样提高系列的代表性？

4-6 缺乏实测资料时，怎样推求设计年径流量？

4-7 水文比拟法的实质怎样？在推求设计年径流量时如何运用这一方法？

4-8 推求设计年径流量的年内分配时，应遵循什么原则选择典型年？

4-9　某站年径流系列符合 P－Ⅲ型分布，其中 $\overline{R}=650$ mm，$\sigma=162.55$ mm，$C_s=2C_v$，试计算设计保证率 $P=90\%$ 时的设计年径流量。

4-10　某水库设计保证率 $P=80\%$，设计年径流量 $Q_P=8.76$ m³/s，从坝址 18 年径流资料中选取接近设计年径流量，且分配较为不利的 1953～1954 年作设计代表年（典型年），其分配过程列于表 4-6 中，试求设计年径流量的年内分配。

表 4-6　某水库 1953～1954 年（典型年）径流过程

年份	1953								1954				年平均
月份	5	6	7	8	9	10	11	12	1	2	3	4	
Q(m³/s)	6.00	5.28	32.9	26.3	5.84	3.55	4.45	3.27	3.75	4.72	5.45	4.18	8.81

4-11　山西某河某站有 49 年实测降水资料，见表 4-7。试求 10 年一遇枯水年和 10 年一遇丰水年的年降水量各为多少？

表 4-7　山西某河某站实测降水资料

年份	年降水量（mm）	年份	年降水量（mm）	年份	年降水量（mm）	年份	年降水量（mm）	年份	年降水量（mm）
1956	795.0	1966	524.7	1976	540.2	1986	390.8	1996	497.3
1957	445.0	1967	549.3	1977	575.2	1987	548.5	1997	387.5
1958	567.1	1968	452.7	1978	588.7	1988	648.3	1998	448.5
1959	758.7	1969	491.4	1979	516.3	1989	402.8	1999	325.6
1960	466.5	1970	395.5	1980	460.4	1990	514.0	2000	439.3
1961	535.5	1971	399.9	1981	402.3	1991	433.9	2001	289.1
1962	404.2	1972	330.7	1982	513.9	1992	453.2	2002	463.1
1963	514.3	1973	714.9	1983	498.4	1993	340.4	2003	421.9
1964	672.8	1974	347.0	1984	268.1	1994	512.9	2004	474.2
1965	252.0	1975	327.5	1985	427.6	1995	538.4		

4-12　设某站只有 1998 年一年的实测径流资料，其年平均流量 $\overline{Q}=128$ m³/s。而临近参证站（各种条件和本站都很类似）则有长期径流资料，并知其 $C_v=0.30$，$C_s=2C_v$，它的 1998 年的年径流量在频率曲线上所对应的频率恰为 $P=90\%$。试按水文比拟法估算本站的多年平均流量 $\overline{Q}$。

学习项目5 设计洪水分析计算

学习单元1 基本知识

1 学习目标

(1)理解设计洪水的标准和含义。
(2)了解设计洪水计算的途径与方法。

2 学习内容

(1)设计洪水计算的目的。
(2)设计洪水的概念和设计标准。
(3)设计洪水计算的内容和方法。

3 任务实施

3.1 设计洪水计算的目的

流域内发生暴雨或融雪时所形成的大量地面径流,迅速汇入河流,使河流中流量激增,水位猛涨,这便形成了洪水。流域上每发生一次洪水,在水文站测流断面上就可测到一条相应的洪水流量过程线。设计洪水计算的目的是通过对暴雨、洪水等资料的分析,寻求它们的规律,从而对未来长时期内的洪水情势作出切实可靠的预估,推求出在设计地点将来可能出现的符合设计标准的洪水,为水利水电部门以及其他如铁路、公路、桥涵、港口、城市等防洪措施的规划设计提供必要的水文依据。

3.2 设计洪水和设计标准

在水利水电工程设计时,为了建筑物本身的安全和防护区的安全,必须按照某种标准的洪水进行设计,这种作为水工建筑物设计依据的洪水称为设计洪水。它包括洪峰流量、洪水总量和洪水过程线三部分。如果设计洪水定得过大,工程安全所承担的风险小些,但由于工程规模过大,造价增加很多而不经济;反之,如果设计洪水定得过小,虽然工程造价降低,但工程遭受破坏的风险却增大了。因此,合理分析计算设计洪水是正确解决工程规划设计中安全与经济矛盾的重要环节。

工程设计中,如何选择对设计的水工建筑物较为合适的洪水作为依据,涉及一个标准问题,称为设计标准。所谓设计标准就是工程遭受破坏的风险。设计标准原则上可以通过投资与效益的综合经济分析来选定。然而,由于洪水年年不同,年际变化具有明显的随机性,也就是说我们不可能确切地知道今后工程运行期间将要发生多大的洪水;另外,在进行经济分析时,工程失事后的好多间接损失及人员伤亡的经济价值等很难估算,因此如何确定设计标准,使工程既经济又安全,一直是个要研究的问题。目前,在防洪安全设计工作中,仍然只得采用统一规定的洪水频率作为标准。

水利水电工程建筑物的设计标准取决于建筑物的等级,并分为正常应用(设计标准)和非常应用(校核标准)两种情况。按正常运用的洪水标准算出来的洪水称为设计洪水,用它来决定水利水电枢纽工程的设计洪水位、设计泄洪流量等,见表5-1。

表5-1　永久性水工建筑物正常运用的洪水标准

建筑物级别	1	2	3	4	5
洪水重现期(年)	2 000 ~ 500	500 ~ 100	100 ~ 50	50 ~ 30	30 ~ 20

当河流发生比设计洪水更大的洪水时,选定一个标准,称为校核标准,要求建筑物不得被破坏,但允许一些次要建筑物被损毁或失效,这种情况称为非常运用情况(见表5-2)。校核洪水大于设计洪水,但工程设计时,对于两种情况采用不同的安全系数和不同的超高,有时设计洪水反而控制建筑物的尺寸,所以设计计算时一般应考虑两种标准的洪水。

表5-2　永久性水工建筑物非常运用的洪水标准下限值

不同坝型的枢纽工程	建筑物级别				
	1	2	3	4	5
	洪水重现期(年)				
土坝、堆石坝、干砌石坝	10 000	2 000	1 000	500	300
混凝土坝、浆砌石坝和其他水工建筑物	5 000	1 000	500	300	200

3.3　风险率

在河流、湖泊等水体上一旦修建了防洪工程,它们本身的安全和正常工作的条件都受到洪水的威胁。这就产生了一个问题:为了减轻洪水的威胁,需要修建多大规模的工程。防洪工程的规模要根据防洪任务而定,或说与我们希望解决问题的程度有关,因此就有一个防洪标准的问题。工程的防洪标准用工程的破坏率 P 表示。破坏率是指工程建成后很长时期内平均遭受破坏的可能性,即遭受破坏的概率。例如,某水库的防洪标准是1%,或说"百年一遇",其含义是指水库建成后的很长时期内平均每一百年中可能有一年遭到破坏,或者说其安全的可能性平均为99%。但是,人们更关心工程建成后在使用年限内的破坏情况,对此作如下说明:

设每年的年最大洪峰流量为 Q。若已知 $P(Q \geqslant Q_p) = P$,当按 Q_P 设计水工建筑物时,每年出现超过 Q_P 的洪峰流量的概率为 P,即工程每年都有一定的风险承担超过原设计的洪峰流量 Q_P 的洪水。若工程的使用年限为 K 年,则由概率论可知,K 年期间内洪峰流量都不超过 Q_P 的概率应该为 $P\{Q < Q_P\} = (1-P)^K$,那么 K 年期间出现超过 Q_P 的事件的概率为

$$S_K = 1 - P\{Q < Q_P\} = 1 - (1 - P)^K$$

S_K就是工程连续 K 年运行期间遭到破坏的概率,简称破坏率,也称风险率。它反映了工程在运行期间所冒风险的大小。若 $P=1\%$,且 $K=100$ 年,则在工程建成后的100年期间。出现超标准洪水的可能性,即工程的破坏率 S_K 为0.634。直观地说,若有1 010座水库,均按 $P=1\%$ 的设计洪水设计,其中有634座水库在其正常寿命($N=100$)年期间,将遭受一次或一次以上的超标准洪水,从而危及水库的安全,只有其余366座水库可以安全工作到100年。因此,水库的洪水设计标准即选定百年一遇、千年一遇或万年一遇,汛期也是不能掉以轻心的。

3.4 设计洪水计算内容和方法

设计洪水计算内容一般包括设计洪峰流量、不同时段的设计洪水总量和设计洪水过程线三项。工程特点不同和设计要求不同,需要计算的设计洪水内容和重点也不同。如无调蓄能力的堤防和桥涵工程,只要计算设计洪峰流量即可,因为它对工程起控制作用;如蓄洪区,则主要计算设计洪水总量;而水库工程,因为确定防洪库容的洪水不仅与洪峰流量有关,而且与时段洪量以及洪水过程线的形状也有关。因此,需要计算的不仅是设计洪峰流量、某时段的设计洪量,还需要计算完整的设计洪水过程线(当水库下游还有防洪要求或梯级水库时,还要计算设计洪水的地区组成)。

根据资料条件和设计要求,推求设计洪水的基本方法有以下三种。

3.4.1 由流量资料推求设计洪水

该法是先分别对洪峰流量和各时段洪量进行频率计算,求得设计洪峰流量和各时段的设计洪量;而后选择适当的典型洪水过程线,用设计洪峰与设计洪量控制对它进行放大,得出设计洪水过程线。

3.4.2 由暴雨资料推求设计洪水

该法是先求设计暴雨,再经产流和汇流计算,最后求得设计洪水。此外,还可以根据水文气象资料,用成因分析的方法推求出可能最大暴雨,然后经过产流、汇流计算得出可能最大洪水。

3.4.3 利用暴雨等值线图和一些简化公式估算

对于缺乏实测资料地区,通常只能利用暴雨等值线图和一些简化公式等间接方法估算设计洪水。有关这类图、公式或一些经验数据,在各省(区)编印的暴雨洪水图集(或称暴雨洪水查算手册)中均有刊载,可供小流域无资料地区使用。

必须指出:无论采用上述哪种方法来推求设计洪水,都要在工程断面附近进行历史洪水调查,其成果可用来参加计算或作分析论证的依据。上述各种方法并不彼此排斥,而是相辅相成的。有条件时,可同时使用几种方法,相互印证,经综合分析,合理选定成果。

学习单元2 由流量资料推求设计洪水

1 学习目标

(1)了解特大洪水调查的意义。

(2)了解特大洪水的调查方法。

(3)掌握特大洪水加入系列后的频率计算。

(4)掌握设计成果的合理性分析方法。

2 学习内容

(1)历史特大洪水的调查和考证。

(2)历史特大洪水加入系列后峰量频率计算。

(3)设计洪水过程线的推求。

(4)设计成果的合理性分析和安全保证值的确定。

3 任务实施

3.1 历史特大洪水的调查和考证

3.1.1 历史特大洪水调查的意义

我国河流的实测流量资料系列一般不长,通过插补延长的系列也极其有限。若只根据短系列资料做频率计算,所得成果很不稳定。往往出现一次新的大洪水以后,就使设计数值发生变动,如果在频率计算中能够正确利用特大洪水资料,所得成果就比较稳定。例如1955年规划河北省滹沱河黄壁庄水库时,按当时具有的1919~1955年期间20年实测洪水资料推求千年一遇设计洪峰流量 Q_m =7 500 m^3/s。1956年发生了一次洪峰流量为13 100 m^3/s的特大洪水,显然原设计成果值得怀疑。将1956年特大洪水直接加入实测系列组成21年的样本资料,对此样本直接进行频率计算也是不合适的,而应结合历史洪水调查,对特大洪水进行处理,提高样本的代表性,使得成果稳定、可靠。后在滹沱河调查到1794年、1853年、1917年和1939年4次特大洪水,再将1956年洪水和历史调查洪水作为特大值处理,得千年一遇设计洪峰 Q_m =22 600 m^3/s,比原设计值大80%,1963年又发生了一次大洪水,洪峰流量为12 000 m^3/s,若将其作为特大洪水也加入样本,得千年一遇设计洪峰流量 Q_m =23 500 m^3/s。这次计算的洪峰流量只变化了4%,显然设计值已趋于稳定。由此可看出特大洪水处理的重要性。

所谓特大洪水,是指比系列中一般洪水大得多的洪水,并且通过洪水调查可以确定其量值大小及其重现期者。历史上的一般洪水是没有文字记载的,没有留下洪水痕迹,只有特大洪水才有文献记载和洪水痕迹可供查证,所以调查到的历史洪水一般就是特大洪水。

特大洪水可以发生在实测流量期间的 n 年之内,也可以发生在实测流量期间的 n 年之外,前者称资料内特大洪水,后者称资料外特大洪水(历史特大洪水),见图5-1和图5-2。

3.1.2 历史特大洪水的调查方法

历史洪水调查的主要内容有:洪水发生时间、洪水位、洪水过程、主流方向、断面冲淤变化及影响河道糙率的因素,并了解雨情、灾情、洪水来源,有无漫流、分流、壅水、死水,以及流域自然条件等情况。在此基础上,还要进行洪痕迹高程测量及行洪断面测量。

洪水调查的方法是进行访问、实地查勘和查阅历史文献档案。

在历史洪水的洪峰、洪量定量以后,要对历史洪水在某一时期内的排位加以分析,即确定它们的排位期 N 和排位序号 M,以计算它们的经验频率。

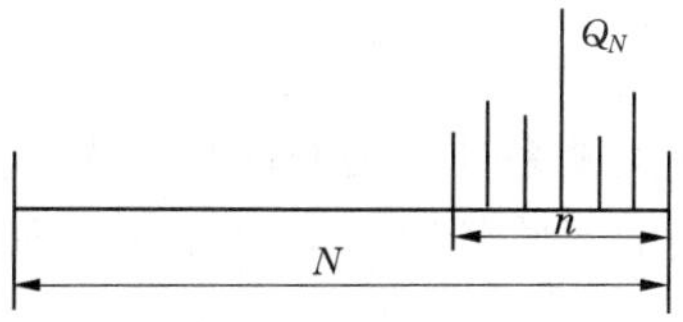

图 5-1 资料内特大洪水示意图

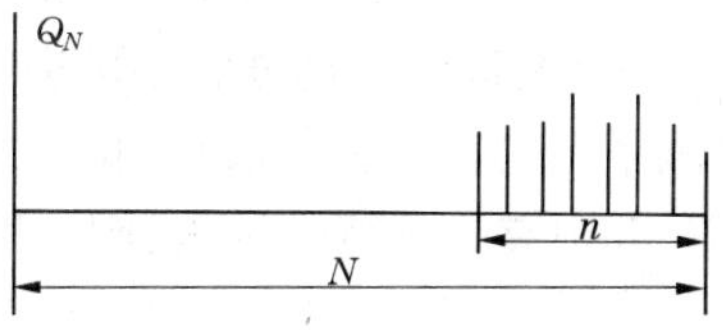

图 5-2 资料外特大洪水(历史特大洪水)示意图

排位分析时常可分出三种排位期:

(1)考证期 N_1。自有较详细的文献记载年份至今的长系列,经过文献的考证,了解其间发生的大洪水情况,这个时期常称为考证期。考证期内一般只有少数历史洪水可定量,大多数难以确切地定量。

(2)调查期 N_2。自有较详细的调查洪水成果的年份至今的时期,因为通过调查访问及时对历史文献资料、实测洪水资料的分析对照,对此期间最大的几次洪水的发生时间、洪峰流量及洪水总量、排位情况已比较清楚。

(3)实测期 n。自有实测资料年份至今的时期,称为实测期。

3.2 历史特大洪水加入系列后峰量频率计算

3.2.1 经验频率的计算

洪水系列(洪峰或洪量)有两种情况:一是系列中没有特大洪水值,在频率计算时,各项数直接按大小顺序统一排位,各项之间没有空位,序数 m 是连序的,称为连序系列。二是系列中有特大洪水值,特大洪水值的重现期(N)必然大于实测系列年数 n,而在 $N-n$ 年内各年的洪水数值无法查得,它们之间存在一些空位,由大到小是不连序的,称为不连序系列。

连序系列中各项经验频率,已在学习项目 3 中论述,是采用数学期望公式来估算的。

不连序系列的经验频率,有以下两种估算方法。

3.2.1.1 独立样本法

独立样本法是把包括历史洪水的长系列(N 年)和实测的短系列(n 年)看作是从总体中随机抽取的两个独立样本,各项洪峰值可在各自所在系列中排位。因为两个样本来自同一总体,符合同一概率分布,故适线时仍可把经验频率绘在一起,共同适线。

一般洪水的经验频率为

$$P_m = \frac{m}{n+1} \tag{5-1}$$

特大洪水的经验频率为

$$P_M = \frac{M}{N+1} \tag{5-2}$$

式中 P_m——实测系列第 m 项经验频率;

m——实测系列由大到小排列的序号;

n——实测系列的年数;

P_M——特大洪水第 M 序号的经验频率;

M——特大洪水由大至小排列的序号；

N——自最远的调查考证年份迄今的年数。

当实测系列内有特大洪水时，此特大洪水亦应在实测系列中占有序号。例如，实测资料为 30 年，其中有一个特大洪水，则一般洪水最大项的经验频率 $P=(1+1)/(30+1)=0.0645$。

3.2.1.2　统一样本法

将实测系列与特大洪水系列共同组成一个不连序系列，作为代表总体的一个 N 年样本，则样本中各项的频率分布在[0,1]区间内，而 n 年实测的一般洪水是 N 年样本的组成部分，由于它们都不超过 N 年不连序系列中为首的 a 项洪水，因此其频率分布不再是 0 到 1，而只能是 P_a 到 1。这里 P_a 代表按大小排列后第 a 项大洪水的经验频率，也用式(5-2)计算。于是对 n 项实测一般洪水中第 m 项的经验频率则为

$$P_m = P_a + (1 - P_a) \times \frac{m}{n+1} \tag{5-3}$$

式中，$m=1,2,\cdots,n$。

若实测系列中有 l 项作为特大值处理，则为

$$P_m = P_a + (1 - P_a) \times \frac{m-l}{n-l+1} \tag{5-4}$$

式中，$m=l+1,l+2,\cdots,n$。

对于 a 项特大洪水，仍用式(5-2)计算其每项的经验频率。

3.2.2　频率曲线线型选择

样本系列各项的经验频率确定后，就可以在频率格纸上确定经验频率点据的位置，点绘时，可用不同符号分别表示实测、插补和调查的洪水点据，其为首的若干个点据应标明其发生年份。通过点据中心，可以目估绘制出一条光滑的曲线，称为经验频率曲线。由于经验频率曲线是由有限的实测资料算出来的，当求稀遇设计洪水数值时，需要对频率曲线进行外延，而经验频率曲线往往不能满足这一要求，为使设计工作规范化，我国从 20 世纪 60 年代以后统一采用皮尔逊Ⅲ型曲线作频率计算。

3.2.3　统计参数的确定

我国规范规定统一采用目估配线法。在用矩法初估参数时，对不连序系列，公式的原理与连序系列相同，但形式有所不同，计算公式如下：

$$\bar{x} = \frac{1}{N}\left(\sum_{j=1}^{a} x_j + \frac{N-a}{n-L}\sum_{i=L+1}^{n} x_i\right) \tag{5-5}$$

$$C_v = \frac{1}{\bar{x}}\sqrt{\frac{1}{N-1}\left[\sum_{j=1}^{a}(x_j-\bar{x})^2 + \frac{N-a}{n-L}\sum_{i=L+1}^{n}(x_i-\bar{x})^2\right]} \tag{5-6}$$

式中　x_j——特大洪水的洪峰流量或时段洪量，m^3/s 或 m^3，$j=1,2,\cdots,a$；

x_i——实测一般洪水的洪峰流量或时段洪量，m^3/s 或 m^3，$i=L+1,L+2,\cdots,n$；

a——特大洪水的个数，包括实测期中的 L 个。

用矩法公式计算的 C_s 值抽样误差很大，一般不直接计算，同样初步假定它与 C_v 的倍比，最后通过适线确定。

3.2.4 推求设计洪峰、洪量

根据上述方法计算的参数初估值,用适线法求出洪水频率曲线,然后在频率曲线上求得相应于设计频率的设计洪峰和各统计时段的设计洪量。

3.3 设计成果的合理性分析和安全保证值

为了防止资料代表性差,或计算方法的不足带来的偏差,特别是抽样误差,应对设计洪水成果进行合理性分析,以保证设计成果的质量。

进行合理性分析的基本途径是水量平衡检查、洪水统计参数及设计值的地区分布规律分析以及各种影响因素与洪水之间关系的合理性分析。

3.3.1 本站各洪水要素分析成果之间的比较

在洪水资料充分的流域,可分别对洪峰流量、各时段洪量进行频率计算,这时应先从本站各种历时洪量频率曲线之间的关系来检查。要求不同历时洪量的曲线在同一张频率格纸上两端使用的范围内不得交叉,并保持合理的间距。当发现有不合理现象时,应检查原始资料和设计过程中有无错误或统计参数选择有无不当。

其次是分析洪峰流量与不同的时段洪量统计参数之间的关系。一般情况下,各种时段的洪量与洪峰流量的统计参数或设计值之间存在某种关系,例如洪峰流量均值或设计值与各个时段洪量均值或设计值应是逐渐减小的。

变差系数也有一定的变化规律,多数情况下不同时段的洪量变差系数随时段增长而减小,但也有特殊情况,应结合具体情况具体分析。

3.3.2 与上下游、干支流及邻近地区各河流的频率分析成果相比

同一河流上,如上下游气候、地形等条件相似,则洪峰流量及洪量的均值应自上游向下游递增,其模数则由上游向下游递减,C_v 值也自上游向下游稍有减小,见表5-3。当上下游气候、地形等条件不相一致,各项参数计算成果的变化比较复杂时,应结合其流域及暴雨分布的特性加以分析,判断其变化是否符合应有的规律。例如,永定河官厅以上为干旱少雨区,洪水模数小;而永定河官厅以下至三家店区间为大暴雨区,洪水模数较大。因此,在永定河官厅以下,随面积加大,洪水模数反而增加。

表5-3 汉江各站30 d洪量 C_v 值

测站编号	站名	控制面积(km^2)	C_v
1	安康	41 400	0.63
2	白河	59 100	0.59
3	陨县	74 900	0.57
4	丹江口	95 200	0.56
5	襄阳	103 300	0.55
6	碾盘山	142 300	0.53

3.3.3 与暴雨的频率分析计算成果相比

暴雨统计参数与相应洪量的统计参数有一定的关系。洪水径流深(均值或设计值)应小于相应天数的暴雨深(均值或设计值),一般情况下,由于大暴雨的径流系数较小暴雨的为大,汇流较小暴雨的为快,因而洪峰的 C_v 值大于洪量的 C_v 值,以及洪量的 C_v 值大于相应暴雨的 C_v 值。

3.3.4 不同计算方法的设计成果相互比较和论证

对于短缺资料的小流域,应尽可能采用几种方法计算设计洪水,相互比较和论证。另外,同一工程不同设计阶段,如可行性研究阶段、初步设计阶段等的设计洪水成果要进行对比分析,如发现有较大差异,应查明原因,最后确定合理的设计成果,并对其作出必要说明。

3.3.5 安全修正值问题

在设计洪水计算中虽然可以用不同方法来提高系列的代表性,但所掌握的暴雨或洪水系列毕竟是一个样本。由样本的统计参数去估计总体的统计参数,进而求得设计值,必然存在抽样误差。

对某一具体的样本而言,抽样误差是正是负,是大是小,只能通过对原始资料的精度分析、对样本的代表性以及统计参数的合理性分析等方法作出定性的估计,使采用设计成果时做到心中有数。对于重要的中小型工程,如果经过综合分析发现设计值有可能偏小,为了安全起见,可在校核洪水设计值上加上一安全保证值。

3.4 设计洪水过程线

设计洪水过程线是指具有某一设计标准的洪水过程线。但是,洪水过程线的形状千变万化,且洪水每年发生的时间也不相同,它是一种随机过程,目前尚无完善的方法直接从洪水过程线的统计规律求出一定频率的过程线。为了适应工程设计要求,目前仍采用放大典型洪水过程线的方法,使其洪峰流量和时段洪水总量的数值等于设计标准的频率值,即认为所得的过程线是待求的设计洪水过程线。

放大典型洪水过程线时,根据工程和流域洪水特性,可选用同频率放大法或同倍比放大法。

3.4.1 典型洪水过程线的选择

典型洪水过程线是放大的基础,从实测洪水资料选择典型时,资料要可靠,同时考虑下列条件:

(1)选择峰高量大的洪水过程线,其洪水特性接近于设计条件下稀遇洪水情况。

(2)要求洪水过程线具有一定的代表性,即它的发生季节、地区组成、洪峰次数、峰量关系等能代表本流域上大洪水的特性。

(3)从水库防洪安全着眼,选择对工程防洪运用较为不利的大洪水典型,如峰型比较集中、主峰靠后的洪水过程。

一般按上述条件初步选取几个典型,分别放大,并经调洪计算,取其中偏于安全的作为设计洪水过程线的典型。

3.4.2 放大方法

目前,采用的典型放大方法有峰量同频率控制方法(简称同频率放大法)和按峰或量同倍比控制方法(简称同倍比放大法)。

3.4.2.1 同频率放大法

同频率放大法要求放大后设计洪水过程线的峰和不同时段(1 d、3 d、…)的洪量均分别等于设计值。具体做法是先由频率计算求出设计的洪峰值 Q_{mP} 和各种不同时段的设计洪量值 W_{1P}、W_{3P}、…,并求典型过程线的洪峰 Q_{mD} 和各种不同时段的洪量 W_{1D}、W_{3D}、…,然后按洪峰、最大1 d洪量、最大3 d洪量、…的顺序,采用以下不同倍比值分别将典型过程进行放大。各种放大倍比的计算公式如下:

$$K_{Q,\mathrm{m}} = \frac{Q_{\mathrm{m}P}}{Q_{\mathrm{m}D}} \tag{5-7}$$

$$K_1 = \frac{W_{1P}}{W_{1D}} \tag{5-8}$$

$$K_{2-1} = \frac{W_{2P} - W_{1P}}{W_{2D} - W_{1D}} \tag{5-9}$$

式中 W_{1P}、W_{2P}——T_1、T_2时段的设计洪量($T_2 > T_1$),m^3;

W_{1D}、W_{2D}——典型洪水过程中最大的 T_1、T_2时段的洪量,m^3。

需要说明的是,典型洪水短时段洪量包含在长时段洪量之中,得出的洪水过程线上的洪峰和不同时段的洪量,恰好等于设计值。时段划分视过程线长度而定,但不宜太多,一般以3段或4段为宜。由于各时段放大倍比不相等,放大后的过程线时段分界处出现不连续现象,此时可徒手修匀,修匀原则是水量平衡原理,使徒手修匀后的洪水过程线的洪峰和各历时洪量都符合同一设计标准,也即应保持洪峰和各时段洪量等于设计值,这样设计成果受典型洪水影响较小。如放大倍比相差较大,要分析原因,采取措施,消除不合理的现象。

3.4.2.2 同倍比放大法

同倍比放大法,即用同一放大系数放大典型洪水过程线的流量坐标,使放大后的洪峰流量或控制时段的洪量恰好满足指定的频率。由此条件可得出放大系数 K 的计算公式如下:

$$K = \frac{Q_P}{Q_D} \tag{5-10}$$

或

$$K = \frac{W_P}{W_D} \tag{5-11}$$

式中 K——放大系数;

Q_P——设计洪峰流量,m^3/s;

Q_D——典型洪水的洪峰流量,m^3/s;

W_P——t_k 时段的设计洪量,m^3;

W_D——t_k 时段典型洪水过程的洪量,m^3。

4 案例分析

【例5-1】 某河水文站实测洪峰流量资料共25年,历史特大洪水资料1年,按不连序系列经验频率公式计算,经验频率点据和经验频率曲线如图5-3所示。现采用矩法估算参数初试值,推求百年一遇的洪峰流量。

解 按式(5-5)、式(5-6)计算洪峰流量的均值、变差系数为:$\overline{Q}=7\ 739\ \mathrm{m^3/s}$,$C_v=0.29$。

为了便于查表,可先取 $C_v=0.30$、$C_s=3.5C_v$,查附表2得各种 P 值的 K_P 值,列入表5-4第②栏,按 $Q_P=K_P\overline{Q}$ 算得 Q_P 值列入第③栏。将表5-4的第①、③栏的对应数值点绘在图5-3上,与经验频率比较,发现曲线的中上部点据偏于经验点据下方较多,而尾部偏高,根据此情况加大 C_v 值,进行第二次配线。取 $C_v=0.35$,$C_s=3.5C_v$ 计算成果列入表5-4的第④、⑤栏,配合结果较为合适,如图5-3中实线所示。以上参数即为所求,百年一遇的洪峰流量为16 329 $\mathrm{m^3/s}$。

表5-4 频率曲线配线计算表

频率	第一次配线		第二次配线	
	$\overline{Q}=7\ 739\ \mathrm{m^3/s}$,$C_v=0.30$,$C_s=3.5C_v$		$\overline{Q}=7\ 739\ \mathrm{m^3/s}$,$C_v=0.35$,$C_s=3.5C_v$	
P(%)	K_P	$Q_P(\mathrm{m^3/s})$	K_P	$Q_P(\mathrm{m^3/s})$
①	②	③	④	⑤
1	1.92	14 859	2.11	16 329
2	1.77	13 698	1.92	14 859
5	1.57	12 150	1.67	12 924
10	1.40	10 835	1.47	11 376
20	1.22	9 442	1.26	9 751
50	0.95	7 352	0.93	7 197
75	0.78	6 036	0.74	5 727
90	0.67	5 185	0.62	4 798
95	0.61	4 721	0.57	4 411

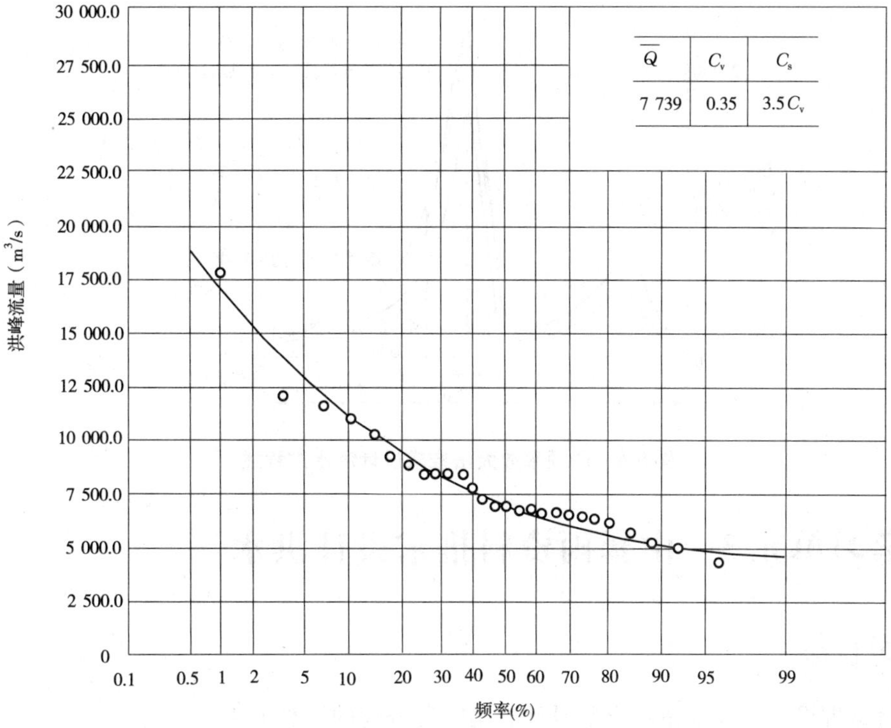

图5-3　某站洪峰流量频率曲线

【例5-2】　某水库设计标准$P=1\%$的洪峰和1 d、3 d、7 d洪量，以及典型洪水过程线的洪峰和1 d、3 d、7 d洪量(见表5-5)。要求用分时段同频率放大法，推求$P=1\%$的设计洪水过程线。

表5-5　某水库洪峰、洪量统计表

项目	洪峰流量(m^3/s)	洪量$W((m^3/s)\cdot h)$		
		1 d	3 d	7 d
$P=1\%$的设计洪峰、洪量	2 610	1 525	2 875	3 870
典型洪水过程线的洪峰、洪量	1 810	1 085	1 895	2 565

解　首先，计算洪峰和各时段洪量的放大倍比，$K_{Q,m}=1.44$，$K_1=1.40$，$K_{3-1}=1.67$，$K_{7-3}=1.49$；其次，将典型洪水过程线的洪峰和不同时段的洪量乘以相应的放大倍比值，得放大的设计洪水过程线。由于各时段放大倍比值不同，时段分界处出现不连续现象，可用手修匀，即得所求的设计洪水过程线，见图5-4。

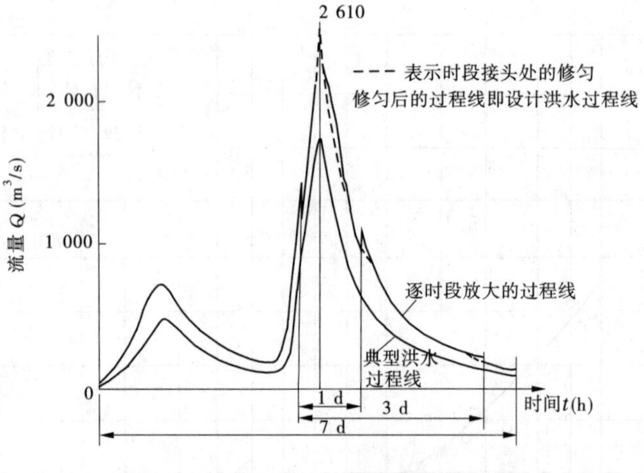

图 5-4　同频率放大法推求设计洪水过程线

学习单元 3　由暴雨资料推求设计洪水

1　学习目标

(1)掌握设计面暴雨量推求及设计暴雨时程分配的计算方法。

(2)掌握由设计暴雨推求设计洪水的基本原理和方法。

(3)理解单位线的两项基本假定。

(4)掌握由单位线推求设计洪水过程的方法。

(5)了解瞬时单位线的概念。

2　学习内容

(1)暴雨量的统计分析。

(2)设计暴雨计算。

(3)设计净雨计算。

(4)设计洪水计算。

3　任务实施

我国大部分地区的洪水主要由暴雨形成。在实际工作中,中小流域常因流量资料不足无法直接用流量资料推求设计洪水,而暴雨资料一般较多,因此可用暴雨资料推求设计洪水。

暴雨资料推求设计洪水的主要内容有:

(1)推求设计暴雨。

(2)推求设计洪水过程线。由求得的设计暴雨,利用产流方案推求设计净雨过程,利用流域汇流方案由设计净雨过程求得设计洪水过程。

由暴雨资料推求设计洪水,其基本假定是设计暴雨与设计洪水是同频率的。但这一假定在很多情况下并不成立。

3.1 暴雨量的统计分析

3.1.1 暴雨资料的收集

暴雨资料的主要来源是国家水文、气象部门所刊印的雨量站网观测资料,但也要注意收集有关部门专用雨量站和社队群众雨量站的观测资料。强度特大的暴雨中心点雨量,往往不易被雨量站测到,因此必须结合调查收集暴雨中心范围和历史上特大暴雨资料,了解当时雨情,尽可能估计出调查地点的暴雨量。

3.1.2 暴雨资料的审查

暴雨资料应进行可靠性审查,重点审查特大或特小雨量观测记录是否真实,有无错记或漏测情况,必要时可结合实际调查,予以纠正,检查自记雨量资料有无仪器故障的影响,并与相应时段雨量观测记录相比,尽可能审定其准确性。

暴雨资料的代表性分析,可通过与邻近地区长系列雨量或其他水文资料,以及本流域或邻近流域实际大洪水资料进行对比分析,注意所选用暴雨资料系列是否有偏丰或偏枯等情况。

暴雨资料一致性审查,对于按年最大值选样的情况,理应加以考虑,但实际上有困难。对于求分期设计暴雨时,要注意暴雨资料的一致性,不同类型暴雨特性是不一样的,如我国南方地区的梅雨与台风雨,宜分别考虑。

3.1.3 统计选样

在收集流域内和附近雨量站的资料并进行分析审查的基础上,先根据当地雨量站的分布情况,选定推求流域平均(面)雨量的计算方法(如算术平均法、泰森多边形法或等雨量线图法等),计算每年各次大暴雨的逐日面雨量。然后选定不同的统计时段,按独立选样的原则,统计逐年不同时段的年最大面雨量。

3.1.4 面雨量资料的插补展延

在统计各年的面雨量资料时,经常遇到这样的情况:设计流域内早期(如50年代以前及50年代初期)雨量站点稀少,近期雨量站点多、密度大。一般来说,以多站雨量资料求得的流域平均雨量,其精度较少站雨量资料求得的为高。为提高面雨量资料的精度,需设法插补展延较短系列的多站面雨量资料。一般可利用近期的多站平均雨量 $x_{多}$ 与同期少站平均雨量 $x_{少}$ 建立相关关系。

3.1.5 暴雨的时面深关系

3.1.5.1 平均雨量—面积曲线

对一场暴雨,从等雨量线图上的暴雨中心算起,分别量取不同等雨量线所包围的面积,并计算各面积内的平均雨量,以平均雨量为纵坐标,面积为横坐标绘制曲线,如图5-5所示。曲线表示不同笼罩面积所对应的平均雨量,可以看出平均雨量随笼罩面积的增大而减小。

3.1.5.2 平均雨量—历时—面积曲线

流域上的一次降雨,其空间分布是不均匀的,除用等雨量线表示外,还可以根据不同历时的等雨量图,从暴雨中心起分别量取不同等雨量线所包围的面积,并分别计算各条等雨量线范围内的平均雨量，以雨量为纵坐标，面积为横坐标，历时为参数点绘成图，如图5-6所示。由图可知，当降雨历时一定时，暴雨所笼罩的面积愈大，则平均雨量愈小；当暴雨笼罩面积一定时，历时愈长，雨量愈大。

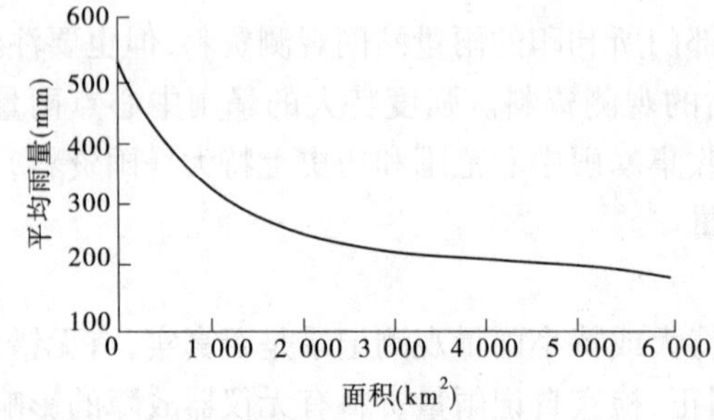

图5-5 平均雨量—面积曲线

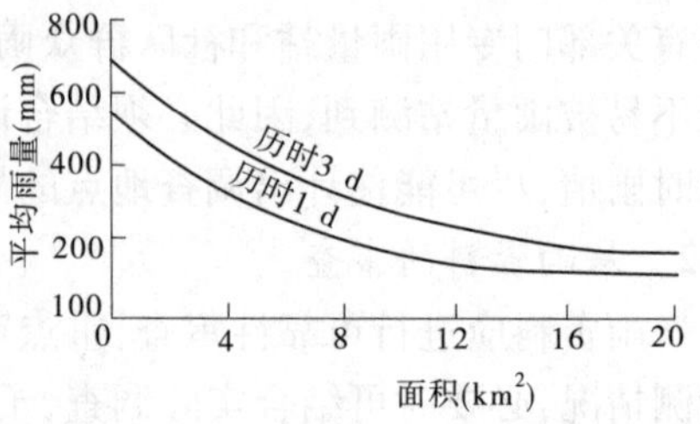

图5-6 平均雨量—历时—面积曲线

3.1.6 点面关系

暴雨的点面关系在设计计算中有以下两种区别和用法。

3.1.6.1 定点定面关系

当流域中心或附近有长系列资料的雨量站，流域内有一定数量且分布比较均匀的其他雨量站资料时，可以用长系列站作为固定点，以设计流域作为固定面，根据同期观测资料，建立各种时段暴雨的点面关系。也就是，对于一次暴雨某种时段的固定暴雨量，有一个相应的固定面暴雨量，则在定点定面条件下的点面折减系数 α_0 为

$$\alpha_0 = X_F / X_0 \tag{5-12}$$

式中 X_F、X_0——某种时段固定面及固定点的暴雨量，mm。

3.1.6.2 动点动面关系

在缺乏暴雨资料的流域上求设计面暴雨量时，以暴雨中心点面关系代替定点定面关系，即以流域中心设计点暴雨量及地区综合的暴雨中心点面关系去求设计面暴雨量。这种暴雨中心点面关系是按照各次暴雨的中心与暴雨分布等值线图求得的，各次暴雨的中心的位置和暴雨分布不尽相同，所以说是动点动面关系。

计算设计面雨量时，由于大中流域点面雨量关系一般都很微弱，所以通过点面关系间接推求设计暴雨的偶然误差必然较大，在有条件的地区应尽可能采用直接法。

3.2 设计暴雨计算

3.2.1 直接法求设计面雨量

面雨量统计参数的估计，我国一般采用适线法。设计洪水规范规定，其经验频率公式采用期望值公式，线型采用皮尔逊Ⅲ型。根据我国暴雨特性及实践经验，我国暴雨的 C_s 与 C_v 的比值，一般地区为3.5左右；在 $C_v > 0.6$ 的地区，约为3.0；在 $C_v < 0.45$ 的地区，约为4.0。以上比值，可供适线时参考。在频率计算时，最好将不同历时的暴雨量频率曲线点绘在同一张频率格纸上，并注明相应的统计参数，加以比较。各种频率的面雨量都必须随统计时段增大而加大，如发现不同历时频率曲线交叉等不合理现象，应作适当修正。

3.2.2 间接法推求设计面暴雨量

3.2.2.1 设计点暴雨量的计算

推求设计点暴雨量,此点最好在流域的形心处,如果流域形心处或附近有一观测资料系列较长的雨量站,则可利用该站的资料进行频率计算,推求设计暴雨量。若长系列的站不在流域中心或其附近,这时,可先求出流域内各测站的设计点暴雨量,然后绘制设计暴雨量等值线图,用地理插值法推求流域中心站的设计暴雨量。

进行点暴雨系列的统计时,一般采用定时段年最大法选样。暴雨时段长的选取与面暴雨量情况一样。如样本系列中缺少大暴雨资料,则系列的代表性不足,频率计算成果的稳定性差,应尽可能延长系列,可将气象一致区内的暴雨移置于设计地点,同时要估计特大暴雨的重现期,以便合理计算其经验频率。

在暴雨资料十分缺乏的地区,可利用各地区的水文手册中的各时段年最大暴雨量的均值及 C_v 等值线图,以查找流域中心处的均值及 C_v 值,然后取 C_s 为 C_v 的固定倍比,确定 C_s 值,即可由此统计参数对应的频率曲线推求设计暴雨值。

3.2.2.2 设计面暴雨量的计算

流域中心设计点暴雨求得后,要用点面关系折算成设计面暴雨量。

3.2.3 设计暴雨时程分配的计算

一般采用典型暴雨同频率控制缩放,步骤如下。

3.2.3.1 典型暴雨的选择和概化

典型暴雨过程应在暴雨特性一致的气候区内选择有代表性的面雨量过程,若资料不足也可由点暴雨量过程来代替。所谓有代表性,是指典型暴雨特征能够反映设计地区情况,符合设计要求,如该类型出现次数较多,分配形式接近多年平均和常遇情况,雨量大,强度也大,且对工程安全较不利的暴雨过程,如暴雨核心部分出现在后期,形成洪水的洪峰出现较迟,对水库安全影响较大。在缺乏资料时,可以引用各省(区)水文手册中按地区综合概化的典型雨型(一般以百分数表示)。

3.2.3.2 缩放典型过程,计算设计暴雨的时程分配

选定了典型暴雨过程后,就可用同频率设计暴雨量控制方法,对典型暴雨分段进行缩放。不同时段控制放大时,控制时段划分不宜过细,一般以 1 d、3 d、7 d 控制。对暴雨核心部分 24 h 暴雨的时程分配,时段划分视流域大小及汇流计算所用的时段而定,一般取 1 h、3 h、6 h、12 h、24 h 控制。

3.3 设计净雨计算

净雨量是指降雨扣除损失后剩余的雨量,又称为产流量。设计净雨的推求也就是设计条件下产流量的推求,是从设计暴雨中扣除损失量的计算过程。由于产流过程是十分复杂的过程,损失量一般无法直接测量,通常用间接的方法来确定,其常用方法有降雨径流相关图法和初损后损法两种。

3.3.1 降雨径流相关图法

3.3.1.1 降雨径流相关图

降雨径流相关图是指流域面雨量与所形成的径流深及影响因素之间的相关曲线。降雨径流相关是在成因分析与统计相关相结合的基础上,用每场降雨过程流域的面平均雨

量和相应产生的径流量,以及影响径流形成的主要因素建立的一种定量的经验关系。

一般以次降雨量 H 为纵坐标,以相应的径流深 Y 为横坐标,以流域前期影响雨量 P_a 为参数,然后按点群分布的趋势和规律,定出一条以 P_a 为参数的等值线。这就是该流域的 $H \sim P_a$—Y 三变量降雨径流相关图,如图 5-7(a)所示。相关图做好后,要用若干次未参加制作相关图的雨洪资料,对相关图的精度进行检验与修正以满足精度要求。当降雨径流资料不多、相关点据较少、按上述方法定线有一定的困难时,可绘制简化的三变量相关图,即以 $H+P_a$ 为纵坐标,Y 为横坐标的($H+P_a$)—Y 相关图,如图 5-7(b)所示。

相关图具有以下特征:

(1)P_a 曲线簇在45°直线的左上侧,P_a 值越大,越靠近45°线,即降雨损失量越小。

(2)每一 P_a 等值线都存在一个转折点,转折点以上的 P_a 线呈45°直线,转折点以下为坡度大于45°的曲线。

(3)P_a 直线段之间的水平间距相等。

必须指出,降雨径流相关图中的径流有地面径流与总径流之分。两者有很大的差别,前者是以超渗产流为基础建立的,而后者则是以蓄满产流为基础建立的。

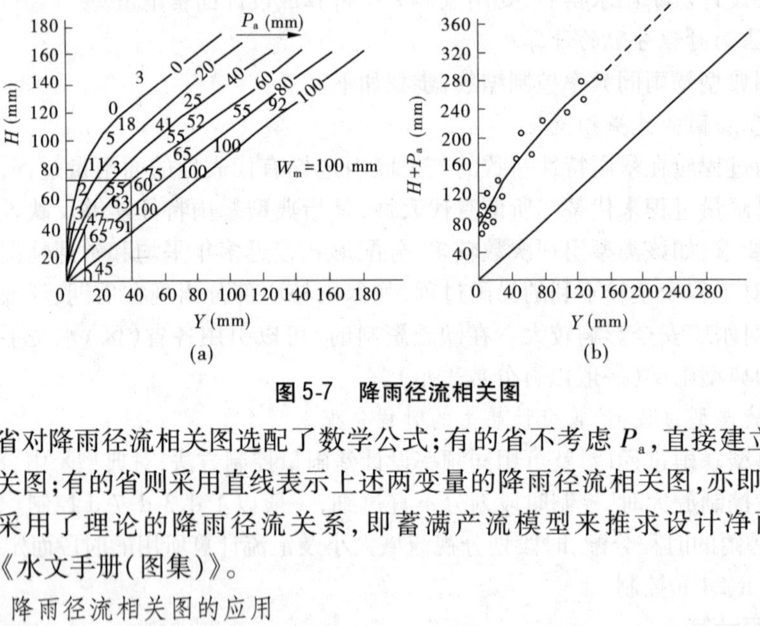

图 5-7 降雨径流相关图

有的省对降雨径流相关图选配了数学公式;有的省不考虑 P_a,直接建立两变量的降雨径流相关图;有的省则采用直线表示上述两变量的降雨径流相关图,亦即径流系数法;而有的省采用了理论的降雨径流关系,即蓄满产流模型来推求设计净雨,具体见各省(区)的《水文手册(图集)》。

3.3.1.2 降雨径流相关图的应用

利用降雨径流相关图由设计暴雨及过程可查出设计净雨及过程。其方法是由时段累加暴雨量,查降雨径流相关图曲线得相应的时段累加净雨量,然后相邻累加净雨量相减得到各时段的设计净雨量。

需要强调的是,由实测降雨径流资料建立起来的降雨径流相关图,应用于设计条件时,必须处理如下两方面的问题:

(1)降雨径流相关图的外延。设计暴雨常常超出实测点据范围,使用降雨径流相关图时,需对相关曲线作外延。以蓄满产流为主的湿润地区,其上部相关线接近于45°直线,外延比较方便。干旱地区的产流方案外延时任意性大,必须慎重。

(2)设计条件下 P_{ap} 的确定。有长期实测暴雨洪水资料的流域,可直接计算各次暴雨的 P_a,用频率计算法求得设计值 P_{ap},有时也用几场大暴雨所分析的 P_a 值,取其平均值作为 P_{ap}。

中小流域缺乏实测资料时,可采用各省(区)《水文手册》(图集)分析的成果确定。P_{ap} 值大约为 I_m 的 2/3 倍,湿润地区大一些,干旱地区一般较小。

设计产流过程的推求:利用降雨径流相关图(以 $y=f(H+P_a)$ 表示)和 P_{ap} 值,推求产流过程的具体步骤如下:

(1)雨量过程按时序逐时段累加起来,求得时段累积雨量 $H_1=\Delta H_1, H_2=H_1+\Delta H_2, H_3=H_2+\Delta H_3, \cdots$。

(2)在降雨径流相关图上,用时段累积雨量加 P_{ap} 值为纵坐标值,查读横坐标值,求得时段累积径流深 Y_1、Y_2、Y_3、…。

(3)将各时段累积径流深相减,即求得各时段径流深,从而也就求得了产流过程,即 $\Delta Y_{11}=Y_1, \Delta Y_2=Y_2-Y_1, \cdots$。

3.3.2　初损后损法

初损后损法属超渗产流模型,适用于干旱、半干旱地区,或湿润地区的少雨季节(地下水埋藏深)。初损后损法把实际的下渗过程简化为初损和后损两个阶段。产流以前的总损失水量称为初损,记为 I_0,包括植物截留、填洼及产流前下渗的水量;后损是流域产流以后下渗的水量,以平均下渗率 $\bar{f}$ 表示。

3.4　设计洪水计算

由径流形成过程可知,流域上各点产生的净雨,经过坡地和河网汇流形成出口断面流量过程线的整个过程为流域汇流。设计洪水过程线的推求,就是设计净雨的汇流计算。一般中小流域的设计地面洪水过程线采用综合单位线法来推求。设计地下洪水过程线采用简化的方法推求。综合单位线又分为综合时段单位线和综合瞬时单位线两种。

3.4.1　时段单位线及其应用

3.4.1.1　单位线的基本概念

单位线是指在给定的流域上,单位时段内均匀降落单位深度的地面净雨,在流域出口断面形成的地面径流过程线,如图 5-8 所示。单位净雨一般取 10 mm,单位时段可取 1 h、3 h、6 h、12 h、24 h 等,依流域大小而定。

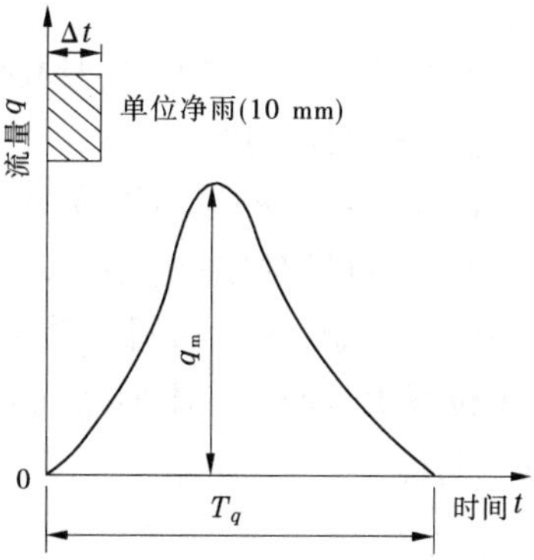

图 5-8　单位线

单位线包围的面积 W(径流量)换算成径流 Y 应为 10 mm,可据此校核单位线,见下式:

$$y=\frac{3.6\Delta t\sum q_i}{F} \tag{5-13}$$

式中　y——径流深,mm;

F——流域面积,km^2;

Δt——单位线时段长,h;

q_i——单位线的纵坐标,m^3/s。

由于实际的净雨不一定正好是一个单位和一个时段，所以分析使用时有如下两条假定：

倍比假定：如果单位时段内的净雨不是一个单位而是 k 个单位，则形成的流量过程是单位线纵标的 k 倍。

叠加假定：如果净雨历时不是一个时段而是 m 个时段，则形成的流量过程是各时段净雨形成的部分流量过程错开时段叠加。

3.4.1.2　单位线的应用

根据单位线和设计净雨过程可推求流域出口断面处的地面流量过程线，将此过程加上相应基流过程，即可得到设计洪水过程线，计算步骤如下：

(1)将设计暴雨过程经产流计算后求得设计净雨过程，并将各时段净雨深化为单位净雨(10 mm)的倍数。

(2)以各时段净雨倍数分别乘以单位线的坐标值，并按时序依次错开一个时段相加，即求得设计净雨过程产生的地面流量过程。

(3)将所求得的地面流量过程线加上相应的地下径流过程，即为流域出口断面的设计洪水流量过程线。

3.4.2　瞬时单位线的概念及应用

3.4.2.1　瞬时单位线

瞬时单位线是指流域上均匀分布的瞬时时刻(即 $\Delta t \to 0$)的单位净雨在出口断面处形成的地面径流过程线。其纵坐标常以 $u(0,t)$ 或 $u(t)$ 表示，无因次。瞬时单位线可用数学方程式表示，概括性强，便于分析。

J. E. Nash 设想流域的汇流可看作是 n 个调蓄作用相同的串联水库的调节，且假定每一个水库的蓄泄关系为线性，则可导出瞬时单位线的数学方程为

$$u(t) = \frac{1}{K\,\Gamma(n)} \left(\frac{t}{K}\right)^{n-1} e^{-t/K} \tag{5-14}$$

式中　$u(t)$——t 时刻的瞬时单位线的纵高；

n——线性水库的个数；

$\Gamma(n)$——n 的伽马函数；

e——自然对数的底，e = 2.718 28；

K——线性水库的调节系数，具有时间单位。

单位线上述两个基本假定同样适用于瞬时单位线，瞬时单位线与时间轴所包围的面积为1.0，即

$$\int_0^{\infty} u(0,t)\,\mathrm{d}t = 1.0 \tag{5-15}$$

显然，决定瞬时单位线的参数只有 n、K 两个。n 越大，流域调节作用越强；K 值相当于每个线性水库输入与输出的时间差，即滞时。整个流域的调蓄作用所造成的流域滞时为 nK。只要求出流域的 n、K 值，就可推求该流域的瞬时单位线。

3.4.2.2　瞬时单位线的综合

瞬时单位线的综合，实质上就是参数 n、K 的综合。但是，在实际工作中一般并不直

接对 n、K 进行综合,而是根据中间参数 m_1、m_2 等来间接综合,$m_1 = nK$,$m_2 = 1/n$。实践证明,n 值相对稳定,综合的方法比较简单,如湖北省Ⅱ片的 $n = 0.529F^{0.25}J^{0.2}$,江苏省山丘区的 $n = 3$。因此一般先对 m_1 进行地区综合,根据已确定的 n 值,就很容易确定出 K 值。

3.4.2.3 综合瞬时单位线的应用

由于瞬时单位线是由瞬时净雨产生的,而实际应用时无法提供瞬时净雨,所以用综合瞬时单位线推求设计地面洪水过程线时,需将瞬时单位线转换成时段为 Δt(与净雨时段相同)、净雨深为 10 mm 的时段单位线后,再进行汇流计算,具体步骤如下。

1. 求瞬时单位线的 S 曲线

S 曲线是瞬时单位线的积分曲线,其公式为

$$S(t) = \int_0^t u(0,t)\,\mathrm{d}t = \frac{1}{K\,\Gamma(n)}\int_0^{t/k} \left(\frac{t}{K}\right)^{n-1} \mathrm{e}^{-t/K}\mathrm{d}\left(\frac{t}{K}\right) \tag{5-16}$$

式(5-16)表明 $S(t)$ 曲线也是参数 n、K 的函数。生产中为了应用方便,已制成 $S(t)$ 关系表供查用,见附表3。

2. 求无因次时段单位线

将求出的 $S(t)$ 曲线向后错开一个时段 Δt,即得 $S(t-\Delta t)$ 曲线,两条 S 曲线的纵坐标差即为时段为 Δt 的无因次时段单位线,其计算公式为

$$u(\Delta t,t) = S(t) - S(t-\Delta t) \tag{5-17}$$

3. 求有因次时段单位线

根据单位线的特性可知,有因次时段单位线的纵坐标之和为:$\sum q_i = \dfrac{10F}{3.6\Delta t}$;而无因次时段单位线的纵坐标之和为:$\sum u(\Delta t,t) = 1.0$。

有因次时段单位线的纵高 q_i 与无因次时段单位线的纵 $u(\Delta t,t)$ 之比等于其总和之比,即

$$\frac{q_i}{u(\Delta t,t)} = \frac{\sum q_i}{\sum u(\Delta t,t)} = \frac{10F}{3.6\Delta t}$$

由此可知,时段为 Δt,10 mm 净雨深时段单位线的纵坐标为

$$q_i = \frac{10F}{3.6\Delta t}u(\Delta t,t) \tag{5-18}$$

4. 汇流计算

根据单位线的定义及倍比性和叠加性假定,用各时段设计地面净雨(换算成 10 mm 的倍数)分别去乘单位线的纵高得到对应的部分地面径流过程,然后把它们分别错开一个时段后叠加即得到设计地面洪水过程。

根据单位线的定义可知,单位线只能用来推求流域设计地面洪水过程线。湿润地区的设计洪水过程线还包括设计地下洪水过程线。如果流域的基流量较大,不可忽略时,则还需平加上基流。所以,湿润地区的设计洪水过程线是设计地面洪水过程线、设计地下洪水过程线和基流三部分叠加而成的。干旱地区的设计地面洪水过程线就是所求的设计洪水过程线。

设计地下洪水过程线可采用下述简化三角形方法推求。该法认为地面、地下径流的

起涨点相同,由于地下汇流较地面汇流缓慢,所以将地下径流过程线概化为三角形过程,且将峰值放在地面径流过程的终止点。三角形面积为地下径流总量 W_g,计算式为

$$W_g = \frac{Q_{m,g}T_g}{2} \tag{5-19}$$

而地下径流总量等于地下净雨总量,即 $W_g = 1\,000\ h_g F$,则

$$Q_{m,g} = \frac{2W_g}{T_g} = \frac{2\,000 h_g F}{T_g} \tag{5-20}$$

式中 $Q_{m,g}$——地下径流过程线的洪峰流量,m^3/s;

T_g——地下径流过程总历时,s;

h_g——地下净雨深,mm;

F——流域面积,km^2。

按式(5-20)可计算出地下径流的峰值,其底宽一般取地面径流过程的 2~3 倍,由此可推求出设计地下径流过程。

4 案例分析

【例 5-3】 (1)某流域百年一遇各种时段设计暴雨量如表 5-6 所示。

表 5-6 各时段设计暴雨量

时段(d)	1	3	7
设计面雨量 $X_{面P}$(mm)	303	394	485

(2)选定的典型暴雨日程分配和设计暴雨日程分配计算见表 5-7。

表 5-7 暴雨日程分配(同频率法)

雨量及分配比		1 d	2 d	3 d	4 d	5 d	6 d	7 d
X_{1P} 303 mm	典型分配比						100%	
	设计雨量(mm)						303	
$X_{3P} - X_{1P}$ 91 mm	典型分配比					40%		60%
	设计雨量(mm)					36		55
$X_{7P} - X_{3P}$ 91 mm	典型分配比	30%	33%	37%	0%			
	设计雨量(mm)	27	30	34	0			
设计暴雨过程(mm)		27	30	34	0	36	303	55

(3)最大 24 h 设计及典型暴雨的时程分配见表 5-8。

表5-8　面设计暴雨量大于1 d的时程分配(同倍比法)

项目	设计暴雨的时段(2 h)雨量过程												24 h
时段序号	1	2	3	4	5	6	7	8	9	10	11	12	全日
典型分配(%)	2.9	3.4	3.9	5.2	10.5	44.1	8.7	6.1	5.0	4.0	3.3	2.9	100
设计暴雨(mm)	8.8	10.3	11.7	15.8	31.8	133.6	26.4	18.5	15.2	12.1	10.0	8.8	303

【例5-4】　$P=1\%$，单位时段为6 h，单位线、设计净雨过程见表5-9，基流量为10 m^3/s，求百年一遇的设计洪水过程线。

表5-9　$P=1\%$的设计洪水过程线计算表

时段 Δt	单位线 q_i	设计净雨 Δh	时段净雨产生的地面径流(m^3/s)			设计地面径流过程	基流量	设计洪水
6 h	m^3/s	mm	10.3	59.2	6.1	m^3/s	m^3/s	m^3/s
①	②	③	④	⑤	⑥	⑦	⑧	⑨
0	0		0			0	10.0	10.0
1	28.3	10.3	29.1	0		29.1	10.0	39.1
2	140	59.2	144	168	0	312	10.0	322
3	320	6.1	330	829	17.3	1 176	10.0	1 186
4	180		185	1 894	85.4	2 164	10.0	2 174
5	110		113	1 066	195	1 374	10.0	1 384
6	72.0		74.2	651	110	835	10.0	845
7	50.0		51.5	426	67.1	545	10.0	555
8	37.6		38.7	296	43.9	379	10.0	389
9	25.4		26.2	223	30.5	280	10.0	290
10	15.7		16.2	150	22.9	189	10.0	199
11	11.0		11.3	92.9	15.5	120	10.0	130
12	6.1		6.4	65.1	9.6	81.1	10.0	91.1
13	0		0	36.7	6.7	43.4	10.0	5 304
14				0	3.7	3.7	10.0	13.7
15				0	0	0	10.0	10.0

【例 5-5】　江苏省某流域属于山丘区,流域面积 $F=118\ km^2$,干流平均坡度 $J=0.05$,$P=1\%$ 的设计地面净雨过程($\Delta t=6$ h),$h_1=15$ mm、$h_2=25$ mm,设计地下总净雨深 $h_g=9.5$ mm,基流 $Q_基=5\ m^3/s$,地下径流历时为地面径流的 2 倍。求该流域 $P=1\%$ 的设计洪水过程线。

解　(1)推求瞬时单位线的 $S(t)$ 曲线和无因次时段单位线。

①根据该流域所在的区域,查《江苏省暴雨洪水手册》得 $n=3$,$m_1=2.4(F/J)^{0.28}=21.1$,则 $K=m_1/n=21.1/3=7.0$(h)。

②因 $\Delta t=6$ h,用 $t=N\Delta t$,$N=0,1,2,\cdots$,算出 t,填入表 5-10 中的第①栏。

表 5-10　设计洪水过程线计算表

时段 (6 h)	设计净雨 (mm)	t/K	$S(t)$	$S(t-\Delta t)$	$u(t)$	$q(t)$ (m^3/s)	部分地面径流 m^3/s		$Q_s(t)$ (m^3/s)	$Q_g(t)$ (m^3/s)	$Q_基$ (m^3/s)	Q_P (m^3/s)
							15	25				
①	②	③	④	⑤	⑥	⑦	⑧		⑨	⑩	⑪	⑫
0		0	0		0	0	0		0	0	5.0	5.0
1	15	0.9	0.063	0	0.063	3.4	5.1	0	5.1	0.2	5.0	10.3
2	25	1.7	0.243	0.063	0.180	9.8	14.7	8.5	23.2	0.4	5.0	28.6
3		2.6	0.482	0.243	0.239	13.0	19.5	24.5	44.0	0.6	5.0	49.6
4		3.4	0.66	0.482	0.178	9.7	14.6	32.5	47.1	0.8	5.0	52.9
5		4.3	0.803	0.66	0.143	7.8	11.7	24.3	36.0	1.0	5.0	42.0
6		5.1	0.883	0.803	0.080	4.4	6.6	19.5	26.1	1.2	5.0	32.3
7		6	0.938	0.883	0.055	3.0	4.5	11.0	15.5	1.4	5.0	21.9
8		6.9	0.967	0.938	0.029	1.6	2.4	7.5	9.9	1.6	5.0	16.5
9		7.7	0.983	0.967	0.016	0.9	1.4	4.0	5.4	1.8	5.0	12.2
10		8.6	0.991	0.983	0.008	0.4	0.6	2.3	2.9	2.0	5.0	9.9
11		9.4	0.995	0.991	0.004	0.2	0.3	1.0	1.3	2.2	5.0	8.5
12		10.3	0.998	0.995	0.003	0.2	0.3	0.5	0.8	2.4	5.0	8.3
13		11.1	0.999	0.998	0.001	0.1	0.2	0.5	0.7	2.6	5.0	8.3
14		12	1.000	0.999	0.001	0.1	0.2	0.3	0.5	2.8	5.0	8.3
15			1.000	1.000	0	0	0	0.3	0.3	3.0	5.0	8.3
16								0	0	3.2	5.0	8.3
17										3.0	5.0	8.0
18										2.8	5.0	7.8
										2.6	5.0	7.6
合计					1.0	54.6						

③由参数 $n=3$、$K=7.0$,计算 t/K,见第③栏,查附表 3 得瞬时单位线的 $S(t)$ 曲线,见第④栏。

④将 $S(t)$ 曲线顺时序向后移一个时段($\Delta t=6$ h),得 $S(t-\Delta t)$ 曲线,见第⑤栏,计算无因次时段单位线,见第⑥栏。

(2)将无因次时段单位转换为6 h、10 mm的时段单位线。

将第⑥栏中的无因次时段单位线转换为有因次的时段单位线,填入第⑦栏。

检验时段单位线:$y=\dfrac{3.6\Delta t\sum q_i}{F}=10$ mm,计算正确。

(3)设计洪水过程线的推求。

①计算设计地面径流过程:

根据单位线的特性,各时段设计地面净雨换算成10的倍数后,分别乘以单位线的纵坐标得到相应的部分地面径流过程,然后把它们分别错开一个时段后叠加便得到设计地面洪水过程,见第⑧、⑨栏。

②计算设计地下径流过程:

$$T_{\mathrm{g}}=2T_{\mathrm{s}}=2\times16\times6=192(\mathrm{h})$$

据式(5-20)计算,得$Q_{\mathrm{m,g}}=3.2\ \mathrm{m^3/s}$,按直线比例内插得每一时段地下径流的涨落均为0.2 $\mathrm{m^3/s}$。经计算即可得出第⑩栏的设计地下径流过程。

③将设计地面径流、地下径流及基流(第⑪栏)相加,得设计洪水过程线,见第⑫栏。

学习单元4　小流域设计洪水估算

1　学习目标

(1)了解小流域设计洪水的重要性及特点。

(2)了解小流域设计暴雨的特点。

(3)掌握"水文所法"的应用。

2　学习内容

(1)小流域洪水的基本情况。

(2)暴雨强度的计算方法。

(3)推理公式法的应用。

3　任务实施

我国流域面积在几百平方千米以下的小河流不计其数。在为数众多的小河流上,兴建中小型水库,发展灌溉渠系等工程,如修建农田水利工程的小水库、撇洪沟;渠系上交叉建筑物如涵洞、泄洪闸等,铁路、公路上的小桥涵设计;城市和工矿地区的防洪工程,等等,都要求提供这些小流域某种频率的设计洪水。因此,小流域设计洪水计算,是生产上的迫切需要。水文学上常常作为一个专门的问题进行研究。小流域设计洪水的计算与大中流域相比,有如下一些特点:

(1)在小流域上修建的工程数量很多,一般无实测径流资料,雨量资料也比较短缺,有时连洪水调查亦感困难。所以,小流域设计洪水计算,常常属于短缺资料情况下的水文计算问题。

(2)由于小流域上兴建的中小型水利工程,一般调蓄洪水的能力较差,甚至根本没有调洪能力,工程规模主要受洪峰流量控制,因而对设计洪峰流量的要求高于对设汁洪水过程的要求。

(3)小型工程的数量较多,分布面广。在交通线路和环山渠道的建设中,常需在短时间内计算大量过河、过沟和排洪建筑物设计所需的设计洪水数据。这就要求计算方法简便,易为一般水利技术人员掌握,且能保证一定的精度。

3.1　暴雨强度公式

3.1.1　小流域设计暴雨的特点

小流域设计洪水主要是确定洪峰流量,故设计暴雨应着重研究参与形成洪峰的那一段暴雨,即暴雨过程中强度最大的核心部分(造峰暴雨)。在一次暴雨过程中,并不是全部暴雨量参加造峰。峰前雨量如果降在流域最大汇流历时 τ 以前,它形成的地面径流,在洪峰出现时早已流过出口断面,因而对造峰基本上没有作用。峰后雨量只形成退水过程,也不参加造峰。对造峰真正起作用的雨量,只有流域汇流时间 τ 内的净雨量 h_τ,这就是所说的造峰暴雨。若汇流历时大于产流历时 t_c,则全部降雨参与形成洪峰,造峰暴雨即是净雨的全过程。小流域汇流时间一般比较短,故可假定造峰暴雨在时程上分布是均匀的。因此,小流域设计暴雨计算,实际上是计算设计时段内某种频率的平均暴雨强度。

小流域因集雨面积小,可认为暴雨在地区上分布是均匀的,故可用点雨量代替面雨量。

3.1.2　暴雨公式

前面推求的设计暴雨量为特定历时(1 h、6 h、24 h 等)的设计暴雨,而推求设计洪峰流量时需要给出任一历时的设计平均雨强或雨量。通常用暴雨公式,即暴雨的强度—历时关系将年最大 24 h(或 6 h 等)设计暴雨转化为所需历时的设计暴雨,目前水利部门多用如下公式形式:

$$a_{t,P} = \frac{S_P}{t^n} \tag{5-21}$$

式中　$a_{t,P}$——历时为 t、频率为 P 的平均暴雨强度,mm/h;

S_P——$t=1$ h 的平均雨强,俗称雨力,mm/h;

n——暴雨参数或称暴雨递减指数。

或

$$x_{t,P} = S_P t^{1-n} \tag{5-22}$$

式中　$x_{t,P}$——频率为 P、历时为 t 的暴雨量,mm。

暴雨衰减指数 n 反映地区暴雨集中的程度,随地形条件和气候条件不同,在地区上的变化是有规律的。

S_P值可根据各地区的水文手册,查出设计流域的 x_{24}、C_v,计算出 $x_{24,P}$。然后由式(5-22)计算得出。如地区水文手册中已有 S_P等值线图,则可直接查用。

S_P 及 n 值确定之后,即可用暴雨公式进行不同历时暴雨间的转换。24 h 雨量 $x_{24,P}$转换为 t 小时的雨量 $x_{t,P}$,可以先求 1 h 雨量 $x_{1,P(S_P)}$,再由 S_P转换为 t h 雨量。

因

$$x_{24,P} = a_{24,P} \times 24 = S_P \times 24^{1-n_2} \tag{5-23}$$

则

$$S_P = x_{24,P} \times 24^{n_2-1}$$

由求得的 S_P 转求 t h 雨量 $x_{t,P}$ 为：

当1 h≤t≤24 h时 $$x_{t,P}=S_P t^{(1-n_2)}=x_{24,P}\times 24^{n_2-1}\times t^{1-n_2} \tag{5-24}$$

当 t<1 h时 $$x_{t,P}=S_P t^{(1-n_2)}=x_{24,P}\times 24^{n_2-1}\times t^{1-n_1} \tag{5-25}$$

设计暴雨过程是进行小流域产汇流计算的基础。小流域暴雨时程分配一般采用最大3 h、6 h及24 h作同频率控制，各地区水文图集或水文手册均载有设计暴雨分配的典型，可供参考。

3.2 水文所法

下面仅介绍水利水电科学研究院水文研究所法(简称水文所法)。

3.2.1 计算公式

水文所法是把小河流域的形状概化成矩形，沿河槽长度等距划分等流时线，并假定等流时线间的汇流面积随汇流时间呈直线变化，在这种情况下，得出充分供水时，全面汇流造峰的计算公式。以全流域造峰为基础，即以 $t_c=\tau$ 为条件计算暴雨。对洪峰径流系数，则分为全面汇流与部分汇流两种情况加以讨论。

$$Q_m = 0.278\psi\frac{S}{\tau^n}F \tag{5-26}$$

式中，F、n、S 由流域地形图和设计暴雨求得，可以认为是已知数；ψ、τ 是未知数，求最大流量 Q_m 应首先求解这两个参数。

3.2.2 汇流历时 τ 的计算

为简化计算，采用流域平均汇流速度描述径流在坡面和河道内的流动，根据水力学知：

$$\tau = 0.278\frac{L}{v_\tau} \tag{5-27}$$

$$v_\tau = mJ^{1/3}Q^{1/4} \tag{5-28}$$

则有 $$\tau=\frac{0.278L}{mJ^{1/3}Q_m^{1/4}} \tag{5-29}$$

式中 J——流域平均坡度，实用上以主河道平均比降来代表，以小数计；

L——流域汇流的最大长度，km；

m——汇流参数，与流域及河道情况等条件有关。

3.2.3 洪峰径流系数 ψ 的计算

洪峰径流系数是汇流历时内净雨量与降雨量的比值，可写成

$$\psi=\frac{h_\tau}{H_\tau}=\frac{H_\tau-\mu_\tau}{H_\tau}=1-\frac{\mu_\tau}{H_\tau} \tag{5-30}$$

式中 H_τ——τ 时段内的暴雨总量，mm；

h_τ——τ 时段内的净雨总量，mm；

μ_τ——τ 时段内的损失量，mm。

当 $t_c>\tau$ 时，若 τ 值增加，地面径流量也相应增加，但增至最大产流历时 t_c 时，径流量就不再增加；当 $t_c<\tau$ 时，则只在 t_c 时段内才产生地面径流。

最大产流历时 t_c，即净雨历时，其求法根据暴雨历时关系的微分可得：

$$t_c = \left[(1-n)\frac{S}{\mu}\right]^{1/n} \tag{5-31}$$

全面汇流与部分汇流应分别确定ψ。

当$t_c > \tau$时 $\mu_\tau = \mu\tau$

所以 $$\psi = 1 - \frac{\mu_\tau}{H_\tau} = 1 - \frac{\mu}{S}\tau^n \tag{5-32}$$

当$t_c < \tau$时，因在$\tau - t_c$时段内，降雨强度小于平均损失强度，不产生径流，则需先求净雨总量h_{t_c}再求ψ值，可导出

$$\psi = n\left(\frac{t_c}{\tau}\right)^{1-n} \tag{5-33}$$

由式(5-33)不难看出：当$t_c = \tau$时，$\psi = n$。

3.2.4 产、汇流参数的确定

产流参数μ代表产流历时t_c内地面平均入渗率，又称损失参数。推理公式法假定流域各点的损失相同，把μ视为常数。μ值的大小与所在地区的土壤透水性能、植被情况、降雨量的大小及分配、前期影响雨量等因素有关，不同地区其数值不同，且变化较大。

汇流参数m是流域中反映水力因素的一个指标，用以说明洪水汇集运动的特性。它与流域地形、植被、坡度、河道糙率和河道断面形状等因素有关。一般可根据雨洪资料反算，然后进行地区综合，建立它与流域特征因素间的关系，以解决无资料地区确定m的问题。各省在分析大暴雨洪水资料后都提供了μ和m值的简便计算方法，可在当地的《水文手册》(图集)中查到。例如，江苏省采用$\mu = 1.0$ mm/h；建立$m \sim \theta(F, L、J)$或$m \sim (J, L)$的地区经验公式计算m值，等等。

3.2.5 推理公式的应用

(1)通过对设计流域调查了解，结合当地的《水文手册》(图集)及流域地形图，确定流域的几何特征值F、L、J，暴雨的统计参数($\overline{H}$、C_v、C_s/C_v)及暴雨公式中的参数n，产流参数μ及汇流参数m。

(2)计算设计暴雨的雨力S_P与雨量H_{tP}，并由产流参数τ计算设计净雨历时t_c。

(3)试算的步骤为：先假设一个Q_{mP}，代入式(5-29)计算出一个相应的τ，将它与t_c比较判断属于何种汇流情况，用式(5-32)或式(5-33)计算出ψ，再将该ψ值代入式(5-26)求出一个Q'_{mP}，若Q'_{mP}与假设的Q_{mP}一致(误差在1%以内)，则该Q_{mP}、τ、ψ即为所求；否则，另设Q_{mP}重复上述试算步骤，直至满足要求。该试算过程可由学习项目7介绍的方法，通过计算机完成。

4 案例分析

【例5-6】 在某小流域拟建一小型水库，已知该水库所在流域为山区，且土质为黏土。其流域面积$F = 84$ km^2，流域的长度$L = 20$ km，平均坡度$J = 0.01$。设计雨力$S_P = 90$ mm/h，$n_2 = 0.65$。试用推理公式法计算坝址处$P = 1\%$的设计洪峰流量。

解 1.设计暴雨计算

根据暴雨公式得历时t的设计暴雨量H_{tP}为：

$$H_{tP} = S_P t^{1-n_2} = 90t^{0.35}$$

2. 设计净雨计算

根据该流域的自然地理特性，查当地《水文手册》得设计条件下的产流参数 $\mu = 3.0$ mm/h，计算净雨历时 t_c 为

$$t_c = \left[(1-0.65)\times\frac{90}{3.0}\right]^{\frac{1}{0.65}} = 37.4(\text{h})$$

3. 计算设计洪峰流量

根据该流域的汇流条件，由 $\theta = L/J^{1/3} = 90.9$，该省《水文手册》确定本流域的汇流系数为 $m = 0.28\theta^{0.275} = 0.97$。

假设 $Q_{mP} = 500$ m³/s，代入式(5-29)，计算汇流历时 τ 为

$$\tau = \frac{0.278L}{mJ^{1/3}Q_m^{1/4}} = 5.5(\text{h})$$

因 $t_c > \tau$，属于全面汇流，由式(5-32)计算 ψ，并代入式(5-26)得 Q_{mP} 为 624 m³/s，所求结果与原假设不符，应重新假设 Q_{mP} 值，经试算求得 $Q_{mP} = 640$ m³/s。

知识训练

5-1　什么叫设计洪水？设计洪水包括哪三个要素？

5-2　什么叫特大洪水？特大洪水的重现期如何确定？

5-3　从哪几个方面分析论证设计洪水成果的合理性？

5-4　由暴雨资料推求设计洪水的应用条件、计算内容是什么？

5-5　何谓设计暴雨？设计暴雨包括哪些内容？

5-6　降雨径流相关图有几种绘制方法？有何特点？

5-7　设计面雨量的直接计算与间接计算有什么差别？哪一种计算精度高？为什么？两种方法的适用条件是什么？

5-8　何谓单位线？单位线有哪些假定？据实际的雨洪资料分析，不同洪水分析出不同的单位线，说明什么问题？如何处理？

5-9　怎样利用降雨径流相关图推求设计净雨量及净雨过程？

5-10　某水库属中型水库，已知年最大洪峰流量系列的频率计算结果为 $\overline{Q} = 165$ m³/s、$C_v = 0.6$，$C_s = 3.5\ C_v$。试选定大坝设计洪水标准，并计算该工程设计和校核标准下的洪峰流量。

5-11　某水库坝址断面处有 1958～1995 年最大洪峰流量资料，其中最大的三年洪峰流量分别为 7 500 m³/s、4 900 m³/s 和 3 800 m³/s。由洪水调查知道，自 1835～1957 年间，发生过一次特大洪水，洪峰流量为 9 700 m³/s，并且可以肯定，调查期内没有漏掉 6 000 m³/s 以上的洪水，试计算各次洪水的经验频率，并说明理由。

5-12　某水库坝址处有 1960～1992 年实测洪水资料，其中最大的两年洪峰流量分别为1 480 m³/s、1 250 m³/s。此外洪水资料如下：(1) 经实地洪水调查，1935 年曾发生过流量为 5 100 m³/s 的大洪水，1896 年曾发生过流量为 4 800 m³/s 的大洪水，依次为近 150

年以来的两次最大的洪水。(2)经文献考证,1802 年曾发生过流量为 6 500 m^3/s 的大洪水,为近 200 年以来的最大一次洪水。试用统一样本法推求上述各项洪峰流量的经验频率。

5-13　已知某坝址断面 24 年的洪峰流量实测值如表 5-11 所示,根据历史调查得知 1910 年和 1924 年曾发生特大洪水,推算得洪峰流量分别为 11 600 m^3/s 和 10 000 m^3/s。试推求 200 年一遇洪峰流量。

表 5-11　某坝址断面实测洪峰流量表

年份	流量 Q(m^3/s)	年份	流量 Q(m^3/s)	年份	流量 Q(m^3/s)
1950	4 010	1958	6 780	1966	8 000
1951	2 940	1959	7 780	1967	5 840
1952	4 520	1960	2 590	1968	4 380
1953	5 290	1961	5 200	1969	5 200
1954	3 500	1962	5 420	1970	3 880
1955	5 250	1963	6 980	1971	4 860
1956	3 910	1964	4 620	1972	6 640
1957	3 620	1965	3 440	1973	5 800

5-14　已求得某站 3 d 洪量频率曲线为 $\overline{W}_{3d}=2\ 460(m^3/s\cdot d)$、$C_v=0.60$、$C_s=2C_v$,选得典型洪水过程线如表 5-12 所示,试按量的同倍比法推求千年一遇设计洪水过程线。

表 5-12　某站典型洪水过程线

时段($\Delta t=12$ h)	0	1	2	3	4	5	6
流量 Q(m^3/s)	680	1 220	6 320	3 310	1 430	1 180	970

5-15　已求得某站洪峰流量频率曲线,其统计参数为 $\overline{Q}=500\ m^3/s$、$C_v=0.60$、$C_s=3C_v$。线型为 P-Ⅲ型,并选得典型洪水过程线如表 5-13 所示,并给出 P-Ⅲ型曲线模比系数 K_P 值见表 5-13。试按洪峰同倍比放大法推求百年一遇设计洪水过程线。

表 5-13　某站典型洪水过程线

时段($\Delta t=6$ h)	0	1	2	3	4	5	6	7	8
典型洪水 Q(m^3/s)	20	150	900	850	600	400	300	200	120

5-16　已知:某流域 $F=341\ km^2$,$I_m=100$ mm,$P_{ap}=78$ mm,$f_c=1.5$ mm/h;$P=2\%$ 的设计面暴雨过程见表 5-14;6 h 单位线见表 5-15,试推求该设计暴雨形成的设计洪水。

表 5-14　$P=2\%$ 的设计暴雨时程分配

时段数 Δt(h)	1	2	3	4	合计
占最大一天的分配百分数(%)	11	63	17	9	100
设计面暴雨(mm)	19.9	171.3	46.2	24.6	272
设计净雨(mm)					
地下净雨(mm)					
地面净雨(mm)					

表5-15　6 h单位线

时段数	0	1	2	3	4	5	6	7	8	9	10
$q(m^3/s)$	0	8.4	49.6	33.8	24.6	17.4	10.8	7.0	4.4	1.8	0

5-17　已知某小流域有下述资料,试用推理公式法计算 $P=1\%$ 的设计洪水过程。

(1)流域特征参数。流域面积 $F=194\ km^2$,主河长 $L=32.1\ km$,河道比降 $J=9.32‰$。

(2)流域暴雨参数。由水文手册查得该流域中心处年最大24 h暴雨的统计参数为 $\bar{x}_{24}=85.0\ mm$,$C_v=0.45$,$C_s/C_v=3.5$,$n_{6,24}=0.75$。

(3)流域产汇流参数。由当地水文手册查得 $m=0.092\ [L/(J^{\frac{1}{3}}F^{\frac{1}{4}})]^{0.636}$,$\mu=3.0$ mm/h。设计洪水过程线为三角形过程线,且 $r=T_2/T_1=2$。

(参考答案:$Q_{m,P}=952\ m^3/s$,$W_P=2\ 813$ 万 m^3,$T_1=5.47\ h$,$T_2=10.94\ h$)

学习项目6 水库调度

学习单元1 基本知识

1 学习目标

(1)了解水库调度的意义。
(2)掌握水库特性曲线的用法。
(3)掌握水库的特征水位及特征库容。

2 学习内容

(1)水库兴利调节的分类。
(2)水库特性曲线。
(3)水库的特征水位及特征库容。

3 任务实施

建造水库是一种普遍的、有效的地表水资源调控工程措施。修建水库能抬高水位,调蓄水量,调节河川天然径流过程,以适应国民经济的要求。为了解决来水与用水之间的矛盾,利用水库控制并将河道天然来水按防洪及兴利要求重新分配,称为径流调节。其中,为提高枯水期(或枯水年)的供水量,满足灌溉、水力发电及城镇工业、生活用水等兴利要求而进行的调节称为兴利调节;为拦蓄洪水、削减洪峰流量,防止或减轻洪水灾害而进行的调节称为防洪调节。

3.1 水库兴利调节的分类

由于水文现象的复杂性,水库的来水、用水和蓄水都是随时间经常变化的,水库由库空(死水位)到库满(正常蓄水位)再到库空,循环一次所经历的时间,称为调节周期。按调节周期的长短,水库兴利调节可划分为日调节、周调节、年调节和多年调节等类型。以灌溉为主的水库常分为年调节水库和多年调节水库。

3.1.1 日调节和周调节

一般来说,河川径流在一天或一周内的变化是不大的,而日调节和周调节均为短周期调节,一般用于以发电为主的水库,因为用电负荷在白天和夜晚或工作日与休息日之间,差别较大。有了水库就可以把夜间或休息日负荷小时的多余水量蓄存起来,增加白天和工作日高负荷时的发电量。这种在一天、一周内将径流进行重新分配的调节分别称为日调节、周调节,图6-1为日调节示意图。

3.1.2 年调节

我们国家一般河川径流随季节性的变化是很大的，丰水期和枯水期水量相差很大。而水库径流年调节的任务就是将丰水期的多余水量存蓄在水库中，供枯水期用。调节周期为一年，称为年调节，如图6-2所示。

按调节程度不同，年调节又可分为不完全年调节和完全年调节。当设计年径流量大于用水量，经水库调节，仍有弃水发生（由泄水建筑物将多余水量排往下游），称为不完全年调节。如果水库能将设计保证率的年径流量，完全按用水要求重新分配且没有弃水，称为完全年调节。

完全年调节和不完全年调节的概念是相对而言的，完全年调节水库一般是指遇到设计枯水年时没有弃水，而在一般枯水年或丰水年来水量大、用水量小，不必进行完全年调节即能满足用水要求，并会发生弃水。

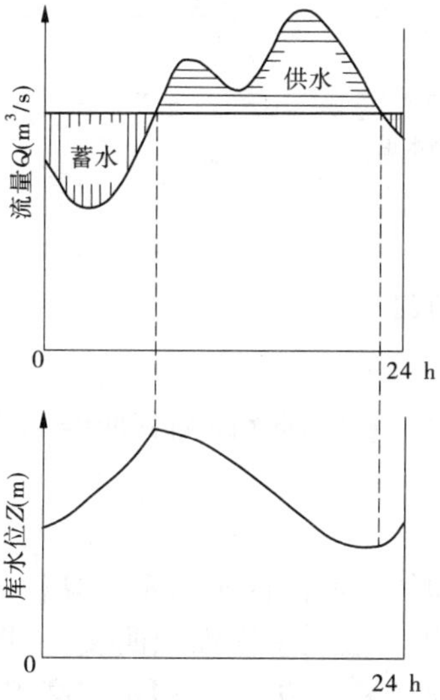

图6-1 日调节示意图

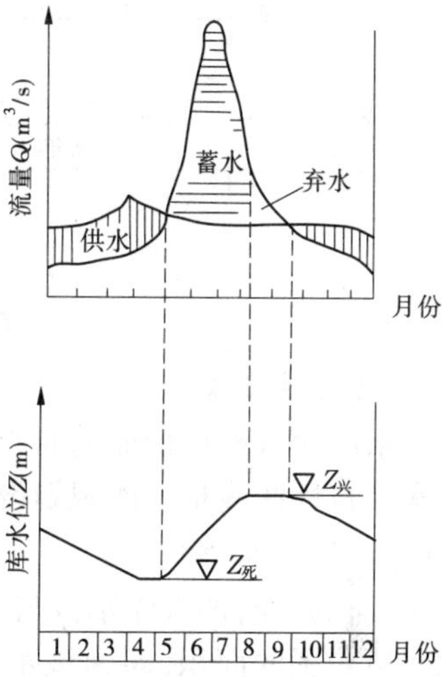

图6-2 年调节示意图

3.1.3 多年调节

当用水量较大或设计保证率较高时，设计年径流量小于年用水量，这时修建年调节水库已不能满足用水的要求，则需把丰水年多余的水量拦蓄在水库中，以补充枯水年供水量的不足，这种跨年度的调节称为多年调节。多年调节水库往往需要经过若干个丰水年才能蓄满，然后将存蓄的水量分配在随后的枯水年里用掉，即其调节周期为多年，如图6-3所示。

3.2 水库特性

水库特性资料主要包括水库的面积和容积特性、蒸发渗漏损失以及淤积和淹没等资料。这些资料通常是根据库区地形资料、水文地质资料以及淹没等社会调查资料来分析确定的。

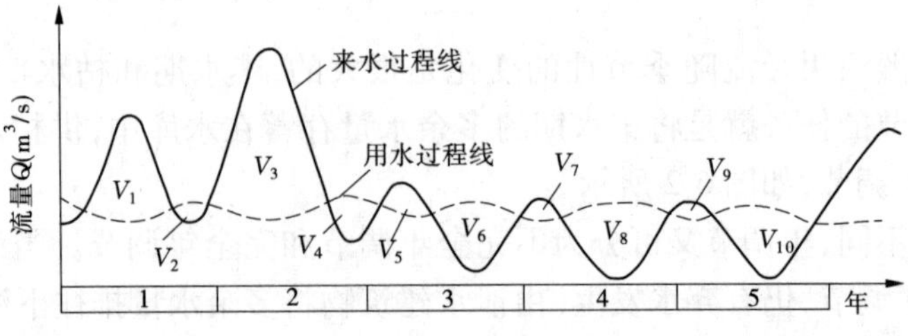

(a)

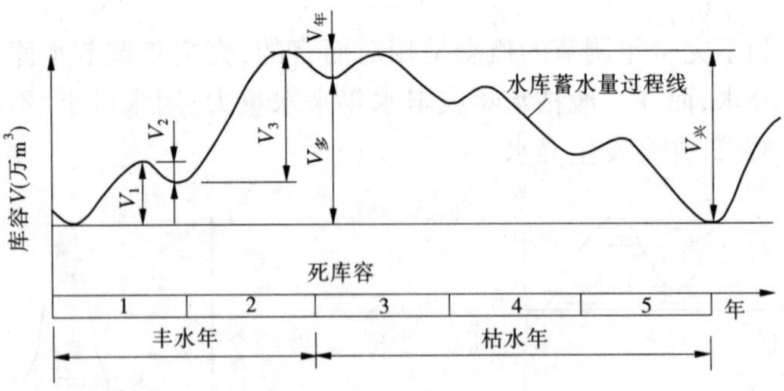

(b)

图 6-3　多年调节示意图

3.2.1　水库特性曲线

反映水库库区地形特征的曲线称为水库特性曲线，它包括水库面积曲线和水库容积曲线。水库特性曲线是水库规划设计的基本资料之一。

3.2.1.1　水库面积曲线

水库面积曲线，即水库水位与水面面积的关系曲线。库区内某一水位高程的等高线和坝轴线所包围的面积，即为该水位的水库水面面积。绘制水库面积曲线，一般可根据 1/10 000 ~ 1/5 000 比例尺的地形图，用求积仪法或数方格等方法，求得不同高程（高程的间隔可用 1 m、2 m 或 5 m）时的水库水面面积。然后以水库水位 Z 为纵坐标，水库面积 F 为横坐标，可绘制出水库水位—面积曲线，即水库面积曲线，见图 6-4。该曲线是研究水库淹没范围和计算水库蒸发损失的主要依据。

3.2.1.2　水库容积曲线

水库容积曲线，即水库水位与库容的关系曲线，可直接由水库面积曲线求得。方法是：

（1）按水库面积曲线中的水位分层，得各水位相应的水面面积。

（2）自库底向上逐层计算各相邻水位间的容积 ΔV_i 。

（3）将 ΔV_i 由库底自下而上逐层累加，即得各级水位下的容积（库容）V。

（4）以水位 Z 为纵坐标，相应的容积 V 为横坐标，点绘 $Z \sim V$ 关系点据，并连成光滑曲线，即得水库容积曲线。水库容积曲线是估算渗漏损失水量和确定水库水位或库容的依据。相邻高程间的部分容积可按下式计算

$$\Delta V = \frac{F_1 + F_2}{2}\Delta Z \qquad (6\text{-}1)$$

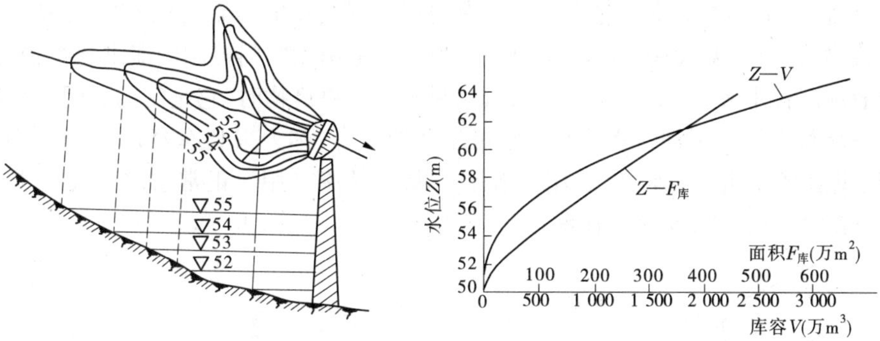

图6-4 水库特性曲线

式中 ΔV——相邻高程间(相邻水位间)的容积,万 m^3;

F_1、F_2——相邻上下游水位相应的水面面积,万 m^2;

ΔZ——高程间隔(相邻水位差),m。

或用较精确的公式计算:

$$\Delta V = \frac{1}{3}(F_1 + \sqrt{F_1F_2} + F_2)\Delta Z \tag{6-2}$$

当库区地形变化不大时,可用式(6-1)计算;当库区地形变化较大时,则用式(6-2)计算。水库面积曲线和容积曲线的一般形状如图6-4所示。

应该指出:上述水库水面是按平面计算的。实际上只有当库中流速为零时,库水面才呈水平,故称上述计算所得库容为静库容。库中水面由坝址起沿程上溯形成回水曲线,越往上游水面越上翘,直至入库端与天然水面相交为止。因此,静库容以上与洪水的水面线之间包含的水库容积为楔形库容(见图6-5中的阴影部分)。静库容与楔形库容的总和为动库容。以入库流量为参数的坝前水位与相应动库容的关系曲线,称为动库容曲线。由于动库容计算麻烦,为简便起见,一般的调节计算多采用静库容。当研究水库回水淹没和浸没的确实范围,或做库区洪水演进计算时,或当动库容占调洪库容比重较大时,则必须考虑和研究动库容的影响。

3.2.2 水库特征水位与特征库容

水库工程为完成不同任务在不同时期和各种水文条件下,需控制达到或允许消落的各种库水位,统称为水库特征水位。相应于水库特征水位以下或两特征水位之间的水库容积,称为水库特征库容。这些特征水位和库容各有特定的任务和作用,体现着水库运用的各种特定要求,它们也是规划设计阶段确定主要水工建筑物的尺寸,估算工程投资、效益的基本依据。这些特征水位和相应的库容,通常有以下几种。

3.2.2.1 死水位和死库容

水库的死水位是指在正常运用情况下,允许水库消落的最低水位。死水位以下的库容称为死库容。水库正常运行时一般不能低于死水位,死库容一般不参与径流调节,也不放空,除非是特殊干旱年份或其他特殊情况,如战备要求、地震等,经慎重研究,才允许临时动用死库容部分存水。

3.2.2.2 正常蓄水位和兴利库容

在正常运用情况下,为满足兴利部门枯水期的正常用水,水库在开始供水时应蓄到的最高水位，称为正常蓄水位。它决定着水库的规模、效益和调节方式，在很大程度上决定水工建筑物的尺寸、型式和水库淹没损失。当水库采用无闸门控制的泄洪建筑物时，它与溢洪道堰顶高程平齐；当水库采用有闸门控制的泄洪建筑物时，它是闸门关闭时允许长期维持的最高蓄水位。正常蓄水位与死水位之间的库容，称为兴利库容，又称调节库容（见图 6-5），供灌溉、发电、给水、生态用水等部门调节径流之用。正常蓄水位与死水位之间的深度，称为消落深度，又称工作深度。

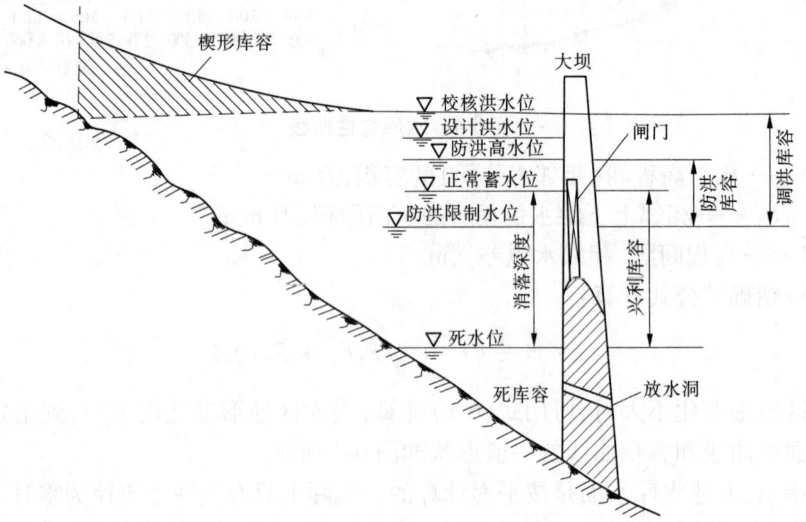

图 6-5 水库特征水位与特征库容

3.2.2.3 防洪限制水位和结合库容

水库在汛期允许兴利蓄水的上限水位，称为防洪限制水位。这是水库汛期防洪运用的起调水位。该水位以上的库容用来调节洪水，只有在汛期发生洪水时，为了蓄滞洪水，库水位才允许超过防洪限制水位。但在汛期当中，一旦洪水开始消退，水库应尽快将水位回降到防洪限制水位，以应对下一次洪水的来临。防洪限制水位可根据洪水特性、防洪要求和水文预报条件，在汛期不同时段分期拟定。例如按主汛期、非主汛期，或按分期设计洪水分别拟定不同的防洪限制水位。防洪限制水位应尽可能定在正常蓄水位以下，防洪限制水位与正常蓄水位之间的库容，称为结合库容，又称共用库容。因为它在汛期是防洪库容的一部分，在汛后又是兴利库容的一部分。

3.2.2.4 防洪高水位和防洪库容

当水库有防洪要求时，遇到下游防护对象的设计标准洪水时，经水库调洪后，在坝前达到的最高水位，称为防洪高水位。只有当水库承担下游防洪任务时，才需确定这一水位。此水位可采用相应下游防洪标准的各种典型洪水，按拟定的防洪调度方式，自防洪限制水位开始进行水库调洪计算求得。

防洪高水位与防洪限制水位之间的库容，称为防洪库容，用以拦蓄洪水，满足下游防护对象的防洪要求。当防洪限制水位低于正常蓄水位时，防洪库容与兴利库容的重叠部分，即结合库容或共用库容，此库容在汛期腾空作为防洪库容或调洪库容的一部分，汛末充蓄作为兴利库容的一部分,以增加供水期的保证供水量或水电站的保证出力。

3.2.2.5 设计洪水位和拦洪库容

当遇到大坝设计标准洪水时,经水库调节后,在坝前达到的最高水位称设计洪水位。它是水库正常运用情况下,允许达到的最高水位,可采用相应大坝设计标准的设计洪水,按拟定的调洪方式,自防洪限制水位开始进行调洪计算求得。设计洪水位和防洪限制水位之间的库容称拦洪库容,也叫设计调洪库容。

3.2.2.6 校核洪水位和调洪库容

当遇到大坝校核标准洪水时,经水库调洪后,在坝前达到的最高水位,称为校核洪水位。它是水库非常运用情况下允许达到的临时性最高洪水位,是确定坝顶高程及进行大坝安全校核的主要依据。可采用相应大坝校核标准的校核洪水,按拟定的调洪方式,自防洪限制水位开始进行调洪计算求得。校核洪水位与防洪限制水位之间的库容称为校核调洪库容,简称调洪库容。

校核洪水位以下的全部库容称为水库的总库容。校核洪水位与死水位之间的库容称为有效库容。水库的各种特征水位和特征库容见图6-5。

学习单元2 水库兴利调节

1 学习目标

(1)理解兴利调度和防洪调度的任务和作用。

(2)掌握年调节水库兴利调节计算的原理及具体方法。

2 学习内容

(1)年调节水库兴利调节原理。

(2)年调节水库兴利库容的确定方法。

3 任务实施

一般来说,水库兴利调节计算的任务是:在已知设计保证率的来水量的条件下,根据用水部门要求的调节流量决定水库所需的兴利库容;或者根据已定的水库兴利库容来决定可提供的调节流量。在已知来水条件下,根据用水要求确定水库的兴利库容,一般采用时历列表法、差积曲线图解法等。这里只介绍时历列表法,其中又可分为典型年法和长系列法。

3.1 年调节水库兴利调节基本原理和运用情况

3.1.1 水库兴利调节计算的基本原理

水库兴利调节的目的在于提高其枯水期的供水量,以满足各兴利部门的需要,因此必须按兴利要求调节径流。由于水库能够有计划地按兴利要求来控制和调节水库的出流,而出流水量与河川天然来水相差的水量,可暂时地蓄存在水库中或由水库补足,因而就有水库蓄水量的蓄泄变化,而水库的这种充蓄和泄放的变化情况,也是确定水库工程规模及兴利效益的主要依据之一。

水量平衡原理是进行水库兴利调节计算所依据的基本原理，即某一时段内入库水量与出库水量的差值等于水库蓄水量的变化值，其公式如下：

$$\Delta W_{来} - \Delta W_{用} = (Q - q)\Delta t = \Delta V = V_{末} - V_{初} \tag{6-3}$$

式中 $\Delta W_{来}$、Q —— 时段 Δt 内入库水量，m^3，以及入库平均流量，m^3/s；

$\Delta W_{用}$、q ——时段 Δt 内出库水量，m^3，以及出库平均流量，m^3/s；

ΔV ——时段 Δt 内水库蓄水变量，m^3，增加为正，减小为负；

$V_{末}$、$V_{初}$——时段 Δt 末、初的水库库容。

时段出库水量包括各种兴利部门用水总量、水库损失水量，以及水库蓄满后产生的弃水量。时段 Δt 的长短，可根据调节周期的长短、径流和需水变化程度而定。对年调节水库 Δt 可取长些，一般枯水期按月，丰水期按旬（或月）。选择时段过长，会使计算所得的调节库容或调节流量产生较大的误差，且较多地偏于不安全的一面。

3.1.2 年调节水库的运用情况

年调节水库在调节年度内进行充蓄、泄放的过程叫水库运用。蓄泄一次称为一次运用，蓄泄两次称为两次运用，蓄泄多于两次，称为多次运用。根据水库来水和用水过程的不同，一年内水库的运用情况有以下几种。

3.1.2.1 一次运用

图 6-6 中 $Q—t$ 、$q—t$ 分别代表水库天然来水和用水过程。水库在一个调节年度内充蓄一次，泄放一次。当余水 W_1 大于亏水 W_2 时，W_2 是唯一的亏水量（供水量），只要水库能够充蓄 W_2 的水量，就能保证这一年的用水需要，因此水库的兴利库容 $V_{兴} = W_2$。

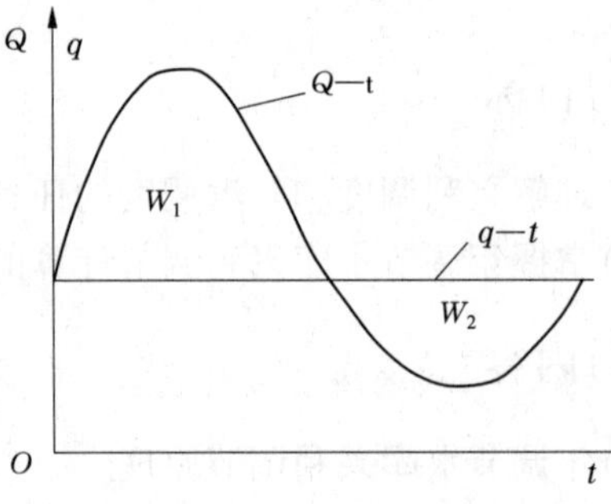

图 6-6 水库一次运用示意图

3.1.2.2 两次运用

若水库在一个调节年度内，充蓄两次、泄放两次称为两次运用，可分为以下三种情况：

第一种情况：如图 6-7(a)所示，通过来水、用水比较后，发现每次余水量都大于随后的不足水量，即 $W_1 > W_2$，$W_3 > W_4$。水库两次运用是相互独立、互不影响的。因此，此时水库兴利库容应取两个不足水量的较大值。因 $W_2 > W_4$，故 $V_{兴} = W_2$。

第二种情况：如图 6-7(b)所示，$W_1 > W_2$，$W_3 < W_4$，而 $W_3 < W_2$，要满足相应于 W_4 的亏水量要求，就必须事先多存 W_3 不能满足 W_4 的那部分水量（$W_4 - W_3$），故水库兴利库容 $V_{兴} = W_2 + (W_4 - W_3)$。

第三种情况：如图 6-7(c)所示，如果 $W_1 > W_2$，$W_3 < W_4$，而 $W_3 < W_2$，此时 $W_2 + (W_4 - W_3) < W_4$，故 $V_{兴} = W_4$。

无论是一次或是两次运用，均应在最大余水期 V_1 的初期开始蓄水，蓄满兴利库容 $V_{兴}$ 后，余水再泄出，叫先蓄后泄。有时，也有采用先泄后蓄的方案。

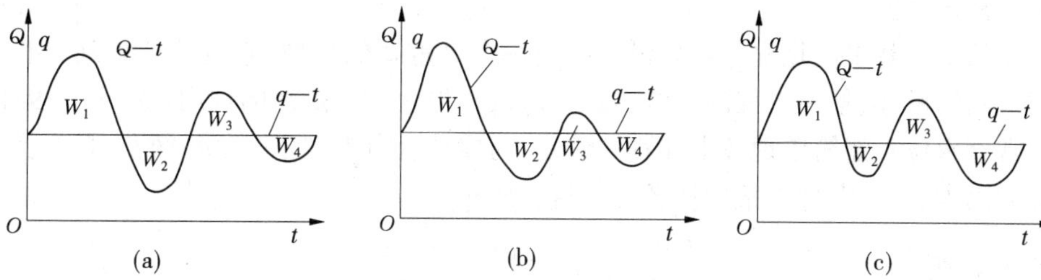

图6-7 水库两次运用示意图

3.1.2.3 多次运用

水库在一个调节年度内，蓄泄多于两次时，称为多次运用。此时，确定兴利库容，可从蓄水开始（空库）逆时序将各月（$W_{来} - W_{用}$）进行累加，其中最大负累积量即为该年兴利库容。也可从蓄水开始顺时序由零累加（$W_{来} - W_{用}$）值，经过一个调节年度又回到计算起点，此时若 $\sum(W_{来} - W_{用})$ 不为零，应为余水值 C，则兴利库容为：

$$V_{兴} = \sum(W_{来} - W_{用})_{\max} - C \tag{6-4}$$

3.2 年调节水库兴利库容的确定

根据水库设计年来水资料、兴利用水资料及水库特性资料确定水库必需的兴利库容，是水库规划设计的重要内容之一。年调节水库调节周期为一年，调节计算时，首先确定出水库兴利蓄水为零的时刻，作为计算的起始点。显然，兴利蓄水量为零即库空之时，应为供水期末，从库空之后水库转为蓄水期：从水库开始蓄水到第二年放空的周期，称为调节年或水利年，时间仍是12个月。

中小型水库一般仅对设计枯水年进行列表调节计算，由来用水资料及水库特性资料求出该年满足兴利用水的兴利库容，作为设计的兴利库容，这种方法称为典型年法。首先按学习项目5讲述的方法，求出相应于设计保证率的设计年径流量和年内分配，作为水库代表年的来水过程，再列出相应的用水过程，根据兴利计算原理，列表逐时段计算，即可求出兴利库容。列表计算可以顺时序向前推算，也可逆时序向后推算，其计算公式如下：

顺时序向前推算

$$V_{月(旬)末} = V_{月(旬)初} + (W_{来} - W_{用}) \tag{6-5}$$

逆时序向后推算

$$V_{月(旬)初} = V_{月(旬)末} - (W_{来} - W_{用}) \tag{6-6}$$

式中 $V_{月(旬)初}$——时段 Δt（月或旬）初的水库容积，m^3；

$V_{月(旬)末}$——时段 Δt（月或旬）末的水库容积，m^3。

这种方法是将设计年径流量，根据某种典型年求得设计年来水的年内分配，先不考虑水库的水量损失，用水量平衡原理分析来水与用水的矛盾，用列表法求算兴利库容。再根据兴利库容的大小，总的考虑加大10%～15%作为考虑损失后，修订兴利库容。或是根据不考虑损失时，计算的时段蓄水量，作为进一步考虑损失时计算的依据。

3.3 水库正常蓄水位的确定

水库的设计兴利库容确定后，由死水位加上设计兴利库容查水位库容曲线即可得到水库的正常蓄水位。

水库的正常蓄水位是水库规划设计中的一个最重要的参数，它直接关系到一些主要水工建筑物的尺寸、整个工程的投资、效益、淹没损失及对水资源的利用程度等。因此，水库的正常蓄水位不能简单地按上述程序确定，需要综合考虑技术、经济、政治、社会及环境等方面的因素，通过多种方案的比较分析进行优选。

4 案例分析

【例6-1】 某灌溉为主的水库灌溉设计标准采用 $P=80\%$，设计年来水量 $W_P=1\ 896$ 万 m^3，按典型年分配的设计年来水过程见表6-1中第②栏，灌区灌溉面积为3万亩（1亩=1/15 hm^2），用水过程见表6-1中第③栏，$V_{死}=84$ 万 m^3。用列表计算法，不计损失计算水库的兴利库容和各时段末的蓄水库容。

解 (1)确定各时段来水量及用水量，计算总余亏水值。各时段来水量、用水量为已知资料，见表6-1中第②栏和第③栏，首先计算总余亏水值：

$$C=\sum W_{来}-\sum W_{用}=1\ 896-1\ 649=247(万\ m^3)$$

(2)计算各时段余亏水值：$W_{来}-W_{用}$ 即表6-1中第②、③栏，正值填入第④栏，负值填入第⑤栏，并用 $\sum④-\sum⑤=C=247$ 万 m^3 检查计算是否有误。由计算结果可以看出，本例有三次余水和三次亏水，属多次运用。

表6-1 某水库不计入损失的年调节库容计算表

时间 月	时间 旬	来水量 $W_{来}$（万 m^3）	用水量 $W_{用}$（万 m^3）	$W_{来}-W_{用}$（万 m^3） +	$W_{来}-W_{用}$（万 m^3） −	$\sum(W_{来}-W_{用})$ 月、旬末（万 m^3）	月、旬末蓄水库容（万 m^3）	弃水量 C（万 m^3）	说明
①		②	③	④	⑤	⑥	⑦	⑧	⑨
						269	353		
1		91		91		360	444		
2		41		41		401	485		
3		401		401		802	886		
4	上	71	0	71		873	957		
	中	90	181		91	782	866		
	下	60	0	60		842	926		
5	上	331	104	227		1 069	1 116	37	蓄满有弃水
	中	210	0	210		1 279	1 116	210	蓄满有弃水
	下	91	231		140	1 139	976		

续表 6-1

时间		来水量 $W_{来}$（万 m^3）	用水量 $W_{用}$（万 m^3）	$W_{来}-W_{用}$（万 m^3）		$\sum(W_{来}-W_{用})$ 月、旬末（万 m^3）	月、旬末蓄水库容（万 m^3）	弃水量 C（万 m^3）	备注
月	旬			+	－				
①		②	③	④	⑤	⑥	⑦	⑧	⑨
6	上	71	93		22	1 117	954		
	中	31	254		223	894	731		
	下	101	136		35	859	696		
7	上	21	142		121	738	575		
	中	7	205		198	540	377		
	下	3	155		152	388	225		
8	上	2	32		30	358	195		
	中	2	0	2		360	197		
	下	3	116		113	0(247)	84		
9		31		31		31	115		
10		16		16		47	131		
11		101		101		148	232		
12		121		121		269	353		
合计		1 896	1 649	1 373	1 125			247	
		(247)		(247)					

(3)逐时段计算时段累积余亏水值：起算点应放在供水期末，从④、⑤栏比较可以看出：应放在8月末(9月初)，此时水库蓄水量为零(库空)，顺时序累积 $\sum(W_{来}-W_{用})$ 填入第⑥栏，经过一年的计算又回到8月末，其 $\sum(W_{来}-W_{用})$ 应为总余水(弃水) $C=247$ 万 m^3。否则计算有误。

(4)求不计损失时的兴利库容：

$$V_{兴}=\sum(W_{来}-W_{用})_{max}-C=1\ 279-247=1\ 032(万\ m^3)$$

(5)求各时段末蓄水库容：已知 $V_{死}=84$ 万 m^3，又求出 $V_{兴}=1\ 032$ 万 m^3，则时段末最大蓄水库容 $V_{死}+V_{兴}=84+1\ 032=1\ 116$ 万 m^3，由8月末以 $V_{死}=84$ 万 m^3 为起始值，采用先蓄后泄的方式，按公式顺时序计算，并以1 116万 m^3 为控制数，若大于1 116万 m^3，多余水量作为弃水量，其计算结果填入第⑧栏。最后以总弃水量 $C=247$ 万 m^3 校核。

学习单元3　水库防洪调节

1　学习目标

(1)掌握无闸门控制水库防洪调节的任务和计算原理。

(2)掌握单辅助曲线法的调节计算方法与步骤。

2　学习内容

(1)水库的调洪作用。

(2)水库调洪计算基本原理。

(3)无闸门控制水库防洪调节计算方法。

3　任务实施

3.1　水库的调洪作用

为便于说明,不妨来看一次洪水通过水库的调节过程,如图6-8所示。该水库设有无闸门控制的开敞式溢洪道,其设计堰顶高程通常与正常蓄水位齐平,图中Q—t为入库设计洪水流量过程,q—t为水库下泄流量过程,Z—t为水库水位变化过程。

假设在t_1发生洪水时刻,水库已蓄水至正常蓄水位,起调水位即为正常蓄水位,下泄流量$q=0$。随后,入库洪水流量Q增大,水库水位上升,溢洪道泄流量q也逐渐增加。t_2为入库洪峰流量Q_m出现时间,t_2以后入库流量虽然减少,但仍大于下泄流量,因而库水位继续升高,水库继续拦蓄洪水,直到t_3时刻$Q=q$时,水库水位和下泄流量同时达到最大值,水库蓄水过程结束。t_3时刻以后,由于$Q<q$,水库水位下降,q也随之减小。t_4时刻水库水位重回到正常蓄水位,本次洪水调节结束。图6-8中阴影部分$W_{蓄}$是本次洪水拦蓄在水库中的水量。该水量在$t_3\sim t_4$这一时段内逐渐泄出,如图6-8中$W_{泄}$所示。

上述情况是在溢洪道尺寸已定的条件下得出的,当溢洪道尺寸改变时,调洪库容V_m(图6-8中$W_{蓄}$)和最大泄量q_m也将改变。同理,当设计洪水改变时,其他值也会改变。这说明设计洪水、溢洪道尺寸、调洪库容和最大下泄流量之间是相互联系、互为影响的。

3.2　水库防洪调节计算的任务与基本原理

3.2.1　水库防洪调节计算的任务

3.2.1.1　规划设计阶段

水库防洪计算的主要任务是:根据水文计算提供的设计洪水资料,通过调节计算和工程的效益投资分析,确定水库的调洪库容、最高洪水位、最大泄流量、坝高和泄洪建筑物尺寸。

3.2.1.2　运行管理阶段

水库防洪计算的主要任务是:求出某种频率洪水(或预报洪水),在不同防洪限制水位时,水库洪水位与最大下泄流量的定量关系。为编制防洪调度规程,制订防洪措施,提供科学依据。

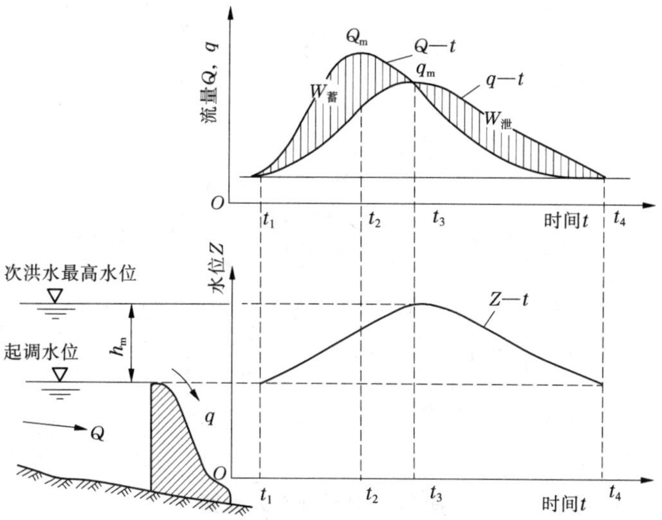

图 6-8　无闸门控制时一次洪水的蓄泄过程和库水位变化过程

3.2.2　水库防洪调节计算的基本原理

水库调洪计算的基本原理是逐时段联立求解水库的水量平衡方程和水库的蓄泄方程。水库的水量平衡方程表示为:在计算时段 Δt 内,入库水量与出库水量之差等于该时段内水库蓄水量的变化值,如图 6-9 所示,即

$$\frac{Q_1 + Q_2}{2}\Delta t - \frac{q_1 + q_2}{2}\Delta t = V_2 - V_1 = \Delta V \qquad (6\text{-}7)$$

式中　Q_1、Q_2——计算时段初、末的入库流量,m^3/s ;

q_1、q_2——计算时段初、末的水库的下泄流量,m^3/s;

V_1、V_2——计算时段初、末的水库的库容,m^3;

ΔV ——计算时段中水库蓄水量的变化值,m^3;

Δt ——计算时段,h。

当已知水库入库洪水过程线时,Q_1、Q_2均为已知。计算时段 Δt 的选择,应以能较准确反映洪水过程线的形状为原则,陡涨陡落时, Δt 取短些;反之,取长些。时段初的水库蓄水量 V_1和泄流量 q_1可由前一时段求得,而第一个时段的 V_l、q_l为已知的起始条件,未知的只有 V_2、q_2。但由于一个方程存在两个未知数,为了求解,需再建立第二个方程,即水库的蓄泄方程。

水库的泄洪建筑主要是指溢洪道和泄洪洞,水库的泄流量就是它们的过水流量。在溢洪道无闸门控制或闸门全开的情况下,其泄流量可按堰流公式计算,即

$$q_{溢} = M_1 B H^{\frac{3}{2}}$$

式中　M_1——流量系数;

B——溢洪道堰顶宽度,m;

H——溢洪道堰上水头,m。

而泄洪洞的泄流量可按有压管流计算,即

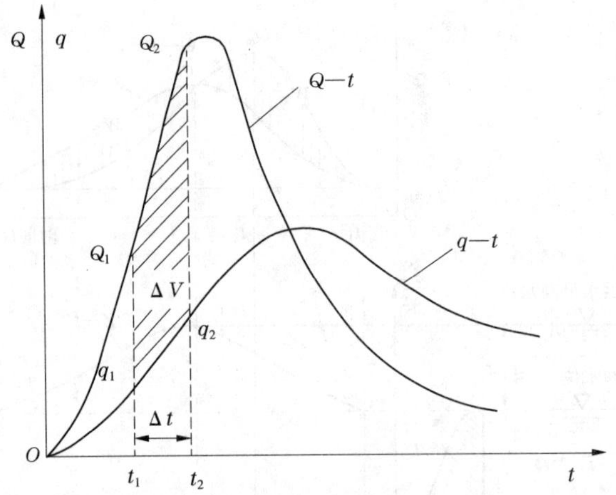

图 6-9　水量平衡示意图

$$q_{洞} = M_2 F H_{洞}^{\frac{1}{2}}$$

式中　M_2——流量系数；

F——泄洪洞洞口的断面面积，m^2；

$H_{洞}$——泄洪洞的计算水头，m。

可见，在水库的泄洪建筑物型式和尺寸一定的情况下，其泄流量只取决于水头 H。而根据水库的水位库容曲线 $Z—V$ 可知，泄流水头 H 是水库蓄水量 V 的函数，所以泄流量 q 也是水库蓄水量 V 的函数，即

$$q = f(V) \tag{6-8}$$

式(6-8)就是水库的蓄泄方程，由于水库容积曲线 $Z—V$ 没有具体的函数形式，故很难列出 $q = f(V)$ 的具体函数式。水库的蓄泄方程只能用列表或图示的方式表示出来。

联立求解方程式(6-7)和式(6-8)，就可求得时段末的水库蓄水量 V_2 和泄流量 q_2。而逐时段联立求解方程式(6-7)和式(6-8)，即可求得与入库洪水过程相应的水库蓄水过程和泄流过程。

当水库拟定不同的泄洪建筑物尺寸，通过上述计算，就可得到水库泄洪建筑物尺寸与水库洪水位、调洪库容、最大泄流量之间的关系，为最终确定水库调洪库容、最高洪水位、最大泄流量、大坝高度和泄洪建筑物尺寸提供依据。

3.3　无闸门控制的水库防洪调节计算

中小型水库为了节省投资、便于管理，溢洪道一般不设闸门。无闸门控制的水库有如下特点：①水库的调洪库容和兴利库容难以结合，因此水库的防洪起调水位（防洪限制水位）与正常蓄水位相同，均与溢洪道堰顶高程齐平；②水库下游一般没有重要保护对象，或有保护对象也难以负担下游防洪任务；③库水位超过堰顶高程就开始泄洪，属于自由泄流状态。

3.3.1　列表试算法

为了求解式(6-7)和式(6-8)，通过列表试算，逐时段求出水库的蓄水量和下泄流量，这种方法称列表试算法。其主要步骤是：

(1)确定水库的入库洪水过程线。

(2)根据水位库容曲线和拟定的泄洪建筑物类型、尺寸,用水力学公式计算并绘制水库的下泄流量与库容的关系曲线 $q = f(V)$ 。

(3)选取合适的计算时段 Δt ,由设计洪水过程线摘录 Q_1、Q_2、Q_3、…。

(4)调洪计算。确定计算开始时刻的 q_1、V_1,然后列表试算。试算方法:由起始条件已知 V_1、q_1和入库流量 Q_1、Q_2,假设时段末的下泄流量 q_2,就能根据式(6-7)求出时段末水库的蓄水变化量 ΔV ,而 $V_2 = V_1 + \Delta V$,用 V_2查 q—V 曲线得 q_2,若与假设的 q_2 相等,则 q_2 即为所求,若两者不等,则说明假设的 q_2与实际不符,需重新假设 q_2,直至两者相等。

(5)将上一时段末的 q_2、V_2,作为下一时段初的 q_1、V_1,重复上述试算,求出下一时段的 q_2、V_2。这样,逐时段试算就可求得水库泄流过程线和相应的水库蓄水量过程线。

(6)将入库洪水过程线 Q—t 和计算的水库泄流量过程线 q—t 点绘在一张图上,若计算的最大泄流量 q_m正好是两线的交点,则计算的 q_m是正确的。否则,应缩短交点附近的计算时段,重新进行试算,直至计算的 q_m正好是两线的交点。

列表试算法能够准确地表达调洪计算的基本原理, 概念清楚,适用于变时段、有闸门、无闸门各种情况下的防洪调节计算,但计算量大。

3.3.2 半图解法

式(6-7)和式(6-8)也可以用图解和计算相结合的方式求解,这种方法称为半图解法。常用的有双辅助曲线法和单辅助曲线法。

3.3.2.1 双辅助曲线法

将水量平衡方程式改写为:

$$\frac{Q_1 + Q_2}{2} - \frac{q_1 + q_2}{2} = \frac{V_2 - V_1}{\Delta t}$$

移项整理后得:

$$\left(\frac{V_2}{\Delta t} + \frac{q_2}{2}\right) = \overline{Q}_1 + \left(\frac{V_1}{\Delta t} - \frac{q_1}{2}\right) \tag{6-9}$$

式中 $\overline{Q}_1$ —— Δt 时段内的入库平均流量。

因为 V 是 q 的函数,故 $\left(\frac{V}{\Delta t} + \frac{q}{2}\right)$ 和 $\left(\frac{V}{\Delta t} - \frac{q}{2}\right)$ 也是 q 的函数,因此可以计算绘制 $q = f\left(\frac{V}{\Delta t} + \frac{q}{2}\right)$ 和 $q = f\left(\frac{V}{\Delta t} - \frac{q}{2}\right)$ 两关系曲线,如图6-10 所示,根据时段初 V_1、q_1,应用这两条辅助曲线推求时段末的 V_2、q_2的方法,就是双辅助曲线法。其调洪计算的步骤如下:

(1)已知时段初的出库流量为 q_1,在图 6-10 纵坐标上取 $OA = q_1$。

(2)过 A 点向右平行于横坐标引线,交 $q = f\left(\frac{V}{\Delta t} - \frac{q}{2}\right)$ 曲线于 B 点,则 $AB = \left(\frac{V_1}{\Delta t} - \frac{q_1}{2}\right)$,延长 AB 至 C 点,取 $BC = \overline{Q}$ 。

(3)由 C 点向上作垂线(过了 q_m后则向下作垂线)交 $q = f\left(\frac{V}{\Delta t} + \frac{q}{2}\right)$ 曲线于 D 点。

(4)由 D 点向左作平行于横坐标的直线交纵坐标于 E 点,则 DE 纵坐标 $OE = q_2$。

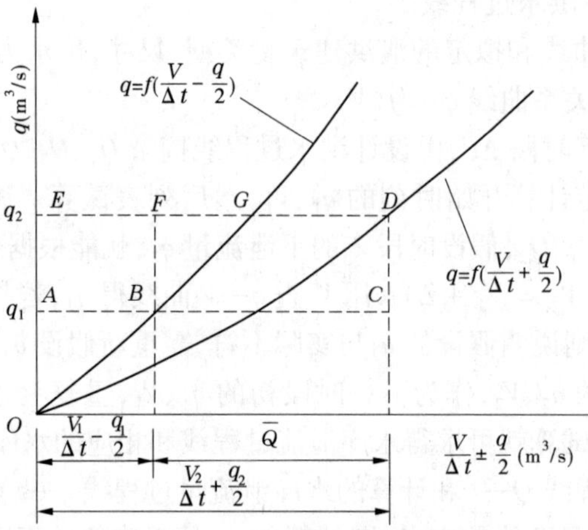

图 6-10　双辅助曲线图

按照上述步骤，利用求得的时段末泄流量 q_2 作为下一时段初的泄流量 q_1，依次逐时段进行计算，即可求得水库泄流过程。

3.3.2.2 单辅助曲线法

将水量平衡方程式分离已知项和未知项后，式(6-9)还可改写为

$$\left(\frac{V_2}{\Delta t}+\frac{q_2}{2}\right)=\overline{Q}_1-q_1+\left(\frac{V_1}{\Delta t}+\frac{q_1}{2}\right) \tag{6-10}$$

这样只绘制 $q=f\left(\frac{V}{\Delta t}+\frac{q}{2}\right)$ 一条关系曲线（如图 6-11 所示），就能求解 q_2 了，这种方法称为单辅助曲线法。

调洪开始时，对于第一时段，已知 Q_1、V_1、q_1，将它们代入式(6-10)的右端，即得出 $\left(\frac{V_2}{\Delta t}+\frac{q_2}{2}\right)$。依此数值在 $q=f\left(\frac{V}{\Delta t}+\frac{q}{2}\right)$ 曲线上即可查出 q_2。对于第二时段，上时段末的 Q_2、q_2 及 $\left(\frac{V_2}{\Delta t}+\frac{q_2}{2}\right)$ 作为本时段初的 Q_1、q_1、$\left(\frac{V_1}{\Delta t}+\frac{q_1}{2}\right)$，重复上时段求解的过程，又可求得第二时段的 q_2、$\left(\frac{V_2}{\Delta t}+\frac{q_2}{2}\right)$。这样逐时段连续计算，便可求得水库的泄流过程 q—t，如图 6-11 所示。

4　案例分析

【例 6-2】　南方某年调节水库，百年一遇设计洪水过程资料见表 6-3 中第①、②栏，水位库容曲线如图 6-4 所示。设计溢洪道方案之一为无闸门控制的实用堰，堰宽 70 m，堰顶高程与正常蓄水位相齐平，均为 59.98 m。试用列表试算法求下泄流量过程、水库蓄水过程、水库设计洪水位、最大下泄流量 q_m 和相应的设计调洪库容。

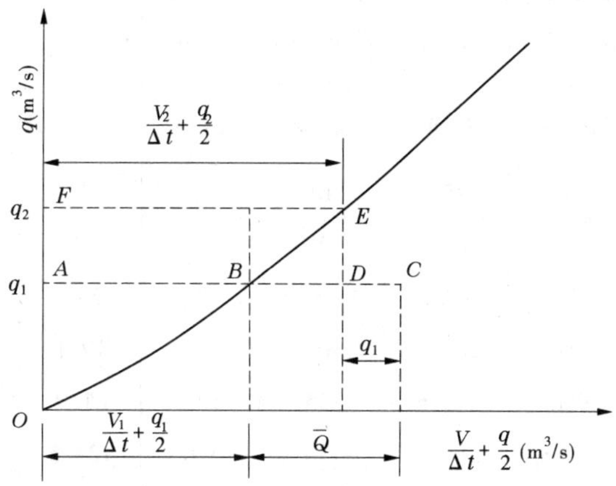

图6-11 单辅助曲线图

解 (1)计算并绘制水库的 q—V 关系曲线。实用堰泄流公式：$q = MBh^{\frac{3}{2}}$，已知 B = 70 m，采用 M = 1.77。用不同的库水位分别计算 h 和 q，再由水位库容曲线查得相应的 V，将计算结果列于表6-2中，并绘制水库的 q—V 关系曲线，如图6-12所示。

表6-2 某水库 $q = f(V)$ 关系曲线

水库水位 Z(m)	59.98	60.5	61.0	61.5	62.0	62.5	63.0	63.5	64.0	64.5
总库容 V(万 m^3)	1 296	1 460	1 621	1 800	1 980	2 180	2 378	2 598	2 817	3 000
堰上水头 h(m)	0	0.52	1.02	1.52	2.02	2.52	3.02	3.52	4.02	4.52
下泄流量 q(m^3/s)	0	46.5	127.6	232.2	356	496	650	818	999	1 191

(2)选定计算时段，摘录洪水过程线。先将给出的设计洪水过程划分计算时段 Δt = 1 h（当后期泄流量减少时，可改为 Δt = 2 h以上），按选定的计算时段摘录设计洪水过程并填入表6-3中第②栏。

(3)计算时段平均流量和时段入库水量。例如，第一时段平均流量 $(Q_1 + Q_2)/2 = (0 + 390)/2 = 195$($m^3$/s)，入库水量为

$$\frac{Q_1 + Q_2}{2}\Delta t = 195 \times 3\,600 = 70.2(\text{万 m}^3)$$

(4)逐时段试算时段末的出库流量 q_2。因时段末出库流量 q_2 与该时段水库内蓄水量的变化有关，而蓄水量的变化程度又决定了 q_2 的大小，故需用试算确定。

例如第1时段，时段初水库水位 $Z_1 = 59.98$ m，$h_1 = 0$，$q_1 = 0$，$V_1 = 1\,296$ 万 m^3。假设 $q_2 = 40$ m^3/s，则 $\frac{q_1 + q_2}{2}\Delta t = \frac{0 + 40}{2} \times 3\,600 = 7.2$（万 m^3），代入水量平衡方程，则 $\Delta V = \frac{Q_1 + Q_2}{2}\Delta t - \frac{q_1 + q_2}{2}\Delta t = 70.2 - 7.2 = 63.0$（万 m^3），而 $V_2 = V_1 + \Delta V = 1\,296 + 63 = 1\,359$（万 m^3），查 $q = f(V)$ 关系曲线图6-12得 $q_2 = 15$ m^3/s，与原假设不相符。

表 6-3 某水库调洪计算表(列表试算法,$P=1\%$)

时间 t (h)	流量 Q (m³/s)	时段 Δt (1 h)	$\frac{Q_1+Q_2}{2}$ (m³/s)	$\frac{Q_1+Q_2}{2}\Delta t$ (万 m³)	时段末出库流量 q (m³/s)	$\frac{q_1+q_2}{2}$ (m³/s)	$\frac{q_1+q_2}{2}\Delta t$ (万 m³)	ΔV (万 m³)	V (万 m³)	Z (m)
①	②	③	④	⑤	⑥	⑦	⑧	⑨	⑩	⑪
0	0	0	0	0	0			0	1 296	59.98
1	390	0 ~ 1	195	70.2	18	9	3.2	+67.0	1 363	60.20
2	770	1 ~ 2	580	208.8	88	53	19.1	+189.7	1 553	60.77
3	1 150	2 ~ 3	960	345.6	256	172	61.9	+283.7	1 836	61.60
4	986	3 ~ 4	1 068	384.5	436	346	124.6	+259.9	2 096	62.30
5	820	4 ~ 5	903	325.1	544	490	176.4	+148.7	2 245	62.65
6	656	5 ~ 6	738	265.7	596	570	205.2	+60.5	2 306	62.83
7	492	6 ~ 7	574	206.6	588	592	213.1	−6.5	2 299	62.80
8	326	7 ~ 8	409	147.2	540	564	203.0	−55.8	2 243	62.68
9	162	8 ~ 9	244	87.8	476	508	182.9	−95.1	2 148	62.40
10	0	9 ~ 10	81	29.2	384	430	154.8	−125.6	2 023	62.10
11		10 ~ 11	0	0	298	341	122.8	−122.8	1 900	61.80
12		11 ~ 12			233	266	95.6	−95.6	1 804	61.52
13		12 ~ 13			186	210	75.6	−75.6	1 728	61.31
14		13 ~ 14			154	170	61.2	−61.2	1 667	61.13
15		14 ~ 15			130	142	51.1	−51.1	1 616	60.98
		15 ~ 16			106	118	42.5	−42.5	1 574	60.85
		16 ~ 17			84	95	34.2	−34.2	1 540	60.75
		17 ~ 18			72	78	28.1	−28.1	1 511	60.66
		18 ~ 20			52	62	44.6	−44.6	1 467	60.50
		20 ~ 22			36	44	31.7	−31.7	1 435	60.42
		22 ~ 26			22	29	41.8	−41.8	1 393	60.30
		26 ~ 30			16	19	27.4	−27.4	1 366	60.20
		30 ~ 36			10	13	28.1	−28.1	1 338	60.11
		36 ~ 42			6	8	17.3	−17.3	1 321	60.08
		42 ~ 48			4	5	10.8	−10.8	1 310	60.02
		48 ~ 58			2	3	10.8	−10.8	1 299	59.99
		58 ~ 62			1	1.5	2.2	−2.2	1 297	59.98
		62 ~ 66			0	0.5	0.7	−0.7	1 296	59.98

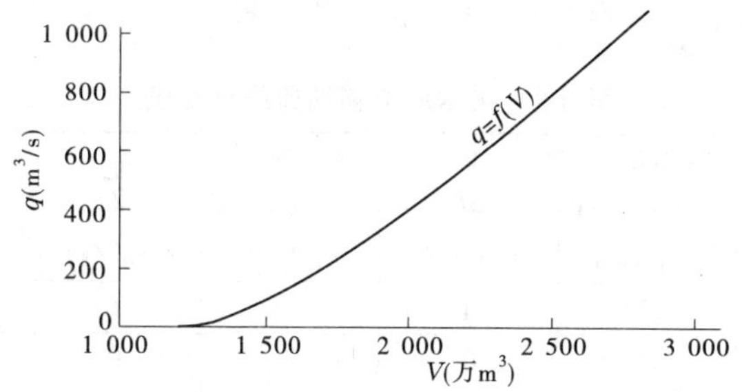

图6-12 下泄流量与蓄水量关系曲线

再设 $q_2=18\ m^3/s$，则 $\frac{q_1+q_2}{2}\Delta t=\frac{0+18}{2}\times 3\ 600=3.2$（万 m^3），$\Delta V=\frac{Q_1+Q_2}{2}\Delta t-\frac{q_1+q_2}{2}\Delta t=70.2-3.2=67.0$（万 m^3），$V_2=V_1+\Delta V=1\ 296+67=1\ 363$（万 m^3），由 V_2 查 $q=f(V)$ 关系曲线（见图6-12）得 $q_2=18\ m^3/s$，与原假设相符，故所设 $q_2=18\ m^3/s$ 即为所求。再由 V_2 查 $Z—V$ 曲线得 $Z_2=60.20$ m。分别将试算正确的结果填入表6-3中第⑥～⑪栏内。

(5)将上一时段的 q_2、V_2 作为下一时段的 q_1、V_1。再假设 q_2，重复上述试算步骤，如此循环下去，即可求得各时段的出库流量 q_2、V_2 和 Z_2，将结果表明填入表6-3中。

(6)从表6-3中第③、⑥栏可绘出水库下泄流量过程线；由第③、⑩栏可绘出水库蓄水过程线；由第③栏、⑪栏可绘出水库调洪后的水位过程线。由表6-3中第⑥、⑩和⑪栏可以看出 $q_m=596\ m^3/s$，相应的设计调洪库容 $V_{设洪}=2\ 306-1\ 296=1\ 010$（万 m^3），设计洪水位 $Z_{设洪}=62.83$ m。

【例6-3】 基本资料及要求同例6-2，用双辅助曲线法求最大下泄流量 q_m、设计调洪库容 $V_{设洪}$ 及设计洪水位 $Z_{设洪}$。

解 (1)计算双辅助曲线。计算表格如表6-4所示，其中第①、②、⑤栏均摘自表6-3，为计算方便，式(6-10)中的 V 均采用溢洪道堰顶以上库容列入表中③栏（也可采用 $V_{总}$）。$\Delta t=1\ h=3\ 600\ s$，注意表中计算时段必须与洪水过程线的摘录值时段相同。表中第⑥、⑦、⑧栏按所列公式计算。根据表6-4中第⑤、⑦栏及第⑤、⑧栏即可绘制双辅助曲线，另外，根据①栏与⑤栏可绘出下泄流量与水位关系曲线，如图6-13所示。

(2)用双辅助曲线计算下泄流量过程，见表6-5。

第1时段，按照起始条件，时段初 $q_1=0$，$V_1=0$，即 $OA=0$，入库平均流量 $\overline{Q}_1=195\ m^3/s$。

因为 $(\frac{V_2}{\Delta t}+\frac{q_2}{2})=\overline{Q}_1+(\frac{V_1}{\Delta t}-\frac{q_1}{2})=195+0=195\ (m^3/s)$，故可先在横坐标上截取 $AC=AB+BC$，即 $AC=0+195=195(m^3/s)$，过 C 点向上作垂线交2线于 D 点，该点纵坐标 $OE=q_2=18\ m^3/s$，就是所求第1时段末的下泄流量，将其填入表第⑦栏。而 ED 与1线于 G 点，$EG=177\ m^3/s$，即是 q_2 所对应的 $(\frac{V_2}{\Delta t}-\frac{q_2}{2})$ 值，填入第⑤栏，$ED=AC=195$

m^3/s，就是 q_2 所对应的 $(\frac{V_2}{\Delta t}+\frac{q_2}{2})$ 值，将其填入第⑥栏。

表 6-4　某水库双辅助曲线计算表

水库水位 Z (m)	库容 $V_{总}$ (万 m^3)	溢流堰顶以上库容 V (万 m^3)	$\frac{V}{\Delta t}$ (m^3/s)	下泄流量 q (m^3/s)	$\frac{q}{2}$ (m^3/s)	$\frac{V}{\Delta t}-\frac{q}{2}$ (m^3/s)	$\frac{V}{\Delta t}+\frac{q}{2}$ (m^3/s)
①	②	③	④	⑤	⑥	⑦	⑧
59.98	1 296	0	0	0	0	0	0
60.5	1 460	164	456	46	23	433	479
61.0	1 621	325	903	127	64	839	967
61.5	1 800	504	1 400	232	116	1 284	1 516
62.0	1 980	684	1 900	356	178	1 722	2 078
62.5	2 180	884	2 456	496	248	2 208	2 704
63.0	2 378	1 082	3 006	650	325	2 681	3 331
63.5	2 598	1 302	3 617	818	409	3 208	4 026
64.0	2 817	1 521	4 225	999	500	3 725	4 725
64.5	3 000	1 704	4 733	1 191	596	4 137	5 329

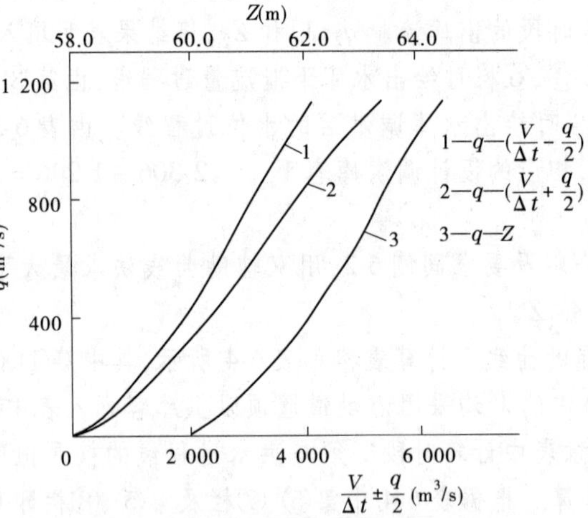

图 6-13　某水库调洪计算双辅助曲线

第 2 时段，$\overline{Q}=177\ m^3/s$，$q_1=18\ m^3/s$，同第 1 时段，先作 $A'C'=(\frac{V_2}{\Delta t}+\frac{q_2}{2})=\overline{Q}+(\frac{V_1}{\Delta t}-\frac{q_1}{2})=580+177=757\ (m^3/s)$，填入⑥栏，再由 C' 点向上作垂线交 2 线于 D' 点，则 D' 点的纵坐标 $OE'=q_2=88\ m^3/s$，填入⑦栏。将所求上一时段末的 q_2 作为下一时段初的 q_1，按照同样的步骤连续求解，即可求出下泄流量过程线，即表 6-5 中⑦栏，由⑦栏可知最大下泄流量 $q_m=596\ m^3/s$。

表 6-5 某水库双辅助曲线法调洪计算表($P=1\%$)

时间 t (h)	流量 Q (m^3/s)	时段 Δt (1 h)	平均流量 $\overline{Q}$ (m^3/s)	时段末的 $(\frac{V}{\Delta t}-\frac{q}{2})$ (m^3/s)	时段末的 $(\frac{V}{\Delta t}+\frac{q}{2})$ (m^3/s)	时段末的下泄流量 q (m^3/s)	总库容 $V_{总}$ (万 m^3)	库水位 Z (m)
①	②	③	④	⑤	⑥	⑦	⑧	⑨
0	0	0	0	0	0	0	1 296	59.98
1	390	0 ~ 1	195	177	195	18		
2	770	1 ~ 2	580	669	757	88		
3	1 150	2 ~ 3	960	1 373	1 629	256		
4	986	3 ~ 4	1 068	2 005	2 441	436		
5	820	4 ~ 5	903	2 364	2 908	544		
6	656	5 ~ 6	738	2 506	3 102	596	2 307	62.83
7	492	6 ~ 7	574	2 492	3 080	588		
8	326	7 ~ 8	409	2 356	2 901	545		
9	162	8 ~ 9	244	2 125	2 600	475		
10	0	9 ~ 10	81	1 822	2 206	384		
11		10 ~ 11	0	1 524	1 822	298		
12		11 ~ 12		1 289	1 524	235		
13		12 ~ 13		1 101	1 289	188		
14		13 ~ 14		949	1 101	152		
15		14 ~ 15		834	949	125		
⋮		⋮						

(3)确定设计调洪库容及设计洪水位。根据 q_m 查 $q=f(V)$ 曲线(见图 6-12)可得最大库容 $V_{总}=2\ 307$ 万 m^3,从而求得设计调洪库容 $V_{设洪}=2\ 307-1\ 296=1\ 011$(万 m^3),再根据 q_m 查图 6-13 中 3 线,即可得设计洪水位为 62.83 m。

知识训练

6-1 什么是径流调节?径流调节可分哪几类?兴利调节又可分为哪几类?

6-2 如何绘制水库的面积特性曲线?它有什么作用?

6-3 如何绘制水库的容积特性曲线?它有什么作用?

6-4 水库的特征水位和特征库容有哪些?其含义各是什么?

6-5 水库的水量损失包括哪些?兴利调节计算是如何考虑的?

6-6 确定水库死水位应考虑哪些主要因素？

6-7 水库兴利调节计算的原理是什么？

6-8 年调节水库一次运用、二次运用和多次运用时，确定兴利库容的思路是什么？

6-9 已知来水和用水过程，年调节水库用时历列表法计算兴利库容的思路是什么？

6-10 水库的调洪作用是什么？水库调洪计算的任务是什么？

6-11 水库防洪调节计算的基本原理是什么？

6-12 简述列表试算法进行防洪调节计算的步骤。

6-13 双辅助曲线法调洪计算的原理和计算步骤是什么？

6-14 单辅助曲线法调洪计算的原理和计算步骤是什么？

6-15 水库兴利调度和防洪调度的任务各是什么？

6-16 某年调节水库的流域面积 62 km^2，水库水位库容曲线见表 6-6，灌溉要求死水位 53.32 m。水库年水面蒸发量为 1 185 mm，蒸发量的多年平均年内分配系数见表 6-7，库区内水文地质条件较好，渗漏损失按水库时段蓄水量的 0.6% 估算。相应于灌溉设计保证率 $P_{灌}=80\%$ 的枯水代表年的来水过程及用水过程见表 6-8，设计标准 $P=1\%$ 的设计洪水过程见表 6-8，溢洪道为无闸门控制的实用堰，堰宽 $B=70$ m，实用堰的流量系数 $M=1.77$，下游没有防护要求。

表 6-6 某水库水位库容曲线摘录表

水位(m)	50.5	51.0	52.0	53.0	54.0	55.0	56.0	57.0
库容(万 m^3)	0	1.33	20.0	65.3	140.2	246.7	386.4	560.7
水位(m)	28.0	59.0	60.0	61.0	62.0	63.0	64.0	65.0
库容(万 m^3)	770.4	1 016.8	1 300.0	1 620.7	1 980.0	2 378.3	2 817.0	3 297.0

表 6-7 某水库 $P_{灌}=80\%$ 设计代表年来水量、用水量及蒸发损失资料表

项目	月												合计
	4	5	6	7	8	9	10	11	12	1	2	3	
来水量(万 m^3)	136	197	117	78	79	360	436	203	85	63	62	79	1 895
用水量(万 m^3)	181	335	483	502	148								1 649
蒸发年内分配系数(%)	8.53	11.8	14.21	13.05	13.30	9.81	7.61	4.69	3.21	3.09	3.82	6.88	100

表6-8 某水库设计洪水过程线资料表

时间 t(h)	0	1	2	3	4	5	6	7	8	9	10
$Q_{1\%}$ (m^3/s)	0	390	770	1 150	986	820	656	492	326	162	0

要求:(1)确定设计保证率 $P_{灌}=80\%$ 的设计兴利库容和正常蓄水位。

(2)分别用列表试算法、单辅助曲线法求设计标准为 $P=1\%$ 的下泄流量过程、水库蓄水过程、最大泄流量、设计调洪库容和设计洪水位。

学习项目 7　计算机在工程水文中的应用

学习单元 1　数据处理应用举例

1　学习目标

(1)熟悉 Excel 在工程水文中的应用。

(2)掌握 Excel 在频率计算、汇流计算、推理公式中的数值计算和批量数据处理的能力。

2　学习内容

(1)Excel 在频率计算中的应用。

(2)Excel 在推理公式法求洪峰流量中的应用。

(3)Excel 在水库兴利调节计算中的应用。

3　任务实施

3.1　Excel 在频率计算中的应用

在频率计算中利用 Excel 可以进行排序、计算经验频率、计算统计参数(作为绘制一条理论频率曲线的依据)。

(1)输入水文变量,例如年降水量的样本数据。

(2)点击该列任一单元格,单击"降序"按钮,见图 7-1,即自行从大到小排序。

(3)输入序号 1、2、3,利用自动填充功能(选中 B2、B3、B4,向下拖动右下角十字)填充序号 4、5、6、7、…,见图 7-2。

(4)计算经验频率,在单元格中输入"B2/(24 +1)"计算得到 0.04,见图 7-3,向下拖动填充柄,自动计算所有经验频率,见图 7-4。

(5)利用粘贴函数 f_x 中的 AVERAGE、DEVSQ 可以计算均值、偏差平方和;利用偏差平方和除以$(n-1)$,然后开平方即得均方差,从而计算出变差系数 C_v,根据经验选择 C_s 与 C_v 的倍数,即可绘制第一条理论频率曲线。

3.2　Excel 在推理公式法求洪峰流量中的应用

已知某流域七个参数如图 7-5 所示,试用推理公式推求设计洪峰流量。

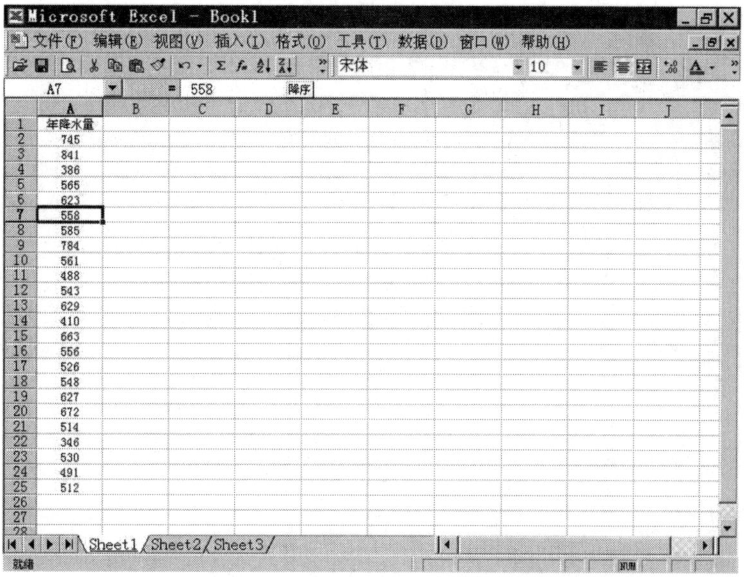

图 7-1　降序排序

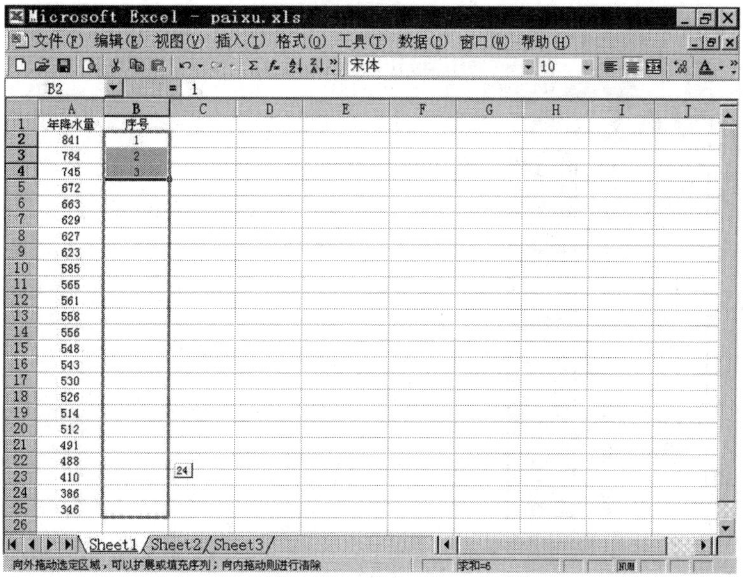

图 7-2　自动填充序号

表 7-1　流域参数表

流域面积	主河长	平均比降	产流参数	汇流参数	暴雨指数	设计雨力
78	14.6	0.026	2	0.96	0.65	98.9

用推理公式计算设计洪峰，使用迭代试算法比较好。具体方法步骤如下（按全面汇流计算）：

(1)先假设汇流历时为 6 h，在单元格 A7 输入“6”，在单元格 B7 输入公式“0.278 *

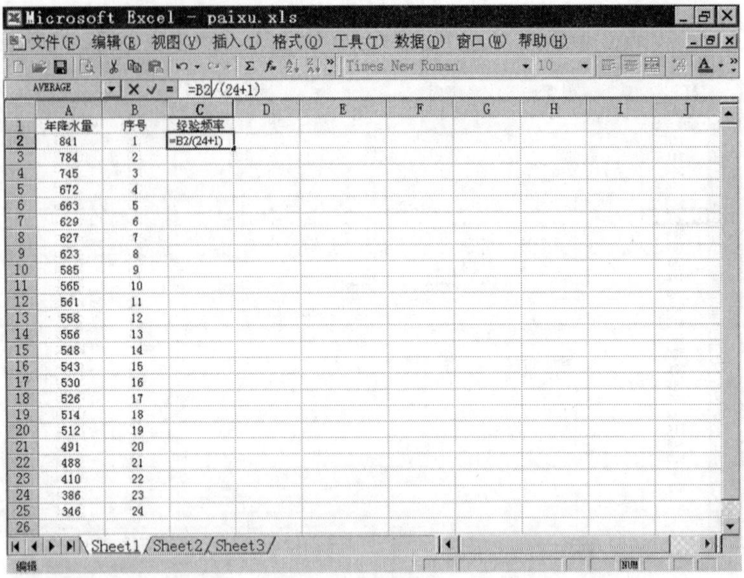

图 7-3　输入公式

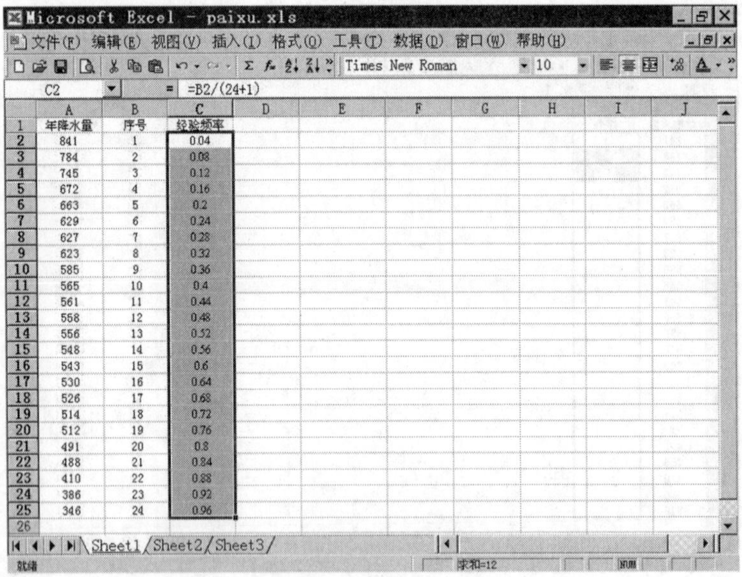

图 7-4　自动填充计算

(98.9/A7^0.65 - 2) * 78”,即可在单元格 B7 算出设计洪峰为 625.803 409 7,如图 7-5 所示。注意:汇流历时不输入 6,而是输入 A7。

(2)在单元格 C7 输入汇流历时计算公式“0.278 * 14.6/0.96/0.026^(1/3)/B7^0.25”。注意:洪峰输入为 B7,如图 7-6 所示,计算可得汇流历时为 2.853 377。

(3)复制单元格 B7 选择粘贴公式至单元格 D7,得到洪峰 1 041.44,将单元格 D7 粘贴公式至单元格 E7,得到汇流历时 2.512 235,……以此类推,直到达到精度要求,如图 7-7所示。

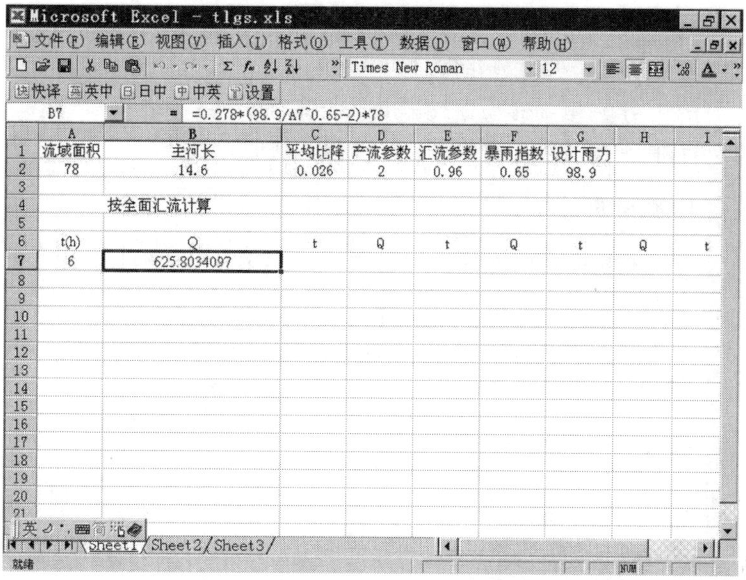

图7-5 输入洪峰公式

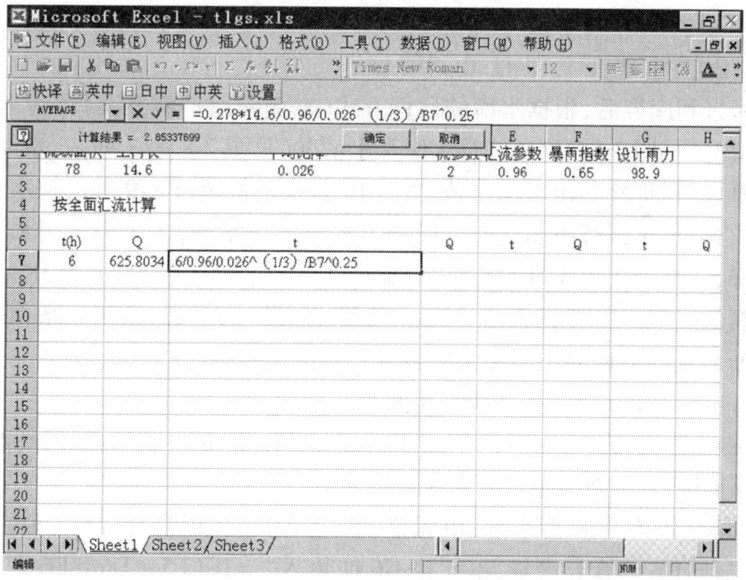

图7-6 输入汇流历时公式

3.3 Excel 在水库兴利调节计算中的应用

以年调节水库为例，采用时历列表法，列表法计算较为严格、细致地考虑需水和水量损失随时间的变化，是一种最通用的方法；同时，列表法数据多、计算量大，手工计算易出错，适合引用 Excel 辅助计算。将某水库的来水和用水过程以月为时段，按水利年度列于表格（见图7-8 中第2、3 列）。由时段水量平衡方程计算各时段水库的余水量和缺水量（见图7-8 中第4、5 列），即用来水量减去用水量，正值为余水，负值为缺水。本例有两个余水期（4～7 月 $V_1=92.6\times10^6\ m^3$、10 月和 11 月 $V_3=28.2\times10^6\ m^3$）和两个缺水期（8 月

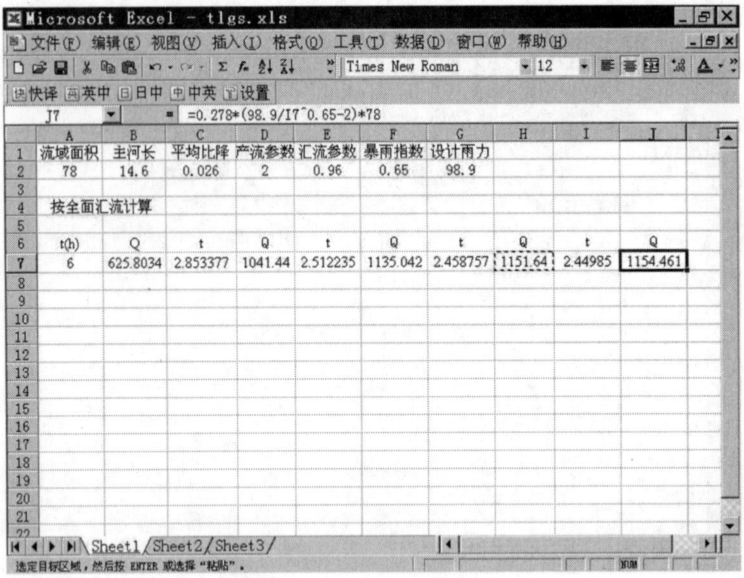

	A	B	C	D	E	F	G	H	I	J
1	流域面积	主河长	平均比降	产流参数	汇流参数	暴雨指数	设计雨力			
2	78	14.6	0.026	2	0.96	0.65	98.9			
3										
4	按全面汇流计算									
5										
6	t(h)	Q	t	Q	t	Q	t	Q	t	Q
7	6	625.8034	2.853377	1041.44	2.512235	1135.042	2.458757	1151.64	2.44985	1154.461

图 7-7　复制、粘贴公式

和 9 月 $V_2=17.0\times10^6\ m^3$，12 月～次年 3 月 $V_4=41.0\times10^6\ m^3$），为二次运用。由于 $V_2<V_3<V_4$，所以兴利库容等于 V_4 即 $41.0\times10^6\ m^3$。

求得水库兴利库容后，根据水库的运行方式（本例采用早蓄方案）可得出水库各月的蓄水量变化情况（见图 7-8 第 6 列）及水库弃水情况（见图 7-8 第 7 列）。水库从该年 4 月初库空开始蓄水，到 9 月上旬水库蓄满，由于 10 月余水量超过 8、9 月的缺水量，因此多余的水量被迫放弃，水库保持满库状态。12 月开始进入供水期，为了满足用水要求，水库蓄水量不断下降，一直到次年 3 月底放空，完成循环。在这里运用 Excel 的 IF 函数可以大大简化计算分析的过程。“IF”在英语中表示“如果，假设”的意思，这里用来判断真假值，再根据逻辑判断的真假值返回不同结果的函数。其语法结构为：

IF(logical_test, value_if_true, value_if_false)

logical_test 是判断的方式，返回值或表达式；value_if_true 表示判断结果为真时返回的值；value_if_false 表示判断结果为假时返回的值。

因此，为计算水库月末蓄水量，单元格 F6 应填入“=IF(F5+D6-E6<=41,F5+D6-E6,41)”；同理，计算弃水量，单元格 G6 应填入“=IF(F5+D6-E6<=41,0,F5+D6-E6-41)”。然后通过 Excel 单元格拖放功能即可得到水库全年的运用情况。

某水库年调节计算表　单位：$10^6 m^3$

月	来水量	用水量	来水量-用水量		水库月末蓄水量	弃水量
			余水	缺水		
(1)	(2)	(3)	(4)	(5)	(6)	(7)
			+	-	0.0	
4	24.0	16.0	8.0		8.0	0
5	31.9	17.7	14.2		22.2	0
6	28.0	17.1	10.9		33.1	0
7	82.8	23.3	59.5 (92.6)		41.0	51.6
8	16.1	19.4		3.3	37.7	0
9	15.8	29.5		13.7 (17.0)	24.0	0
10	43.9	26.0	17.9		41.0	0.9
11	27.7	17.4	10.3 (28.2)		41.0	10.3
12	13.7	19.8		6.1	34.9	0
1	4.4	17.1		12.7	22.2	0
2	1.9	17.7		15.8	6.4	0
3	11.3	17.7		6.4 (41.0)	0.0	0
合计	301.5	238.7	120.8	58.0		62.8
校核	301.5-238.7=62.8		120.8-58.0=62.8			

图7-8　水库兴利调节计算表

学习单元2　利用Excel图表功能绘图应用举例

1　学习目标

(1)掌握Excel图表功能绘制各种相关图。

(2)掌握Excel图表功能绘制洪水过程线。

2　学习内容

(1)利用Excel绘制单条曲线。

(2)利用Excel绘制双曲线。

3　任务实施

3.1　利用Excel绘制单条曲线

(1)分别在相邻两列输入横坐标与纵坐标的数值,并选中这些数据,见图7-9。

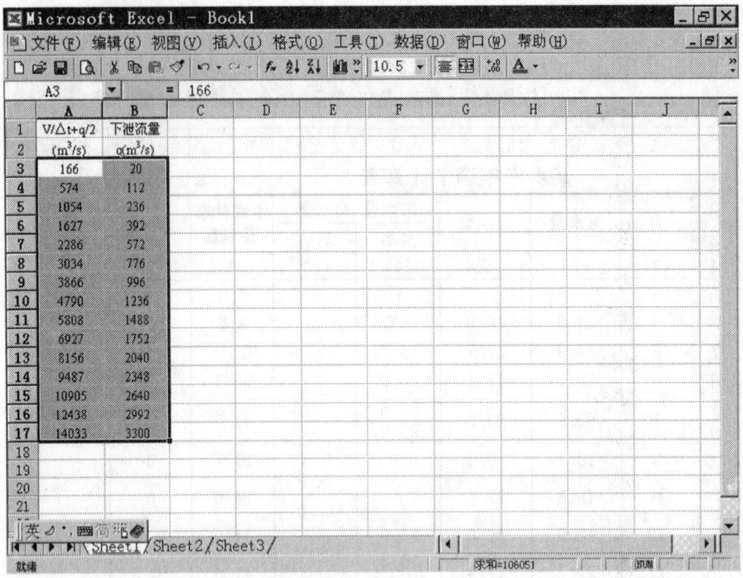

图 7-9　选中横、纵坐标值

(2)单击“图表向导”按钮或“插入”菜单中“图表”命令,出现图表类型对话框,如图 7-10 所示,选择散点图类型及图表之类型。

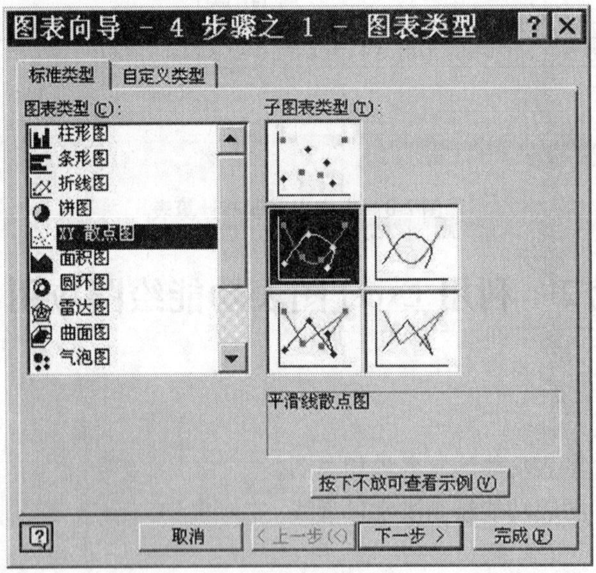

图 7-10　选择图表类型

(3)在图 7-11 中输入图表选项如图表名称、横坐标名称、纵坐标名称等内容。

(4)选择图表位置“作为其中的对象插入”,如图 7-12 所示。

(5)调整图表位置、大小等,如图 7-13 所示。

3.2　**利用 Excel 绘制双曲线**

(1)分别在相邻 3 列输入横坐标与纵坐标的数值(第 1 列为横坐标、第 2、3 列为纵坐标),并选中这些数据,见图 7-14。

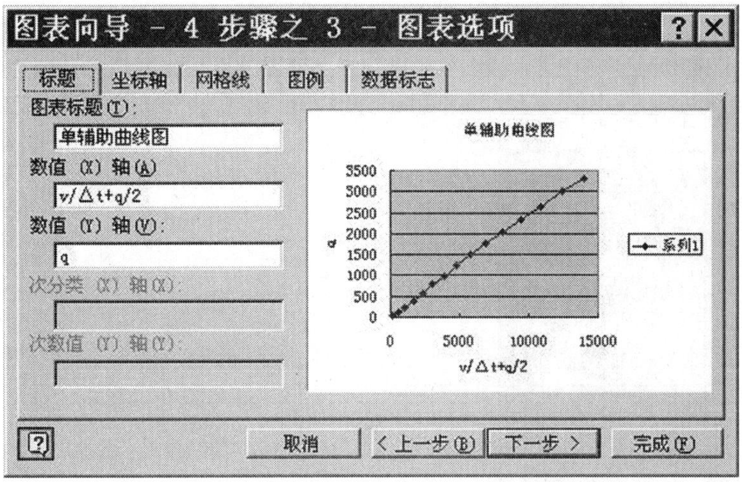

图7-11　输入图表选项

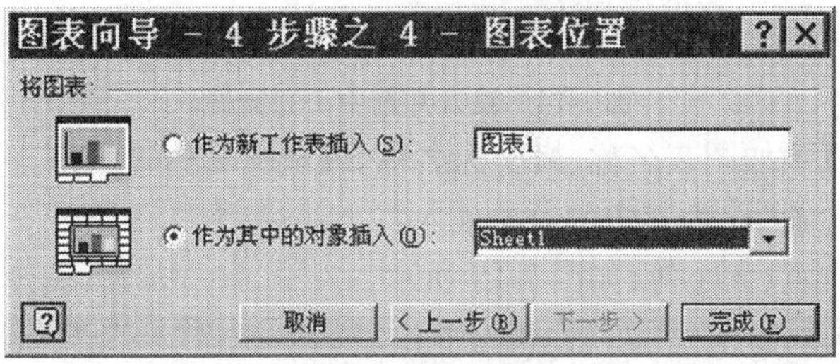

图7-12　选择图表位置

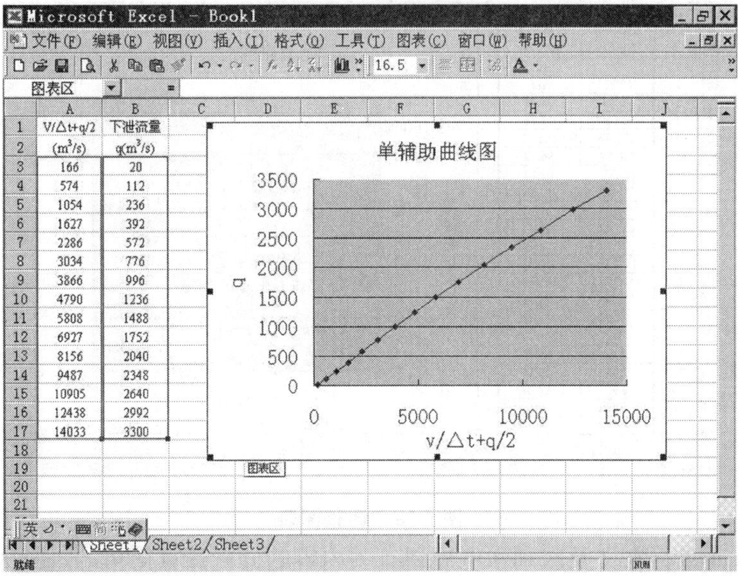

图7-13　调整图表

(2)单击“图表向导”按钮或“插入”菜单中“图表”命令,出现图表类型对话框,选择散点图类型及图表之类型。

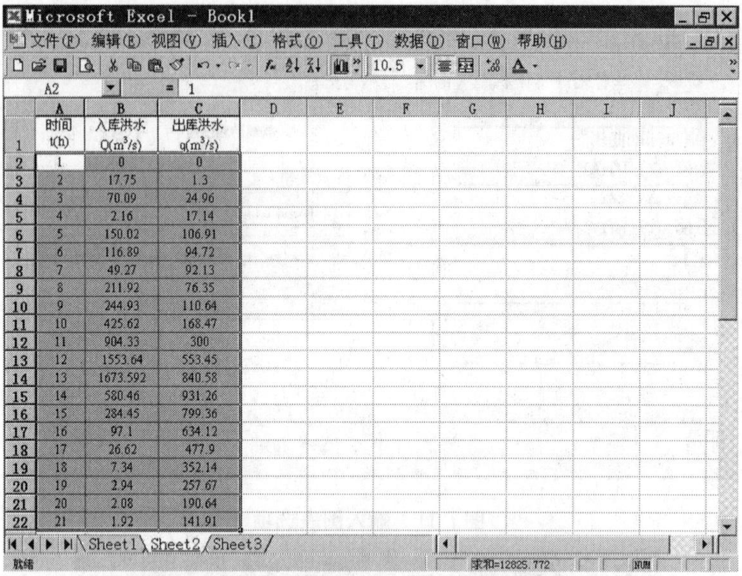

	A	B	C
1	时间 t(h)	入库洪水 Q(m³/s)	出库洪水 q(m³/s)
2	1	0	0
3	2	17.75	1.3
4	3	70.09	24.96
5	4	2.16	17.14
6	5	150.02	106.91
7	6	116.89	94.72
8	7	49.27	92.13
9	8	211.92	76.35
10	9	244.93	110.64
11	10	425.62	168.47
12	11	904.33	300
13	12	1553.64	553.45
14	13	1673.592	840.58
15	14	580.46	931.26
16	15	284.45	799.36
17	16	97.1	634.12
18	17	26.62	477.9
19	18	7.34	352.14
20	19	2.94	257.67
21	20	2.08	190.64
22	21	1.92	141.91

图 7-14　输入并选中 3 列数据

(3)输入图表选项如图表名称、横坐标名称、纵坐标名称等内容。

(4)选择图表位置“作为其中的对象插入”。

(5)调整图表位置、大小等,如图 7-15 所示。

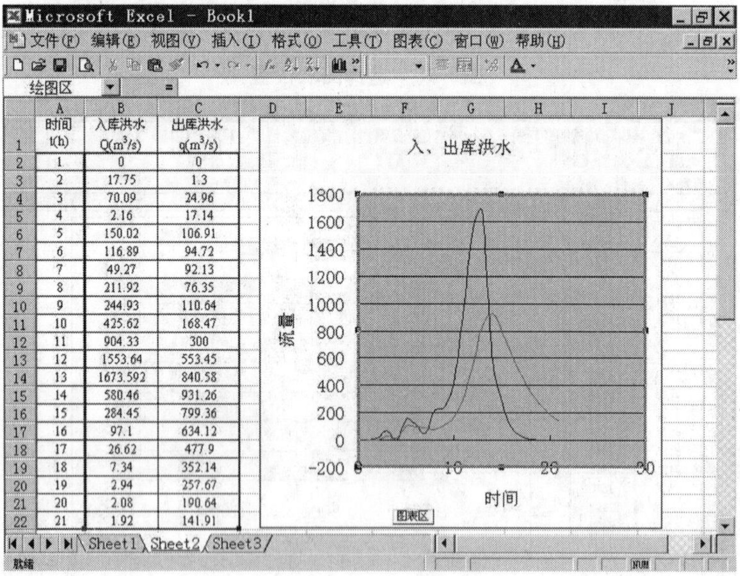

图 7-15　调整图表

运用 Excel 进行水文及水利水电规划有关内容的分析计算简单、方便,大大提高了学习效率。本学习项目结合实例,着重介绍 Excel 的排序、公式计算、自动填充、图表功能、函数等数据处理和计算方法的应用。利用这些基本技能还可以解决统计分析、趋势线、过程线和误差线处理以及水库单辅助曲线、双辅助曲线绘制等这些典型的水文及水利水电规划问题。

知识训练

7-1 试用Excel进行相关分析的有关计算。

7-2 试在频率计算中应用Excel的排序、公式计算等功能对水文变量的数值进行排序、编序号、计算经验频率等操作。

7-3 在利用单位线和设计净雨进行汇流计算中,能用Excel的计算功能吗?试一试。

学习项目 8　水静力学

学习单元 1　液体的基本特性和主要物理力学性质

1　学习目标

(1)掌握液体的密度、容重、黏滞性,理想液体的定义,液体密度、容重的计算。
(2)理解黏滞力、表面力、质量力、水力学的定义和任务。

2　学习内容

(1)液体密度、容重的定义及计算。
(2)黏滞性含义及牛顿内摩擦定律。
(3)表面力、质量力的含义及其表示方法。

3　任务实施

3.1　液体的主要物理性质

3.1.1　液体的惯性——质量和密度

惯性是物体所具有的反抗外力改变它原有运动状态的特性,惯性力是物体反抗外力改变它原有运动状态而加给施力物体的反作用力。质量是物体惯性大小的量度,质量越大,物体的惯性也越大。物体的质量用符号 m 表示,加速度用符号 a 表示,则惯性力可以表示为

$$F = -ma \tag{8-1}$$

式中负号表示惯性力的方向与物体运动加速度的方向相反。

密度是指单位体积液体具有的质量,液体的密度用符号 ρ 表示。对于均质液体,质量用符号 m 表示,单位为 kg,体积用符号 V 表示,单位为 m^3,其密度为

$$\rho = \frac{m}{V} \tag{8-2}$$

密度的单位为 kg/m^3,密度的大小会随温度和压强而变化,但这种变化很小,水力学中通常把液体的密度视为常数。例如水的密度,工程中采用在一个标准大气压下,温度为 4 ℃时的值作为计算值,其数值为 1 000 kg/m^3。不同温度下水的密度见表 8-1。

3.1.2　液体的万有引力特性——重力与容重

万有引力特性是指任何物体之间相互具有吸引力的性质,其中地球对物体的万有引力称为重力,用符号 G 表示,物体的质量用符号 m 表示,重力加速度为 g,则它所受到的重

力为

$$G = mg \tag{8-3}$$

重力的单位为牛顿(N)或千牛顿(kN);重力加速度 g 随纬度及高度的变化而变化,但因其变化很小,水力学中常将其当成常数,取 $g = 9.8\ m/s^2$。

单位体积液体所具有的重量称为容重,以符号 γ 表示。对于某一重量为 G、体积为 V 的均质液体,其容重为

$$\gamma = \frac{G}{V} \tag{8-4}$$

根据式(8-3)和式(8-4)可得

$$\gamma = \rho g \tag{8-5}$$

容重的单位为 N/m^3 或者 kN/m^3。液体的容重随温度和压强的改变而变化,但变化很小,工程上一般将其视为常数,水的容重 $\gamma = 9\ 800\ N/m^3$,不同温度下水的物理性质(1 个标准大气压)见表 8-1。

表 8-1　不同温度下水的物理性质(1 个标准大气压)

温度(℃)	容重 γ (kN/m^3)	密度 ρ (kg/m^3)	动力黏滞系数 μ ($10^{-3}\ N\cdot s/m^2$)	运动黏滞系数 ν ($10^{-6}\ m^2/s$)	体积弹性系数 K ($10^9\ N/m^2$)	表面张力系数 σ (N/m^2)	汽化压强 (kN/m^2)
0	9.805	999.8	1.781	1.785	2.02	0.075 6	0.60
5	9.807	1 000.0	1.518	1.519	2.06	0.074 9	0.87
10	9.804	999.7	1.307	1.306	2.10	0.074 2	1.18
15	9.798	999.1	1.139	1.139	2.15	0.073 5	1.70
20	9.789	998.2	1.002	1.003	2.18	0.072 8	2.34
25	9.777	997.0	0.890	0.893	2.22	0.072 0	3.17
30	9.764	995.7	0.798	0.800	2.25	0.071 2	4.24
40	9.730	992.2	0.653	0.658	2.28	0.069 6	7.38
50	9.689	988.0	0.547	0.553	2.29	0.067 9	12.16
60	9.642	983.2	0.466	0.474	2.28	0.066 2	19.91
70	9.589	977.8	0.404	0.413	2.25	0.064 4	31.16
80	9.530	971.8	0.345	0.364	2.20	0.062 6	47.34
90	9.466	965.3	0.315	0.326	2.14	0.060 8	70.10
100	9.339	958.4	0.282	0.294	2.07	0.058 9	101.33

3.1.3　液体的黏滞性——黏滞系数

我们在物理学中已经了解到,当固体与固体之间存在相对运动时,就会在其接触面上产生摩擦力来反抗其相对运动,直到两个固体之间处于静止平衡状态。这种摩擦力是产生在两个固体之间的外力。

当液体处在运动状态时,如果液体内部质点之间存在着相对运动,那么液体质点之间就要产生一种摩擦力来反抗液体做相对运动,液体的这种性质称为液体的黏滞性,因这种摩擦力产生在液体的内部,所以称它为内摩擦力。内摩擦力也称为黏滞力。由于粘滞性的存在,液体在运动过程中要克服内摩擦力做功而消耗能量,所以黏滞性是液体在流动过程中产生能量损失的根源。

图 8-1 中液体沿固体壁面作平行直线流动,而且液体质点是一层一层有规则地向前流动,互相不混掺(液体的这种运动状态称为层流运动)。由于固体引力及液体黏滞性的影响,固体壁面上的液体流速等于零,离边界越远,流速越大。若距固体边界 y 处的流速为 u,相邻液层 $y + dy$ 处液体的流速为 $u + du$,由于两相邻液层的流速不同,即存在相对运动,两流层之间将成对地产生内摩擦力。下层液体流速小,它作用于上层液体有一个与流速方向相反的摩擦力,力图使其减速;而上层液体流速大,它对下层液体作用有一个与流速方向一致的摩擦力,使其流动加速。这两个摩擦力大小相等、方向相反。

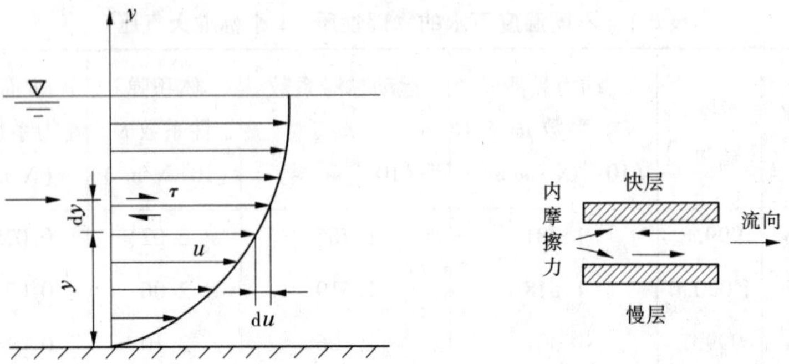

图 8-1

实验证明,相邻液层单位接触面积上所产生的内摩擦力(切应力 τ)的大小,与两液层间的流速差 du 成正比,与两液层之间的距离 dy 成反比,同时与液体的性质有关,用公式表示即为

$$\tau = \mu \frac{du}{dy} \tag{8-6}$$

若两液层间的接触面积为 A,则其内摩擦力为

$$F = \mu A \frac{du}{dy} \tag{8-7}$$

式中,μ 是反映液体黏滞特性的比例系数,称为动力黏滞系数。两液层流速差与其距离的比值 $\frac{du}{dy}$ 称为流速梯度。

式(8-6)和式(8-7)就是著名的牛顿内摩擦定律表达式,具体内容可以表述如下:作层流运动的液体,当相邻液层间存在相对运动时,则液层之间内摩擦力的大小,与接触面积 A 和流速梯度 $\frac{du}{dy}$ 成正比,同时与液体的性质有关。

动力黏滞系数 μ 的大小表示液体黏滞性的强弱,黏滞性大的液体 μ 值较大,黏滞性小的液体 μ 值较小。μ 的单位为 $(N \cdot s)/m^2$ 或 $Pa \cdot s$。

水力学中经常使用μ和液体密度ρ的比值，即

$$\nu = \frac{\mu}{\rho} \tag{8-8}$$

我们称ν为运动黏滞系数，单位为m^2/s或cm^2/s。

液体的黏滞系数与液体的种类有关，它对温度的变化较为敏感，但压强的变化对它影响很小，通常不予考虑。

水的运动黏滞系数ν可按下列经验公式计算：

$$\nu = \frac{0.017\,75}{1 + 0.033\,7t + 0.000\,22t^2} \tag{8-9}$$

式中：t为水温，以℃计，ν以cm^2/s计。

表8-1列出了不同温度时，水的黏滞系数v和μ值。

注意，牛顿内摩擦定律的适用条件是：做层流运动的牛顿流体，如水、空气、各种油类、酒精、汞等。牛顿流体是指τ与$\frac{du}{dy}$之间存在线性关系的流体。对非层流状态下的牛顿流体或非牛顿流体（血浆、泥浆、尼龙、橡胶的溶液、颜料、油漆等）不再适用。

3.1.4 液体的压缩性——压缩系数

液体不能承受拉力，但可承受压力。液体受压后体积要缩小，压力撤除后能恢复原状，这种性质称为液体的压缩性或弹性。液体压缩性的大小用体积压缩系数β或体积弹性系数K来表示。

设某液体在承受压强p时，体积为V，当压强增加dp后，体积改变了dV，则液体的体积压缩系数β可以表示为：

$$\beta = -\frac{dV/V}{dp} \tag{8-10}$$

式中，$\frac{dV}{V}$是液体体积的相对变化值时。当压强增大（dp为正）时，体积必定减小（dV为负），反之亦然，也就是说dp和dV始终正负号相反。

为了保持β值为正数，在式(8-10)右端加一个负号。根据式(8-10)可知，β值越大，表明液体越容易被压缩。体积压缩系数β的单位为m^2/N。β的倒数称为体积弹性系数，用K表示，即

$$K = \frac{1}{\beta} = -\left(\frac{V}{dV}\right)dp \tag{8-11}$$

式(8-11)表明，K值越大，液体越不易被压缩。当$K\to\infty$时，表示液体绝对不可压缩，即不存在弹性变形。K的单位与压强相同，为N/m^2。不同种类的液体，β和K值也不同，同一种液体的β和K值也随温度和压强而变化，但变化甚微，一般可视为常数。水的体积弹性系数（简称弹性系数）可以取$K = 2.1\times10^9\ N/m^2$。也就是说，每增加一个大气压，水的体积相对减少约为1/20 000。

对一般工程问题，可以认为水是不可压缩的。但在压强变化大而且迅速的水力过程中，如输水管路中的水击问题，就必须考虑水的压缩性。

3.1.5 液体的表面张力特性

液体的表面张力是指液体自由表面上的分子，一侧受液体分子的引力，而另一侧受其他介质（如气体或固体）的引力，由于两侧分子引力不平衡，使自由面上的液体分子受到微小拉力，这种拉力称为液体的表面张力。

表面张力仅在自由表面存在，而且沿液体表面的切线方向，它将会影响液体表面的形状。由于表面张力很小，一般对液体的宏观运动影响可以忽略不计，只有在某些特殊情况下，如研究微小水滴的形成与运动、小尺度水力模型中的水流、水舌较薄而且曲率较大的堰流、细管中的水或土壤空隙中水的运动等，都必须考虑表面张力的影响。

在小直径细管中，液体表面张力的现象十分明显，如图 8-2 所示。当液体内的引力小于它与管壁的附着力时，表面张力将使细管内液面下凹、液体上升。反之，当液体内的引力大于它与管壁的附着力时，表面张力将使细管内液面上凸、液体下降。

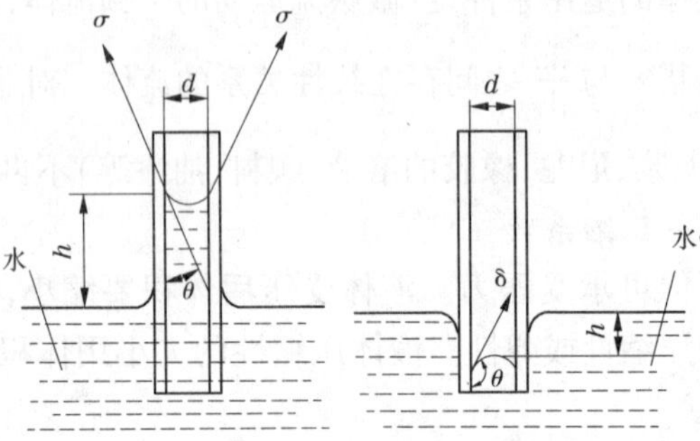

图 8-2

图中 σ 表示自由液面单位长度上所受拉力的数值，θ 为液面与固体壁面的接触角，沿管壁圆周上表面张力的垂直分力应该与升高液柱的重量相等，一般情况下，水与玻璃的接触角 $\theta \approx 0$，水银与玻璃的接触角 $\theta \approx 139°$，这时玻璃管中水面高出容器水面的高度为

$$h = \frac{29.8}{d} \tag{8-12}$$

玻璃管中水银液面低于容器中水银表面的高度为

$$h = \frac{10.15}{d} \tag{8-13}$$

式(8-12)、式(8-13)表明液柱上升或下降的高度与管径有关。其中，d 为玻璃管的内径，d 和 h 均以 mm 计。

在水力学试验中，常用细玻璃管做测压管，为了减少毛细管作用引起压强量测的误差，测压管的内径不宜小于 10 mm。

3.1.6 液体的汽化压强

液体分子逸出液面向空间扩散变为蒸汽的过程称为汽化，它的逆过程称为凝结。实际上，汽化和凝结现象在液体中同时存在。当这两个过程达到平衡时，液面的压强称为饱和蒸汽压强或汽化压强。温度不同，液体不同，汽化压强值也不同，但汽化压强总是随温度的升高而增大，见表 8-1。

当液面压强为一个大气压时，温度升高至 100 ℃，水会沸腾。随着液面压强的降低，液体汽化压强会减小。高海拔地区气压低,水温不到 100 ℃就会沸腾,就是这个原因。

水利工程中,水流也会因局部区域的压强降低产生汽化现象,水流内部释放出大量气泡,我们把这种现象称为空化。空化现象的产生破坏了水流的连续性,同时当有大量气泡的水体流动到压强较高区域时,气泡会迅速溃灭并产生极大的瞬时冲击力,可以造成建筑物表面严重空蚀破坏。

上面我们讨论了液体的六个主要物理性质,它们都不同程度地影响着液体的运动,其中万有引力特性、惯性、黏滞性对水流运动起着主要作用,压缩性、表面张力特性和汽化压强只对某些特殊的水流运动产生影响。

3.2 连续介质和理想液体的概念

3.2.1 连续介质的概念

液体和其他物质一样,是由大量分子所组成的,并且分子与分子之间并不是一个紧挨着一个没有空隙的。

水力学在研究液体运动时,只研究液体整体的宏观运动而不研究液体分子的微观运动。这是因为分子间空隙的距离与工程上我们研究的液体整体尺寸相比,是极为微小的,常温下,每立方厘米的水中约含有 $3.34 \times 1\,022$ 个水分子,相邻分子间距离约为 3.1×10^{-8} cm。因此,在水力学中,不考虑分子间距离,认为液体是由大量一个挨着一个的质点构成,中间并无空隙的连续体。水力学所研究的液体运动就是连续介质的连续运动。液体质点可以近似地看成一个含有大量分子的在空间上无限小的几何点。实践证明,利用连续介质概念得出的有关液体运动规律的理论与实际相符。

将液体视为连续介质的概念是由瑞士学者欧拉(Euler)在 1755 年提出的。高等数学对函数进行微积分运算必须满足连续性条件。我们把液体当作连续介质,液流中的一切物理量(如速度、压强、密度等)都可以看成是空间坐标和时间的连续函数,这样在研究液体运动规律时,就可以利用高等数学连续函数微积分的分析方法,给水力学研究带来极大方便。

3.2.2 理想液体的概念

我们讨论了液体的六个主要物理性质,其中液体黏滞性的存在,给液体运动的分析和处理带来很大的困难。因此,为了使复杂的水力学问题得到简化,我们引入了“理想液体”的概念。

一般的水利工程不考虑液体的压缩性、表面张力特性和汽化压强,所以在研究液体运动规律时,是否考虑液体的黏滞性是理想液体和实际液体的根本差别。所谓“理想液体”,是指没有黏滞性的液体,这时液体的黏滞系数 $\mu = 0$,相应地我们把有黏滞性的液体称为实际液体。这样,我们在解决复杂的实际水流问题时,可以先不考虑液体黏滞性的影响,按理想液体进行分析,求得其运动规律,然后根据实际情况,对液体黏滞性的影响进行修正,得到实际液体的运动规律,并用来解决工程实际问题。这是水力学的一个重要研究方法。

需要注意的是,理想液体是为了简化问题的处理而提出来的“假设”,理想液体实际并不存在。

3.3　作用在液体上的力

液体无论处于平衡或运动状态,都会受到各种力的作用。液体运动状态的改变,是外力作用的结果。因此,研究液体的平衡或运动,都要正确分析和计算液体所受到的作用力。

作用在液体上的力,按其物理性质分为重力、惯性力、压力、黏滞力、表面张力等;如果按其作用特点,这些力又可分为表面力和质量力两大类。

3.3.1　表面力

作用在所研究液体的表面上,其大小与受作用的表面积成比例的力称为表面力。例如,固体边界与液体之间的摩擦力,边界对液体的反作用力,一部分液体对相邻的另一部分液体在接触面上的水压力等。

表面力又可以分为垂直于作用面的压力和平行于作用面的切力。表面力的大小除用总作用力来度量外,常用单位面积上所受到的力(即应力)来表示。垂直指向作用面的应力称为压应力或压强,与作用面平行的应力称为切应力。

3.3.2　质量力

质量力是作用在每个液体质点上,其大小与液体的质量成比例的力。如重力、惯性力都属于质量力。在均质液体中质量与体积成正比,故质量力又可以称为体积力。

单位质量液体所受到的质量力,称为单位质量力,以符号 f 表示。质量为 m 的均质液体,所受总的质量力为 F,则单位质量力为

$$f = \frac{F}{m} \tag{8-14}$$

若总的质量力 F 在直角坐标轴上的投影分别为 F_x、F_y、F_z,则单位质量力 f 在相应坐标上的投影分量 X、Y、Z 可表示为

$$X = \frac{F_x}{m} \qquad Y = \frac{F_y}{m} \qquad Z = \frac{F_z}{m} \tag{8-15}$$

单位质量力与加速度的单位相同,为 m/s^2。

4　案例分析

【例 8-1】 如图 8-3 所示,面积为 0.5 m^2 的平板在水面上以速度 $u = 1$ m/s 沿水平方向运动,水层的厚度 $\delta = 2$ mm,假设水层内的流速按直线分布,水的温度为 10 ℃,求平板受到的阻力。

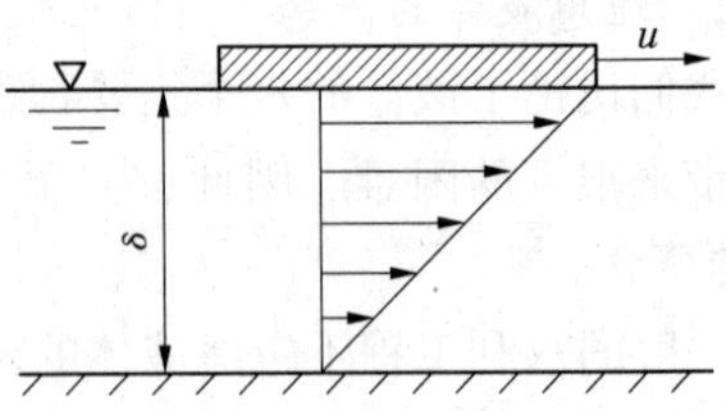

图 8-3

解　因为水层内的流速按直线分布,则流速梯度 $\frac{du}{dy}$ 等于常数,则

$$\frac{du}{dy} = \frac{1}{0.002} = 500$$

查表 8-1,当温度为 10 ℃时,水的动力黏滞系数 $\mu = 1.307 \times 10^{-3}$ N · s/m^2。根据牛顿内摩擦定律表达式,平板所受的阻力为

$$F = \mu A \frac{du}{dy} = 1.037 \times 10^{-3} \times 0.5 \times 500 = 0.327(N)$$

学习单元 2　静水压强及其规律

1　学习目标

（1）掌握静水压强的测算，静水压强两特性及其单位，绝对压强，相对压强，真空压强等概念。

（2）理解位置水头、压强水头、测压管水头。

2　学习内容

（1）静水压强的定义及其特性，静水压强基本方程及其几何意义、物理意义。

（2）压强的单位及量测。

（3）绝对压强、相对压强、真空压强的概念及其相互间的关系。

3　任务实施

3.1　静水压强

在实际生活中，我们已经知道液体处于静止或相对静止状态时，液体与容器之间或液体质点之间都不存在相对运动，黏滞性不起作用，同时液体又不能承受拉力，故静止液体相临两部分之间以及液体与固体壁面之间的表面力只有静水压力。

静水总压力常用大写字母 P 表示，其大小与受压面的面积成正比。为了研究压力在受压面上的分布情况，引入静水压强的概念。

在静止液体中任取一点 K，围绕 K 点取一微小面积 ΔA，作用于该面积上的静水压力为 P，当 ΔA 趋近于零时，则平均压强 $\Delta P/\Delta A$ 的极限称为 K 点的静水压强，用小写字母 p 表示，即

$$p = \lim_{\Delta A \to 0} \frac{\Delta P}{\Delta A} \tag{8-16}$$

静水压强的单位为 N/m^2（Pa）、kN/m^2（kPa）。

3.2　静水压强的特性

静水压强有以下两个重要特性。

3.2.1　静水压强的垂直性

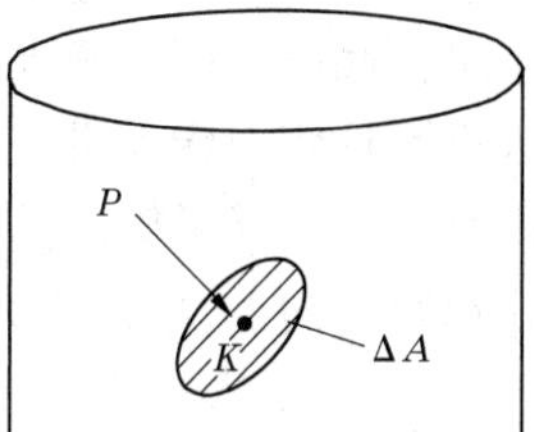

图 8-4

静水压强的方向垂直指向作用面。假如静水压强的方向不垂直指向作用面，则可分解为两个力：一个力垂直于作用面，另一个力与作用面平行。与作用面平行的力为切力，而静止液体不能承受切力，则切力不存在，说明静水压强只能垂直于作用面。同样，如果静水压强的方向不是垂直指向作用面，而是背离作用面，则液体

将受到拉力，液体平衡也将被破坏。因此，静水压强的方向必然垂直指向作用面。

3.2.2　静水压强的等值性

在静止液体中任一点上，各个方向的静水压强大小相等，与作用面的方位无关。静水压强的大小与作用面的方位无关。静水中各点压强的大小仅是空间坐标的函数，或者说仅随空间位置的变化而变化，即

$$p = p(x,y,z)$$

研究水在静止状态时的规律，静水压强的这两个特性是非常重要的。

3.3　静水压强基本方程

静水压强与水深、表面压强及位置高度有何关系呢？下面我们通过力学分析的方法探讨静水压强的变化规律。

如图 8-5 所示，在所受质量力仅有重力作用的静止液体中，我们研究位于水面以下任意两点 1、2 处压强 p_1、p_2间的关系。围绕 1、2 两点分别取面积 ΔA 为底面积、Δh 为高的铅直小圆柱为脱离体。脱离体的上表面和下表面均与水面平行，则上表面各点静水压强均为 p_1，下表面各点静水压强均为 p_2。图 8-5 中，p_0为液体表面压强，h_1、h_2分别为 1、2 两点的水深，G 为小水柱重力。

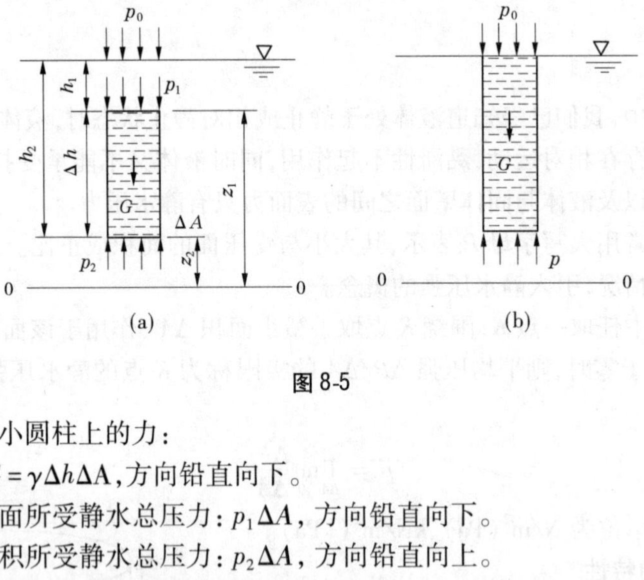

图 8-5

分析作用于小圆柱上的力：

水柱重力：$G = \gamma \Delta h \Delta A$，方向铅直向下。

小水柱上表面所受静水总压力：$p_1 \Delta A$，方向铅直向下。

小水柱底面积所受静水总压力：$p_2 \Delta A$，方向铅直向上。

因小水柱侧面皆为铅直面，则所受水压力皆为水平；又因小水柱处于静止状态，则侧面上的水压力相互平衡，合力为零。

在铅直方向上，根据静力平衡方程，作用于静止小水柱上的合力为零，即

$$p_1 \Delta A - p_2 \Delta A + \gamma \Delta h \Delta A = 0$$

整理方程得

$$p_2 - p_1 = \gamma \Delta h \tag{8-17}$$

或

$$p_2 = p_1 + \gamma \Delta h \tag{8-18}$$

式(8-18)是重力作用下静水压强基本方程式，这表明：在同一静止液体中，任意两点

的压强差与两点间的铅直距离成正比，且等于液体的容重与两点之间铅直距离的乘积。

当式(8-18)中 $h_1=0$、$h_2=\Delta h=h$、$p_1=p_0$、$p_2=p$ 时，如图 8-5(b)所示，式(8-18)可写成

$$p = p_0 + \gamma h \tag{8-19}$$

式(8-19)是静水压强基本方程式，当 p_1 为水面压强时的表达形式。它表明：仅在重力作用下，液体中某一点的静水压强等于水面压强加上液体的容重与该点水深的乘积。

由此可见，深度为 h 处的静水压强 p 由两部分组成：一部分是从液面传来的表面压强 p_0，另一部分为单位面积上高度为 h 的液柱重量。

由式(8-19)可知：

(1)某点的静水压强与表面压强的关系：在静止液体中，若表面压强 p_0 由某种方式增大或减小，则 p_0 可不变大小地传到液体中的各个部分，这就是帕斯卡定律。

(2)水深小则压强小，水深大则压强大。水深向下每增加 1 m，静水压强就增加 9.8 kN/m^2；水深每减小 1 m 则压强就减小 9.8 kN/m^2。

上述静水压强计算式中，任一点的位置是用水深 h 表示。若取共同的基准面 0—0，任一点距基准面的高度为 z（z 称某点的位置高度），则 $\Delta h = z_1 - z_2$，代入式 $p_2 - p_1 = \gamma\Delta h$ 并整理得

$$z_1 + \frac{p_1}{\gamma} = z_2 + \frac{p_2}{\gamma} \tag{8-20}$$

式(8-20)是静水压强基本方程的另一种表达式。它表明：在静止液体中，位置高度 z 愈大，静水压强愈小；位置高度 z 愈小，静水压强愈大。

在相连通的液体中，由压强相等的各点所组成的面叫作等压面。根据这一定义，由式(8-20)可以看出，淹没深度相等的各点静水压强相等。

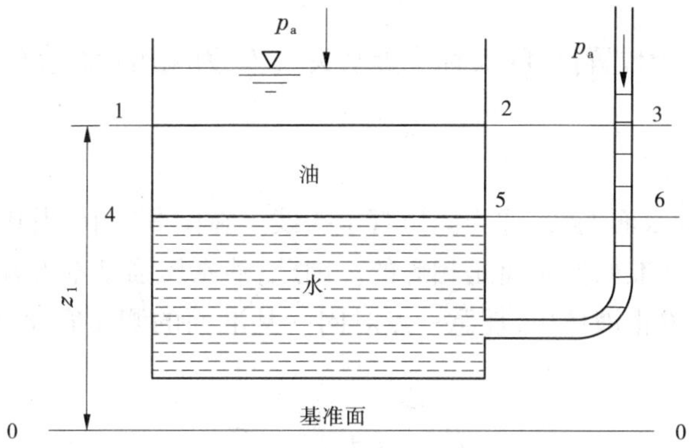

图 8-6

在图 8-6 中，1—2、4—5—6 是等压面，而 2—3 虽然在同一水平面上，但不是等压面，因 2、3 点处的液体不同。

水利工程中计算静水压强时，通常不考虑作用于水表面的大气压强（因大气压均匀地作用于建筑物的表面，它们自相平衡，相互抵消），只计算液体产生的压强数值，则此时静水压强可用下式计算：

$$p = \gamma h \tag{8-21}$$

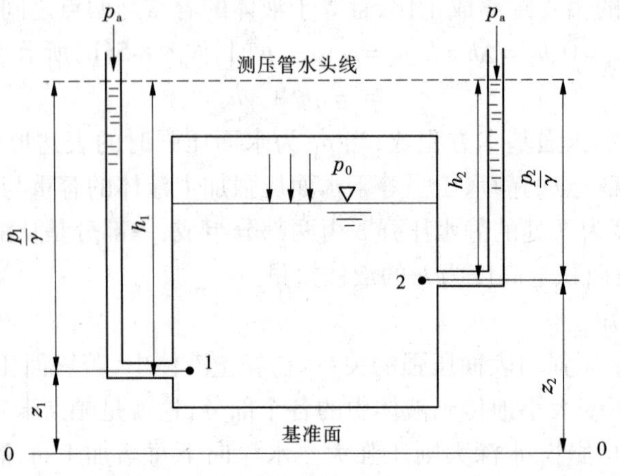

图 8-7

3.4　静水压强基本方程式的意义

3.4.1　静水压强基本方程式的几何意义

所谓几何意义就是用几何尺寸来表征静水压强方程式的意义。在图 8-7 所示的容器中,任取 1、2 两点,在该高程边壁上开小孔并外接开口的测压管。测压管液面均为大气压,根据连通器原理有

$$p_1 = \gamma h_{测1} \qquad p_2 = \gamma h_{测2}$$

则测压管液面上升高度为

$$h_{测1} = \frac{p_1}{\gamma} \qquad h_{测2} = \frac{p_2}{\gamma}$$

水力学中常称 z 为位置高度(又称位置水头),$\frac{p}{\gamma}$ 为测压管高度(又称压强水头),$z + \frac{p}{\gamma}$ 为测压管水头。

连接各点测压管水面的线,称为测压管水头线。在图 8-7 中,当 0—0 基准面确定后,测压管液面至 0—0 基准面的距离是相等的。因此,静水压强基本方程式从几何意义上表明:仅受重力作用的静止液体中,任意一点对同一基准面的测压管水头必相等,测压管水头线必为水平线。

$$H_p = z + \frac{p}{\gamma} = C \tag{8-22}$$

C 值的大小与基准面有关,基准面选定,则 C 即为定值。

3.4.2　静水压强方程式的物理意义

由物理学可知:质量为 m 的物体,在位置高度为 z 处的位置势能(简称位能)为 mgz。它反映了物体在重力作用下做功的本领。液体不仅具有位能,而且液体内部的压力也有做功的本领,称为压力势能。如图 8-7 所示,质量为 m 的液体在 1 点所受的静水压强为 $p_1 = \gamma h_{测1}$,则在 p_1 的作用下,测压管的液面上升高度为 $\frac{p_1}{\gamma}$,压力势能转化为高度为 $\frac{p_1}{\gamma}$

的位置势能，则压力势能可表示为 $mg\dfrac{p_1}{\gamma}$。因而，静水中的总势能为重力势能与压力势能之和，即

$$mgz + mg\frac{p_1}{\gamma}$$

水力学中，常用单位重量水体的势能来表示液体的势能，即为单位势能的概念。单位势能用 $E_{势}$ 表示，即

$$E_{势} = \frac{mgz + mg\dfrac{p}{\gamma}}{mg} = z + \frac{p}{\gamma}$$

式中，z 称为单位位能；$\dfrac{p}{\gamma}$ 称为单位压能。

由式(8-20)可知：

$$E_{势} = z_1 + \frac{p_1}{\gamma} = z_2 + \frac{p_2}{\gamma} = C \tag{8-23}$$

静水压强基本方程的物理意义为：仅受重力作用的静止液体中，任意点对于同一基准面的单位势能为一常数。

3.5 量度压强的基准

量度压强的大小，根据起算的基准（零点）不同，可将压强用三种方法表示。

3.5.1 绝对压强 p'

以没有大气存在的绝对真空为零点算起的压强，称为绝对压强（在计算压强时计入大气的压力）。当液面为大气压强时，即 $p_0 = p_a$（$p_a = 98\ \text{kN/m}^2$），则可用式(8-19)推得绝对压强的计算公式为

$$p' = p_a + \gamma h \tag{8-24}$$

3.5.2 相对压强 p

以当地大气压强为零点计算出的压强，称为相对压强（在计算压强时不计入大气压）。根据定义，某点的相对压强与绝对压强之间相差一个当地大气压强 p_a，其关系为

$$p' = p + p_a \tag{8-25}$$

或

$$p = p' - p_a \tag{8-26}$$

如果自由液面的压强为当地大气压时，液面以下的静水压强为

$$p = \gamma h \tag{8-27}$$

注意：①相对压强是相对于当地大气压而言的压强，工程中，一般当地面海拔高度相差不大时，均可将当地大气压视为 98 kPa；②绝对压强的数值只有正值，而相对压强存在正负。当 $p' > p_a$ 时，$p > 0$；当 $p' < p_a$ 时，$p < 0$。

3.5.3 真空压强及真空高度

在物理学中，常把绝对压强为零的状态称为绝对真空。在水力学中，把某点绝对压强小于当地大气压强（相对压强为负值）时称为产生真空。真空的大小用真空压强 p_v（或 $p_{真}$）表示，真空压强即为某点的绝对压强小于大气压强的差值，即

$$p_v = p_a - p' \tag{8-28}$$

注意：当某点发生真空时，$p_a > p'$，则说明真空压强的值为正值。同理，也可推得真空压强与相对压强的关系为

$$p_v = -p \tag{8-29}$$

真空值也可用液柱高度来表示，称为真空高度。

$$h_v = \frac{p_v}{\gamma} \tag{8-30}$$

绝对压强、相对压强及真空压强三者之间的关系如图 8-8 所示。

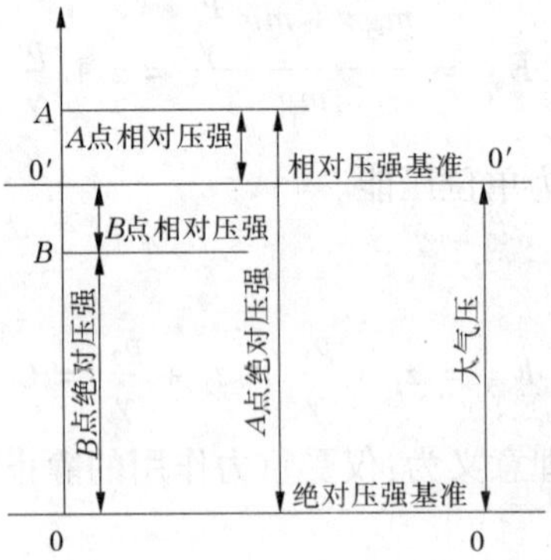

图 8-8

3.6 压强的计量单位

在水力学中，压强的单位有三种：应力单位、大气压和水柱高单位。

3.6.1 用应力单位表示

从压强的定义出发，用单位面积上的力来表示，国际单位用 kN/m^2 或 kPa。

3.6.2 用大气压表示

地球表面大气所产生的压强，称为大气压强。物理学中规定：以海平面的平均大气压 760 mm 高的水银柱的压强为一标准大气压（代号 atm），其数值为

$$1\ \text{atm} = 1.033\ \text{kgf/cm}^2 = 101.3\ \text{kPa}$$

工程中为了计算简便，取其整数，称为工程大气压，规定

$$1\ \text{工程大气压} = 1.0\ \text{kgf/cm}^2 = 98.0\ \text{kPa}$$

3.6.3 用液柱高表示

由于一般液体的容重为常数，液柱高（$h = \frac{p}{\gamma}$）的数值即反映了压强的大小，这种用液柱高度表示压强大小的方法，常用在水利工程中。

一个工程大气压相应的水柱高度为

$$h = \frac{p}{\gamma} = \frac{98\ \text{kN/m}}{9.8\ \text{kN/m}^3} = 10\ \text{m}\ \text{水柱高}$$

相应的水银柱高度为

$$h = \frac{p}{\gamma} = \frac{98\ \text{kN/m}^2}{133.3\ \text{kN/m}^3} = 0.735\ \text{m} = 735\ \text{mm}\ \text{水银柱高}$$

3.7　静水压强的量测

压强的量测值一般为相对压强值。静水压强的测算分两个方面:①点压强的测算;②两点压强差的测算。工程实际中,用于测量压强的仪器很多,这里只介绍一些利用水静力学原理制成的液柱式测压计。

3.7.1　测压管

简单的测压管是用一开口玻璃管直接与被测液体联通而成的。一般压强用直立测压管(见图 8-9);某点压强较小时,可用斜测压管(见图 8-10)。

如图 8-9 所示,是最简单的测压管。管中液柱高度即反映了所测点的相对压强 p

$$p = \gamma h$$

式中　h——测压管内液面上升的铅直高度。

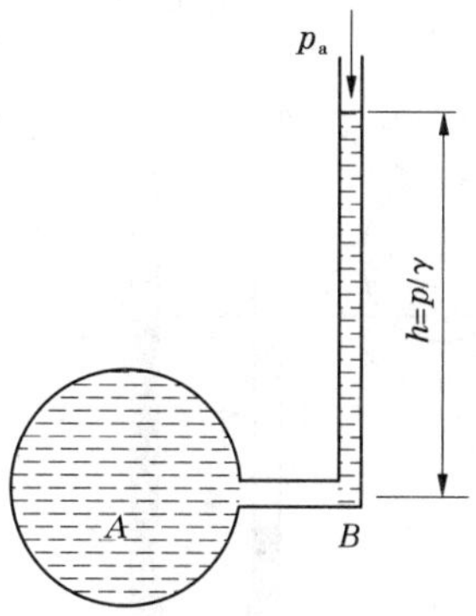

图 8-9

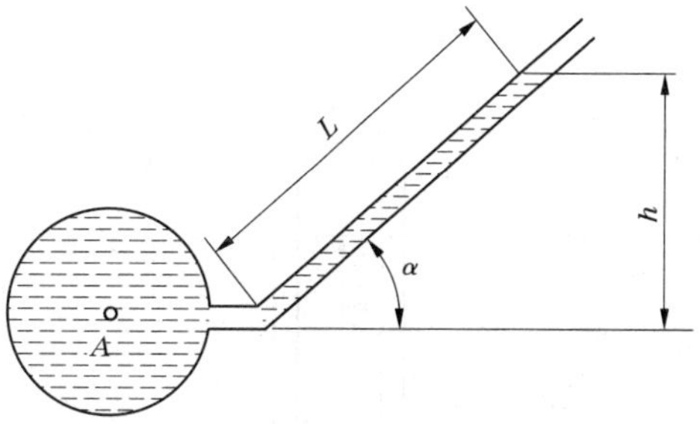

图 8-10

若所测点的压强较小,为了提高测量精度,可采用增大测距长度,如将测压管倾斜放置(见图 8-10),实测 L 值,此时用于计算压强的测压管高度 $h = L\sin\alpha$,则被测点压强为

$$p = \gamma h = \gamma L\sin\alpha \tag{8-31}$$

式中　α—— 测压管与水平方向的夹角;

L——测压管液面沿倾斜方向的长度。

当压强较小时,也可以在测压管中装入互不相溶的轻质液体,如油等(见图 8-11)。

3.7.2　U 形水银测压计测算

若所测点压强较大时,可采用 U 形水银测压计,如图 8-12 所示。若求 A 点的压强 p_A,利用压强的计算原理,列方程整理得

$$p_A = \gamma_m h - \gamma_{水} a \tag{8-32}$$

3.7.3　比压计(差压计)

用以量测液体中两点的压强差。常用的有空气比压计(见图 8-13)和水银比压计(见图 8-14)等。

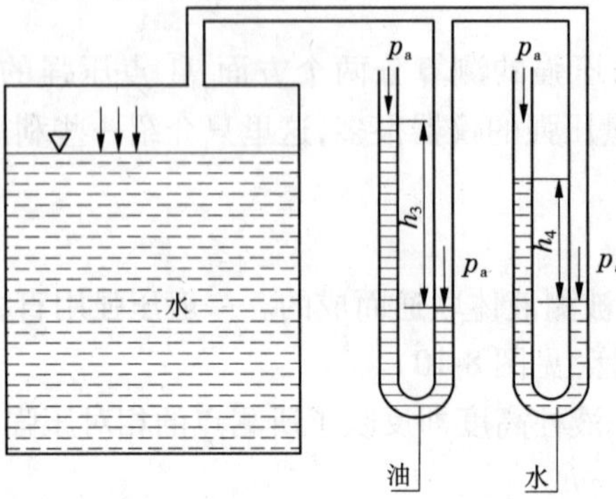

图 8-11

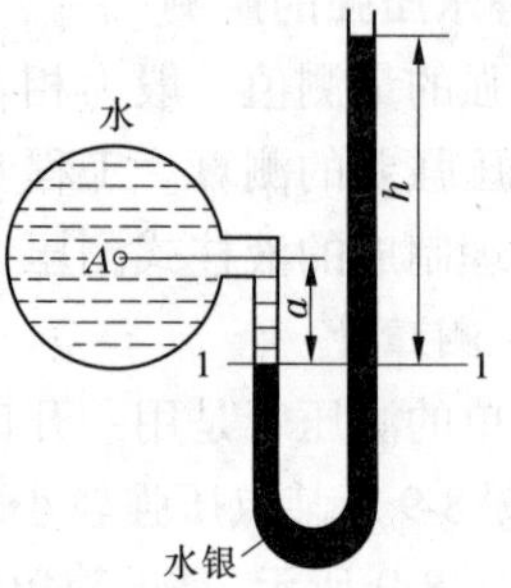

图 8-12

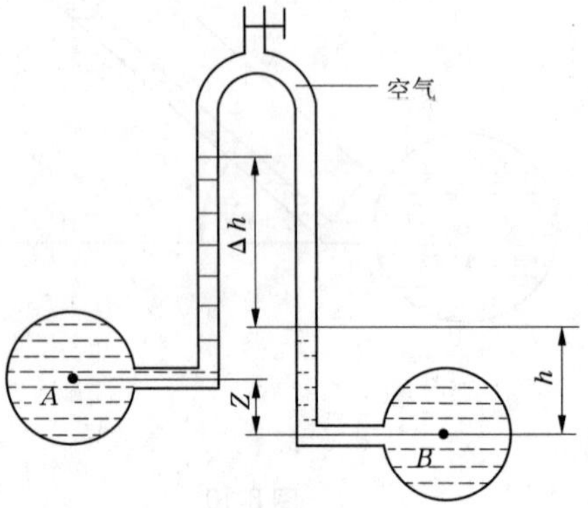

图 8-13

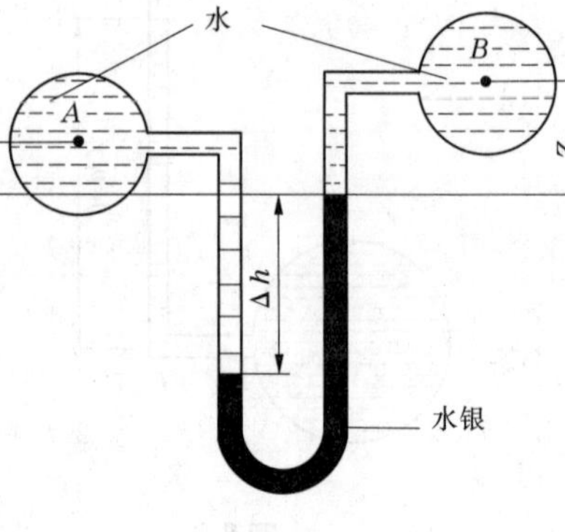

图 8-14

4 案例分析

【例 8-2】 已知某水库水深为 5 m、10 m 处的静水压强。

解 因水库表面压强为大气压，则可不考虑其影响。水的容重为 $\gamma=9.8\ kN/m^3$。

水深 5 m 处的压强： $p = \gamma h = 9.8 \times 5 = 49\ (kPa)$

水深 10 m 处的静水压强：$p = \gamma h = 9.8 \times 10 = 98\ (kPa)$

【例 8-3】 有清水和水银两种液体，求深度各为 1 m 处的压强。已知液面为大气压强作用。

解 水的容重为 $\gamma=9.8\ kN/m^3$，水银的容重为 $\gamma=133.3\ kN/m^3$。

水中深度为 1 m 处的静水压强：$P = \gamma h = 9.8 \times 1.0 = 9.8\ (kPa)$

水银中深度为 1 m 处的静水压强：$P = \gamma h = 133.3 \times 1 = 133.3\ (kPa)$

【例 8-4】 A 点相对压强为 $24.5\ kN/m^2$，B 点相对压强为 $-24.5\ kN/m^2$，求 p'_A、p'_B 和 p_{vB}。

解 根据静水压强基本规律：$p' = p + p_a$，$p' = -p$。

因 $p_A = 24.5\ kN/m^2$、$p_B = -24.5\ kN/m^2$，则有

$$p'_A = p_A + p_a = 24.5 + 98 = 122.5(kN/m^2)$$

$$p'_B = p_B + p_a = -24.5 + 98 = 73.5(\text{kN/m}^2)$$

$$p_{vB} = -p_B = -(-24.5) = 24.5(\text{kN/m}^2)$$

【例 8-5】 求水库水深为 2.5 m 处的相对压强和绝对压强。

解 根据静压基本方程 $p = p_0 + \gamma h$ 计算相对压强和绝对压强。

(1)相对压强：$p_0 = 0$

$$p = p_0 + \gamma h = 0 + 9.8 \times 2.5 = 24.5(\text{kN/m}^2)$$

(2)绝对压强：$p_{v0} = p_a = 98\ \text{kN/m}^2$

$$p' = 98 + 9.8 \times 2.5 = 122.5(\text{kN/m}^2)$$

【例 8-6】 某点压强为 0.5 个工程大气压，如用应力单位和水柱单位表示，其数值为多少？

解 根据压强三种单位的换算关系有：

用应力单位表示

$$\frac{0.5\ \text{工程大气压}}{1\ \text{工程大气压}} \times 98\ \text{kPa} = 49\ \text{kPa}$$

用水柱表示

$$\frac{0.5\ \text{工程大气压}}{1\ \text{工程大气压}} \times 10\ \text{m} = 5\ \text{m 水柱高}$$

【例 8-7】 如图 8-11 所示，$h_水 = 30$ cm，水的容重为 $\gamma_水 = 9.8\ \text{kN/m}^3$，柴油的容重 $\gamma_油 = 7.85\ \text{kN/m}^3$，求：(1)密闭容器表面压强 p_0 的相对压强值；(2)U 形管中油柱的高差 $h_油$。

解 (1) 根据静压计算原理，计算相对压强则有

$$p_0 = p_a + \gamma_水 h_水 = \gamma_水 h_水 = 9.8 \times 0.3 = 2.94(\text{kPa})$$

(2)因为容器内空气压强相等，$\gamma_水 h_水 = \gamma_油 h_油$，则有

$$h_油 = \frac{\gamma_水 h_水}{\gamma_油} = \frac{9.8 \times 0.3}{7.85} = 0.375(\text{m}) = 37.5\ \text{cm}$$

所以，密闭容器表面压强为 2.94 kPa，对应于 U 形管内油柱的高差为 37.4 cm。

【例 8-8】 图 8-12 的水银测压计，$h = 30$ cm，$a = 15$ cm。试推算 A 点的相对压强 p_A 和绝对压强 $p_{绝A}$。

解 根据前面计算理论可知：$p_A = \gamma_m h - \gamma_水 a$，代入已知条件得相对压强为

$$p_A = \gamma_m h - \gamma_水 a = 133.3 \times 0.3 - 9.8 \times 0.15 = 38.52(\text{kN/m}^2) = 38.52\ \text{kPa}$$

绝对压强为：$p_{A绝} = p_{A相} + p_a = 38.52 + 98 = 136.52(\text{kN/m}^2)$

学习单元 3 作用于平面壁上的静水总压力

1 学习目标

(1)掌握静水压强分布图绘制。

(2)作用于平面壁上的静水总压力的计算。

2 学习内容

(1)静水压强分布图绘制方法。

(2)用图解法和解析法求平面壁上的静水总压力。

3 任务实施

3.1 静水压强分布图

表示静水压强沿受压面分布规律的几何图形称为静水压强分布图。

因为建筑物一般都受到大气压力的作用,而各个方向的大气压强是互相抵消的,则计算中只涉及相对压强,只需画出相对压强分布图。

压强分布图的绘制原则:根据 $p = \gamma h$ 来计算静水中任一点压强的大小,并用带箭头的线段表示。箭杆的长度表示压强的大小,箭头的指向表示静水压强的方向,方向垂直指向受压面,见图 8-15。

在实际工程中,建筑物的迎水面及背水面均受到静水压强的作用,其压强分布图可以叠加,如图 8-16(c)所示,上下游水体对受压面的总压强为 $\gamma(h_1 - h_2)$。

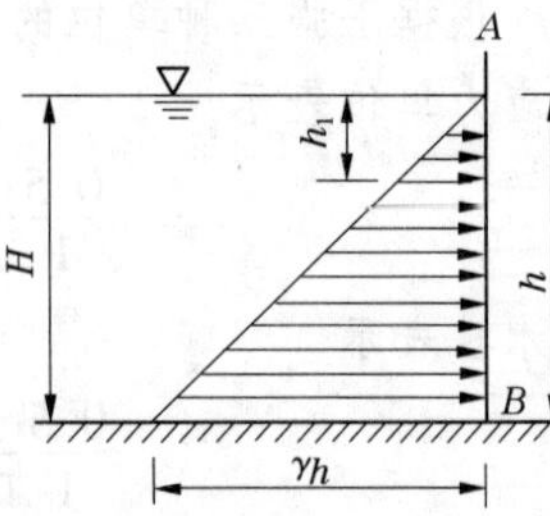

图 8-15

若受压面为曲面,各点压强的作用线垂直于该点的切线,即各点压强的作用线为通过曲率中心的内法线,如图 8-16(d)所示。

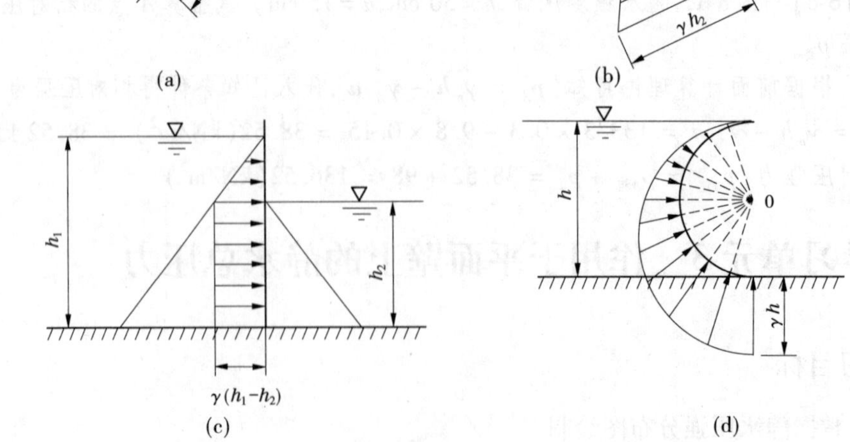

图 8-16

3.2 利用图解法求作用于矩形平面壁上的静水总压力

3.2.1 静水总压力的大小

平面上静水总压力 P 的大小，应等于分布在平面上各点静水压强的总和，即求 P 的大小就是求该平面分布力系的合力。图 8-17 中某一斜置平板闸门 AB，绕 Oy 轴转 90°后的可见宽度 AF 为 b。AF 平行于水面，A 点的水深为 h_1，B 点的水深为 h_2，AB 长度为 L。在水面下任一深度取微小面积 dA，$dA = bdy$，因微平面 dA 上各点压强均为 p，微小面积单位宽度上的力为 pdy，则作用在单位宽度上的静水总压力应等于静水压强分布图的面积 Ω；整个矩形平面上的静水总压力等于压强分布图面积 Ω 乘以受压面宽度 b，即

$$P = \Omega b \tag{8-33}$$

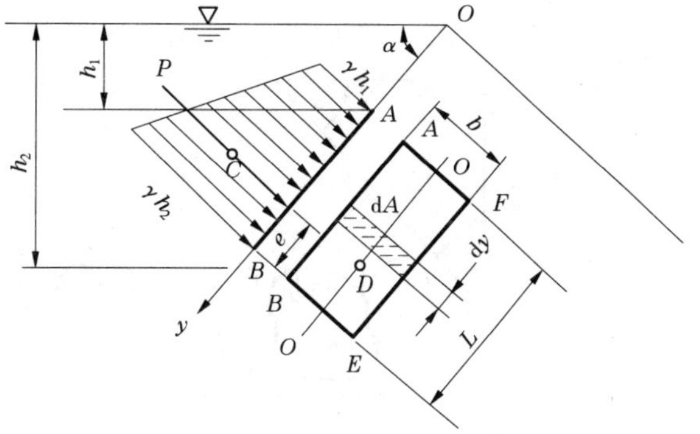

图 8-17

当压强分布图为梯形时，则

$$P = \frac{1}{2}\gamma(h_1 + h_2)bL \tag{8-34}$$

当压强分布图为三角形时，则

$$P = \frac{1}{2}\gamma hbL \tag{8-35}$$

3.2.2 静水总压力的方向和作用点

根据静水压强的特性，各点静水压强的方向都是垂直指向受压面，因此静水总压力的方向必然垂直指向受压面。

对于受压平面分布力系，应用合力矩定理可推导得：总压力 P 的作用点 D（又称压力中心）必位于受压面纵向对称轴 $O—O$ 轴上，同时总压力的作用线必然通过压强分布图的形心 C，见图 8-17。压力中心的位置用压力中心 D 至受压面底边缘的距离 e 表示：

对于矩形分布图
$$e = \frac{a}{2} \tag{8-36}$$

对于梯形压强分布图
$$e = \frac{L}{3}\frac{2h_1 + h_2}{h_1 + h_2} \tag{8-37}$$

对于三角形分布图
$$e = \frac{L}{3} \tag{8-38}$$

式中 h_1、h_2——受压面上、下边缘的水深；

L——受压面长度。

矩形受压面静水总压力的图解法步骤如下：

(1)绘制静水压强分布图。

(2)求静水总压力的大小 $P = \Omega b$ 。

(3)确定压力中心的位置 e。

3.3 用解析法求任意平面上的静水总压力

对于任意形状平面壁的静水总压力，图解法已不再适用，需用解析法求解。

如图 8-18 所示，有一任意形状的平面 EF 倾斜放置于水中任意位置，与水平面的夹角为 α，设该平面的一侧受水压力的作用，其面积为 A，平面形心点位于 C 点，形心处水深为 h_C。

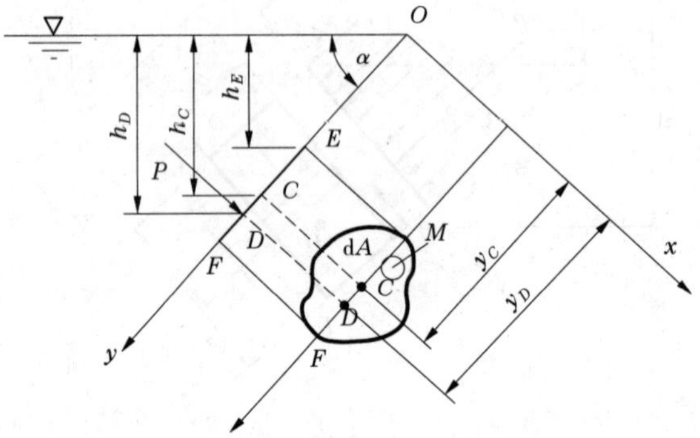

图 8-18

取平面的延展面与水平面的交线为 Ox 轴，以通过平面 EF 并垂直于 Ox 轴的直线为 Oy 轴。下面分析作用于平面 EF 上的静水总压力大小和作用点位置。

在平面 EF 中任意一点 M 处取一微分面积 dA，设 M 点在液面以下的淹没深度为 h，故 M 点的静水压强为 $p = \gamma h$ 。微小面积 dA 上的压强可视为与 M 点相等，则作用在 dA 上的静水压力为 $dP = \gamma h dA$ ，作用于整个 EF 平面上的静水总压力为

$$P = \int_A dP = \int_A \gamma h dA = \int_A \gamma y \sin\alpha dA = \gamma \sin\alpha \int_A y dA$$

式中，$\int_A y dA$ 表示平面 EF 对 Ox 轴的面积矩，它等于平面面积 A 与形心坐标 y_C 乘积，即 $\int_A y dA = y_C A$ ，如用 p_C 代表形心点的静水压强，则有

$$P = \gamma \sin\alpha \cdot y_C A = \gamma h_C A = p_C A \tag{8-39}$$

式(8-39)表明：任意形状平面壁上的静水总压力的大小等于该受压面形心 C 处的压强 p_C 与受压面积 A 的乘积。形心点的压强相当于该平面的平均压强。

静水总压力作用点即压力中心 D 的位置 y_D 和 x_D 。确定该点位置可利用理论力学中的合力矩定理，即合力对任一轴的力矩等于各个分力对该轴力矩之和来确定，则

$$y_D = y_C + \frac{I_C}{y_C A} \tag{8-40}$$

常见平面静水总压力及其作用点位置计算,请参阅表 8-2。

表 8-2　常见平面图形的 A、y_C 及 I_{Cx}

几何图形名称		面积 A	形心坐标 y_C	对通过形心点 C 轴的惯性矩 I_C
矩形	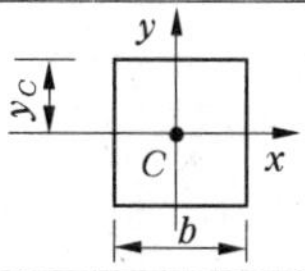	bh	$\frac{h}{2}$	$\frac{bh^3}{12}$
三角形	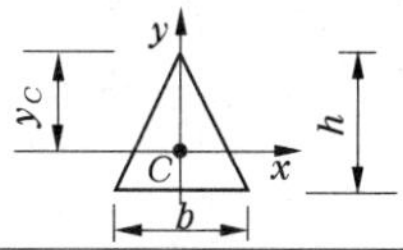	$\frac{bh}{2}$	$\frac{2h}{3}$	$\frac{bh^3}{36}$
梯形	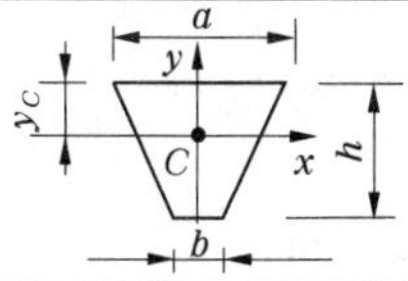	$\frac{h(a+b)}{2}$	$\frac{h}{3}(\frac{a+2b}{a+b})$	$\frac{h^3}{36}(\frac{a^2+4ab+b^2}{a+b})$
圆	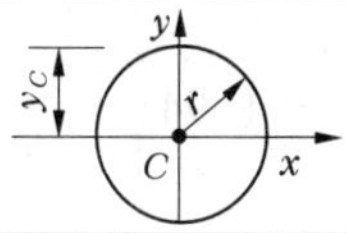	πr^2	r	$\frac{1}{4}\pi r^4$
半圆	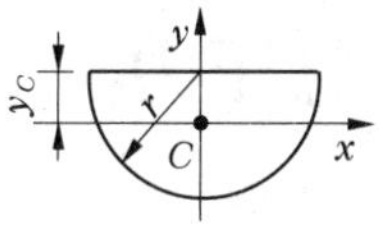	$\frac{1}{2}\pi r^2$	$\frac{4r}{3\pi}=0.424\,4r$	$\frac{9\pi^2-64}{72\pi}r^4=0.109\,8r^4$

注:r 为圆的半径;a、b 为受压面的上、下底宽度;h 为受压面的高。

4　案例分析

【例 8-9】　如图 8-17 所示,已知 $h_1=3$ m,$h_2=6$ m,闸门 $b=2$ m,长度 $L=5$ m,$\gamma=9.8$ kN/m^3,求闸门所受的静水总压力。

解　(1)绘制压强分布图如图 8-19 所示。

(2)求静水总压力的大小:

$$P=\Omega b=\frac{1}{2}\gamma(h_1+h_2)bL=\frac{1}{2}\times 9.8\times(3+6)\times 2\times 5=441(\text{kN})$$

(3)确定压力中心的位置 e:

$$e=\frac{L}{3}\frac{2h_1+h_2}{h_1+h_2}=\frac{5}{3}\times\frac{2\times 3+6}{3+6}=2.22(\text{m})$$

【例 8-10】　如图 8-19 所示,若该平面为圆形平板闸门,半径 $r=0.5$ m,$\alpha=45°$,闸门上边缘距水面深度为 1 m,求闸门所受的静水总压力。

解　由题意可知

$$h_C=1+r\sin\alpha=1+0.5\times\sin 45°=1.35(\text{m})$$

$$P=\gamma h_C A=9.8\times 1.35\times 0.5^2\times 3.14=10.39(\text{kN})$$

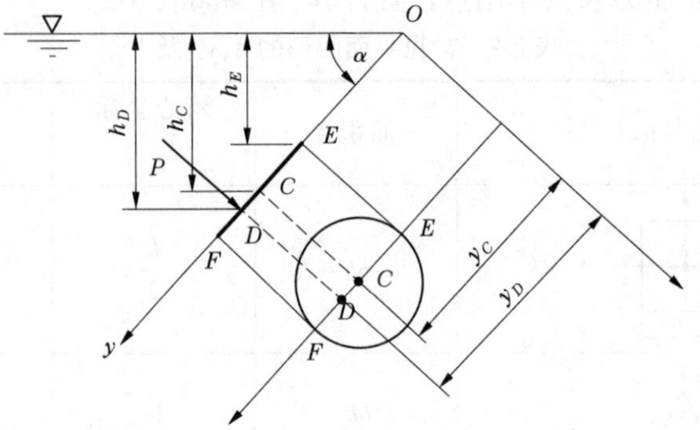

图 8-19

$$I_C = \frac{\pi r^4}{4} = \frac{1}{4} \times 3.14 \times 0.5^4 = 0.049(\mathrm{m}^4)$$

$$y_C = \frac{1}{\sin\alpha} + r = \frac{1}{\sin 45^\circ} + 0.5 = 1.91(\mathrm{m})$$

$$y_D = y_C + \frac{I_C}{y_C A} = 1.91 + \frac{0.049}{1.91 \times 3.14 \times 0.5^2} = 1.94(\mathrm{m})$$

学习单元 4 作用于曲面壁上的静水总压力

1 学习目标

(1)掌握压力体的绘制。

(2)作用于曲面壁上的静水总压力的计算。

2 学习内容

(1)压力体绘制方法。

(2)作用于曲面壁上的静水总压力的计算方法。

3 任务实施

3.1 静水总压力的两个分力

水工建筑物中常碰到受压面为曲面的情况,如弧形闸门、拱坝坝面、闸墩及边墩等。其水力计算归为曲面壁静水总压力的求解。因曲面上各点静水压强的方向也是垂直指向作用面,各点压力互不平行,则求平面壁静水总压力的方法这里不再适用。但是,我们可以将曲面壁上的静水总压力分解为水平方向的力 P_x 和铅直方向的力 P_z,分别求解,然后根据求合力的法则,求出静水总压力 P。

现以弧形闸门 AB 为例,讨论曲面壁静水总压力的计算问题,见图 8-20。为了确定 P_x、P_z,先取宽度为 b(闸门宽度)、截面为 ABC 的水体为脱离体。

注意:从 A 点向下做一铅直平面 AC,从 B 点做一水平面 BC,两平面相交于 C,由曲面

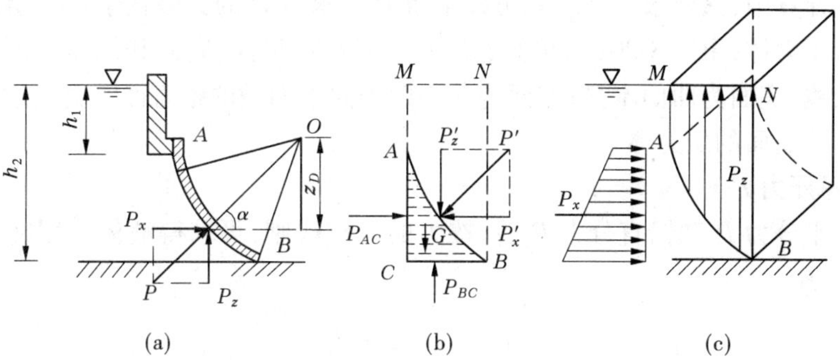

图 8-20

AB 与 AC、BC 平面包围的水体即为 ABC 脱离水体，如图 8-20(b)所示，研究该水体的平衡。在图 8-20 中，P' 为闸门 AB 对水体的反作用力，与 P 等值反向；P'_x、P'_z为 P' 的水平分力和铅直分力；P_{AC}、P_{BC}为作用在 AC、BC 面的静水总压力；G 为脱离体水重。

3.1.1 静水总压力的水平分力

分析脱离水体的受力情况，如图 8-20(b)所示。列水平方向的静力平衡方程得

$$P'_x = P_{AC}$$

根据作用力与反作用力大小相等、方向相反的原理，闸门受到的水平分力为

$$P_x = P'_x = P_{AC} \tag{8-41}$$

因 AC 为铅直面，而且相当于曲面 AB 在铅直投影面上的投影，则由上式可知：作用于曲面壁上静水总压力的水平分力 P_x 等于作用于该曲面在铅直投影面上的静水总压力。

因此，求水平方向的静水总压力可归结为：将曲面投影到铅直投影平面上，再计算出铅直投影面上所受到的静水总压力，即为 P 的水平分力.P_x。

3.1.2 静水总压力的铅直分力 P_z

根据静力平衡条件，列出铅直方向的静力平衡方程式得：

$$P'_z = P_{BC} - G$$

由于 BC 水平面是以 BC 和 b 为边的矩形平面，其面积可用 A_{BC}表示，所处水深为 h_2，其面上各点的压强都等于 γh_2，则

$$P_{BC} = \gamma h_2 A_{BC} = \gamma V_{MCBN}$$

式中 V_{MCBN}—— 以 MCBN 为底面积、b 为宽度的棱柱体体积。

$$G = \gamma V_{ACB}$$

V_{ACB} —— 以 ACB 为底面积、b 为高度的棱柱体体积。

$$P'_z = P_{BC} - G = \gamma V_{MCBN} - \gamma V_{ACB} = \gamma V_{MABN}$$

V_{MABN} ——以 MABN 为底面积、b 为宽的棱柱体体积，通称为压力体，见图 8-20(c)，面积 MABN 以 $A_{剖}$表示，称为压力体剖面，则

$$V_{MABN} = A_{剖}\ b$$

$$P' = \gamma V_{MABN} = \gamma A_{剖}\ b$$

由作用力与反作用力大小相等的原理得

$$P = \gamma A_{剖}\ b = \gamma V_{压} \tag{8-42}$$

在实际计算中，只要求得 $A_{剖}$，就可以求得 P_z。求解 P_z 的关键在于正确绘制压力体剖面图。分析压力体，由图 8-20(c) 可知，其由三面组成：顶面、底面和侧面。顶面为水面或水面的延长线；底面为曲面本身；侧面为曲面四周向水面做的铅直面。由上述三面组成的封闭体即为该曲面的压力体。

3.2 静水总压力 P

求得水平分力 P_x 和铅直分力 P_z 后，按力的合成法则，可求得液体作用在曲面上的静水总压力 P 为

$$P = \sqrt{P_x^2 + P_z^2} \tag{8-43}$$

总压力的方向为，曲面的内法线方向（即通过曲面的曲率中心垂直指向受压面）与水平方向的夹角为 α，见图 8-23(a)，即

$$\alpha = \arctan \frac{P_z}{P_x} \tag{8-44}$$

总压力的作用点，是总压力的作用线和曲面的交点 D，D 在铅垂方向的位置以受压面曲率中心至该顶点的铅垂距离 z_D 表示，即

$$z_D = R\sin\alpha \tag{8-45}$$

4 案例分析

【例 8-11】 画出下列各曲面壁上的压力体剖面图。

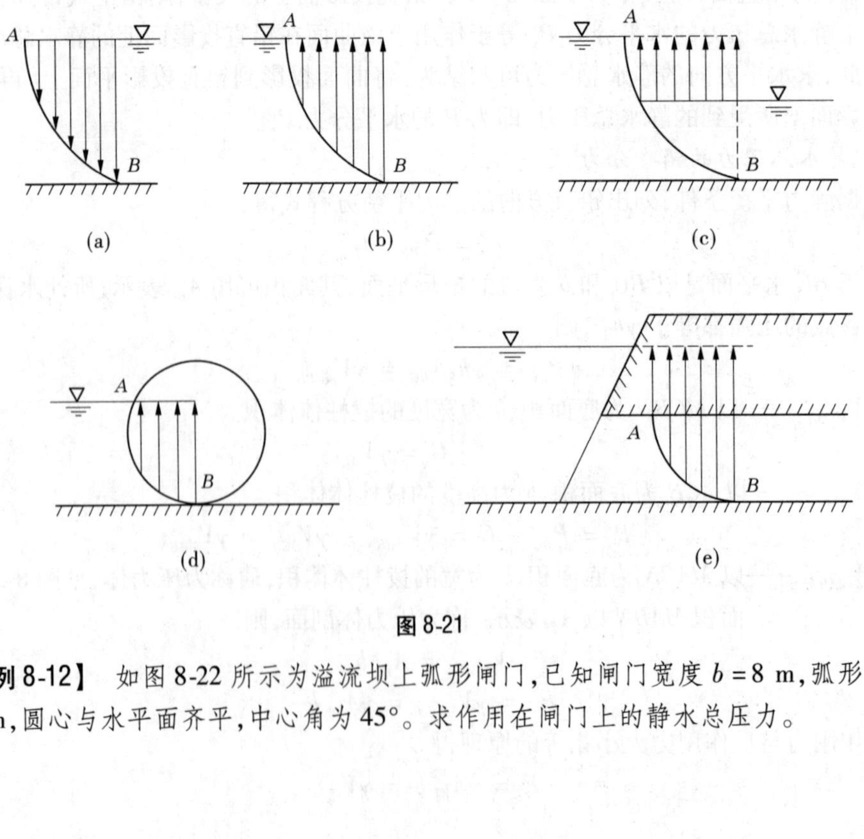

图 8-21

【例 8-12】 如图 8-22 所示为溢流坝上弧形闸门，已知闸门宽度 $b = 8$ m，弧形门半径 $R = 6$ m，圆心与水平面齐平，中心角为 45°。求作用在闸门上的静水总压力。

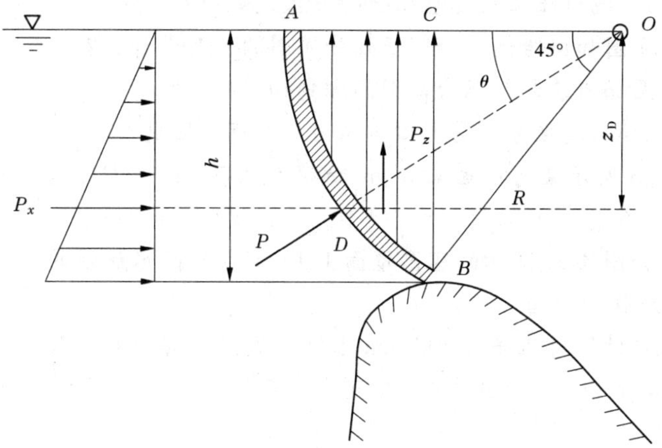

图 8-22

解　闸前水深：

$$h = R\sin45° = 6 \times \sin45° = 4.42(\mathrm{m})$$

水平分力：

$$P_x = \gamma h_C A_x = \frac{1}{2}\gamma h^2 b = \frac{9.8 \times 4.24^2 \times 8}{2} = 704.72(\mathrm{kN})$$

铅直分力等于压力体 *ABC* 内的水重。压力体 *ABC* 的体积等于扇形 *AOB* 的面积减去三角形 *BOC* 的面积再乘以宽度 *b*。

扇形 *AOB* 面积 $= \frac{45}{360}\pi R^2 = \frac{45}{360} \times 3.14 \times 6^2 = 14.13(\mathrm{m}^2)$

三角形 *BOC* 面积 $= \frac{1}{2}\overline{BC} \cdot \overline{OC} = \frac{1}{2}h \cdot R\cos45° = \frac{1}{2} \times 4.24 \times 6 \times \cos45° = 9(\mathrm{m}^2)$

压力体 *ABC* 的体积 $V = \Omega b = (14.13 - 9) \times 8 = 41.04(\mathrm{m}^3)$

因此，铅直分力 P_z 为

$$P_z = \gamma V_{压} = 9.8 \times 41.04 = 402.19(\mathrm{kN})$$

作用在闸门上的静水总压力 *P* 为

$$P = \sqrt{P_x^2 + P_z^2} = \sqrt{704.72^2 + 402.19^2} = 811.41(\mathrm{kN})$$

静水总压力的方向与水平方向的夹角 θ 为

$$\theta = \arctan\frac{P_z}{P_x} = \arctan\frac{402.19}{704.72} = 30°$$

静水总压力作用线通过圆心 *O* 并与水平面成 30°的夹角。它与闸门的交点 *D* 即为静水总压力的作用点，如图 8-22 所示。

$$z_D = R\sin\theta = 6 \times \sin30° = 3 \mathrm{~m}$$

知识训练

8-1　静水压强基本规律有几种表示方法？各自的含义是什么？

8-2　相对压强、绝对压强及真空压强的关系式如何？

8-3　压强分布图如何绘制？绘制压强分布图的意义是什么？

8-4　压力体图如何绘制？压力体图的方向如何确定？

8-5　受压面形心、压强分布图形心与压力中心有何区别？

8-6　如图 8-23 所示某蓄水池深 14 m，试确定护岸 *AB* 上 1、2 两点的静水压强值，并绘出静水压强的方向。

8-7　试求出如图 8-24 所示的容器壁面上 1 ~ 5 点的静水压强的大小（以各种单位表示），并绘出静水压强的方向。

8-8　测得某点的绝对压强为 200 mm 水银柱高，问：其绝对压强用千帕表示，其数值为多少？若以真空值和相对压强表示，其数值为多少？

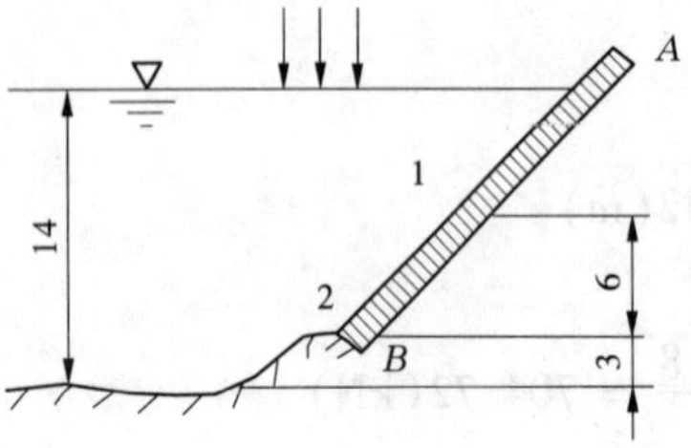

图 8-23

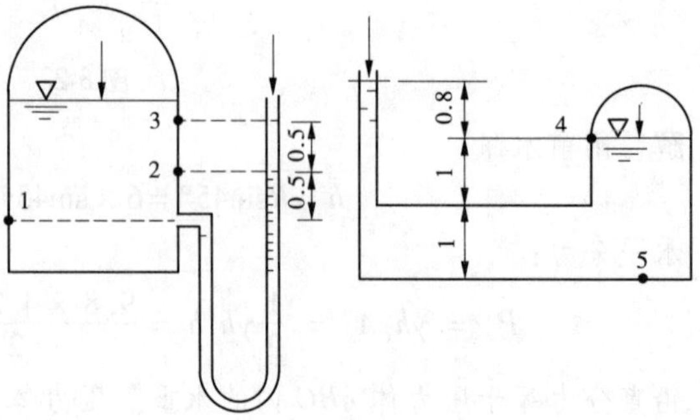

图 8-24

8-9　已知某容器（见图 8-25）中 *A* 点的相对压强为 0.8 个工程大气压，设在此高度上安装测压管，至少需要多长的玻璃管？如果改装成水银测压计，问水银柱高度 h_p 为多少？（已测得 $h' = 0.2$ m）

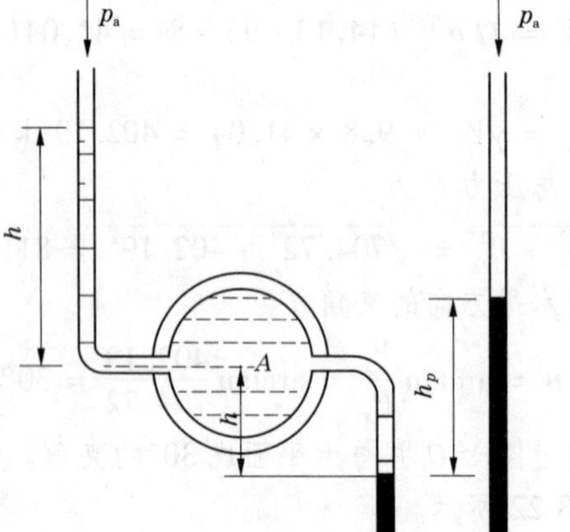

图 8-25

8-10　测量容器中 *A* 点的相对压强值，如图 8-26 所示。已知 $z = 1$ m，$h = 2$ m，求 *A* 点的相对压强，并用绝对压强和真空高度来表示。

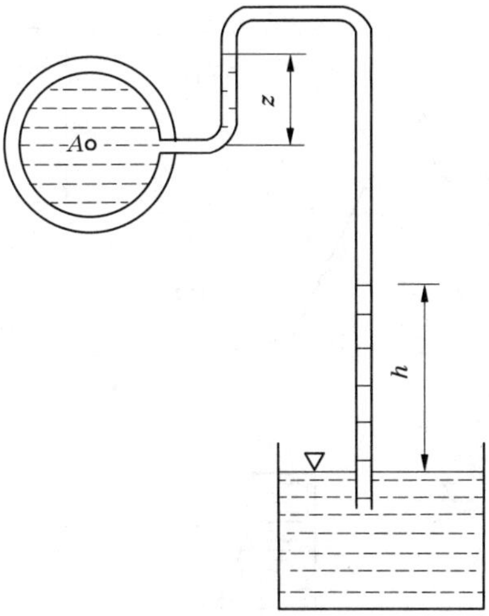

图 8-26

8-11 试绘出下列挡水面上的压强分布图,如图 8-27 所示。

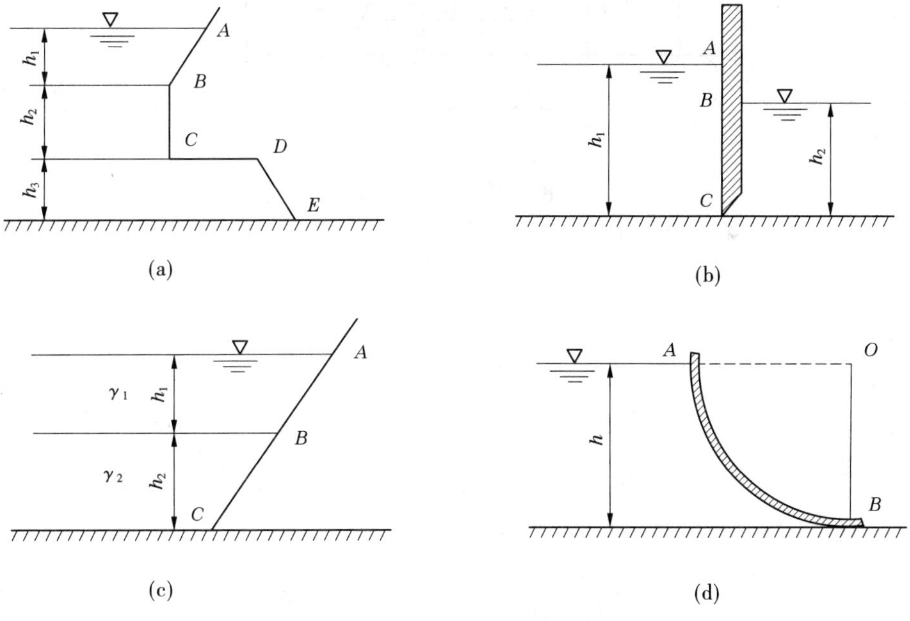

图 8-27

8-12 有一弧形闸门如图 8-28 所示,已知 $h=3$ m,$\alpha=45°$,闸门宽度 $b=1$ m,求作用在弧形闸门上的静水总压力及压力中心的位置。

8-13 某弧形闸门 AB,宽度 $b=4$ m,圆心角 $\varphi=\angle AOB=45°$,半径 $R=2$ m,闸门的转轴与水面齐平(见图 8-29),求作用在闸门上的静水总压力及压力中心的位置。

8-14 如图 8-30 所示混凝土重力坝,为了校核坝的稳定性,试分别计算当下游有水和无水两种情况下,作用于 1 m 长坝体上水平方向的水压力和铅直方向的水压力。

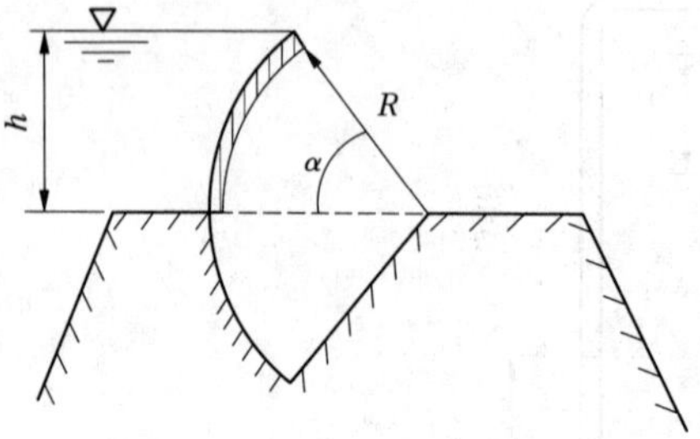

图 8-28

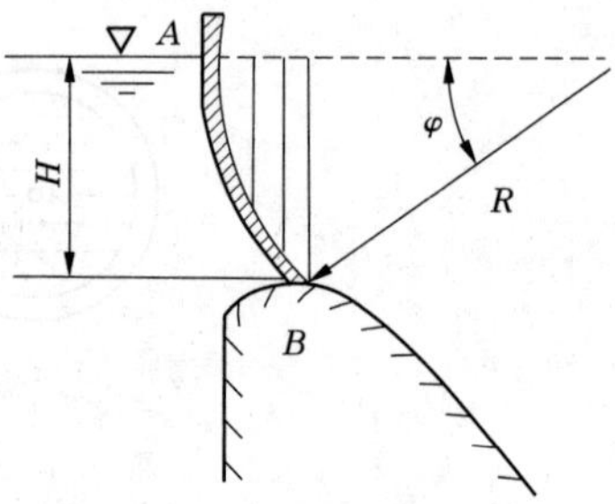

图 8-29

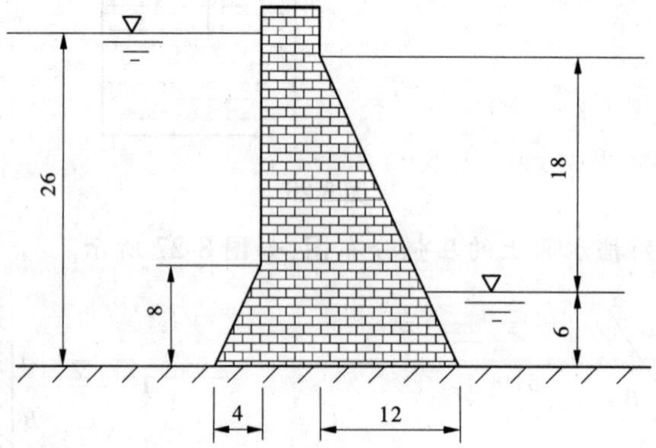

图 8-30 （单位：m）

学习项目9 水流运动的基本原理

学习单元1 描述液体运动的两种方法

1 学习目标

(1)理解水流运动的基本概念。
(2)水流运动的分类及类型判别。

2 学习内容

(1)微小流束、总流、过水断面、流量、断面平均流速等基本概念。
(2)水流运动的分类及各种水流运动的特点。

3 任务实施

3.1 描述水流运动的两种方法

水力学中研究水流运动通常采用两种方法,即拉格朗日法和欧拉法。

3.1.1 拉格朗日法

把液体中单个质点作为研究对象,通过对每个水流质点运动轨迹的研究来获得整个液体运动的规律。运用拉格朗日法研究液体运动实质上与研究一般固体力学方法相同,所以也称为质点系法。

拉格朗日法,在概念上简明易懂,但由于液体质点的运动非常复杂,通过分析每个液体质点的运动来描述整个水流运动是非常复杂的,在一般情况下也不需知道单个质点的运动规律,所以除少数情况外(如研究波浪运动),在水力学中一般不采用这种方法。

3.1.2 欧拉法

把液体当做连续介质,以充满运动质点的空间——流场作为研究对象,研究各时刻流场中不同质点运动要素的分布与变化规律,而不直接追踪给定质点在某时刻的位置及其运动状况。

用欧拉法描述液体运动时,运动要素是空间坐标(x,y,z)与时间变量 t 的连续可微函数,变量 x,y,z,t 统称为欧拉变量。因此,各空间点的流速所组成的流速场可表示为

$$\left.\begin{aligned} u_x &= u_x(x,y,z,t) \\ u_y &= u_y(x,y,z,t) \\ u_z &= u_z(x,y,z,t) \end{aligned}\right\} \qquad (9\text{-}1)$$

各空间点的压强所组成的压强场可表示为

$$p = p(x, y, z, t) \tag{9-2}$$

加速度应是速度对时间的全导数。注意到式(9-1)中(x,y,z)是液体质点在 t 时刻的运动坐标,对于同一质点来说,它们不是独立变量,而是时间变量 t 的函数。根据复合函数求导规则,得

$$a_x = \frac{\mathrm{d}u_x}{\mathrm{d}t} = \frac{\partial u_x}{\partial t} + \frac{\partial u_x}{\partial x}\frac{\mathrm{d}x}{\mathrm{d}t} + \frac{\partial u_x}{\partial y}\frac{\mathrm{d}y}{\mathrm{d}t} + \frac{\partial u_x}{\partial z}\frac{\mathrm{d}z}{\mathrm{d}t}$$

式中

$$\frac{\mathrm{d}x}{\mathrm{d}t} = u_x \qquad \frac{\mathrm{d}y}{\mathrm{d}t} = u_y \qquad \frac{\mathrm{d}z}{\mathrm{d}t} = u_z$$

同理

$$\left.\begin{aligned} a_x &= \frac{\mathrm{d}u_x}{\mathrm{d}t} = \frac{\partial u_x}{\partial t} + u_x\frac{\partial u_x}{\partial x} + u_y\frac{\partial u_x}{\partial y} + u_z\frac{\partial u_x}{\partial z} \\ a_y &= \frac{\mathrm{d}u_y}{\mathrm{d}t} = \frac{\partial u_y}{\partial t} + u_x\frac{\partial u_y}{\partial x} + u_y\frac{\partial u_y}{\partial y} + u_z\frac{\partial u_y}{\partial z} \\ a_z &= \frac{\mathrm{d}u_z}{\mathrm{d}t} = \frac{\partial u_z}{\partial t} + u_x\frac{\partial u_z}{\partial x} + u_y\frac{\partial u_z}{\partial y} + u_z\frac{\partial u_z}{\partial z} \end{aligned}\right\} \tag{9-3}$$

上式右边第一项 $\frac{\partial u_x}{\partial t},\frac{\partial u_y}{\partial t},\frac{\partial u_z}{\partial t}$ 表示通过固定点的液体质点速度随时间的变化率,称为当地加速度;等号右边后三项反映了在同一时刻因地点变更而形成的加速度,称为迁移加速度。所以,用欧拉法描述液体运动时,液体质点的加速度应是当地加速度与迁移加速度之和。

3.1.3　迹线与流线

用拉格朗日法描述液体运动,是研究个别液体质点在不同时刻的运动情况,由此引出迹线的概念。迹线就是指液体质点在运动过程中不同时刻所占据的连线,也就是液体质点运动的轨迹线。

用欧拉法描述液体运动,要考察同一时刻液体质点在不同空间点的运动情况,由此引出流线的概念。流线就是指某一瞬时在流场中绘出一条空间曲线,该曲线上所有液体质点在该时刻的流速矢量都与这一曲线相切。由此可见,流线能够表示出某时刻各点的流动方向。

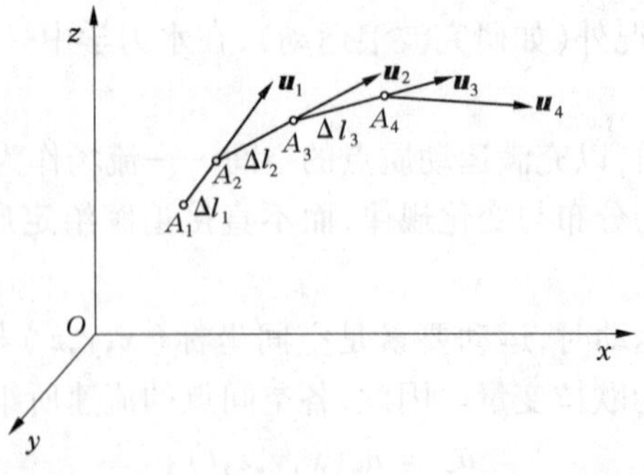

图 9-1

在实际工程中,一般需要了解在某位置上的水流运动情况,没有必要研究各个质点的运动轨迹,所以在水力学中常采用流线法来描述水流运动。

流线可用下述方法绘制：设想某一瞬时，在流场中任取一点 A_1，该液体质点的流速矢量为 $\boldsymbol{u}_1$（见图 9-1），再在矢量 $\boldsymbol{u}_1$ 上取微小线段 Δl_1 得到点 A_2，点 A_2 的流速矢量为 $\boldsymbol{u}_2$，……，继续作下去，就构成一条折线 $A_1A_2A_3A_4\cdots$，若折线上相邻各点的距离趋近于零，则折线 $A_1A_2A_3A_4$ 将成为一条曲线，此曲线即为流线。

根据流线的概念，可知流线有以下特征：

(1)流线上所有各质点的切线方向就代表了该点的流动方向，一个水流质点只能有一个流动方向。所以，流线既不能相交，也不能是折线，而只能是一条光滑的连续曲线。

(2)流线上的液体质点只能沿着流线运动。这是因为水质点的流速是与流线相切的，在流线上不可能有垂直于流线的速度分量，所以液体质点不可能有横越流线的流动。

(3)恒定流的流线形状不随时间发生变化，且流线与迹线重合。因为在恒定流中，运动要素不随时间发生变化，故不同时刻的流线，其位置和形状保持不变。而非恒定流的运动要素随时间发生变化，所以其流线一般与迹线不重合。

在整个运动液体的空间可绘出一系列流线所构成的图形，称为流线簇，流线簇构成的流线图称为流谱。不可压缩的液体中，流线簇的疏密程度反映了流场各点的速度大小。流线密集的地方流速大，流线稀疏的地方流速小。同时，它的形状受到固体边界形状、离边界远近等因素的影响。

3.2 水流运动的基本概念

3.2.1 流管

在流场中任取一封闭曲线，通过封闭曲线上各点画出许许多多条流线所构成的管状结构，称为流管。根据流线特征，流管内液体质点不能穿越流管壁流动，如图 9-2(a)所示。

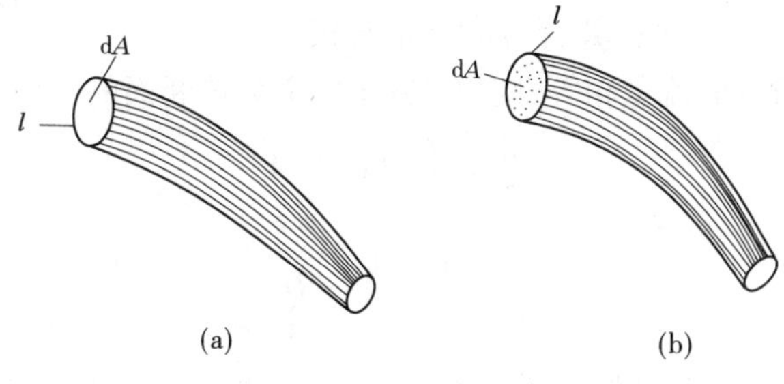

图 9-2

3.2.2 微小流束

充满以流管为边界的一束液流，称为微小流束（见图 9-2(b)）。微小流束过水断面面积很微小，它上面各点的运动要素在同一时刻一般可认为是相等的。由于微小流束的外包面是流管，所以微小流束与束外液体无能量、质量和动量的交换。由于液体不可压缩，因此从微小流束流入和流出的质量、能量和动量应一样。

3.2.3 总流

在已给定的流动边界内，无数微小流束的总和，称为总流。任何一个具有一定大小尺寸边界（如自来水管、渠道及天然河道）的实际液流，都是总流。

3.2.4　过水断面

与微小流束或总流流线正交的液流横断面，称为过水断面。过水断面可为平面，也可为曲面。在流线相互平行时，过水断面为平面；否则，过水断面为曲面(见图9-3)。

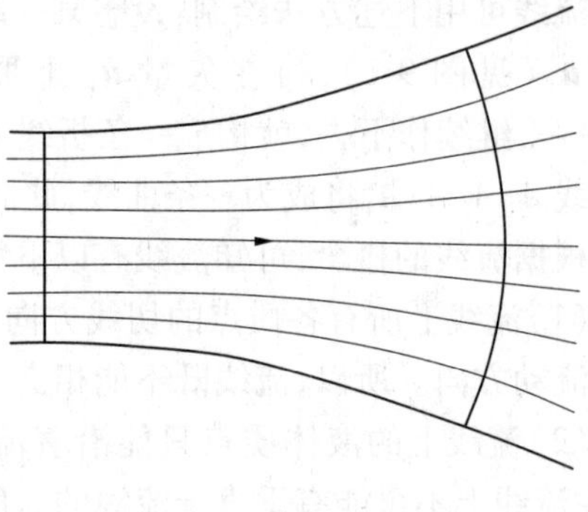

图 9-3

3.2.5　流量

单位时间内通过某一过水断面的液体体积，称为流量，用 Q 表示，其单位为 m^3/s 或 L/s。流量是衡量过水断面输水能力大小的一个物理量。

假设在总流中任取一微小流束，其过水断面面积为 dA，dA 上同一时刻各点的流速相等，都为 u，则单位时间内通过该微小流束过水断面的流量为

$$dQ = u dA$$

设总流的过水断面面积为 A，则总流的流量应等于无数个微小流束的流量之和，即

$$Q = \int_Q dQ = \int_A u dA \tag{9-4}$$

若流速 u 在过水断面上的分布已知，则可通过积分求得通过该过水断面的流量。

3.2.6　断面平均流速

在总流中，过水断面上各点的流速 u 一般并不相同，且断面流速分布不易确定。为使研究方便，实际工程中通常引入断面平均流速的概念。

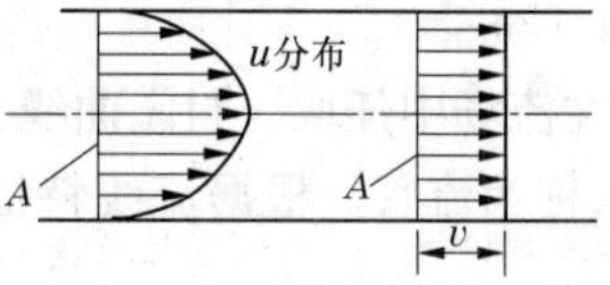

图 9-4

设想过水断面上各点的流速都均匀分布，且等于 v(见图9-4)，按这一流速计算所得的流量与按各点的真实流速计算所得的流量相等，则把流速 v 定义为该断面的平均流速，即

$$Q = \int_A u dA = vA \tag{9-5}$$

所以

$$v = \frac{\int_A u dA}{A} = \frac{Q}{A} \tag{9-6}$$

可见，总流的流量 Q 等于断面平均流速 v 与过水断面面积 A 的乘积。

引入断面平均流速的概念，使对水流运动的分析得以简化。因为在实际应用中，有时并不一定需要知道总流过水断面上的流速分布，仅仅只需要了解断面平均流速沿流程与时间的变化情况。

3.3　水流运动的类型

3.3.1　恒定流与非恒定流

根据液流的运动要素是否随时间变化，可将液流分为恒定流与非恒定流。液体运动时，若任何空间点上所有的运动要素都不随时间而改变，这种水流称为恒定流。液体运动时，若任何空间点上有一运动要素随时间发生了变化，这种水流称为非恒定流。例如，在水箱侧壁上开有孔口，当箱内水面保持不变(H 为常数)时，孔口泄流的形状、尺寸及运动

要素均不随时间而改变，这就是恒定流（见图9-5(a)）。反之，箱中水位由 H_1 连续下降到 H_2，此时孔口泄流的形状、尺寸、运动要素都随时间而变化，这就是非恒定流（见图9-5 (b)）。

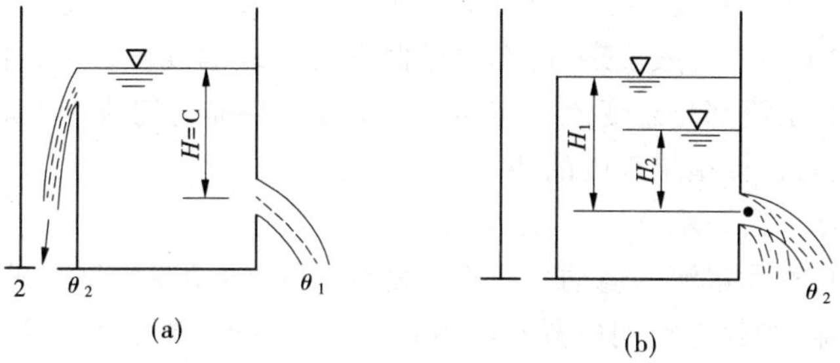

图9-5

恒定流是实际工程中最常见的一类水流运动，如天然河道中的水流。由于恒定流时运动要素不随时间而改变，则流线形状也不随时间而变化。此时，流线与迹线重合，水流运动的分析比较简单，本学习项目只研究恒定流。

3.3.2 均匀流与非均匀流

在恒定流中，可根据液流的运动要素是否沿程变化，将液流分为均匀流与非均匀流。

若同一流线上液体质点流速的大小和方向均沿程不变地流动，称为均匀流。如液体在直径不变的长直管中的流动，或在断面形状、尺寸沿程不变的长直渠道中的流动，均为均匀流。

在均匀流中，沿同一根流线的流速分布是均匀的，所以流线是一组互相平行的直线，此时过水断面为平面。

当液流流线上各质点的运动要素沿程发生变化，流线不是彼此平行的直线时，称为非均匀流。液体在收缩管、扩散管或弯管中的流动，以及液体在断面形状、尺寸改变的渠道中流动，均为非均匀流。

3.3.3 渐变流与急变流

在非均匀流中，根据流线的不平行程度和弯曲程度，可将其分为渐变流与急变流。渐变流是指流线接近于平行直线的流动（见图9-6）。此时，各流线的曲率很小（曲率半径 R 较大），流线间的夹角也很小，它的极限情况就是流线为平行直线的均匀流。

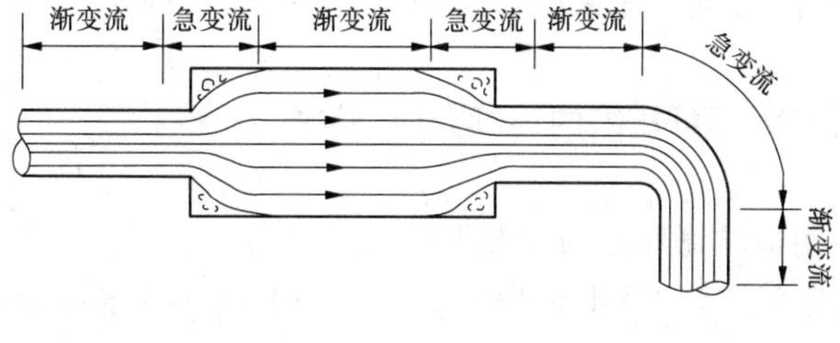

图9-6

由于渐变流中流线近似平行，故可认为渐变流过水断面近似为平面。

急变流是指流线的曲率较大,流线之间的夹角也较大的流动。此时,流线已不再是一组平行的直线,因此过水断面为曲面。管道转弯、断面扩大或收缩使水面发生急剧变化的水流,均为急变流。

应当指出,渐变流与急变流之间没有明确的区分界限,只是因为流线的形状与水流的边界条件有密切的关系。一般说来,边界为近似平行直线的线段,水流往往是渐变流;边界变化急剧的线段,水流都是急变流。实际工程中是否将非均匀流作为渐变流,主要取决于边界变化状况及对计算结果精度的要求。

3.3.4　一元流、二元流、三元流

在工程实际中,实际水流的运动一般极为复杂,它的运动要素是空间位置坐标和时间的函数(对于恒定流,则仅是空间位置坐标的函数)。根据液流运动要素依据空间自变量的个数,可将液流分为一元流、二元流和三元流。

学习单元2　恒定总流连续性方程

1　学习目标

掌握连续性方程的应用及注意事项。

2　学习内容

(1)不可压缩恒定总流连续性方程。

(2)连续性方程的应用。

3　任务实施

水流运动和其他物质运动一样,也必须遵循质量守恒定律。恒定流连续性方程,实质上就是质量守恒定律在水流运动中的具体体现。

在恒定流中任取一段微小流束作为研究对象(见图9-7),设1—1过水断面面积为dA_1,流速为u_1;2—2过水断面面积为dA_2,流速为u_2,并应考虑到以下几点:

(1)在恒定流条件下,微小流束的形状与位置不随时间而改变。

(2)液体一般可视为不可压缩的连续介质,其密度为常数。

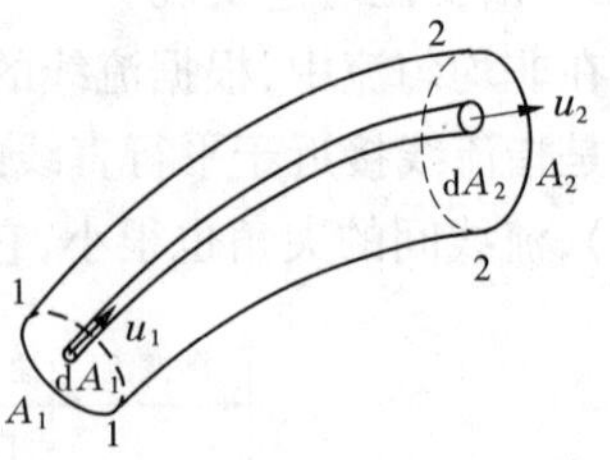

图9-7

(3)液体质点不可能从微小流束的侧壁流入或流出。

这样,根据质量守恒定律,在dt时段内,流入1—1断面的水体的质量等于流出2—2断面的水体质量,即

$$\rho u_1 dA_1 dt = \rho u_2 dA_2 dt$$

消去ρdt得

$$u_1 dA_1 = u_2 dA_2$$

或
$$u_1 dA_1 = u_2 dA_2 = dQ = 常数 \tag{9-7}$$

式(9-7)为恒定流微小流束的连续性方程。

总流是无数个微小流束的总和,将微小流束的连续性方程在总流过水断面上积分,便可得到总流连续性方程,即

$$\int_Q dQ = \int_{A_1} u_1 dA_1 = \int_{A_2} u_2 dA_2$$

引入断面平均流速后成为

$$Q = v_1 A_1 = v_2 A_2 = 常数 \tag{9-8}$$

或
$$\frac{v_2}{v_1} = \frac{A_1}{A_2} \tag{9-9}$$

式(9-8)即为恒定总流的连续性方程。式中,v_1 与 v_2 分别表示过水断面 A_1 及 A_2 的断面平均流速。

连续性方程表明:

(1)对于不可压缩的恒定总流,流量沿程不变。

(2)如果断面沿流程变化,则任意两个过水断面的平均流速的大小与过水断面面积成反比。断面大的地方流速小,断面小的地方流速大。

上述总流的连续性方程是在流量沿程不变的条件下建立的,若沿程有流量汇入或分出,则连续性方程在形式上需作相应的变化。当有流量汇入(见图9-8(a))时,其连续性方程为:

$$Q_1 + Q_3 = Q_2 \tag{9-10}$$

当有流量分出(见图9-8(b))时,其连续性方程为:

$$Q_1 = Q_2 + Q_3 \tag{9-11}$$

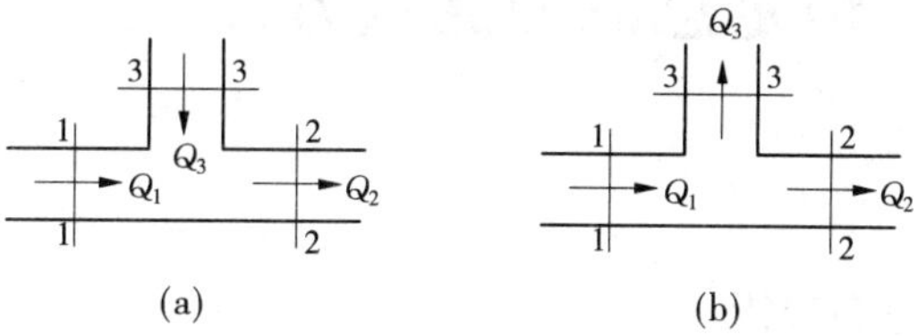

图9-8

4　案例分析

【例9-1】　直径 d 为100 mm的输水管道中有一变截面管段(见图9-9),若测得管内流量 Q 为10 L/s,变截面弯管段最小截面处的断面平均流速 $v_0 = 20.3$ m/s,求输水管道的断面平均流速 v 及最小截面处的直径 d_0。

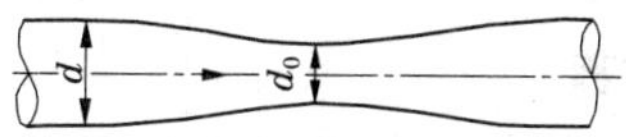

图9-9

解　由式(9-8)得

$$v = \frac{Q}{\frac{1}{4}\pi d^2} = \frac{10 \times 10^{-3}}{\frac{1}{4} \times 3.14 \times 0.1^2} = 1.27(\text{m/s})$$

根据式(9-9)得

$$d_0^2 = \frac{v}{v_0}d^2 = \frac{1.27}{20.3} \times 0.1^2 = 0.000\ 626$$

所以
$$d_0 = 0.025\ 0(\text{m}) = 25\ \text{mm}$$

【例 9-2】 有一河道在某处分为两支：内江和外江，如图 9-10 所示。为便于引水灌溉农田，在外江设溢流坝一座，用于抬高上游水位。已测得上游河道流量 $Q = 1\ 400\ \text{m}^3/\text{s}$，通过溢流坝的流量 $Q_1 = 350\ \text{m}^3/\text{s}$。内江过水断面面积 $A_2 = 380\ \text{m}^2$，求通过内江的流量 Q_2 及 2—2 断面的平均流速。

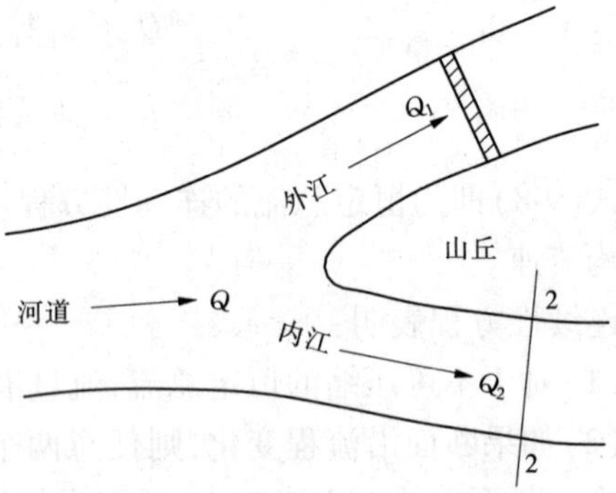

图 9-10

解　根据连续性方程，通过内江的流量为

$$Q_2 = Q - Q_1 = 1\ 400 - 350 = 1\ 050(\text{m}^3/\text{s})$$

则 2—2 断面的平均流速为

$$v_2 = \frac{Q_2}{A_2} = \frac{1\ 050}{380} = 2.76(\text{m/s})$$

学习单元 3　恒定总流的能量方程

1　学习目标

(1)掌握动水压强分布规律。

(2)掌握恒定总流能量方程及其应用。

2　学习内容

(1)恒定总流能量方程的意义、应用及其应用条件和注意事项。

(2)动水压强分布规律。

3　任务实施

3.1　恒定流微小流束的能量方程

在实际液体恒定流中取出一段微小流束，选取断面 1—1 与断面 2—2 之间的水体作为研究对象，见图 9-11。设微小流束过水断面 1—1 与过水断面 2—2 的面积分别为 A_1 和 A_2，其断面形心点的位置高度分别为 z_1 和 z_2，动水压强分别为 p_1 和 p_2，相应的速度分别

为 u_1 和 u_2。对于微小流束由原来的1—2位置移动到了新位置1′—2′，则断面1—1与断面2—2所移动的距离分别为

$$dl_1 = u_1 dt \qquad dl_2 = u_2 dt$$

由图9-11可见，图中断面1—1到断面2—2间为一段恒定流微小流束，其形状、位置不随时间而变化，根据能量守恒定律，dt 时段内从微小流束进口断面1—1流入的液体所具有的能量应等于dt 时段内从微小流束出口断面2—2流出的液体所具有的能量。

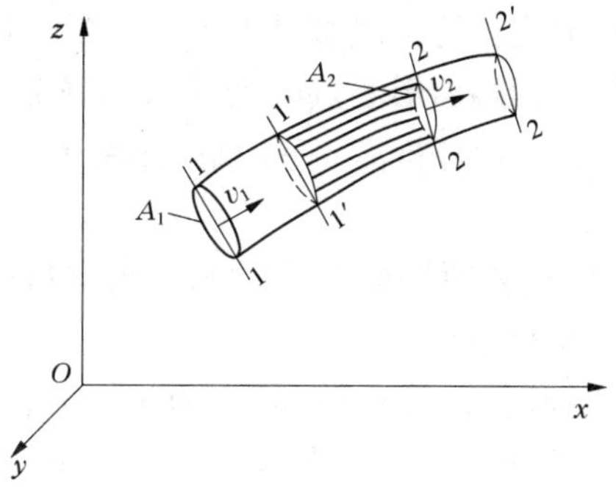

图 9-11

断面1—1单位重量液体所具有的能量为 $z_1+\dfrac{p_1}{\gamma}+\dfrac{u_1^2}{2g}$；d$t$ 时段内从断面1—1流入的能量为 $(z_1+\dfrac{p_1}{\gamma}+\dfrac{u_1^2}{2g})\gamma dA_1 u_1 dt$；断面2—2单位重量液体所具有的能量为 $z_2+\dfrac{p_2}{\gamma}+\dfrac{u_2^2}{2g}$；d$t$ 时段内从断面2—2流入的能量为 $(z_2+\dfrac{p_2}{\gamma}+\dfrac{u_2^2}{2g})\gamma dA_2 u_2 dt$。

根据能量守恒定律得

$$(z_1+\frac{p_1}{\gamma}+\frac{u_1^2}{2g})\gamma dA_1 u_1 dt = (z_2+\frac{p_2}{\gamma}+\frac{u_2^2}{2g})\gamma dA_2 u_2 dt$$

两边同除以 γdt 得

$$(z_1+\frac{p_1}{\gamma}+\frac{u_1^2}{2g})dA_1 u_1 = (z_2+\frac{p_2}{\gamma}+\frac{u_2^2}{2g})dA_2 u_2$$

由恒定流微小流束的连续性方程可得

$$dA_1 u_1 = dA_2 u_2$$

所以

$$z_1+\frac{p_1}{\gamma}+\frac{u_1^2}{2g} = z_2+\frac{p_2}{\gamma}+\frac{u_2^2}{2g} \tag{9-12}$$

式(9-12)即为理想液体恒定流微小流束的能量方程，也叫伯努利方程。但由于实际液体具有黏滞性，在运动过程中，要克服黏滞阻力做功，从而消耗一定的能量，因而实际液体恒定流微小流束的能量方程可表示为

$$z_1+\frac{p_1}{\gamma}+\frac{u_1^2}{2g} = z_2+\frac{p_2}{\gamma}+\frac{u_2^2}{2g}+h'_w \tag{9-13}$$

式中　h'_w——单位重量的液体从断面1—1运动到断面2—2所消耗的能量。

3.2　动水压强的分布规律

一般情况下，实际液体中某点的动水压强与受压面方向有关，过水断面动水压强的分布规律与静水压强的分布规律也有所不同，但在某些特殊情况下，如均匀流和渐变流中却可以认为动水压强具有与静水压强同样的特性，实际液体中某点的动水压强与受压面方

向无关,且过水断面上动水压强的分布符合静水压强直线分布规律。

对均匀流,流线为一组平行直线,因而过水断面为平面。在均匀流过水断面 $n—n$ 上任意两相邻流线间取一长为 dl ,高为 dz ,底面面积为 dA ,与铅垂方向夹角为 θ 的微小柱体(见图 9-12),设该微小柱体两端面形心点处的动水压强分别为 p 与 $p + dp$ 。下面分析沿 $n—n$ 轴向作用于微小柱体上的力:

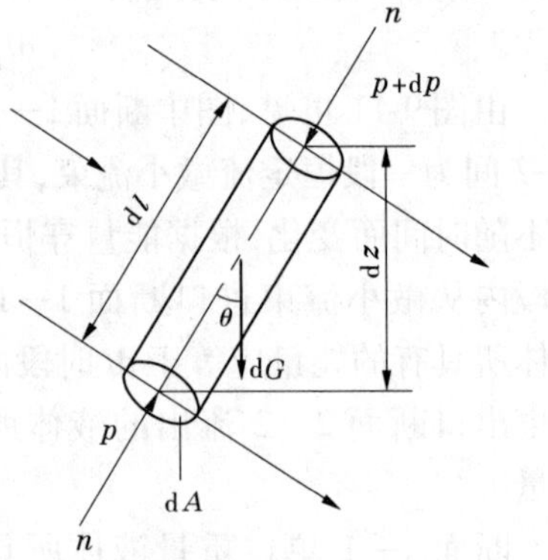

图 9-12

(1)柱体两端面上的动水压力分别为 pdA 和 $(p + dp)dA$ 。

(2)柱体自重沿 $n—n$ 方向的分力为

$$G\cos\theta = \gamma dl dA\cos\theta = \gamma dA dz$$

(3)柱体侧面上的动水压力以及水流的内摩擦力均与轴线 $n—n$ 正交,故沿 $n—n$ 方向投影为零。

(4)均匀流中流速沿程不变,流线为平行直线,柱体在 $n—n$ 方向所受的惯性力为零。由 $n—n$ 轴向力的平衡方程,得

$$pdA - (p + dp)dA - \gamma dA dz = 0$$

化简后得

$$\gamma dz + dp = 0$$

积分后得

$$z + \frac{p}{\gamma} = C \tag{9-14}$$

上式表明,均匀流过水断面上的动力压强分布规律与静水压强分布规律相同,即在同一过水断面上各点相对于同一基准面的测压管水头(或单位势能)为一常数,但对于不同的过水断面测压管水头是不相同的。

应该指出,因为渐变流是一种近似的均匀流,所以渐变流过水断面的动水压强也符合静水压强分布规律。

3.3　恒定总流的能量方程

微小流束的能量方程只能反映微小流束内部或边界上各点的流束和压强的变化,为了解决工程实际问题,还需将微小流束的能量方程加以推广,得出恒定总流的能量方程。

若通过微小流束液体的重量为 dQ,则单位时间内通过微小流束液体的重量为 γdQ ,将式(9-13)各项分别乘以 γdQ ,并分别积分就可得到单位时间内通过总流的过水断面的总能量之间的关系式为

$$\gamma\int_Q(z_1 + \frac{p_1}{\gamma})dQ + \gamma\int_Q\frac{u_1^2}{2g}dQ = \gamma\int_Q(z_2 + \frac{p_2}{\gamma})dQ + \gamma\int_Q\frac{u_2^2}{2g}dQ + \gamma\int_Q h'_w dQ$$

将上式各项除以 γQ 得

$$z_1 + \frac{p_1}{\gamma} + \frac{\alpha_1 v_1^2}{2g} = z_2 + \frac{p_2}{\gamma} + \frac{\alpha_2 v_2^2}{2g} + h_w \tag{9-15}$$

式(9-15)即为不可压缩液体恒定总流的能量方程(伯努利方程)。它能够反映总流各断面上单位重量液体的平均位能、平均压能和平均动能之间的能量转化关系,是水力学

中三大基本方程之一。

3.4 能量方程的意义

3.4.1 能量方程的物理意义

理想元流伯努利方程中的三项分别表示单位重量液体的三种不同形式的能量：

(1) z 为单位重量液体的位能（位置势能或重力势能），这是因为重量为 mg、高度为 z 的液体质点的位能是 mgz。

(2) $\frac{p}{\gamma}$ 为单位重量液体的压能（压强势能）。压能是压强场中移动液体质点时压力做功而使液体获得的一种势能。可作如下说明：设想在运动液体中某点插入一根测压管，液体就会沿着测压管上升（见图9-13）。若 p 是该点的相对压强，则液体的上升高度 $h=\frac{p}{\gamma}$。这说明压强具有做功的本领而使液体位置势能增加，所以压能是液体的一种势能形式。因为重量为 mg 的液体质点，当它沿测压管上升后，相对压强由 p 变为零，它所做的功为 $mgh=mg\frac{p}{\gamma}$，所以单位重量液体的压能等于 $\frac{p}{\gamma}$。

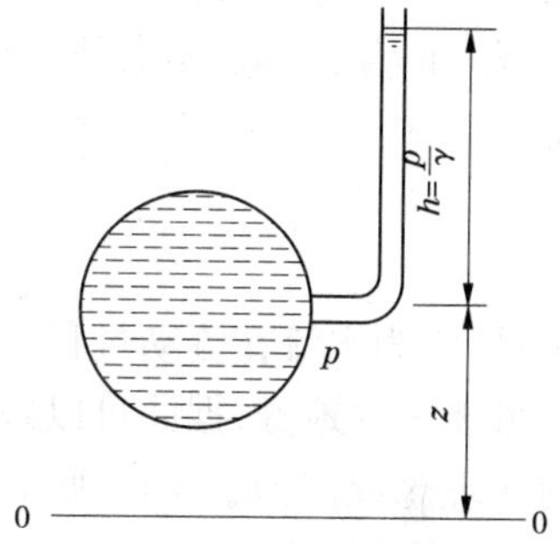

图 9-13

可见，p 为相对压强时，$\frac{p}{\gamma}$ 是单位重量液体相对于大气压强（可认为大气压等于零）的压能。不言而喻，p 为绝对压强时，是单位重量液体相对于绝对真空的压能。

于是 $z+\frac{p}{\gamma}$ 是单位重量液体的势能，即位置势能与压强势能之和。

(3) $\frac{\alpha v^2}{2g}$ 为单位重量液体的动能，因重量为 mg 的液体质点的动能是 $\frac{1}{2}mu^2$。$(z+\frac{p}{\gamma}+\frac{\alpha v^2}{2g})$ 是单位重量液体的总机械能，通常用 H 或 E 表示。

(4) h_w 称为总流单位重量液体的能量损失。

式(9-12)表明：总流各过水断面上单位重量液体的总机械能沿程减小，水流在运动中部分机械能转化成热能而损失。所以，伯努利方程体现了能量守恒原理，又称能量方程。

3.4.2 能量方程的几何意义

能量方程中的各项表示了某种高度，具有长度的量纲，可以用几何线段表示。

z 是总流过水断面上某点的位置高度（相对于某基准面），称为位置水头。

$\frac{p}{\gamma}$ 是压强水头，p 为相对压强时，也叫测压管高度。

通常 p 为相对压强，此时 $(z+\frac{p}{\gamma})$ 称为测压管水头，以 H_p 表示。

$\frac{\alpha v^2}{2g}$ 称为流速水头，也即液体以速度 v 垂直向上喷射到空中时所达到的高度（不计阻力)。

$(z+\frac{p}{\gamma}+\frac{\alpha v^2}{2g})$ 叫作总水头,以 H 或 E 表示。所以,总水头与测压管水头之差等于流速水头。

h_w 称为水头损失。

式(9-12)表明:对不可压缩恒定流,在不同的过水断面上,位置水头、压强水头和流速水头之间可以互相转化,在转化过程中有损失。

设 H_1 和 H_2 分别表示总流中任意两个过水断面上液流所具有的总水头,根据能量方程式得:

$$H_1 = H_2 + h_w$$

即

$$H_1 - H_2 = h_w \tag{9-16}$$

可见,因为水流在流动过程中要产生能量损失,所以水流只能从总机械能大的地方流向总机械能小的地方,据此可以判断水流的流向。

对于理想液体,$h_w = 0$,则 $H_1 = H_2$,即总流中任何过水断面上总水头保持不变。

3.4.3　能量方程的图示

由于总流能量方程中各项均表示单位重量液体所具有的能量或水头,且各项的单位都是长度单位,因此可用几何线段来表示,使能量沿流程的转化情况更形象、更直观地体现出来。

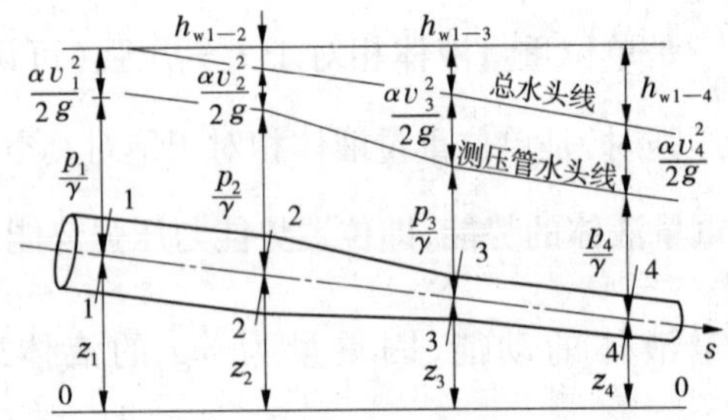

图 9-14

图 9-14 为一段总流机械能转化的图示。首先选取基准面 0—0,并画出总流的中心线。总流各断面中心点离基准面的高度就代表了该断面的位置水头 z,所以总流的中心线就表示位置水头 z 沿程的变化,即位置水头线。

在各断面的中心上作垂线,并在铅垂线上截取高度等于中心点压强水头的 p/γ 线段,得到测压管水头 $(z+p/\gamma)$,即各断面上测压管水面离基准面的高度,如将各断面的测压管水头用线连起来,这条线称为测压管水头线。测压管水头线和位置水头线之间的铅垂距离反映了压强水头沿流程的变化情况。如测压管水头线在位置以上,压强为正;反之为负。

在铅垂线所标示的测压管水头以上截取高度等于流速水头 $\frac{\alpha v^2}{2g}$ 的线段,得到该断面的总水头 $H=z+\frac{p}{\gamma}+\frac{\alpha v^2}{2g}$,各断面总水头的连线称为总水头线。它反映了液流总机械能沿流程的变化情况。

根据能量方程,实际液体一定存在水头损失,因而总流的总水头线为一条逐渐下降的直线或曲线。总水头线沿流程的下降情况可用单位流程上的水头损失,即水力坡度 J 来表示。若总水头线为直线,则

$$J = \frac{H_1 - H_2}{L} = \frac{h_w}{L} \tag{9-17}$$

3.5 恒定总流能量方程的应用

3.5.1 能量方程的应用条件

实际液体恒定总流的能量方程式是水力学中最常用的基本方程之一,能解决很多工程实际问题。从该方程的推导可以看出,能量方程式有一定的适用范围,应满足以下条件:

(1)水流必须是恒定流,并且是均质不可压缩的。

(2)所取过水断面1—1和2—2应在均匀流或渐变流区域,以符合断面上各点测压管水头等于常数,且作用的质量力只有重力等条件,但两个断面间可以是急变流。

(3)所取过水断面1—1和2—2之间,没有流量的汇入与分出,即总流的流量沿程不变。

(4)所取过水断面1—1和2—2之间,除水头损失外,没有其他机械能的输入与输出。

但当总流在两断面间通过水泵、水轮机等流体机械时,流体额外地获得或失去能量,则总流的伯努利方程应作如下的修正,即

$$z_1 + \frac{p_1}{\gamma} + \frac{\alpha_1 v_1^2}{2g} \pm H_m = z_2 + \frac{p_2}{\gamma} + \frac{\alpha_2 v_2^2}{2g} + h_w \tag{9-18}$$

3.5.2 能量方程的应用注意事项

为了更方便快捷地应用能量方程解决实际问题,在应用能量方程时应注意以下几点:

(1)计算断面必须满足均匀流或渐变流条件,尽量选择已知条件多的过水断面列能量方程,当行近流速水头与其他各项相比较小时,可以忽略不计。

(2)基准面可以任意选取,但必须是水平面。在同一方程中,对应两个不同断面 z 值必须对应同一基准面。

(3)压强 p 一般采用相对压强,也可以采用绝对压强,但在同一方程中必须采用同一标准。考虑到方便,一般采用相对压强。

(4)因为均匀流和渐变流同一过水断面上各点的测压管水头 $(z + p/\gamma)$ 值相等,具体选择哪一点,以计算简单、方便为宜。对于有压管道中的水流,计算点通常取在管轴线上;对于明渠水流,计算点通常取在自由水面上。

(5)严格地讲,不同过水断面上的动能修正系数 α 是不相等的,且不等于1.0。但在实际计算中,对于均匀流和渐变流,一般 $\alpha_1 = \alpha_2 = 1.0$。

应用能量方程式时还应具体问题具体分析,若方程中同时出现较多的未知量,应考虑与其他方程联立求解。

3.6 能量方程的应用举例

水流在运动过程中总是符合能量转化与守恒规律的。由于实际水流复杂多样,下面

通过几个应用实例来说明如何利用能量方程分析和解决具体水力学问题。

3.6.1　毕托管测流速

毕托管是一种常用的测量流体点流速的仪器。它是亨利·毕托在1703年首创的,其测量流速的原理就是液体的转化和守恒原理。

流速水头或流速可利用下面装置实测。如图9-15所示,在运动液体(如管流)中放置一根测速管,它是弯成直角的两端开口的细管,一端正对来流,置于测定点B处,另一端垂直向上。B点的运动质点由于测速管的阻滞因而流速等于零,动能全部转化为压能,使得测速管中液面升高为$\frac{p'}{\gamma}$。B点称为滞止点或驻点。另外,在B点上游同一水平流线上相距很近的A点未受测速管的影响,流速为u,其测压管高度$\frac{p}{\gamma}$可通过同一过水断面壁上的测压管测定。应用恒定流理想液体沿流线的伯努利方程于A、B两点,有

$$\frac{p}{\gamma}+\frac{u^2}{2g}=\frac{p'}{\gamma}$$

得

$$\frac{u^2}{2g}=\frac{p'}{\gamma}-\frac{p}{\gamma}=h_u \tag{9-19}$$

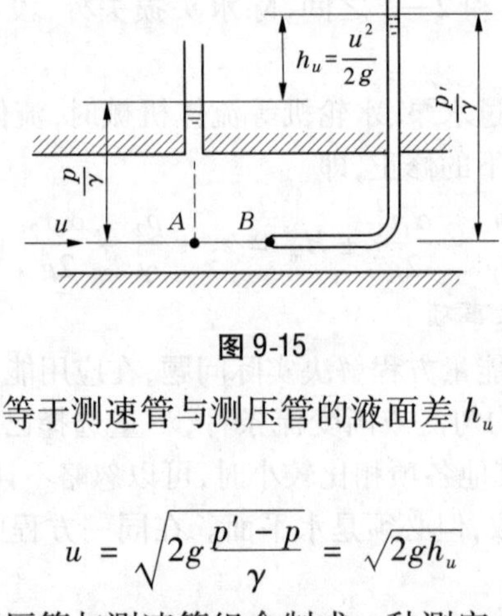

图9-15

由此,说明了流速水头等于测速管与测压管的液面差h_u。这是流速水头几何意义的另一种解释。

$$u=\sqrt{2g\frac{p'-p}{\gamma}}=\sqrt{2gh_u} \tag{9-20}$$

根据这个原理,可将测压管与测速管组合制成一种测定点流速的仪器,称为毕托(H. Pitot)管。其构造如图9-16所示,其中与前端迎流孔相通的是测速管,与侧面顺流孔(一般有4~8个)相通的是测压管。考虑到实际液体从前端小孔至侧面小孔的黏性效应,还有毕托管放入后对流场的干扰,以及前端小孔实测到的测速管高度$\frac{p'}{\gamma}$不是一点的值,而是小孔截面的平均值,所以使用时应引入修正系数ζ,即

$$u=\zeta\sqrt{2g\frac{p'-p}{\gamma}}=\zeta\sqrt{2gh_u} \tag{9-21}$$

式中,ζ值由试验测定,一般为0.98~1.0。

3.6.2　文丘里流量计

文丘里流量计是用于测量管道中流量大小的一种装置,包括收缩段、喉管和扩散段三

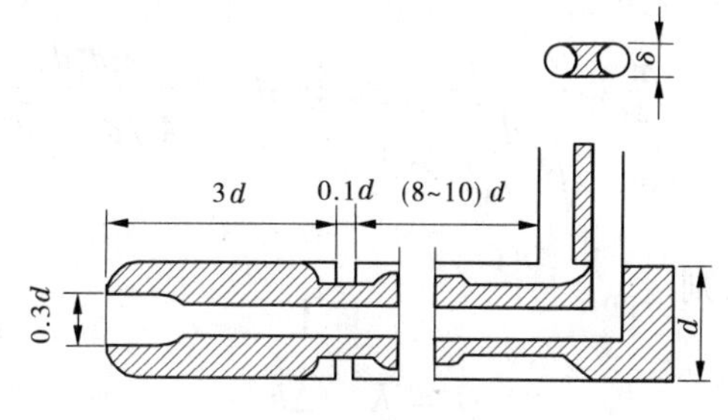

图 9-16

部分,安装在需要测定流量的管道中。在收缩段进口前1—1断面和喉管2—2断面分别安装测压管,如图9-17所示。通过测量1—1断面和2—2断面测压管水头差Δh值,就能计算出管道通过的流量Q,其原理就是恒定总流的能量方程。

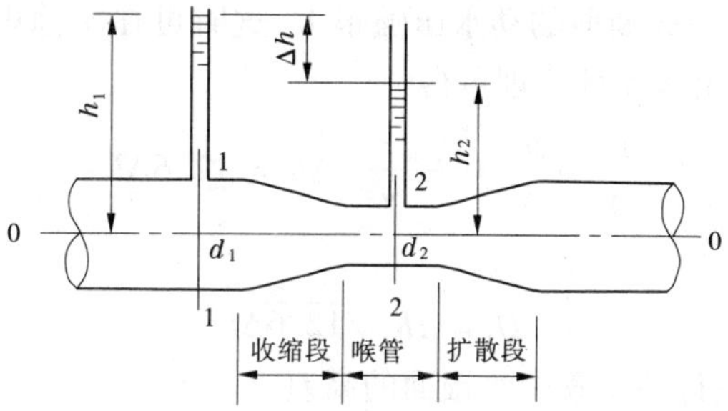

图 9-17

因为管轴线是水平的,取管轴线所在的水平面0—0为基准面,对渐变流断面1—1和断面2—2列能量方程(取$\alpha_1=\alpha_2=1.0$,暂不考虑水头损失),有

$$0+\frac{p_1}{\gamma}+\frac{{v_1}^2}{2g}=0+\frac{p_2}{\gamma}+\frac{{v_2}^2}{2g}+0$$

上式中$\frac{p_1}{\gamma}=h_1,\frac{p_2}{\gamma}=h_2,\ h_1-h_2=\Delta h$,则

$$\frac{p_1}{\gamma}-\frac{p_2}{\gamma}=\frac{{v_1}^2}{2g}-\frac{{v_2}^2}{2g}=\Delta h \tag{a}$$

根据连续性方程得

$$v_2=\frac{A_1v_1}{A_2}=(\frac{d_1}{d_2})^2v_1 \tag{b}$$

将式(b)带入式(a)得

$$\Delta h=\frac{v_1^2}{2g}\left[(\frac{d_1}{d_2})^4-1\right]$$

则

$$v_1=\frac{1}{\sqrt{(\frac{d_1}{d_2})^4-1}}\sqrt{2g\Delta h}$$

因此,通过文丘里流量计的流量为

$$Q = A_1 v_1 = \frac{\pi}{4} d_1^2 \frac{1}{\sqrt{\left(\frac{d_1}{d_2}\right)^4 - 1}} \sqrt{2g\Delta h} = \frac{\pi d_1^2 d_2^2}{4\sqrt{d_1^4 - d_2^4}} \sqrt{2g\Delta h}$$

令 $K = \frac{\pi d_1^2 d_2^2}{4\sqrt{d_1^4 - d_2^4}} \sqrt{2g}$,则

$$Q = K\sqrt{\Delta h} \tag{9-22}$$

实际上,液体存在水头损失,通过文丘里流量计的实际流量要比上式计算出的流量要小。通常给上式乘以一个小于 1 的修正系数 μ 来修正,则实际流量为

$$Q = \mu K\sqrt{\Delta h} \tag{9-23}$$

式中　μ——文丘里流量计的流量系数,一般为 0.95 ~ 0.98。

如果 1—1 断面和 2—2 断面的动水压强很大,这时可在文德里管上直接安装水银压差计,如图 9-18 所示。由压差计原理可得

$$\frac{p_1}{\gamma} - \frac{p_2}{\gamma} = \frac{\gamma_m - \gamma}{\gamma}\Delta h = 12.6\Delta h$$

这样

$$Q = \mu K\sqrt{12.6\Delta h} \tag{9-24}$$

式中　Δh——水银压差计两支管中水银面的高差。

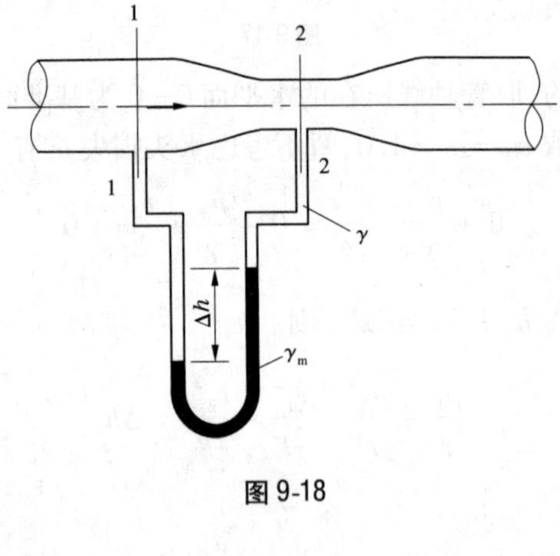

图 9-18

4　案例分析

【例 9-3】　图 9-19 为水流经溢流坝前后的水流纵断面图。设坝的溢流段较长,上下游每米宽的流量相等。当坝顶水头为 1.5 m 时,上游 1—1 断面的流速 v_1 = 0.8 m/s,坝址 2—2 断面的水深为 0.42 m,下游 3—3 断面处的水深为 2.2 m。

(1) 分别求断面 1—1、2—2、3—3 处单位重量水体的势能、动能和总机械能。

(2) 求断面 1—1 至断面 2—2 的水头损失和断面 2—2 至断面 3—3 的水头损失。

解　(1) 列 1—1 断面和 2—2 断面连续性方程:$A_1 v_1 = A_2 v_2$。

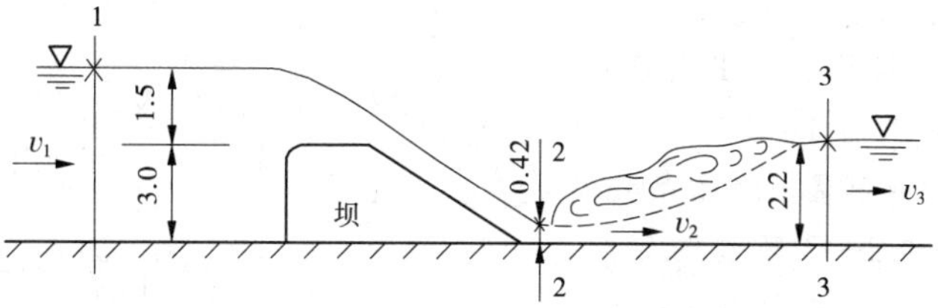

图9-19 （单位:m）

$$v_2 = \frac{A_1 v_1}{A_2} = \frac{bh_1}{bh_2}v_1 = \frac{h_1}{h_2}v_1 = \frac{4.5}{0.42} \times 0.8 = 8.57(\text{m/s})$$

列1—1断面和3—3断面连续性方程：$A_1v_1 = A_3v_3$。

$$v_3 = \frac{A_1 v_1}{A_3} = \frac{bh_1}{bh_3}v_1 = \frac{h_1}{h_3}v_1 = \frac{4.5}{2.2} \times 0.8 = 1.64(\text{m/s})$$

以河床底部为基准面，计算点选在自由表面上，取 $\alpha_1 = \alpha_2 = \alpha_3 = 1.0$，计算各断面能量。

1—1断面：

单位势能 $$z_1 + \frac{p_1}{\gamma} = 4.5 + 0 = 4.50(\text{m})$$

单位动能 $$\frac{v_1^2}{2g} = \frac{0.8^2}{19.6} = 0.0326(\text{m})$$

单位总机械能 $$H_1 = z_1 + \frac{p_1}{\gamma} + \frac{v_1^2}{2g} = 4.50 + 0.0326 = 4.53(\text{m})$$

2—2断面：

单位势能 $$z_2 + \frac{p_2}{\gamma} = 0.42 + 0 = 0.42(\text{m})$$

单位动能 $$\frac{v_2^2}{2g} = \frac{8.57^2}{19.6} = 3.75(\text{m})$$

单位总机械能 $$H_2 = z_2 + \frac{p_2}{\gamma} + \frac{v_2^2}{2g} = 0.42 + 3.75 = 4.17(\text{m})$$

3—3断面：

单位势能 $$z_3 + \frac{p_3}{\gamma} = 2.2 + 0 = 2.20(\text{m})$$

单位动能 $$\frac{v_3^2}{2g} = \frac{1.64^2}{19.6} = 0.137(\text{m})$$

单位总机械能 $$H_3 = z_3 + \frac{p_3}{\gamma} + \frac{v_3^2}{2g} = 2.20 + 0.137 = 2.34(\text{m})$$

(2)计算水头损失

$$h_{w1-2} = H_1 - H_2 = 4.53 - 4.17 = 0.36(\text{m})$$
$$h_{w2-3} = H_2 - H_3 = 4.17 - 2.34 = 1.83(\text{m})$$

【例9-4】 一水位不变的敞口水箱，通过下部一条直径 $d = 200$ mm 的管道向外供水（如图9-20所示），已知水箱水位与管道出口断面中心高差为3.5 m，管道的水头损失为3

m。试求管道出口的流速和流量。

解　以通过出口断面的水平面 0—0 为基准面，选取水箱自由表面 1—1 断面和管道出口 2—2 断面作为计算断面，计算点分别选在 1—1 断面的水面上和 2—2 断面的轴线上，列 1—1 断面和 2—2 断面的能量方程：

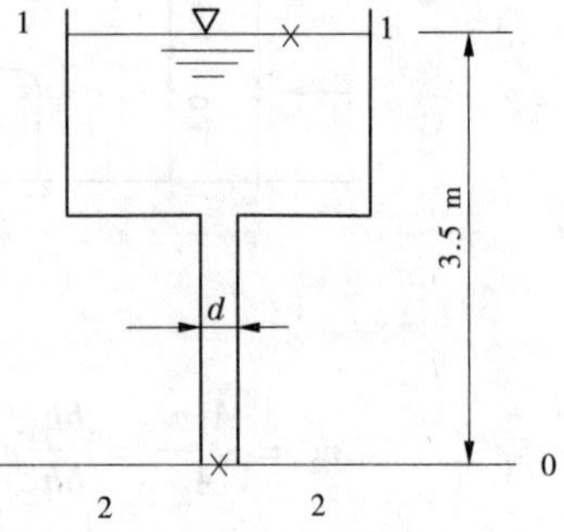

图 9-20

$$z_1+\frac{p_1}{\gamma}+\frac{\alpha_1 v_1^2}{2g}=z_2+\frac{p_2}{\gamma}+\frac{\alpha_2 v_2^2}{2g}+h_w$$

式中：$z_1=3.5\ \mathrm{m}$；$\frac{p_1}{\gamma}=0$；$z_2=0$；$\frac{p_2}{\gamma}=0$；$h_w=3\ \mathrm{m}$。

由于水箱水面比管道出口断面大得多，其断面平均流速比管道出口平均流速小得多，故可认为 $\frac{\alpha_1 v_1^2}{2g}\approx 0$，取 $\alpha_2=1.0$ 带入能量方程，得

$$3.5+0+0=0+0+\frac{v_2^2}{2g}+3$$

整理后得
$$\frac{v_2^2}{2g}=0.5$$

管道出口流速为

$$v_2=\sqrt{2g\times 0.5}=\sqrt{2\times 9.8\times 0.5}=3.13(\mathrm{m/s})$$

管中流量为

$$Q=v_2A_2=v_2\times\frac{\pi}{4}d^2=3.13\times\frac{3.14}{4}\times 0.2^2=0.098\ 3(\mathrm{m^3/s})$$

【例 9-5】　一水泵(见图 9-21)的抽水量 $Q=30\ \mathrm{L/s}$，吸水管的直径 $d=150\ \mathrm{mm}$，水泵进口允许真空值 $h_v=6.8\ \mathrm{m}$，吸水管内的水头损失 $h_w=1.0\ \mathrm{m}$，试求此水泵在水面上的安装高度 h_s。

解　取水池 1—1 断面为基准面，以 1—1 断面和水泵进口处 2—2 断面作为计算断面，计算点分别选在水池水面和 2—2 断面的中心点上，列出其能量方程：

$$z_1+\frac{p_1}{\gamma}+\frac{\alpha_1 v_1^2}{2g}=z_2+\frac{p_2}{\gamma}+\frac{\alpha_2 v_2^2}{2g}+h_{w1-2}$$

式中：$z_1=0$；$\frac{\alpha_1 v_1^2}{2g}\approx 0$；$z_2=h_s$；取 $\alpha_2=1.0$。

按相对压强计算
$$\frac{p_1}{\gamma}=0;\ \frac{p_2}{\gamma}=-6.8\ \mathrm{m}$$

将以上条件代入能量方程

$$0+0+0=h_s-6.8+\frac{v^2{}_2}{2g}+h_{w1-2}$$

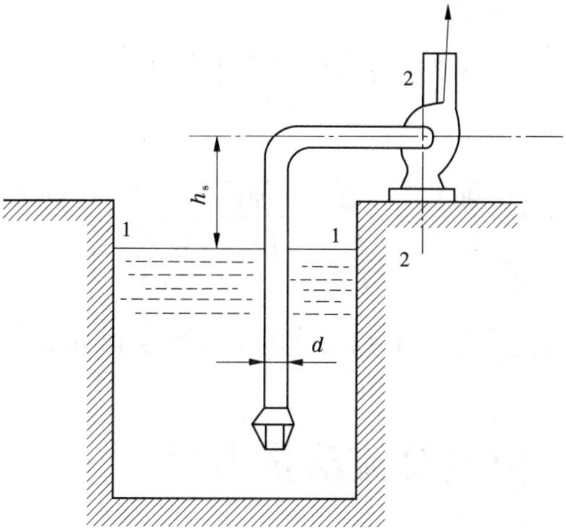

图 9-21

$$v_2=\frac{Q}{A_2}=\frac{Q}{\frac{\pi}{4}d_2^{\ 2}}=\frac{0.03}{\frac{3.14}{4}\times 0.15^2}=1.699(\mathrm{m/s})$$

所以,水泵安装高度

$$h_s=6.8-\frac{1.699^2}{2\times 9.8}-1.0=5.653(\mathrm{m})$$

【例 9-6】 有一文丘里管如图 9-22 所示,若水银压差计的指示为 360 mmHg,并设从截面 A 流到截面 B 的水头损失为 0.2 m 水头,$d_1=300$ mm,$d_2=150$ mm,试求此时通过文丘里管的流量是多少?

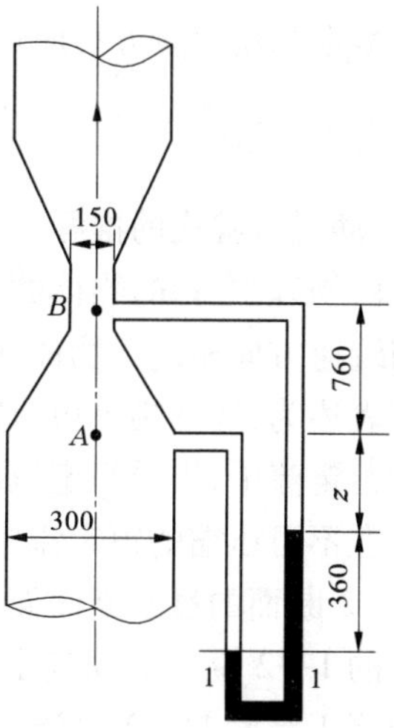

图 9-22　(单位:mm)

解　以截面 A 为基准面列出截面 A 和 B 的伯努利方程

$$0+\frac{p_A}{\gamma}+\frac{v_A^2}{2g}=0.76+\frac{p_B}{\gamma}+\frac{v_B^2}{2g}+h_w$$

由此得

$$\frac{p_A}{\gamma}-\frac{p_B}{\gamma}=\frac{v_B^2}{2g}-\frac{v_A^2}{2g}+0.76+0.2$$

由连续性方程得

$$v_AA_A=v_BA_B$$

$$v_A=v_B\frac{A_B}{A_A}=v_B\left(\frac{\mathrm{d}B}{\mathrm{d}A}\right)^2$$

水银差压计 1—1 为等压面,则有

$$p_A+(z+0.36)\gamma=p_B+(0.76+z)\gamma+0.36\gamma_{汞}$$

由上式可得

$$\frac{p_A}{\gamma}-\frac{p_B}{\gamma}=0.76-0.36+0.36\times\frac{\gamma_{汞}}{\rho g}=0.40+0.36\times\frac{133\ 400}{9\ 806}=5.3(\mathrm{mH_2O})$$

将式(b)和式(c)代入式(a)中得

$$5.3 = \frac{v_B^2}{2g}\left[1 - \left(\frac{d_B}{d_A}\right)^4\right] + 0.96$$

解得

$$v_B = \sqrt{\frac{2g(5.3 - 0.96)}{\left[1 - \left(\frac{d_B}{d_A}\right)^4\right]}} = \sqrt{\frac{2 \times 9.80 \times (5.3 - 0.96)}{\left[1 - \left(\frac{0.15}{0.3}\right)^4\right]}} = 9.53(\text{m/s})$$

$$Q = v_B \frac{\pi}{4} d_B^2 = 9.53 \times \frac{\pi}{4} \times 0.15^2 = 0.168(\text{m}^3/\text{s})$$

学习单元 4　恒定总流动量方程

1　学习目标

掌握恒定总流动量方程及其应用。

2　学习内容

恒定总流动量方程应用及其应用条件和注意事项。

3　任务实施

3.1　动量方程式的推导

由物理学可知,物体的质量 m 与速度 $\boldsymbol{v}$ 的乘积称为物体的动量。动量是矢量,其方向与流速方向相同。物体在外力作用下,速度会发生改变,同时动量也随之变化。动量定理可表述为:运动物体单位时间内动量的变化等于物体所受外力的合力。现将动量定理用于恒定流中,推导恒定流的动量方程。

在不可压缩的恒定流中,任取一渐变流微小流束段 1—2(见图 9-23)。设 1—1 断面和 2—2 断面的过水断面面积和流速分别为 $\mathrm{d}A_1$、$\mathrm{d}A_2$ 和 u_1、u_2,经过 $\mathrm{d}t$ 时段后,微小流束由原来的 1—2 位置运动到了新的位置 1′—2′处,从而发生了变化。设其动量的变化为 $\mathrm{d}\boldsymbol{k}$,它应等于流段 1′—2′与流段 1—2 内的动量之差。

因为水流为不可压缩的恒定流,所以对于公共部分 1′—2 段来讲,虽存在着质点的流动的替换现象,但它的形状、位置以液体的质量、流速等均不随时间发生变化,故动量也不随时间发生改变。这样,在 $\mathrm{d}t$ 时段内,1′—2′段的水流动量与 1—2 段的动量之差实际上即为 2—2′ 段的动量与 1—1′ 段的动量之差。

在 $\mathrm{d}t$ 时段内,通过 1—1′ 段的水体质量为 $\rho u_1 \mathrm{d}t \mathrm{d}A_1$,通过 2—2′ 段的水体质量为 $\rho u_2 \mathrm{d}t \mathrm{d}A_2$,对于不可压缩液体,根据连续性方程可知,$\rho u_1 \mathrm{d}t \mathrm{d}A_1 = \rho u_2 \mathrm{d}t \mathrm{d}A_2 = \rho \mathrm{d}Q \mathrm{d}t$,则微小流束段的动量变化为

$$\mathrm{d}\boldsymbol{k} = \rho \mathrm{d}Q \mathrm{d}t(\boldsymbol{u}_2 - \boldsymbol{u}_1)$$

设总流两个过水断面的面积分别为 A_1 与 A_2,将上述微小流束的动量变化 $\mathrm{d}\boldsymbol{k}$ 沿相应

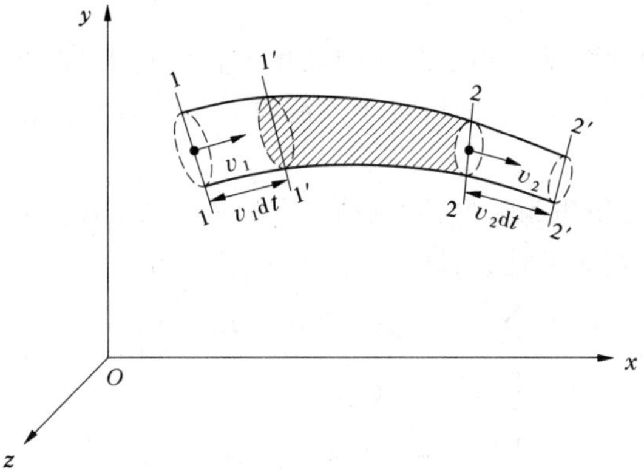

图 9-23

的总流过水断面进行积分，即可得到总流在 dt 时段内动量的变化量为

$$\sum \mathrm{d}\boldsymbol{k} = \int_Q \rho \mathrm{d}Q\mathrm{d}t(\boldsymbol{u}_2 - \boldsymbol{u}_1) = \int_Q \rho \mathrm{d}Q\mathrm{d}t\,\boldsymbol{u}_2 - \int_Q \rho \mathrm{d}Q\mathrm{d}t\,\boldsymbol{u}_1$$

$$= \rho \mathrm{d}t\left(\int_{A_2} \boldsymbol{u}_2 u_2 \mathrm{d}A_2 - \int_{A_1} \boldsymbol{u}_1 u_1 \mathrm{d}A_1\right) \tag{a}$$

由于实际液体过水断面上的流速分布均匀，且不易求得，故考虑用断面平均流速 v 来代替断面上不均匀分布的流速 u，以便计算总流的动量。在渐变流情况下，过水断面上各点流速 u 近似互相平行，与平均流速 v 的方向基本一致，但按平均计算的动量与按实际流速 u 计算的动量并不相等，需引入一个动量修正系系数 β 来加以修正，即

$$\int_A \boldsymbol{u} u \mathrm{d}A = \beta \boldsymbol{v} v A \tag{b}$$

动量修正数 β 为

$$\beta = \frac{\int_A u^2 \mathrm{d}A}{v^2 A} \tag{9-25}$$

由此可见，动量修正系数是表示单位时间内通过总流过水断面的单位质量液体实际动量与单位时间内以相应的断面平均流速通过的动量的比值。同样，可以证明 β 值大于1，且大小取决于过水断面的流速分布。通常在渐变流中 $\beta = 1.02 \sim 1.05$。在工程实际中，为简便起见，一般采用 $\beta = 1.0$。

将式(b)代入式(a)得

$$\sum \mathrm{d}\boldsymbol{k} = \rho \mathrm{d}t(\beta_2 \boldsymbol{v}_2 v_2 A_2 - \beta_1 \boldsymbol{v}_1 v_1 A_1)$$

因为 $v_1 A_1 = v_2 A_2 = Q$，则

$$\sum \mathrm{d}\boldsymbol{k} = \rho Q \mathrm{d}t(\beta_2 \boldsymbol{v}_2 - \beta_1 \boldsymbol{v}_1) \tag{c}$$

设 dt 时段内作用于总流 1—2 流段所有外力的矢量和为 $\sum \boldsymbol{F}$，将式(c)代入动量定理得

$$\frac{\sum \mathrm{d}\boldsymbol{k}}{\mathrm{d}t} = \sum \boldsymbol{F}$$

$$\sum \boldsymbol{F} = \rho Q(\beta_2 \boldsymbol{v}_2 - \beta_1 \boldsymbol{v}_1) \tag{9-26}$$

式(9-26)即为不可压缩液体恒定总流的动量方程。它表明,单位时间内作用于所研究总流流段上的所有外力的矢量和,应等于该流段通过下游断面流出动量与通过上游断面流入动量的矢量差。

由于速度为矢量,动量也为矢量,所以动量方程是一个矢量方程,在计算实际问题中,常写成直角坐标轴上的投影表达式,即

$$\left.\begin{aligned}\sum F_x &= \rho Q(\beta_2 v_{2x} - \beta_1 v_{1x})\\ \sum F_y &= \rho Q(\beta_2 v_{2y} - \beta_1 v_{1y})\\ \sum F_z &= \rho Q(\beta_2 v_{2z} - \beta_1 v_{1z})\end{aligned}\right\} \tag{9-27}$$

式中,v_{2x}、v_{2y}、v_{2z}和 v_{1x}、v_{1y}、v_{1z}分别为总流下游过水断面 2—2 和上游过水断面 1—1 的平均流速$\boldsymbol{v}_2$ 和$\boldsymbol{v}_1$ 在三个坐标方向上的投影。$\sum F_x$、$\sum F_y$、$\sum F_z$ 为作用在 1—1 断面与 2—2 断面间液体上的所有外力在三个坐标轴方向投影的代数和。

3.2　动量方程式的适用条件

3.2.1　应注意的条件

上面给出的动量方程,是在一定条件下推导出来的,因此在应用时应注意以下条件:

(1)液流为恒定流,即输入和输出动量的只有上、下游两个过水断面,输入和输出的流量应相等。

(2)液体为连续、不可压缩的液体。

(3)所选的两个过水断面必须为渐变流断面,但两个断面间的流段可以为急变流。

实际上,动量方程也可以推广应用于沿程水流有分支或汇合的情况。例如,对某一分叉管路(见图 9-24),可以把管壁以及上下游过水断面所组成的封闭段作为脱离体(图中虚线所示)来应用动量方程。此时,对该脱离体建立动量方程应为

$$\rho Q_2\beta_2 v_2 + \rho Q_3\beta_3 v_3 - \rho Q_1\beta_1 v_1 = \sum F \tag{9-28}$$

式中　v_1、v_2、v_3——1—1、2—2、3—3 三个过水断面上的平均流速;

$\sum F$——作用于脱离体上的合外力。

3.2.2　应注意的问题

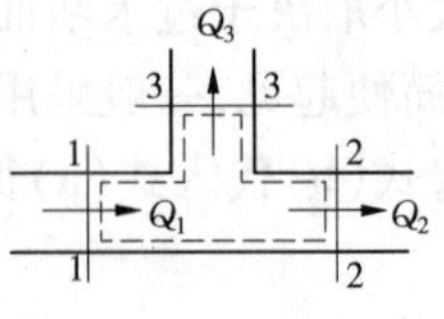

图 9-24

动量方程在实际工程中应用十分广泛,为了便于求解,应注意以下几个问题:

(1)选取脱离体。根据问题需要,选取液流某一包含已知条件和待求量的流段作为脱离体,流段上下游端的过水断面为渐变流断面。过水断面的动量修正系数均可取 1.0。

(2)选取坐标轴。动量方程为矢量方程,式中的流速和作用力都是有方向的。因此,在应用动量方程时需选定坐标轴,坐标轴原则上可任意选取,但应考虑到计算方便。矢量投影与坐标轴方向一致取正,反之则取负。

(3)分析外力。分析并标出作用在脱离体上的外力,一般包括以下几种外力:

①两端过水断面上的动水压力 P_1 及 P_2。因为流段两端的过水断面为渐变流断面，则两个过水面上的动水压力可按静水压力方法计算，即 $P = p_C A$（p_C 为断面形心处压强）。

②重力 G。等于脱离体内液体的重量。

③固体边界表面作用于脱离体上的作用力 F。这个力与水流作用于固体边界的动水总作用力 F' 大小相等，方向相反，即 $F' = F$。通常 F 为要求解的力，如其方向不确定则可先假定某一方向，若求得该力为正值，表明假定方向正确；否则，该力的实际方向与假定方向相反。

(4)计算动量改变。计算动量改变时，一定是流出的动量减去流入的动量。切记不可颠倒。

(5)联立其他方程求解。动量方程可求解许多情况下水流与固体边界的相互作用力问题，应用时一般需配合使用连续性方程和能量方程。

4 案例分析

【例 9-7】 管路中一段水平放置的等截面弯管，直径 d 为 200 mm，弯角为 45°（见图 9-25）。管中 1—1 断面的平均流速 v_1 =4 m/s，其形心处的相对压强 p_1 等于 1 个大气压。若不计管流的水头损失，求水流对弯管的作用力 R_x 与 R_y（坐标轴 x 与 y 如图 9-25 所示）。

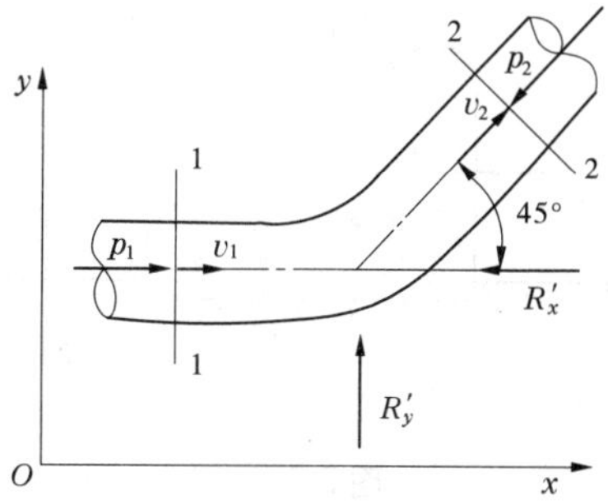

图 9-25

解 利用总流的动量方程求解 R_x 与 R_y。取渐变流过水断面 1—1 与 2—2 以及管内壁所围成的封闭曲面为控制面。作用在控制面上的表面力，以及流入与流出控制面的流速如图 9-25 所示，其中 R'_x 与 R'_y 是弯管对水流的反作用力，p_1 与 p_2 分别是 1—1 断面与 2—2 断面形心处的相对压强。所以作用在这两断面上的总压力分别为 $P_1 = p_1A_1$，$P_2 = p_2A_2$。作用在控制面内的水流重力，因与所研究的水平面垂直，故不必考虑。

总流的动量方程(9-27)在 x 轴与 y 轴上的投影为

$$\left.\begin{aligned}\rho Q(\beta_2 v_2\cos45° - \beta_1 v_1) &= p_1A_1 - p_2A_2\cos45° - R'_x\\ \rho Q(\beta_2 v_2\sin45° - 0) &= 0 - p_2A_2\sin45° - R'_y\end{aligned}\right\}$$

则

$$\left.\begin{aligned}R'_x &= p_1A_1 - p_2A_2\cos45° - \rho Q(\beta_2 v_2\cos45° - \beta_1 v_1)\\ R'_y &= p_2A_2\sin45° + \rho Q\beta_2 v_2\sin45°\end{aligned}\right\} \qquad (a)$$

式中

$$Q = \frac{1}{4}\pi d^2 v_1 = \frac{1}{4} \times 3.14 \times 0.2^2 \times 4 = 0.126(\mathrm{m^3/s})$$

根据总流的连续性方程，$v_1 = v_2 = 4$ m/s，同时因弯管水平，且不计水头损失，则由总流的伯努利方程得到 $p_2 = p_1 = 1$ 个大气压 $= 9.8\ \mathrm{N/cm^2}$，于是

$$p_2 A_2 = p_1 A_1 = p_1 \frac{1}{4}\pi d_1^2 = 9.8 \times \frac{1}{4} \times 3.14 \times 0.2^2 = 3\,077(\mathrm{N})$$

取

$$\beta_1 = \beta_2 = 1$$

将它们代入式(a)得

$$R'_x = 3\,077 - 3\,077 \times \frac{\sqrt{2}}{2} - 1\,000 \times 0.126 \times 4 \times \left(\frac{\sqrt{2}}{2} - 1\right) = 1\,049(\mathrm{N})$$

$$R'_y = 3\,077 \times \frac{\sqrt{2}}{2} + 1\,000 \times 0.126 \times 4 \times \frac{\sqrt{2}}{2} = 2\,532(\mathrm{N})$$

R_x 与 R'_x，R_y 与 R'_y 分别大小相等，方向相反。

【例9-8】 某溢流坝如图9-26所示，上游渐变流断面1—1处的水深 $h_1 = 2$ m，下游渐变流过水断面2—2处的水深 $h_2 = 0.8$ m，若忽略水头损失，试求水流作用于1 m坝宽上的水平推力。

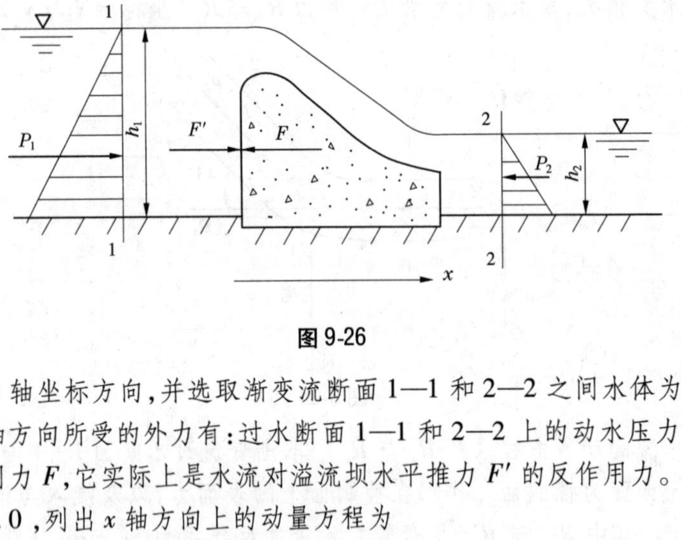

图9-26

解 建立 x 轴坐标方向，并选取渐变流断面1—1和2—2之间水体为脱离体。脱离体内水体沿 x 轴方向所受的外力有：过水断面1—1和2—2上的动水压力 P_1 和 P_2；溢流坝对水流的作用力 F，它实际上是水流对溢流坝水平推力 F' 的反作用力。取动量修正系数 $\beta_1 = \beta_2 = 1.0$，列出 x 轴方向上的动量方程为

$$\rho Q(v_2 - v_1) = P_1 - P_2 - F$$

则

$$F = P_1 - P_2 - \rho Q(v_2 - v_1) \tag{a}$$

1—1断面动水压力为

$$P_1 = \frac{1}{2}\gamma {h_1}^2 b = \frac{1}{2} \times 9.8 \times 2^2 \times 1 = 19.6(\mathrm{kN})$$

2—2断面动水压力为

$$P_2 = \frac{1}{2}\gamma {h_2}^2 b = \frac{1}{2} \times 9.8 \times 0.8^2 \times 1 = 3.136(\mathrm{kN})$$

为求流量，以取底部0—0面为基准面，取动能修正系数 $\alpha_1 = \alpha_2 = 1.0$，列出1—1断

面和2—2断面上的能量方程为

$$h_1 + \frac{v_1^2}{2g} = h_2 + \frac{v_2^2}{2g} \tag{b}$$

由连续性方程可得 $$v_2 = \frac{A_1}{A_2}v_1 = \frac{2}{0.8}v_1 = 2.5v_1 \tag{c}$$

将式(c)代入式(b)得

$$2 + \frac{v_1^2}{2g} = 0.8 + \frac{(2.5v_1)^2}{2g}$$

所以 $$v_1 = \sqrt{\frac{2g \times (2 - 0.8)}{2.5^2 - 1}} = 2.12(\text{m/s})$$

$$v_2 = 2.5v_1 = 5.3(\text{m/s})$$

$$Q = v_1A_1 = 2.12 \times 2 \times 1 = 4.24(\text{m}^3/\text{s})$$

将已求得的 P_1、P_2、v_1、v_2 及 Q 值代入式(a)得

$$\begin{aligned} F &= 19.6 - 3.136 - 1 \times 4.24 \times (5.3 - 2.12) \\ &= 2.981(\text{kN}) \end{aligned}$$

因 F 为正值,说明所假设的 F 方向正确,所以作用于坝体上的水平推力 $F' = 2.981$ kN,方向与 F 相反。

学习单元5 水流型态及水头损失

1 学习目标

(1)掌握两种水流型态、水头损失的两种型式。

(2)掌握两种水头损失的计算方法。

2 学习内容

(1)层流及紊流特征。

(2)沿程水头损失、局部水头损失的计算方法。

3 任务实施

3.1 产生水头损失的原因及水头损失的分类

实际液体在流动过程中,与边界面接触的液体质点黏附于固体表面,流速为零。在边界面的法线方向上流速从零迅速加大,过水断面上的流速分布于不均匀状态。如果选取相邻两流层来研究(见图9-27),由于两流层间存在相对运动,实际液体又具有黏滞性,所以在有相对运动的相邻流层间就会产生内摩擦力。液体流动过程中要克服这种摩擦阻力,损耗一部分液流的机械能,转化为热能而散失。单位重量液体从一断面流至另一断面所损失的机械能,就叫作两断面之间的单位能量损失。

在固体边界顺直的河道中,水流的边界形状的尺寸沿水流方向不变或基本不变,水流的

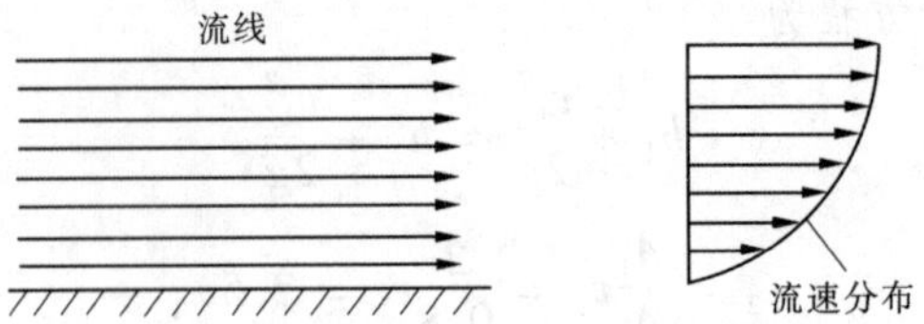

图 9-27

流线便是平行的直线,或者近似为平行的直线,其水流属于均匀流或渐变流。这种情况下产生的水头损失,是沿程都有并随流程的长度而增加,所以叫作沿程水头损失,常用 h_f 表示。

在边界形状和大小沿流程发生改变的流段,水流的流线发生弯曲。由于水流的惯性作用,水流在边界突变处会产生与边界的分离并且水流与边界之间形成漩涡。因此,在水流边界突变处的水流属于急变流(如图 9-28 所示)。在急变流段内,由于水流的扩散的漩涡的形成,使水流在此段形成了比内摩擦阻力大得多的水流阻力,产生了较大的水头损失,这种能量损失是发生在局部范围之内的,所以叫作局部水头损失,常用 h_j 表示。

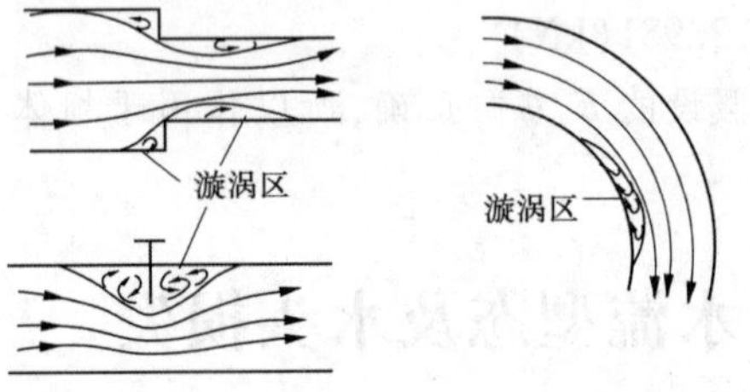

图 9-28

综上所述,我们可以将水流阻力和水头损失分成两类:

(1)由各流层之间的相对运动而产生的阻力,称为内摩擦阻力。它由于均匀地分布在水流的整个流程上,故又称为沿程阻力。为克服沿程阻力而引起单位重量水体在运动过程中的能量损失,称为沿程水头损失,如输水管道、隧洞和河渠中的均匀流及渐变流流段内的水头损失,就是沿程水头损失。

(2)当流动边界沿程发生急剧变化(如突然扩大、突然缩小、转弯、阀门等处)时,局部流段内的水流产生了附加的阻力,额外消耗了大量的机械能,通常称这种附加的阻力为局部阻力,克服局部阻力而造成单位重量水体的机械能损失为局部水头损失。局部水头损失,是在边界发生改变处的一段流程内产生的,为了计算方便,常将局部水头损失看成是集中在一个概化断面上产生的水头损失。

实际水流中,整个流程既存在着各种局部水头损失,又有各流段的沿程水头损失。某一流段沿程水头损失与局部水头损失的总和,称为该流段的总水头损失。如其相邻两局部水头损失互不影响,则全流程(见图 9-29 所示)总水头损失 h_w 就等于各局部水头损失和各流段的沿程水头损失之和,即

$$h_w = \sum h_f + \sum h_j \tag{9-29}$$

式中 $\sum h_f$ ——整个流程中各均匀流段或渐变流段的沿程水头损失之和;

$\sum h_j$ ——整个流程中各种局部水头损失之和。

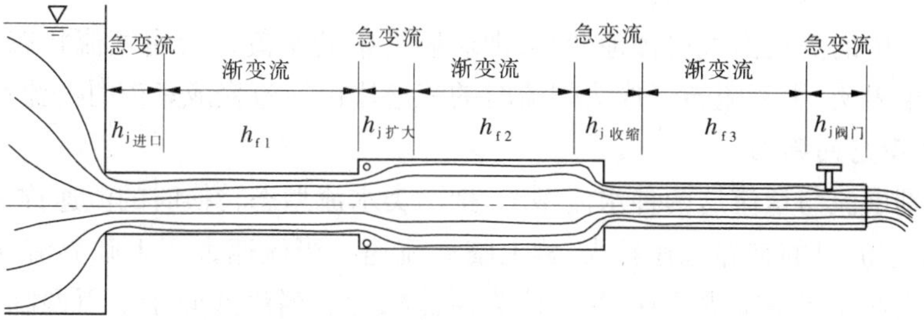

图 9-29

3.2　实际流动的两种型态

实际液体运动存在着两种不同的流动型态,即层流和紊流。

3.2.1　雷诺试验

雷诺试验的装置如图 9-30 所示。由水箱 A 中引出水平固定的玻璃管 B,上游端连接一光滑钟形进口,另一端有阀门 C 用以调节流量。容器 D 内装有容重与水相近的色液,经细管 E 流入玻璃管中,阀门 F 可以调节色液的流量。

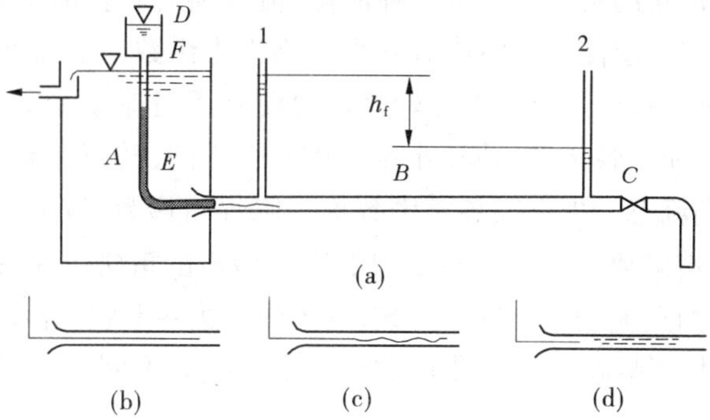

图 9-30

在试验过程中,使水箱内水位保持不变,保证试验时试验管段内的水流为恒定均匀流。

试验开始时,先将试验管末端的阀门 C 慢慢开启,使试验段管中的水流的流动速度较小,然后打开装有颜色液体的细管上的阀门 F,此时,在试验段的玻璃管内出现一条细而直的鲜明的着色流束,此着色流束并不与管内的不着色的水流相混杂,如图 9-30(a)所示。

将阀门 C 逐渐开大,试验管段中水流的流速也相应地逐渐增大,此时可以看到,玻璃管中的着色流束开始颤动,并弯曲成波形,如图 9-30(b)所示。随着阀门 C 继续开大,着色的波状流束先在个别地方出现断裂,失去了着色流束的清晰形状。最后,在流速达到某一定值时,着色流束便完全破裂,形成漩涡,并很快地扩散到整个试验管子,而使管中水流全部着色,如图 9-30(c)所示,这种现象说明水流质点已经相互混掺了。

上述试验表明,在管中流动的水流,当其流速不同时,水流具有两种不同的流动型态。当流速较小时,各流层的水流质点是有条不紊、互不混掺地分层流动,水流的这种流动型态称为层流。当水流中的流速较大时,各流层中的水流质点已形成漩涡,在流动中互相混掺,这种流动型态的水流为紊流。

若玻璃管中的流速由大慢慢地变小,则玻璃管中的水流也会由紊流状态变为层流状态。试验结果表明,由紊流转变成为层流时的流速比由层流变成紊流时的流速要小。

3.2.2　水流型态的判别

为了鉴别层流与紊流这两种水流型态,把两类水流型态转换时的流速称为临界流速。其中,层流变紊流时的临界流速较大,称上临界流速。当流速大于上临界流速时,水为紊流状态。当流速小于下临界流速时,水流为层流状态。当流速介于上下两临界流速之间时,水流可能为紊流,也可能为层流,根据管道的初始条件和受扰动的程度确定。

当改变试验时的水温、玻璃管直径或试验种类时,测出临界流速的数值相应发生改变。对不同液体,在不同温度下,流经不同管径的管道进行试验,结果表明,液体流动型态的转变,取决于液体流速 v 和管径 d 的乘积与液体运动黏滞性系数 ν 的比值。因此,称 $\frac{v\mathrm{d}}{\nu}$ 为雷诺数,用 Re 表示,即

$$Re = \frac{vd}{\nu} \tag{9-30}$$

试验表明,同一形状的边界流动的各种液体,流动型态转换时的雷诺数是一个常数,称为临界雷诺数,紊流变层流时的雷诺数称为下临界雷诺数。层流变紊流的雷诺数称为上临界雷诺数。下临界雷诺数是一个比较稳定的数值,而上临界雷诺数的数值极不稳定,随着流动的起始条件和试验条件不同,外界干扰程度不同,其值差异很大。实践中,只根据下临界雷诺数判别流态。把下临界雷诺数称为临界雷诺数,以 Re_k 表示。实际判别液体流态时,当液流的雷诺数 $Re < Re_k$ 时,为层流;当液流的雷诺数 $Re > Re_k$ 时,则为紊流。

因此,雷诺数是判别流动型态的判别数,对于同一边界形状的流动,在不同液体、不同温度及不同边界尺寸的情况下,临界雷诺数是一个常数。不同边界形状下流动的临界雷诺数大小不同。

试验测得圆管中临界雷诺数 $Re_k = 2\ 000 \sim 3\ 000$,常取 2 320 为判别值。

在圆管中

$$Re = \frac{vd}{\nu}$$

若 $Re < Re_k = 2\ 320$,为层流;若 $Re > Re_k = 2\ 320$,为紊流。

这里需要指出的是,在上面各雷诺数中引用的“d”,表示取管径作为流动的特征长度。

在明槽流动中,雷诺数常用水力半径 R 作为特征长度来替代直径 d, Re 须写为

$$Re = \frac{vR}{\nu} \tag{9-31}$$

若 $Re < Re_k = 580$,为层流;若 $Re > Re_k = 580$,为紊流。

在明槽流动中,由于槽身形状有差异,临界雷诺数为 580。

水利工程中所遇到的流动绝大多数属于紊流,即使流速和管径皆较小的生活供水,管流通常也是紊流。水利工程中层流是很少发生的,只有在地下水流动、水库、沉沙池和高含沙的浑水中,或在泥沙颗粒分析及其他试验中,才可能遇到层流。

3.2.3 水流流动型态和水头损失关系

在雷诺试验装置中，将水平旋转的玻璃管段两端各接一根测压管，测量管段两端断面1—1和2—2之间的沿程水头损失 h_f，如图9-31所示。

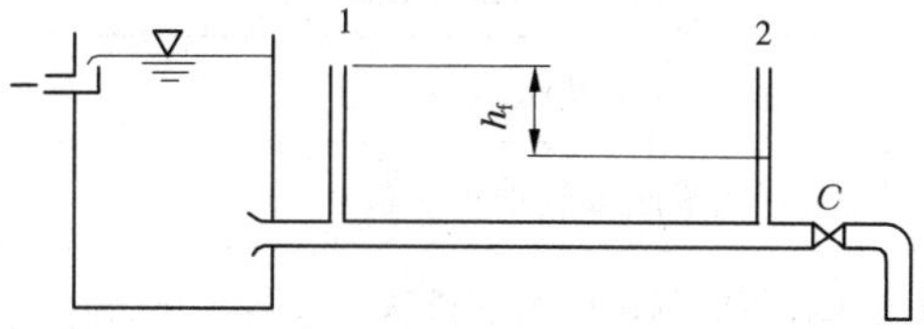

图9-31

对过水断面1—1和2—2列能量方程得

$$z_1 + \frac{p_1}{\gamma} + \frac{\alpha_1 v_1^2}{2g} = z_2 + \frac{p_2}{\gamma} + \frac{\alpha_2 v_2^2}{2g} + h_f$$

由图9-31可知，$z_1 = z_2, \frac{\alpha_1 v_1^2}{2g} = \frac{\alpha_2 v_2^2}{2g}$，上式可简化为

$$h_f = \frac{p_1}{\gamma} - \frac{p_2}{\gamma} = h_1 - h_2 = \Delta h$$

上式表明，两测压管中的水位差，即是两过水断面之间的沿程水头损失。

3.3 沿程水头损失

3.3.1 沿程水头损失的经验公式——谢才公式

早在200多年以前，人们就已在生产实践中总结出一套计算沿程水头损失 h_f 的经验公式。虽然这些公式在理论上不够完善，但在一定的范围内能满足生产上的需要，所以至今仍在水利工程中被广泛采用。

沿程水头损失计算的经验公式，最常用的是1769年谢才(Chezy)在总结了明渠均匀流的实测资料后提出来的公式，又称谢才公式，其形式为

$$v = C\sqrt{RJ} \tag{9-32}$$

式中 R——水力半径，$R = \frac{A}{\chi}$，m；

C——谢才系数，$m^{1/2}/s$；

J——水力坡度，$J = \frac{h_f}{l}$；

v——断面平均流速，m/s。

将 $J = \frac{h_f}{l}$ 代入式(9-32)得

$$h_f = \frac{v^2}{C^2 R} l \tag{9-33}$$

确定谢才系数 C 的公式有以下两个：

(1)曼宁公式：

$$C = \frac{1}{n} R^{1/6} \tag{9-34}$$

式中，n 称为粗糙系数，简称糙率。它是衡量边壁阻力影响的一个综合系数。目前，对 n 值已积累了较多的资料，并普遍为工程界所采用。不同输水渠道边壁的 n 值，列于表 9-1 中，以供查用。

表 9-1　粗糙系数 n 值

壁面种类及状况	n	$\frac{1}{n}$
特别光滑的黄铜管、玻璃管，涂有珐琅质或其他釉料的表面	0.009	111
精致水泥浆抹面、安装及连接良好的新制的清洁铸铁管及钢管、精刨木板	0.011	90.9
很好安装的未刨木板，正常情况下无显著水锈的给水管、非常清洁的排水管、最光滑的混凝土面	0.012	83.3
良好的砖砌体，正常情况的排水管，略有积污的给水管	0.013	76.9
积污的给水管和排水管，中等情况下渠道的混凝土砌面	0.014	71.4
良好的块石圬工，旧的砖砌体，比较粗制的混凝土砌面，特别光滑、仔细开挖的岩石面	0.017	58.8
坚实黏土的渠道、不密实淤泥层（有的地方是中断的）覆盖的黄土、砾石及泥土的渠道、良好养护情况下的大渠道	0.022 5	44.4
良好的干砌圬工、中等养护情况的土渠、情况良好的天然河流（河床清洁、顺直、水流通畅、无塌岸及深潭）	0.025	40.0
养护情况在中等标准以下的土渠	0.027 5	36.4
情况比较不良的土渠（如部分渠底有水草、卵石或砾石、部分边岸崩塌等）、水流条件良好的天然河流	0.030	33.3
情况特别坏的渠道（有不少深潭及塌岸、芦苇丛生、渠底有大石及密生的树根等），过水条件差，石子及水草数量增加，有深潭及浅滩等的弯曲河道	0.040	25.0

曼宁公式形式简单，计算方便，在管道及较小河渠中应用较广。

将式(9-34)代入式(9-32)中，则谢才公式可变为

$$v = \frac{1}{n}R^{2/3} \cdot J^{1/2} \tag{9-35}$$

(2)巴甫洛夫斯基公式：

$$C = \frac{1}{n}R^{y} \tag{9-36}$$

式中的 y 按下式确定：

$$y = 2.5\sqrt{n} - 0.13 - 0.75\sqrt{R}(\sqrt{n} - 0.10)$$

或者可近似地按下列简式确定：当 $R < 1.0$ m时，$y = 1.5\sqrt{n}$；当 $R > 1.0$ m时，$y = 1.3\sqrt{n}$。

巴甫洛夫斯基公式的适用范围为 $0.1\ \text{m} \leqslant R \leqslant 3.0\ \text{m}$，$0.011 \leqslant n \leqslant 0.04$。

3.3.2 沿程水头损失计算的理论公式

沿程水头损失 h_f 的理论计算公式为

$$h_f = 8\varphi \frac{l}{4R} \cdot \frac{v^2}{2g} = \lambda \frac{l}{4R} \cdot \frac{v^2}{2g} \tag{9-37}$$

其中，$\lambda = 8\varphi$，是与水流的雷诺数 Re 和相对粗糙度 $\frac{\Delta}{R}$ 有关的系数，即

$$\lambda = f(Re, \frac{\Delta}{R}) \tag{9-38}$$

由于 λ 是反映固体边界平均切应力对沿程水头损失的影响的，所以称 λ 为沿程阻力系数。

对于圆管，其水力半径 R 为管径 d 的 1/4，即 $R = \frac{d}{4}$，故沿程水头损失的表达式可写为

$$h_f = \lambda \frac{l}{d} \frac{v^2}{2g} \tag{9-39}$$

令 $\lambda = \frac{8g}{C^2}$ 或 $C = \sqrt{\frac{8g}{\lambda}}$，则上式就变成了式(9-40)的形式

$$h_f = \frac{8g}{C^2} \cdot \frac{l}{d} \cdot \frac{v^2}{2g} = \frac{v^2}{C^2 R} l \tag{9-40}$$

3.4 沿程阻力系数 λ 的测定与分析

1944 年，摩迪在总结前人试验研究的基础上，对工业用的实际管道进行了试验研究，并绘制了不同相对粗糙度的管道沿程阻力系数 λ 与雷诺数 Re 的关系曲线，称为摩迪图，如图 9-32 所示。

该图的纵坐标为 λ，横坐标为 Re，参变量相对粗糙度用 $\frac{\Delta}{d}$ 表示，d 为管道直径。上述试验成果表明：在管道（或明槽）中流动的液体，随着 Re 和相对粗糙度 $\frac{\Delta}{d}$（或 $\frac{\Delta}{R}$）的不同，出现层流区、紊流水力光滑区、紊流过渡区和紊流水力粗糙区等 4 个不同的流区，见图 9-33。在不同的流区中，系数 λ 遵循着不同的规律。现以圆管流动为例，结合摩迪图加以说明。

3.4.1 层流区（$Re<2\ 320$）

不同相对粗糙度的试验点都集中在同一条直线上。这时，整个断面水流都是层流。壁面凸起高度完全掩盖在层流中，λ 与 Δ 无关，而仅是 Re 的函数，即 $\lambda = f(Re)$。

对于圆管

$$\lambda = \frac{64}{Re} \tag{9-41}$$

根据 $Re = \frac{vd}{\nu}$，相应的水头损失为

$$h_f = \lambda \frac{l}{d} \frac{v^2}{2g} \propto v^{1.0}$$

这表明，在层流中，水头损失与断面平均流速的一次方成正比。

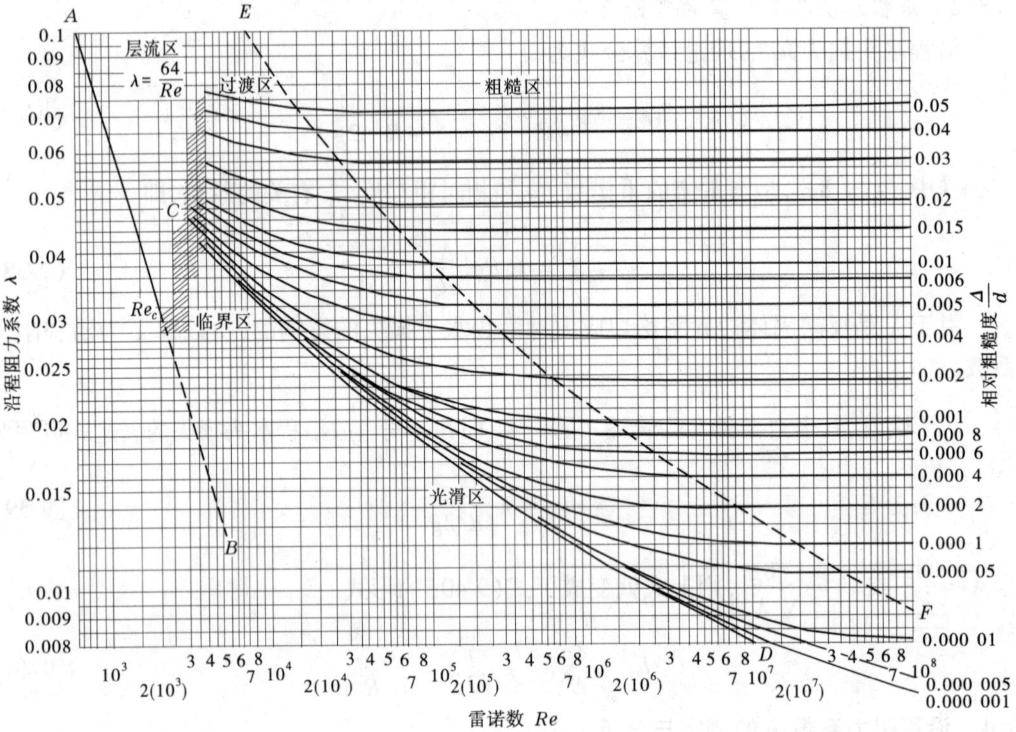

图 9-32 摩迪图

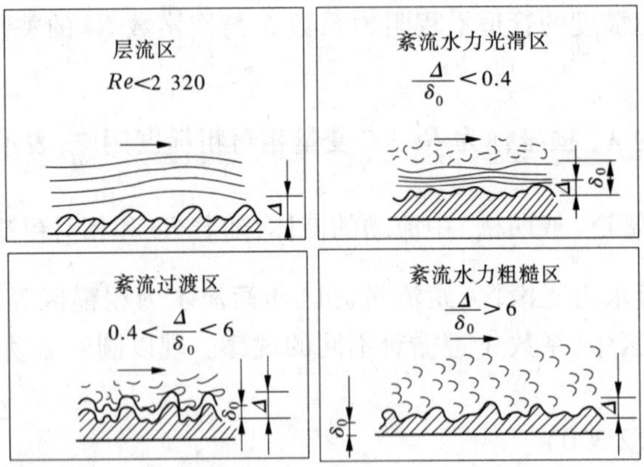

图 9-33

3.4.2 紊流水力光滑区（$\frac{\Delta}{\delta_0}<0.4$）

此时水流属紊流，但流速不够大，黏性底层厚度 δ_0 比边壁粗糙度 Δ 大很多，边壁凸出高度 Δ 仍被黏性底层掩盖，对紊流流核区不发生影响。所以，称这时的边界为水力光滑管（相应情况的明槽称水力光滑槽）。λ 与 Δ 无关，而仅是 Re 的函数，即 $\lambda = f(Re)$ 。不同相对粗糙度的一些试验点都在一定区域内聚集在同一条线上，相对粗糙度较小的管道，在 Re 数较高时才离开此流区。此时，试验曲线表明：

$$h_f = \lambda \frac{l}{d}\frac{v^2}{2g} \propto v^{1.75}$$

即水头损失与断面平均流速的1.75次方成比例，通常根据试验公式进行计算。

相对粗糙度较大的管道，则可能不出现此流区。

3.4.3 紊流过渡区 ($0.4 < \frac{\Delta}{\delta_0} < 6$)

不同相对粗糙度的试验点分属各自的曲线，这时水流是紊流，流速较大，δ_0 已不能完全掩盖住 Δ 的作用，Δ 的大小直接影响紊流流核区的流动。这时，系数 λ 既与 Re 有关，又与 $\frac{\Delta}{d}$ 有关，即 $\lambda = f(Re, \frac{\Delta}{d})$，试验成果表明：

$$h_f = \lambda \frac{l}{d}\frac{v^2}{2g} \propto v^{1.75 \sim 2.0}$$

水头损失与断面平均流速的1.75 ~ 2.0次方成比例。

3.4.4 紊流水力粗糙区 ($\frac{\Delta}{\delta_0} > 6$)

此时紊流的流速和雷诺数都相当大，黏性底层厚度 δ_0 比绝对粗糙度 Δ 小得多，黏性底层对边壁粗糙度不起掩盖作用，这时的管称为粗糙管（相应情况的明槽称水力粗糙槽）。系数 λ 与 Re 无关，仅与 $\frac{\Delta}{d}$ 有关，即 $\lambda = f(\frac{\Delta}{d})$，不同相对粗糙度的试验点分别位于不同的水平线上，这样 $h_f = \lambda \frac{l}{d}\frac{v^2}{2g} \propto v^2$。由于水头损失与断面平均流速的平方成正比，因此水力粗糙区又称阻力平方区，这种水流在水利工程中最为常见。

实际管道的壁面粗糙是不均匀的，无法直接量测绝对粗糙度 Δ 值，实际运用过程中是用当量粗糙度衡量的，将工业管道的试验结果与同直径的人工均匀粗糙管的试验结果相比较，把具有同一 λ 值的人工均匀粗糙管的 Δ 值作为工业管道的当量粗糙度。表9-2是基谢列夫提供的当量粗糙值，可供参考。

表9-2 当量粗糙值 Δ

序号	边界条件	当量粗糙值 Δ (mm)	序号	边界条件	当量粗糙值 Δ (mm)
1	铜或玻璃的无缝管	0.001 5 ~ 0.01	8	磨光的水泥管	0.33
2	涂有沥青的钢管	0.12 ~ 0.24	9	未刨光的木槽	0.35 ~ 0.70
3	白铁皮管	0.15	10	旧的生锈金属管	0.60
4	一般状况的钢管	0.19	11	污秽的金属管	0.75 ~ 0.97
5	清洁的镀锌铁管	0.25	12	混凝土衬砌渠道	0.8 ~ 9.0
6	新的生铁管	0.25 ~ 0.4	13	土渠	4 ~ 11
7	木管或清洁的水泥面	0.25 ~ 1.25	14	卵石河床(d = 70 ~ 80 mm)	30 ~ 60

3.5 局部水头损失的分析与计算

前面已经介绍过，当流动边界发生突变时，水流将产生局部水头损失。边界突然变化的形式是多种多样的，如断面突然扩大、缩小、转弯、分岔、阀门等。断面的突变对水流运动产生的影响可归纳成以下两点：

(1)在断面突变处，水流因受惯性作用，将不紧贴壁面流动，与壁面产生分离，并形成漩涡。漩涡的分裂和互相摩擦要消耗大量的能量，因此漩涡区的大小和漩涡的强度直接影响局部水头损失的大小。

(2)由于主流脱离边界形成漩涡区，主流或受到压缩，或随着主流沿程不断扩散，流速分布急剧调整。如图 9-34(a)中断面 1—1 的流速分布图，经过不断改变，最后在断面 2—2 上接近于下游正常水流的流速分布。在流速改变的过程中，质点内部相对运动加强，碰撞、摩擦作用加剧，从而造成较大的能量损失。

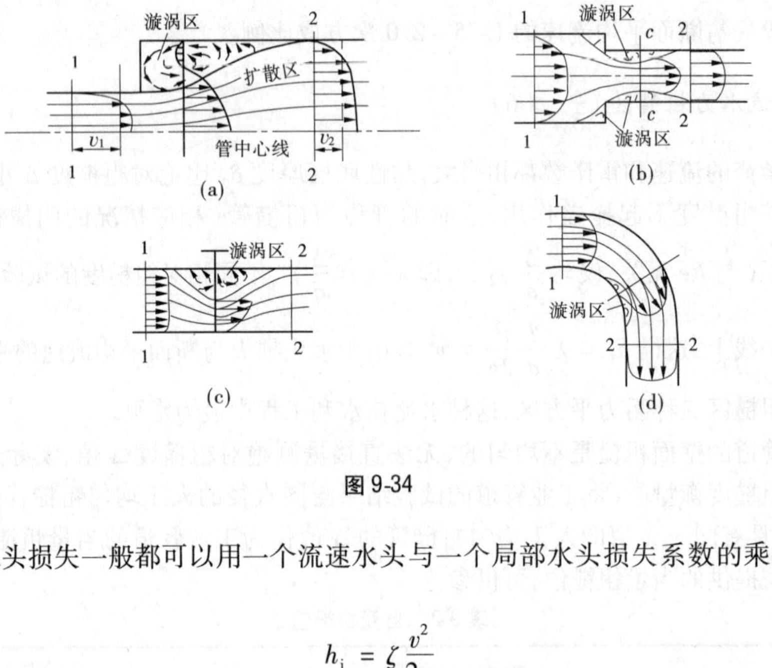

图 9-34

局部水头损失一般都可以用一个流速水头与一个局部水头损失系数的乘积来表示，即

$$h_j = \zeta \frac{v^2}{2g} \tag{9-42}$$

其中，局部水头损失系数 ζ 通常由试验测定，现列于表 9-3 中。必须指出，ζ 都是对应于某一流速水头而言的，在选用时，应注意二者的对应关系，与 ζ 相应的流速水头在表 9-3 中已标明，若不加特殊的标明者，该 ζ 值皆是指相应于局部阻力后的流速水头。

局部水头损失更详细的系数可查有关水力计算手册，如《给排水设计手册 2》。

表 9-3 局部水头损失系数 ζ（公式 $h_j=\zeta\frac{v^2}{2g}$，式中 v 如图所示）

<table>
<tr><th>名称</th><th colspan="2">简图</th><th>局部水头损失系数 ζ 值</th></tr>
<tr><td>断面突然扩大</td><td colspan="2">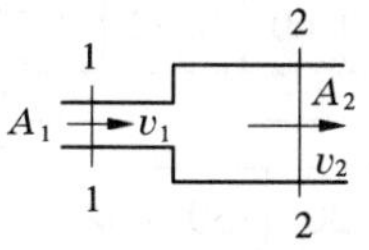</td><td>$\zeta'=(1-\frac{A_1}{A_2})^2$ （应用公式 $h_j=\zeta'\frac{v_1^2}{2g}$）
$\zeta''=(\frac{A_2}{A_1}-1)^2$ （应用公式 $h_j=\zeta''\frac{v_2^2}{2g}$）</td></tr>
<tr><td>断面突然缩小</td><td colspan="2">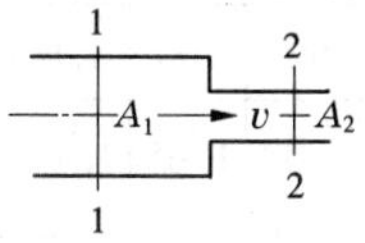</td><td>$\zeta=0.5(1-\frac{A_2}{A_1})$</td></tr>
<tr><td rowspan="3">进口</td><td rowspan="2">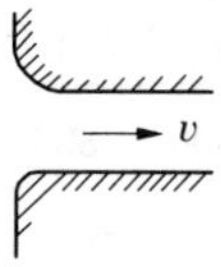</td><td>完全修圆</td><td>0.05 ~ 0.10</td></tr>
<tr><td>稍微修圆</td><td>0.20 ~ 0.25</td></tr>
<tr><td>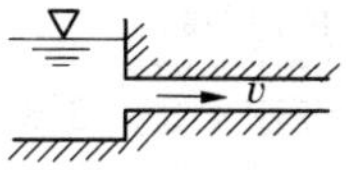</td><td>没有修圆</td><td>0.50</td></tr>
<tr><td rowspan="2">出口</td><td>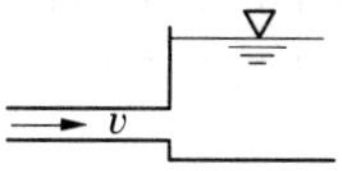</td><td>流入水库（池）</td><td>1.0</td></tr>
<tr><td>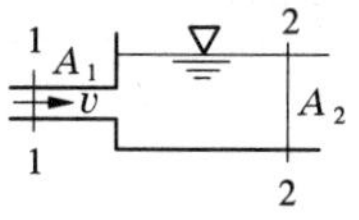</td><td>流入明渠</td><td><table><tr><td>A_1/A_2</td><td>0.1</td><td>0.2</td><td>0.3</td><td>0.4</td><td>0.5</td><td>0.6</td><td>0.7</td><td>0.8</td><td>0.9</td></tr><tr><td>ζ</td><td>0.81</td><td>0.64</td><td>0.49</td><td>0.36</td><td>0.25</td><td>0.16</td><td>0.09</td><td>0.04</td><td>0.01</td></tr></table></td></tr>
<tr><td rowspan="2">急转弯管</td><td rowspan="2">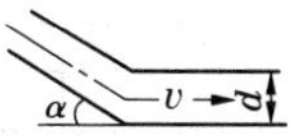</td><td>圆形</td><td><table><tr><td>α(°)</td><td>30</td><td>40</td><td>50</td><td>60</td><td>70</td><td>80</td><td>90</td></tr><tr><td>ζ</td><td>0.20</td><td>0.30</td><td>0.40</td><td>0.55</td><td>0.70</td><td>0.90</td><td>1.10</td></tr></table></td></tr>
<tr><td>矩形</td><td><table><tr><td>α(°)</td><td>15</td><td>30</td><td>45</td><td>60</td><td>90</td></tr><tr><td>ζ</td><td>0.025</td><td>0.11</td><td>0.26</td><td>0.49</td><td>1.20</td></tr></table></td></tr>
</table>

续表 9-3

<table>
<tr><th>名称</th><th colspan="2">简图</th><th>局部水头损失系数 ζ 值</th></tr>
<tr><td rowspan="2">弯管</td><td>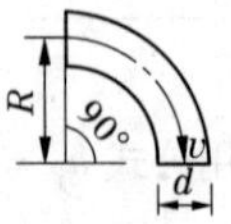</td><td>90°</td><td><table>
<tr><td>R/d</td><td>0.5</td><td>1.0</td><td>1.5</td><td>2.0</td><td>3.0</td><td>4.0</td><td>5.0</td></tr>
<tr><td>$\zeta_{90°}$</td><td>1.2</td><td>0.80</td><td>0.60</td><td>0.48</td><td>0.36</td><td>0.30</td><td>0.29</td></tr>
</table></td></tr>
<tr><td>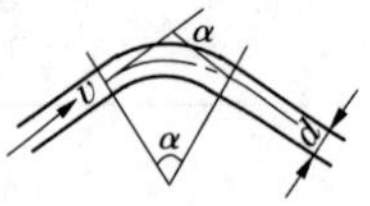</td><td>任意角度</td><td>$\zeta_{\alpha°} = a\zeta_{90°}$<table>
<tr><td>α(°)</td><td>20</td><td>30</td><td>40</td><td>50</td><td>60</td><td>70</td></tr>
<tr><td>a</td><td>0.40</td><td>0.55</td><td>0.65</td><td>0.75</td><td>0.83</td><td>0.88</td></tr>
</table><table>
<tr><td>α(°)</td><td>80</td><td>90</td><td>100</td><td>120</td><td>140</td><td>160</td><td>180</td></tr>
<tr><td>a</td><td>0.95</td><td>1.00</td><td>1.05</td><td>1.13</td><td>1.20</td><td>1.27</td><td>1.33</td></tr>
</table></td></tr>
<tr><td>闸阀</td><td>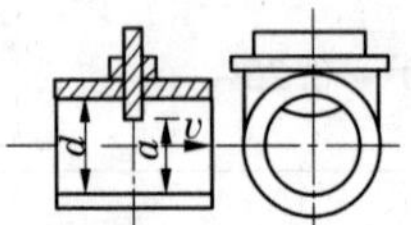</td><td>圆形管道</td><td>当全开时($a/d = 1$)<table>
<tr><td>d(mm)</td><td>15</td><td>20 ~ 50</td><td>80</td><td>100</td><td>150</td><td>200 ~ 250</td></tr>
<tr><td>ζ</td><td>1.5</td><td>0.5</td><td>0.4</td><td>0.2</td><td>0.1</td><td>0.08</td></tr>
</table><table>
<tr><td>d(mm)</td><td>300 ~ 450</td><td>500 ~ 800</td><td>900 ~ 1 000</td></tr>
<tr><td>ζ</td><td>0.07</td><td>0.06</td><td>0.05</td></tr>
</table>当各种开启度时<table>
<tr><td>a/d</td><td>7/8</td><td>6/8</td><td>5/8</td><td>4/8</td><td>3/8</td><td>2/8</td><td>1/8</td></tr>
<tr><td>$A_{开启}/A_{总}$</td><td>0.948</td><td>0.856</td><td>0.740</td><td>0.609</td><td>0.466</td><td>0.315</td><td>0.159</td></tr>
<tr><td>ζ</td><td>0.15</td><td>0.26</td><td>0.81</td><td>2.06</td><td>5.52</td><td>17.0</td><td>97.8</td></tr>
</table></td></tr>
<tr><td>截止阀</td><td>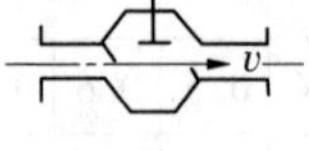</td><td>全开</td><td>4.3 ~ 6.1</td></tr>
<tr><td rowspan="2">莲蓬头(滤水网)</td><td>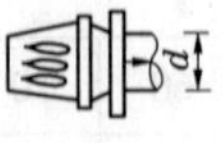</td><td>无底阀</td><td>2 ~ 3</td></tr>
<tr><td>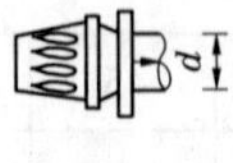</td><td>有底阀</td><td><table>
<tr><td>d (mm)</td><td>40</td><td>50</td><td>75</td><td>100</td><td>150</td><td>200</td><td>250</td><td>300</td><td>350</td><td>400</td><td>500</td><td>750</td></tr>
<tr><td>ζ</td><td>12</td><td>10</td><td>8.5</td><td>7.0</td><td>6.0</td><td>5.2</td><td>4.4</td><td>3.7</td><td>3.4</td><td>3.1</td><td>2.5</td><td>1.6</td></tr>
</table></td></tr>
</table>

续表 9-3

名称	简图	局部水头损失系数 ζ 值
平板门槽	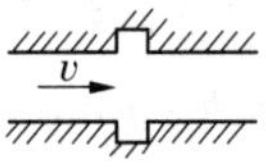	0.05 ~ 0.20
拦污栅	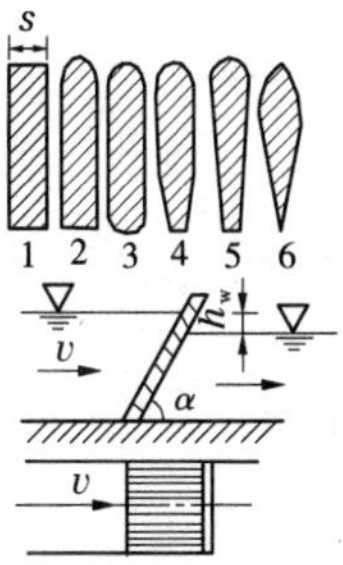	$\zeta = \beta(\frac{s}{b})^{4/3}\sin\alpha$ 式中　s—— 栅条宽度; b—— 栅条间距; α—— 栅条倾角; β—— 栅条形状系数,用下表确定 栅条形状: 1, 2, 3, 4, 5, 6 β: 2.42, 1.83, 1.67, 1.035, 0.92, 0.76

4　案例分析

【例 9-9】　管道直径 $d = 100$ mm,输送水的流量 $q_v = 0.01\ m^3/s$,水的运动黏度 $\nu = 1\times10^{-6}\ m^2/s$,求水在管中的流动状态。若输送 $\nu = 1.14\times10^{-4}\ m^2/s$ 的石油,保持前一种情况下的流速不变,流动又是什么状态?

解　(1)雷诺数 $Re = \frac{vd}{\nu}$, $v = \frac{4q_v}{\pi d^2} = \frac{4\times0.01}{3.14\times0.1^2} = 1.27\ (m/s)$

$$Re = \frac{vd}{\nu} = \frac{1.27\times0.1}{1\times10^{-6}} = 1.27\times10^5 > 2\ 320$$

所以,水在管道中是紊流状态。

(2) $Re = \frac{vd}{\nu} = \frac{1.27\times0.1}{1.14\times10^{-4}} = 1\ 114 < 2\ 320$

所以,油在管中是层流状态。

【例 9-10】　某实验室的矩形试验明槽,底宽为 $b = 0.2$ m,水深 $h = 0.1$ m,今测得其断面平均流速 $v = 0.15$ m/s,室内水温为 20 ℃,试判别槽内水流的流态。

解　(1)计算明槽过水断面的水力要素。

$$A = bh = 0.2\times0.1 = 0.02(m^2)$$

$$\chi = b + 2h = 0.2 + 2\times0.1 = 0.4(m)$$

$$R = \frac{A}{\chi} = \frac{0.02}{0.4} = 0.05(m)$$

(2)判别水流的流态。

由水温为 20 ℃,查表 8-1 得 $\nu = 1.003\times10^{-6}\ m^2/s$,则

$$Re=\frac{vR}{\nu}=\frac{0.15\times0.05}{1.003\times10^{-6}}=7\ 478$$

因 $Re>580$,则明槽中的水流为紊流。

【例 9-11】　有一混凝土的矩形断面渠道,求渠道中发生均匀流时每千米渠长中的沿程水头损失。已知渠道通过的 $Q=25\ m^3/s$,渠底宽 $b=6\ m$,水深 $h=3\ m$。

解　过水断面面积

$$A=bh=6\times3=18(m^2)$$

湿周

$$\chi=b+2h=6+2\times3=12(m)$$

水力半径

$$R=\frac{A}{\chi}=\frac{18}{12}=1.5(m)$$

查表 9-1,由中等情况下的混凝土砌面的渠道,取 $n=0.014$。

(1)由曼宁公式计算 C 值,求沿程水头损失:

$$C=\frac{1}{n}R^{\frac{1}{6}}=\frac{1}{0.014}\times1.5^{\frac{1}{6}}=76.42(m^{\frac{1}{2}}/s)$$

则 1 km 长渠道的沿程水头损失 h_f 可由式(9-33)求得

$$h_f=\frac{v^2}{C^2R}l=\frac{Q^2}{A^2C^2R}l=\frac{25^2}{18^2\times76.42^2\times1.5}\times1\ 000=0.22(m)$$

(2)由巴甫洛夫斯基公式计算 C 值,求沿程水头损失:

$$C=\frac{1}{n}R^{\frac{1}{y}}$$

$$\begin{aligned}y&=2.5\sqrt{n}-0.13-0.75\sqrt{R}(\sqrt{n}-0.10)\\&=2.5\times\sqrt{0.014}-0.13-0.75\times\sqrt{1.5}\times(\sqrt{0.014}-0.10)\\&=0.149\end{aligned}$$

因而

$$C=\frac{1}{n}R^{\frac{1}{y}}=\frac{1}{0.014}\times1.5^{0.149}=75.88(m^{\frac{1}{2}}/s)$$

则 1 km 长渠道的沿程水头损失 h_f 为

$$h_f=\frac{v^2}{C^2R}l=\frac{Q^2}{A^2C^2R}l=\frac{25^2}{18^2\times75.88^2\times1.5}\times1\ 000=0.223(m)$$

从上述结果看,谢才系数 C 的两种算法所得的结果相差极小,因而沿程水头损失的计算结果也就没有多大的差别。

【例 9-12】　某小型水电站的引水管采用工业用钢管,管径 $d=0.25\ m$,管长 $L=100\ m$,管壁状况一般,管内水温 10 ℃。当引用流量为 50 L/s 时,求该管中的沿程水头损失 h_f。

解　(1)计算雷诺数 Re,判别水流流态:

过水断面面积　$A=\frac{\pi}{4}d^2=\frac{3.14}{4}\times0.25^2=0.049\ (m^2)$

断面平均流速 $v = \frac{Q}{A} = \frac{0.05}{0.049} = 1.02(\text{m/s})$

由水温 $t = 10$ ℃查表 8-1 得运动黏滞系数 $\nu = 1.306 \times 10^{-6}\ \text{m}^2/\text{s}$

则雷诺数 $Re = \frac{vd}{\nu} = \frac{1.02 \times 0.25}{1.306 \times 10^{-6}} = 1.95 \times 10^5$

所以,水流为紊流。

(2)沿程阻力系数 λ 确定:

由表 9-2 看出,一般钢管的当量粗糙度为 0.19 mm,近似取 $\Delta = 0.2$ mm,则相对粗糙度为 $\frac{\Delta}{d} = \frac{0.2}{250} = 0.0008$。用已算出的 $Re = 1.95 \times 10^5$ 和 $\frac{\Delta}{d} = 0.0008$ 查摩迪图求沿程水头损失阻力系数 λ。查图方法为:从图右坐标上找到 $\frac{\Delta}{d} = 0.0008$ 的一条曲线,由横坐标上 $Re = 1.95 \times 10^5$ 的点引一垂直线,两线交于一点(其位置在过渡区内),则该点所对应的左边纵坐标即为所求得沿程阻力系数 λ,在图上查得 $\lambda = 0.021$。

(3)沿程水头损失计算:

沿程水头损失的理论公式为 $h_f = \lambda \frac{l}{d} \frac{v^2}{2g}$

将已知 $L = 100$ m,$d = 0.25$m 及计算、查图所得的 $v = 1.02$ m/s 和 $\lambda = 0.021$ 带入上式,则可计算出沿程水头损失为 $h_f = \lambda \frac{l}{d} \frac{v^2}{2g} = 0.021 \times \frac{100}{0.25} \times \frac{1.02^2}{19.6} = 0.446(\text{m})$。

【例 9-13】 有一混凝土衬砌的引水隧洞,洞径 $d = 2.5$ m,洞长 $l = 4\,000$ m。求引水隧洞通过的流量 $Q = 6.5\ \text{m}^3/\text{s}$ 时的沿程水头损失。

解 先计算隧洞过水断面的水力要素:

过水断面面积 $A = \frac{\pi}{4}d^2 = \frac{3.14}{4} \times 2.5^2 = 4.9\ (\text{m}^2)$

水力半径 $R = \frac{d}{4} = \frac{2.5}{4} = 0.625(\text{m})$

断面平均流速 $v = \frac{Q}{A} = \frac{6.5}{4.9} = 1.33(\text{m/s})$

根据隧洞的壁面为混凝土面,选用糙率 $n = 0.014$,按曼宁公式计算谢才系数 C:

$$C = \frac{1}{n}R^{\frac{1}{6}} = \frac{1}{0.014} \times 0.625^{\frac{1}{6}} = 66.05(\text{m}^{\frac{1}{2}}/\text{s})$$

按式 $h_f = \frac{v^2}{C^2R}l$ 求得沿程水头损失:$h_f = \frac{v^2}{C^2R}l = \frac{1.33^2}{66.05^2 \times 0.625} \times 4\,000 = 2.6(\text{m})$

或者由 $\lambda = \frac{8g}{C^2} = \frac{8 \times 9.8}{66.05^2} = 0.018$

由式 $h_f = \lambda \frac{l}{d} \frac{v^2}{2g}$ 得沿程水头损失

$$h_f = \lambda \frac{l}{d} \frac{v^2}{2g} = 0.018 \times \frac{4\,000}{2.5} \times \frac{1.33^2}{19.6} = 2.6(\text{m})$$

【例 9-14】　从水箱引一直径不同的管道，如图 9-35 所示。已知 $d_1 = 175$ mm, $l_1 = 30$ m, $\lambda_1 = 0.032$, $d_2 = 125$ mm, $l_2 = 20$ m, $\lambda_2 = 0.037$，第二段管子上有一平板闸阀，其开度为 $a/d = 0.5$，当输水流量 $Q = 25$ L/s 时，求：沿程水头损失 $\sum h_f$，局部水头损失 $\sum h_j$，水箱的水头 H。

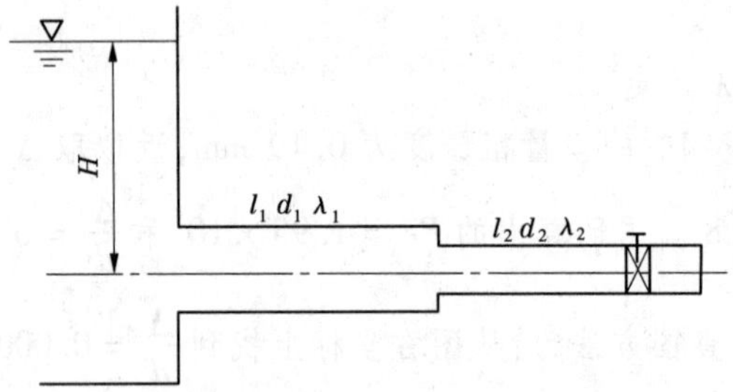

图 9-35

解　(1)沿程水头损失：

第一段　$$Q = 25 \text{ L/s} = 0.025(\text{m}^3/\text{s})$$

断面平均流速　$$v_1 = \frac{Q}{A_1} = \frac{Q}{\frac{\pi}{4}d_1^2} = \frac{4 \times 0.025}{3.14 \times 0.175^2} = 1.04(\text{m/s})$$

则沿程水头损失　$$h_{f1} = \lambda_1 \frac{l_1}{d_1}\frac{v_1^2}{2g} = 0.032 \times \frac{30}{0.175} \times \frac{1.04^2}{19.6} = 0.303(\text{m})$$

第二段

断面平均流速　$$v_2 = \frac{Q}{A_2} = \frac{Q}{\frac{\pi}{4}d_2^2} = \frac{4 \times 0.025}{3.14 \times 0.125^2} = 2.04(\text{m/s})$$

则沿程水头损失　$$h_{f2} = \lambda_2 \frac{l_2}{d_2}\frac{v_2^2}{2g} = 0.037 \times \frac{20}{0.125} \times \frac{2.04^2}{19.6} = 1.26(\text{m})$$

总的沿程水头损失为

$$\sum h_f = h_{f1} + h_{f2} = 0.303 + 1.26 = 1.563(\text{m})$$

(2)局部水头损失：

进口损失由直角进口查表 9-3 得 $\zeta_{进口} = 0.5$，则

$$h_{j1} = \zeta_{进口} \times \frac{v_1^2}{2g} = 0.5 \times \frac{1.04^2}{19.6} = 0.028(\text{m})$$

根据 $\frac{A_2}{A_1} = \left(\frac{d_2}{d_1}\right)^2 = \left(\frac{0.125}{0.175}\right)^2 = 0.51$，查表 9-3 得

$$\zeta_{缩} = 0.5 \times \left(1 - \frac{A_2}{A_1}\right) = 0.5 \times (1 - 0.51) = 0.245$$

则　$$h_{j2} = \zeta_{缩}\frac{v_2^2}{2g} = 0.245 \times \frac{2.04^2}{19.6} = 0.052(\text{m})$$

闸阀损失由平板闸门的开度 $a/d = 0.5$，查表 9-3 得 $\zeta_{阀} = 2.06$，则

$$h_{j3} = \zeta_{阀} \times \frac{v_2^2}{2g} = 0.437(\mathrm{m})$$

总的局部水头损失为

$$\sum h_j = h_{j1} + h_{j2} + h_{j3} = 0.028 + 0.052 + 0.437 = 0.517(\mathrm{m})$$

(3)水箱的水头：

以管轴线为基准面，取水箱内断面和管出口断面为两过水断面，断面1—1取水面点，其位置高度为H，压强为大气压，流速近似为零，断面2—2取中心点，位置高度为零，因断面四周为大气压强，故中心点也近似为大气压强，流速为v_2，则列能量方程后得

$$H = \frac{\alpha v_2^2}{2g} + h_w = \frac{\alpha v_2^2}{2g} + \sum h_f + \sum h_j$$

用上述已算出的数字代入，得

$$H = \frac{2.04^2}{19.6} + 1.563 + 0.517 = 2.292(\mathrm{m})$$

知识训练

9-1 流线法和迹线法都是用来描述液体运动的，两者有何区别？

9-2 简述流线和迹线的区别。

9-3 有人认为均匀流和渐变流一定是恒定流，急变流一定是非恒定流，这种说法对吗？为什么？

9-4 有一变直径圆管，已知1—1断面和2—2断面的直径分别是d_1和d_2。当两断面平均流速之比为1:2时，其直径成什么比例？

9-5 产生水头损失的根本原因是什么？

9-6 用什么来判别层流和紊流？Re的物理意义是什么？

9-7 有两个圆管，管径$d_1 \neq d_2$，流动的液体$\nu_1 \neq \nu_2$，液体速度$v_1 \neq v_2$，问两个管中的Re一样吗？Re_k一样吗？

9-8 水力光滑管与水力粗糙管是用什么来判别的？它与Re有什么关系？

9-9 当输水管径一定时，随流量加大，Re是增大了还是减小了？当输水管道的流量一定时，随管径加大，Re是增大了还是减小了？

9-10 层流和紊流的流速分布有何不同？

9-11 水力光滑管与水力粗糙管是用什么来判别的？它与Re有何关系？

9-12 如图9-36所示一压力管中，已知$d_1 = 200$ mm，$d_2 = 150$ mm，$d_3 = 100$ mm。第三段管中的平均流速$v_3 = 2$ m/s。试求管中的流量Q及断面平均流速v。

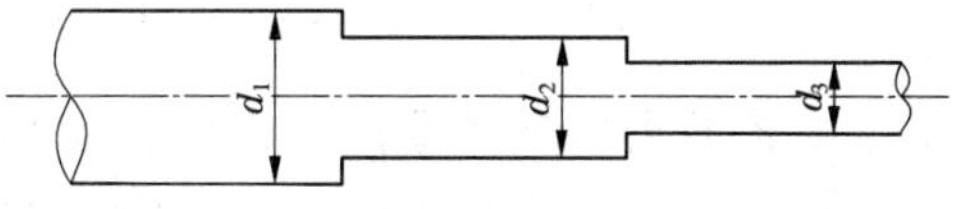

图9-36

9-13　有一倾斜放置的渐变管如图 9-37 所示，$A—A$ 与 $B—B$ 两个过水断面形心点的高差为 1.0 m。$A—A$ 断面管径 $d_A = 150$ mm，形心点 $P_A = 68.5\ \mathrm{kN/m^2}$。$B—B$ 断面管径 $d_B = 300$ mm，形心点 $P_B = 58\ \mathrm{kN/m^2}$，断面平均流速 $v_B = 1.5$ m/s。试求：①管中水流的方向；②两断面之间的能量损失；③通过管道的流量。

9-14　如图 9-38 所示某水管，已知管径 $d = 100$ mm，当阀门全关时，压力计读数为 0.5 个大气压。当阀门开启后，保持恒定流，压力计读数降至 0.2 个大气压。若压力计前段的水头损失为 $2\dfrac{v^2}{2g}$，试求管中的流速和流量。

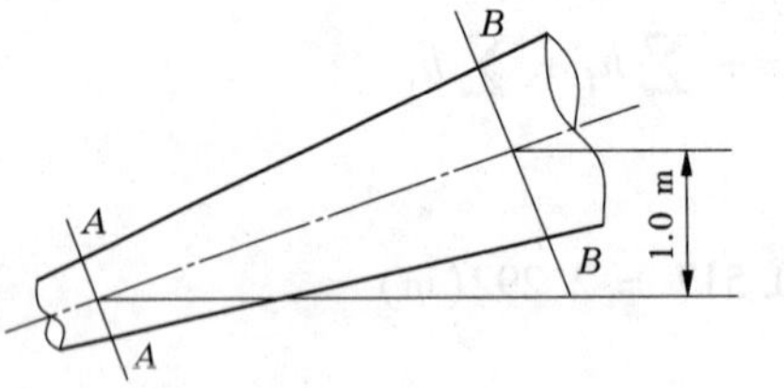

图 9-37

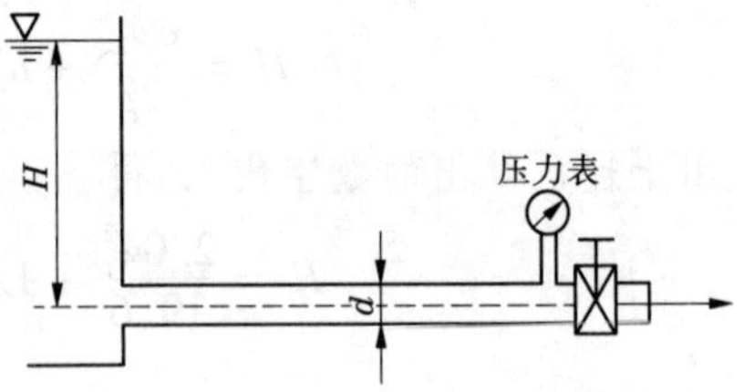

图 9-38

9-15　水轮机的锥形尾水管如图 9-39 所示。已知 $A—A$ 断面管径 $d_A = 0.6$ m，断面平均流速 $v_A = 5$ m/s。出口 $B—B$ 断面管径 $d_B = 0.9$ m，由 A 到 B 的水头损失为 $0.2\dfrac{v_A^2}{2g}$。试求当 $z = 5$ m 时，$A—A$ 断面的真空度。

9-16　某泵站的吸水管路如图 9-40 所示。已知管径 $d = 150$ mm，流量 $Q = 40$ L/s，水头损失（包括进口）为 1.0 m。若限制水泵进口前 $A—A$ 断面的真空度不超过 7 m 水柱，试确定水泵的最大安装高程 h_s。

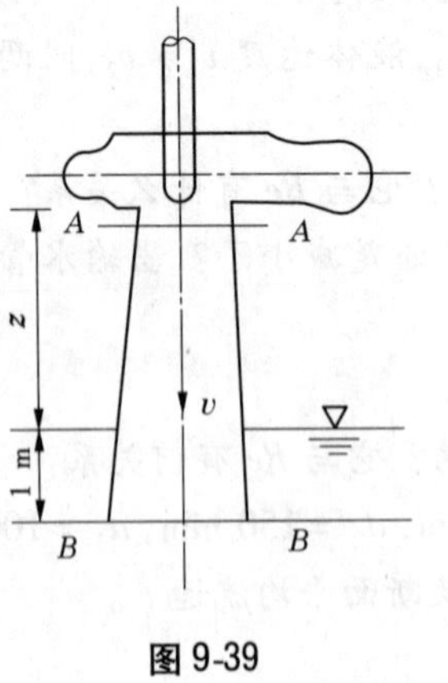

图 9-39

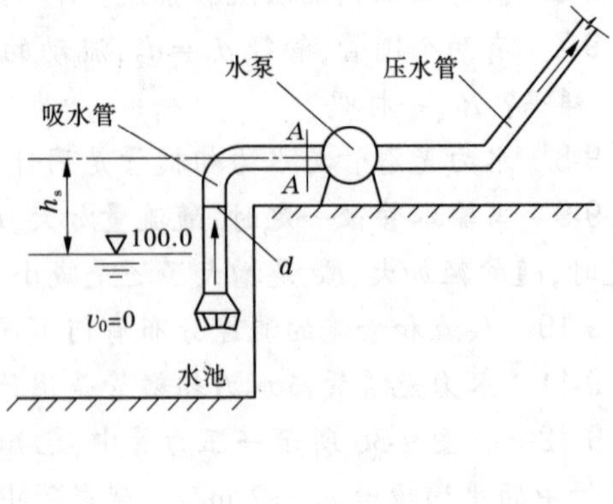

图 9-40

9-17　图 9-41 为一水平安装的文德里流量计。已知管道 1—1 断面压强水头 $\dfrac{p_1}{\gamma} =$ 1.1 m，管径 $d_1 = 100$ mm，喉道 2—2 断面压强水头 $\dfrac{p_2}{\gamma} = 0.4$ m，管径 $d_2 = 50$ mm，水头损

失 $h_w = 0.3\dfrac{v_1^2}{2g}$。试求：①通过管道的流量 Q；②该文德里流量计的流量系数 μ。

9-18　图9-42为一倾斜安装的文德里流量计。管轴线与水平面的夹角为 α。已知管道直径 $d_1 = 150$ mm，喉道直径 $d_2 = 100$ mm。今测得水银压差计的液面差 $\Delta h = 20$ cm，不计水头损失。试求：①通过管道的流量 Q；②若改变倾斜角度 α 值，问通过管道的流量 Q 是否变化？为什么？

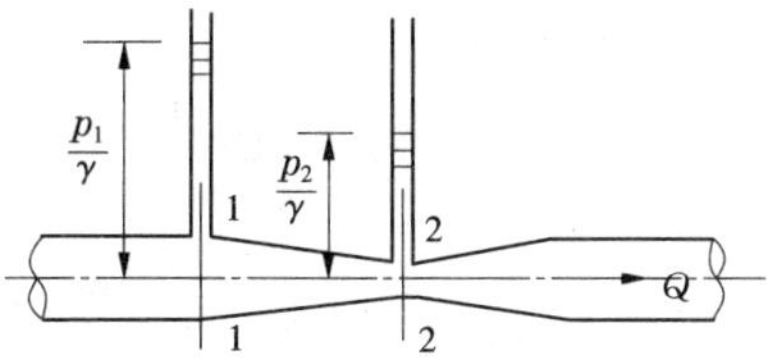

图9-41

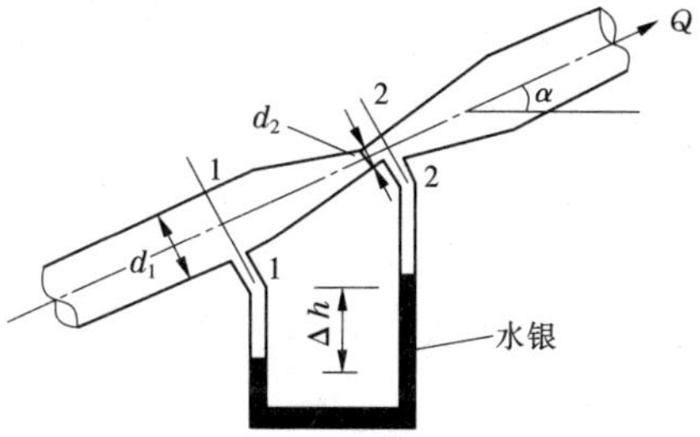

图9-42

9-19　水流经过变直径弯管从 A 管流入 B 管，管轴线位于统一水平面内，流量 $Q = 150$ L/s，弯管转角 $\alpha = 45°$，如图9-43所示，已知 A 管直径 $d_A = 250$ mm，A—A 断面形心点相对压强 $P_A = 150\ \text{kN/m}^2$，B 管直径 $d_B = 200$ mm，若不计水头损失，试求水流对弯管的作用力。

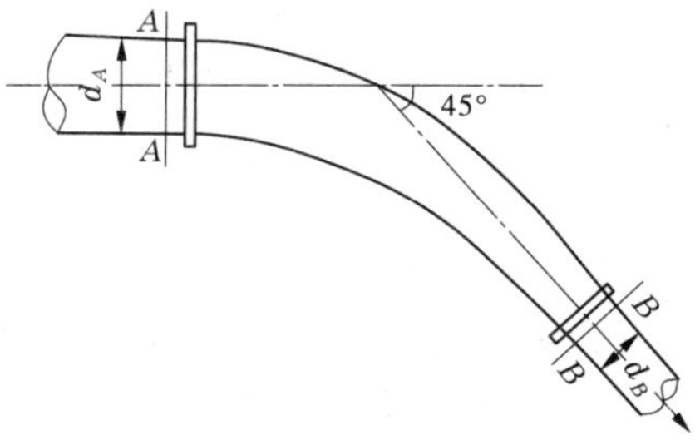

图9-43

9-20　有一圆形输水管道 $d = 150$ mm，管道中通过的流体流量 $Q = 6.0$ L/s。①管中的液体为水，水温为20 ℃；②若通过的液体是重燃油，其运动黏滞系数 $\nu = 150 \times 10^{-6}\ \text{m}^2/\text{s}$。试判别上述两种情况时液体的流态。

9-21　有一水平放置的新的铸铁管，管径 $d = 25$ cm，管长 $l = 200$ m，水温为10 ℃，通过流量为450 m^3/h，试求：①管中流速；②沿程阻力系数；③水力坡度。

9-22　有一矩形断面渠道，底宽 $b = 6$ m，渠道用浆砌块石做成，当通过流量 $Q = 15\ \text{m}^3/\text{s}$ 时，渠道中相应的水深 $h = 3$ m，求1 km长渠道中的沿程水头损失。

9-23　有一混凝土压力输水管，管径为1.0 m，管长 $l = 500$ m，当通过流量为 $Q = 1.5\ \text{m}^3/\text{s}$，求管中的沿程水头损失。

9-24　一有压输水管路，长度为 100 m，管径 $d=25$ mm，管路的当量粗糙度为 0.2 mm，水温为 15 ℃。当通过流量 $Q=0.6$ L/s 时，试求：①用公式计算沿程阻力系数；②该管段的沿程水头损失。

学习项目 10 有压管流运动

学习单元 1 简单短管的水力计算

1 学习目标

(1)掌握管流分类及各种管流的特点。
(2)简单短管的水力计算。

2 学习内容

(1)短管的定义、特点,管流分类。
(2)流量、管径及作用水头的计算,水头线的绘制。

3 任务实施

3.1 管流的定义、特点

充满整个管道的水流,称为管流。其特点是:没有自由液面,过水断面的压强一般都不等于大气压强(即相对压强一般不为零),它是靠压力作用流动的。因此,管流又称为压力流,输送压力流的管道称为压力管道。

管流的过水断面一般为圆形断面。

有些管道,水只占断面的一部分,具有自由液面,因而就不能当作管流,而必须当作明渠水流来研究。

3.2 管流的分类

由于分类的方法不同,管流可分为各种类型,具体如下:

(1)根据管道中任意点的水力运动要素是否随时间发生变化,分为有压恒定流和有压非恒定流。当管中任意一点的水力运动要素不随时间而变时,即为有压恒定流;否则为有压非恒定流。本学习项目主要研究的是有压恒定流的水力计算。

(2)根据管道中水流的局部水头损失、流速水头两项之和与沿程水头损失的比值不同,管流可分为长管和短管。

长管——当管道中水流的沿程水头损失较大,而局部水头损失及流速水头两项之和与沿程水头损失的比值小于5%,以致局部水头损失及流速水头可以忽略不计。

短管——当管道中局部水头损失与流速水头两项之和与沿程水头损失的比值大于5%,则在管流计算中局部水头损失与流速水头不能忽略。

由工程经验可知,一般自来水管可视为长管。虹吸管、倒虹吸管、坝内泄水管、抽水机的吸水管等,可按短管计算。

必须注意:长管和短管不是按管道的长短来区分的,如果没有忽略局部水头损失和流速水头的充分依据,应按短管计算,以免造成被动。

(3)根据管道的出口情况,管流可分为自由出流与淹没出流。

自由出流——是指管道出口水流流入大气之中,如图 10-1(a)所示。

淹没出流——是指管道出口在下游水面以下,被水淹没,如图 10-1(b)所示。

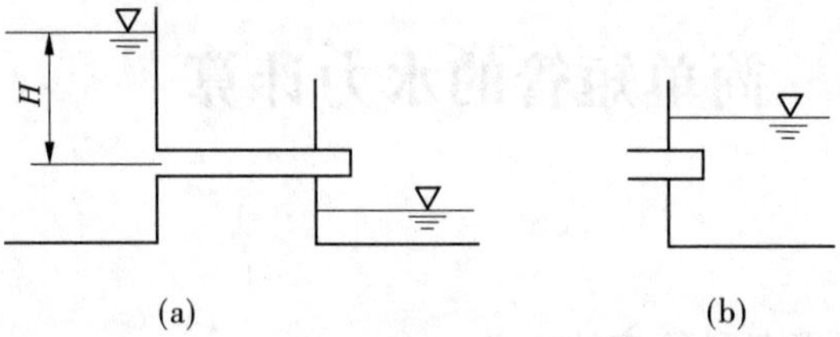

图 10-1

(4)根据管道的布置情况,压力管道又可分为简单管路和复杂管路。

简单管路——是指一根管径不变、没有分支,而且流量在管路的全长上保持不变的管路,如图 10-1(a)所示。

复杂管路——是指由两根以上的管道所组成的管路,主要有各种不同直径组成的串联管道、并联管道、树状管网和环状管网,如图 10-2 所示。自来水管或水电站的油、水系统管路都是复杂管路。

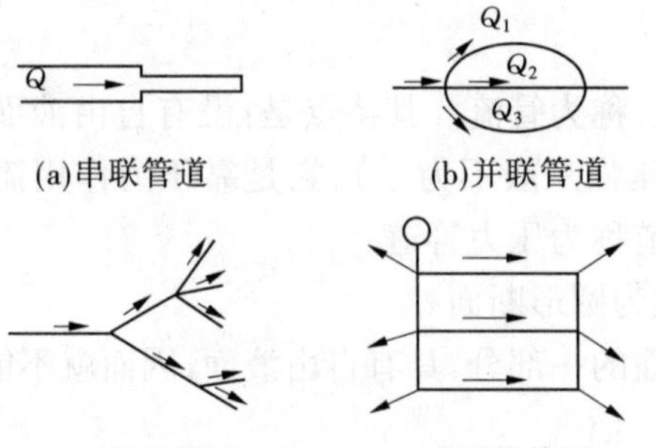

图 10-2

3.3 管流的计算类型

(1) 管道输水能力的计算,即给定水头、管线布置和断面尺寸的情况下,确定输送的流量。

(2) 当管线布置、管道尺寸和流量一定时,要求确定管路的水头损失,即输送一定流量所必需的水头。

(3) 当管线布置、作用水头及输送的流量已知时,计算管道的断面尺寸(对圆形断面的管道则是计算所需要的直径)。

(4) 给定流量、作用水头和断面尺寸,要求确定沿管道各断面的压强。

3.4 简单短管的水力计算

简单短管的水力计算可分为自由出流与淹没出流两种情况。

3.4.1　自由出流基本公式

管道出口水流流入大气，水流四周都受大气压强的作用，称为自由出流，如图 10-3 所示。以通过管道出口断面中心点的水平面为基准面，对 1—1 断面和 2—2 断面列能量方程如下

$$H+\frac{p_1}{\gamma}+\frac{a_1v_0^2}{2g}=0+\frac{p_2}{\gamma}+\frac{\alpha_2v_2^2}{2g}+h_{w1-2}$$

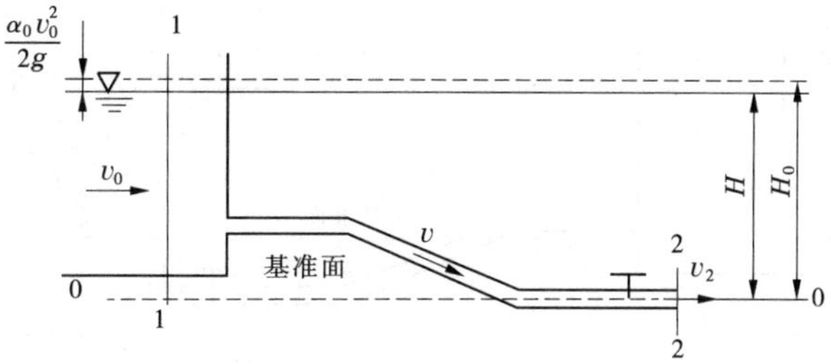

图 10-3

式中，$p_1=p_2=p_a$，令 $\alpha_1=\alpha_2=1.0$，$v_2=v$，$H_0=H+\frac{v_0^2}{2g}$

$$h_{w1-2}=(\lambda\frac{l}{d}+\sum\zeta)\frac{v^2}{g}$$

整理得

$$H_0=(1+\lambda\frac{l}{d}+\sum\zeta)\frac{v^2}{2g} \tag{10-1}$$

式中　v_0——上游水池中的流速，称为行近流速；

H——管道出口断面中心与上游水池水面的高差，称为管道的水头；

H_0—— 包括行近流速在内的总水头。

式(10-1)说明，管道的总水头将全部消耗于管道的水头损失和保持出口的动能。上式可用于当已知流量 Q、管径 d 和管道布置等，求管道的作用水头 H 的情况。

将式(10-1)整理并代入 $Q=Av$ 得管中流量

$$Q=Av=\frac{1}{\sqrt{1+\lambda\frac{l}{d}+\sum\zeta}}A\sqrt{2gH_0}$$

μ_c 称为短管自由出流的流量系数，令 $\mu_c=\frac{1}{\sqrt{1+\lambda\frac{l}{d}+\sum\zeta}}$，则

$$Q=\mu_cA\sqrt{2gH_0} \tag{10-2}$$

式中　A——管道的过水断面面积。

公式(10-2)即为短管自由出流的流量公式。

因一般管道的上游行近流速水头 $\frac{\alpha v_0^2}{2g}$ 很小，可忽略不计，则有

$$Q=\mu_cA\sqrt{2gH} \tag{10-3}$$

3.4.2 淹没出流基本公式

管道出口如果淹没在下游水面以下,称为淹没出流,如图 10-4 所示。取上游水池断面 1—1 和下游水池 2—2 断面,并以下游水池的水面为基准面,水面点为代表点,列能量方程式得:

$$z_1 + \frac{p_1}{\gamma} + \frac{\alpha_1 v_1^2}{2g} = 0 + \frac{p_2}{\gamma} + \frac{\alpha_2 v_2^2}{2g} + h_{w1-2}$$

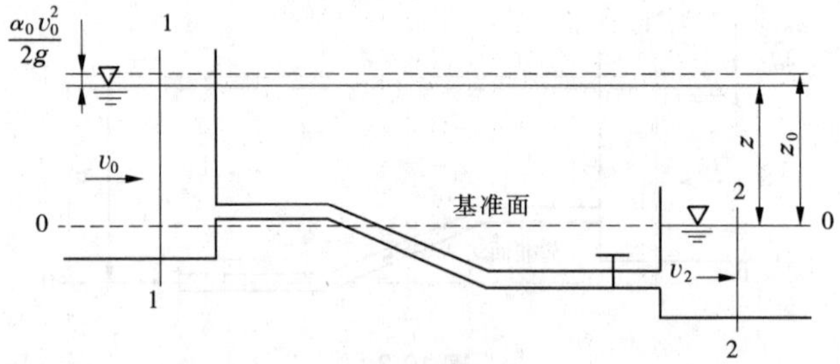

图 10-4

式中, $p_1 = p_2 = p_a, \alpha_1 = \alpha_2 = 1.0, v_1 = v_0, z_0 = z + \frac{\alpha v_0^2}{2g}$,并设2—2 断面较大, $\frac{\alpha v_2^2}{2g} \approx 0, h_{w1-2} = (\lambda \frac{l}{d} + \sum \zeta) \frac{v^2}{2g}$,管中流速为 v,整理可得:

$$z_0 = \left(\lambda \frac{l}{d} + \sum \zeta\right)\frac{v^2}{2g} \tag{10-4}$$

式(10-4)说明,短管在淹没出流时,它的上下游水位差,全部消耗于沿程水头损失和局部水头损失。用式(10-4)计算上下游水位差时较方便。

整理上式代入 $Q = Av$ 流量得:

$$Q = Av = \frac{1}{\sqrt{\lambda \frac{l}{d} + \sum \zeta}} A \sqrt{2gz_0}$$

μ_c 称为短管淹没出流的流量系数,令 $\mu_c = \frac{1}{\sqrt{\lambda \frac{l}{d} + \sum \zeta}}$,整理得

$$Q = \mu_c A \sqrt{2gz_0} \tag{10-5}$$

当行近流速水头很小可忽略不计时,式(10-5)可写成

$$Q = \mu_c A \sqrt{2gz} \tag{10-6}$$

比较式(10-3)和式(10-6)可知短管自由出流和淹没出流的主要区别是:淹没出流时有效水头是上下游水位差 z,自由出流时有效水头是出口中心以上的水头 H。

注意:同一管路两种出流情况下流量系数 μ_c 的计算公式形式上虽然不同,但数值是相等的。因为淹没出流时, μ_c 计算公式的分母上虽然较自由出流时少了一项 α($\alpha = 1.0$),但淹没出流时的 $\sum \zeta$ 中比自由出流的 $\sum \zeta$ 中多一个出口局部阻力系 ζ_0(出口流入

水池时一般情况下 $\zeta_0 = 1.0$）。所以，当其他条件相同时，两者的实际值是相等的。

3.4.3　管径的确定

影响管道直径的因素较多，因而管径确定一般应考虑以下几个方面：

（1）管道的输水流量 Q、管道的布置情况已知时，要求选定所需的管径及相应的水头。

在这种情况下，一般是从技术和经济条件综合考虑选定管道直径：

①考虑管道使用的技术要求。流量一定的条件下，管径的大小与流速有关。若管内的流速过大，会由于水击作用而使管道遭到破坏；对水流中挟带泥沙的管道，流速又不宜过小，以免泥沙沉积。一般情况下，水电站引水管中流速不宜超过5～6 m/s；给水管道中的流速不应大于2.5～3.0 m/s，不应小于0.25 m/s。

②考虑管道的经济效益。若采用的管径较小，则管道的造价低；但流速增大，水头损失增大，输水耗费的电能也增加。反之，若采用较大的管径，则管内流速小，水头损失减小，运转费用也减小；但管道的造价增高。重要的管道，应选择几个方案进行技术经济比较，但管道投资与运转费用的总和最小，这样的流速称为经济流速，其相应的管径称为经济管径。

一般的给水管道，d 为100～200 mm，经济流速为0.6～1.0 m/s；d 为200～400 mm，经济流速为1.0～1.4 m/s。水电站的压力隧洞的经济流速为2.5～3.5 m/s；压力钢管为3.0～4.0 m/s，甚至5.0～6.0 m/s。经济流速涉及的因素较多，比较复杂，选用时应注意因时因地而异。

根据技术要求及经济条件选定管道的流速后，管道直径即可由下式求得

$$d = \sqrt{\frac{4Q}{\pi v}} \tag{10-7}$$

利用上式计算出的管径，当采用工业钢管时，则要选用表（10-2）中的标准管径。当使用标准管径后，注意管中的实际流速也发生了相应的变化，在计算水头损失时，一定要用标准管径相应的流速。

（2）当管道的流量、布置、管材及管道的作用水头等已知时，对于短管的直径确定，可采用试算法。

由 $Q = \mu_c A\sqrt{2gH}$，$\mu_c = \dfrac{1}{\sqrt{1+\lambda\dfrac{l}{d}+\sum\zeta}}$，$A = \dfrac{1}{4}\pi d^2$ 联立求解可得

$$d = \sqrt{\frac{4Q}{\pi\sqrt{2gH}}}\cdot\sqrt[4]{1+\lambda\frac{l}{d}+\sum\zeta} \tag{10-8}$$

同样方法，利用公式（10-6）即可推得淹没出流时的直径计算迭代公式

$$d = \sqrt{\frac{4Q}{\pi\sqrt{2gz}}}\sqrt[4]{\lambda\frac{l}{d}+\sum\zeta} \tag{10-9}$$

3.4.4　总水头线和测压管水头线的绘制

绘制总水头线及测压管水头线，可直观了解位能、压能、动能及总能量沿程的变化情况，有利于掌握管道压强沿程变化情况及影响管道使用的不利因素，并及时处理。如管道

中出现过大的真空,则易产生空化和气蚀,从而降低管道的输水能力,甚至危及管道安全;当管中出现过大压强时,则可能使管道破裂,而产生较大的损失。因此,设计管道系统时,应控制管道中的最大压强、最大真空值以及各断面的压强,以保证管道系统的正常工作,满足用户的要求。

3.4.4.1 总水头线的绘制

由能量方程可知,水流沿程能量的变化,如果没有能量的输入和输出,则主要是沿程的各类水头损失,能量沿程减小,因而总水头线的绘制方法为:从上游开始,逐步扣除水头损失。一般存在局部水头损失的管段,由于局部水头损失发生的长度比较短,则可假设其集中于一个断面上,即在断面变化处按一定比例铅垂扣除水头损失。注意,在该断面上有两个总水头值,一个是局部损失前的,一个是局部损失后的。只有沿程水头损失的管段,可在管段末端扣除沿程水头损失,用直线连接两断面间的总水头,可得总水头线,如图 10-5所示。

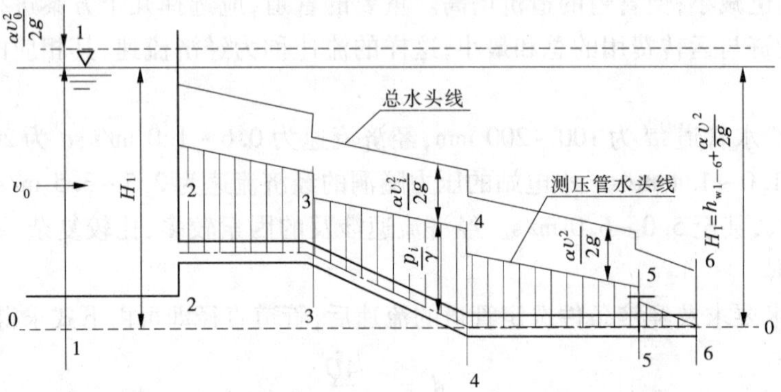

图 10-5

3.4.4.2 测压管水头线的绘制

因测压管水头比总水头少一项流速水头,则在总水头线的基础上扣除各断面相应的流速水头即得测压管水头线。

$$z + \frac{p_i}{\gamma} = H_i - \frac{\alpha v_i^2}{2g} \tag{10-10}$$

3.4.4.3 绘制总水头线和测压管水头线时应注意的问题

(1)等直径的管段的沿程水头损失沿管长均匀分布,水头线为直线,测压管水头线与总水头线平行,则可由总水头线向下平移一个流速水头的距离,得到测压管水头线。

(2)在绘制水头线时,要注意管道进、出口的边界条件,当上游行近流速水头约等于零时,总水头线的起点在上游液面;当上游流速水头不为零时,总水头线高出上游液面。

(3)当管道为自由出流时,测压管水头线的终点应画在管道出口断面的中心点上,如图 10-6(a)所示;淹没出流,当下游流速水头约为零时,测压管水头线的终点应与下游水面相连,如图 10-6(b)所示;当下游流速水头不为零时,测压管水头线终点低于下游水面,如图 10-6(c)所示。

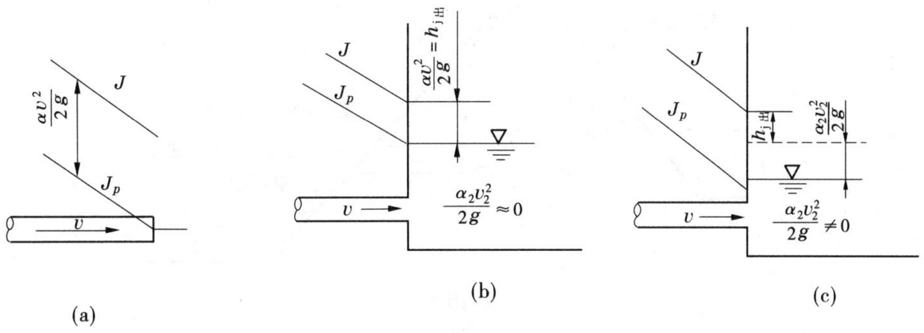

图 10-6

3.4.4.4　调整管道布置避免产生负压

各断面测压管水头线与该断面中心的距离即为该断面中心点的压强水头。如测压管水头线在某断面中心点的上方，则该断面中心点的压强为正；测压管水头线在某断面中心点的下方，则该断面中心点的压强为负值。当管内存在较大的负压时，其水流处于不稳定状态，且有可能产生空蚀破坏。因此，应采用必要措施以改变管内的受压情况。如图 10-7 中阴影部分所示，其为测压管水头低于管轴线的区域，为真空区。

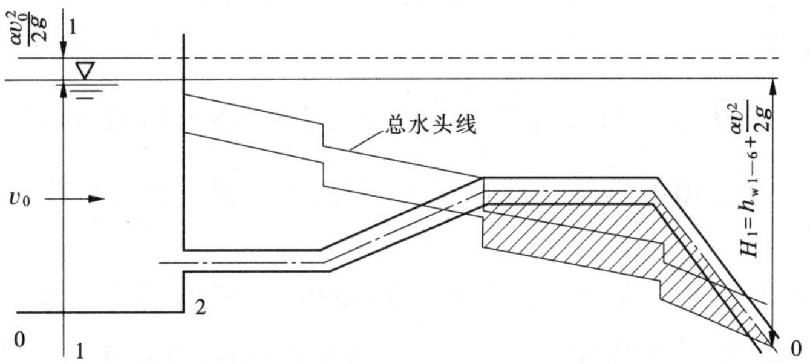

图 10-7

从图 10-7 可知，管道系统任意断面压强水头

$$\frac{p_i}{\gamma} = H_0 - h_{w0-i} - \frac{v_i^2}{2g} - z_i \tag{10-11}$$

可见，在管道系统工作水头一定的条件下，影响压强水头的因素为式中的后三项，可以通过改变这三项或其中的一项，可控制管中的压强。较有效的方法是降低管线的高度，以提高管道中压强，避免管道中产生负压。

4　案例分析

【例 10-1】　图 10-8 为某水库的泄洪隧洞，已知洞长 $l = 300$ m，洞径 $d = 2$ m，隧洞的沿程阻力系数 $\lambda = 0.03$，转角 $\alpha = 30°$，水库水位为 42.50 m，隧洞出口中心高程 25.00 m。试确定下游水位为 22.00 m 时隧洞的泄洪流量。

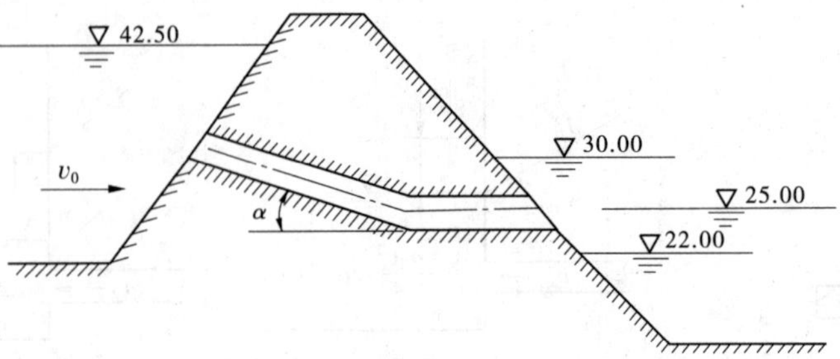

图 10-8

解 下游水位为 22.00 m 时，低于管的出口，则为自由出流。由于水库中行近流速很小，由式(10-3)计算流量：

$$Q = \mu_c A\sqrt{2gH}$$

查表 9-3 可得，进口局部阻力系数为 $\zeta_{进口}=0.5$，弯管局部阻力系数为 $\zeta_{弯}=0.2$。自由出流的流量系数为

$$\mu_c = \frac{1}{\sqrt{1+\lambda\dfrac{l}{d}+\sum\zeta}} = \frac{1}{\sqrt{1+0.03\times\dfrac{300}{2}+0.5+0.2}} = 0.402$$

$$H = 42.5 - 25 = 17.5(\text{m})$$

则隧洞的流量为

$$Q = \mu_c A\sqrt{2gH} = 0.402\times\frac{3.14\times2^2}{4}\times\sqrt{2\times9.8\times17.5} = 23.38(\text{m}^3/\text{s})$$

【例 10-2】 如例 10-1 隧洞，当上游水位不变，而下游水位上升至 30.00 m 时，求隧洞的泄洪流量。

解 由题意可知，由于下游水位上升至 30.00 m，高于管的出口高程(25.00 m)，则此时管流变为淹没出流，且上游行近流速水头忽略不计，则流量计算公式为

$$Q = \mu_c A\sqrt{2gz}$$

$$z = 42.5 - 30.00 = 12.50(\text{m})$$

自由出流与淹没出流的流量系数相等： $\mu_c = 0.402$

隧洞的泄流量为

$$Q = \mu_c A\sqrt{2gz} = 0.402\times\frac{3.14\times2^2}{4}\times\sqrt{2\times9.8\times12.50}$$

$$= 19.76(\text{m}^3/\text{s})$$

【例 10-3】 一横穿河道的钢筋混凝土倒虹吸管，如图 10-9 所示。已知管中流量 Q 为 3 m^3/s，倒虹吸管全长 l 为 50 m，上下游水位差 z 为 3 m；中间经过两个弯管，其局部水头损失系数均为 0.20；进口局部阻力系数为 0.5，出口局部阻力系数为 1.0，上下游渠中流速 v_1 及 v_2 均为 1.5 m/s，管壁粗糙系数 $n=0.014$。试确定倒虹吸管直径。

解 倒虹吸管一般作短管计算。本例题管道出口淹没在水下，而且上下游渠道中水流流速相同，流速水头消去，故应按短管的淹没出流式(10-9)计算

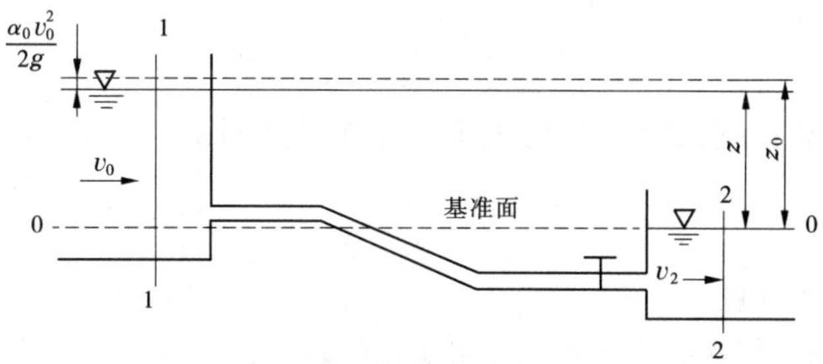

图 10-9

$$d = \sqrt{\frac{4Q}{\pi \sqrt{2gz}}} \sqrt[4]{\lambda \frac{l}{d} + \sum \zeta}$$

当沿程阻力系数用谢才系数计算时：$\lambda = \frac{8g}{C^2}, C = \frac{1}{n}R^{\frac{1}{6}}, R = \frac{d}{4}$，则可推得 $\lambda = \frac{2^{\frac{11}{3}}gn^2}{d^{\frac{1}{3}}}$，代入直径计算公式得：

$$d = \sqrt{\frac{4Q}{\pi \sqrt{2gz}}} \sqrt[4]{\frac{2^{\frac{11}{3}}gn^2 l}{d^{\frac{4}{3}}} + \sum \zeta}$$

代入数值得

$$d = \sqrt{\frac{4 \times 3}{3.14 \times \sqrt{2 \times 9.8 \times 3}}} \sqrt[4]{\frac{2^{\frac{11}{3}} \times 9.8 \times 0.014^2 \times 50}{d^{\frac{4}{3}}} + 0.5 + 2 \times 0.2 + 1.0}$$

$$d = 0.706 \sqrt[4]{\frac{1.22}{d^{\frac{4}{3}}} + 1.9}$$

列表试算，如表 10-1 所示。

表 10-1　迭代试算表

代入次数	1	2	3	4	5
代入值	∞	0.829	0.963	0.943	0.946
计算值	0.829	0.963	0.943	0.946	0.945

从上表计算结果可以看出，第四次计算的结果与第五次结果近似相同，则最终选取管径 d 为 0.95 m。

如果选用标准管径，则选择直径为 1.0 m。

学习单元 2　短管应用举例

1　学习目标

掌握水利工程中常见虹吸管、倒虹吸管、水泵等装置的工作原理及特点。

2 学习内容

虹吸管、倒虹吸管、水泵等装置的工作原理、特点及计算。

3 任务实施

3.1 虹吸管的水力计算

由于虹吸管的局部水头损失和流速水头相应较大,一般按短管计算。我国黄河沿岸,利用虹吸管引黄河水进行灌溉的例子较多。

3.1.1 工作原理

在虹吸管的最高处产生真空,而进水口处水面的压强为大气压强,因此管内外形成压强差,迫使水流由压强大的地方流向压强小的地方。只要虹吸管内的真空压强不被破坏,而且保持一定的水位差,水就会不断地由上游流向下游。

3.1.2 管内真空值的限制

水流能通过虹吸管,是因为上下游水面与虹吸管顶部存在压差,而虹吸管内真空值的高低就决定了这个压差的大小。但必须注意的是,当负压达到一定程度时,水会产生气化现象,破坏水流的连续性,致使不能正常输水。因此,为保虹吸管的正常工作,根据液体气化压强的概念,管内真空度一般限制在 6 ~ 8 m 水柱高以内,以保证管内水流不被气化。

3.1.3 虹吸管的计算步骤

(1)计算虹吸管的泄流量。

(2)由虹吸管内允许真空高度值,确定管顶最大安装高度 h_s。

(3)已知安装高度,校核吸水管中最大真空高度是否超过允许值。

3.2 水泵装置的水力计算

水泵装置是一种增加水流能量的水力机械。在生活实际中被广泛应用。水泵装置由吸水管、水泵和压力水管三部分组成,其水力计算包括吸水管和压力水管的水力计算以及水泵机械配用功率等计算内容。水泵装置图见图 10-10。

水泵的工作原理:开动水泵前,先由真空泵使水泵吸水管内形成真空,水源的水在大气压强的作用下,从吸水管进入泵壳;启动水泵,此时,由电机带动的水泵给水流输入能量(真空泵停止工作),水流获得能量,再经压力水管,进入下游水池。

水泵水力计算的主要任务是:管道直径的确定、水泵安装高度的确定、水泵扬程的确定和配套功率的确定。

3.2.1 管道直径确定

吸水管和压力水管的直径确定,一般根据允许流速来确定。允许流速是在一定条件下确定的经济流速。当流速确定后,根据下式计算管道直径:

$$d = \sqrt{\frac{4Q}{\pi v}}$$

3.2.2 水泵的安装高度或最大允许真空高度确定

水泵的最大允许安装高度 h_s,主要取决于水泵的最大允许真空高度 h_v。如图 10-10 所示,以水源水面为基准面,以水源水面为 1—1 断面,吸水管的末端取过水断面 2—2 断

面,并列两个断面的能量方程。与虹吸管相同,可推导得水泵的安装高度计算公式:

$$h_s = h_{真} - \left(1 + \lambda \frac{l}{d} + \sum \zeta\right)\frac{v_2^2}{2g}$$

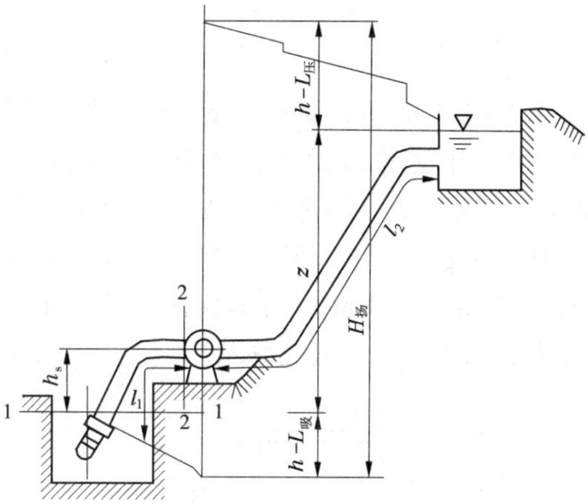

图 10-10

3.2.3 水泵扬程计算

水泵的扬程就是从进水前池水位将水提升到出水池水位高度所必须的机械能,也就是出水池水位与进水池水位的水位差,再加上吸水管和压水管的总水头损失:

$$H_{扬程} = z + h_{w吸} + h_{w压} \tag{10-12}$$

$$h_{w吸} = \left(\lambda_{吸}\frac{l_{吸}}{d_{吸}} + \zeta_{网} + \zeta_{弯}\right)\frac{v_{吸}^2}{2g}$$

$$h_{w压} = \left(\lambda_{压}\frac{l_{压}}{d_{压}} + \zeta_{压} + \zeta_{压}\right)\frac{v_{压}^2}{2g}$$

式中 z——进水池和出水池之间的水位差;

$H_{扬程}$——抽水机的扬程;

$h_{w吸}$——吸水管的总水头损失;

$h_{w压}$—— 压力水管的总水头损失。

3.2.4 带动水泵的动力机械功率

水流经过水泵获得了外加的能量,是因为带动水泵的动力机械对水流做了功,动力机械的功率应等于单位时间内对水体所做的功,即

$$N = \frac{\gamma Q h_{扬程}}{\eta_{泵}\,\eta_{动}} \tag{10-13}$$

式中 $\eta_{泵}$——水泵机械效率;

$\eta_{动}$——动力机械效率。

3.3 倒虹吸管的水力计算

渠道穿越河流、渠沟、洼地、道路,采用其他类型建筑物不适宜时,可选用倒虹吸。倒虹吸管中的水流只是一般压力管道,其出流方式一般为短管淹没出流。

水力计算的任务如下:

(1)已知管道直径 d、管长 l、上下游水位差 z,求过流量。

(2)已知管道直径 d、管长 l 及管道布置、过流量 Q,求上下游水位差 z。

(3)已知管道布置、过流量 Q 和上下游水位差,求管道直径 d。

4 案例分析

【例 10-4】 用一直径 $d=0.4$ m 的铸铁虹吸管,将上游明渠中的水输送到下游明渠中,如图 10-11 所示。已知上、下游渠道的水位差为 2.5 m,虹吸管各段长分别为 $l_1=10.0$ m,$l_2=6$ m,$l_3=12$ m。虹吸管进口处为无底阀滤网,其局部阻力系数为 $\zeta_1=2.5$。其他局部阻力系数:两个折角弯头 $\zeta_2=\zeta_3=0.55$,阀门 $\zeta_4=0.2$,出口 $\zeta_5=1.0$。虹吸管顶端中心线距上游水面的安装高度 $h_s=4.0$ m,允许真空高度采用 $h_v=7.0$ m。试确定虹吸管输水流量,并校核管中最大真空值是否超过允许值。

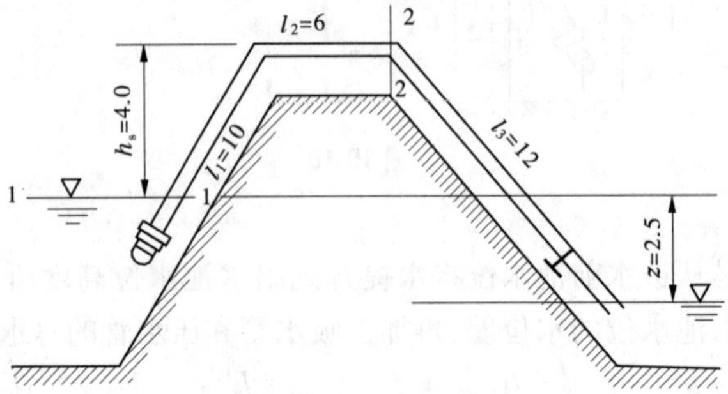

图 10-11 (单位:m)

解 1. 确定输水流量

先确定管路阻力系数 λ,查表 9-1 取得铸铁管糙率系数 $n=0.013$,水力半径 $R=d/4=0.01$ m。

$$C=\frac{1}{n}R^{\frac{1}{6}}=\frac{1}{0.013}\times 0.10^{\frac{1}{6}}=52.41(\mathrm{m}^{1/2}/\mathrm{s})$$

$$\lambda=\frac{8g}{C^2}=\frac{8\times 9.8}{52.41^2}=0.028\ 5$$

$$\mu_c=\frac{1}{\sqrt{\lambda\frac{l}{d}+\sum\zeta}}$$

$$=\frac{1}{\sqrt{0.028\ 5\times\frac{10+6+12}{0.4}+2.5+2\times 0.55+0.2+1.0}}=0.389$$

$$Q=\mu_c A\sqrt{2gH}=0.389\times\frac{3.14}{4}\times 0.4^2\times\sqrt{2\times 9.8\times 2.5}=0.342(\mathrm{m}^3/\mathrm{s})$$

2. 校核虹吸管中最大真空度

虹吸管的最大真空度应发生在管顶端最高段内。由于管中流速水头沿程不变,而总水头由于能量的损失沿程逐渐减小,且在第一弯头处还有局部能量损失,则管中压强从管进口一直到第二段弯头前,压强一直是降低的;下游第三管段,由于管路坡度一般大于水力坡度降，即断面中心高程的下降大于沿程水头损失，所以部分位能转化为压能，使第三段内压强沿程增加，则最大真空度应发生在2—2断面。

$$v=\frac{Q}{A}=\frac{0.342}{\frac{3.14}{4}\times 0.4^2}=2.72\quad(\mathrm{m/s})$$

以上游水面为基准面，取$\alpha_1=1.0$，建立1—1断面与2—2断面的能量方程，即得：

$$z_1+\frac{p_1}{\gamma}+\frac{v_1^2}{2g}=z_2+\frac{p_2}{\gamma}+\frac{v_2^2}{2g}+h_w$$

其中：$z_1=0,\ \frac{v_1^2}{2g}\approx 0,\ p_1=p_a=0, z_2=h_s, h_w=h_f+\sum h_j=(\lambda\frac{l_1}{d}+\sum\zeta)\frac{v_2^2}{2g}$。

整理得安装高度的计算公式：

$$h_s=h_{真}-(1+\lambda\frac{l}{d}+\sum\zeta)\frac{v_2^2}{2g}\tag{10-14}$$

则真空高度的计算公式为：

$$h_{真}=h_s+(1+\lambda\frac{l}{d}+\sum\zeta)\frac{v^2}{2g}=6.49(\mathrm{m})$$

因为，实际真空高度6.49 m小于允许真空高度为7.0 m，则真空度没有超过界限值。

【例10-5】 有一水泵如图10-10所示，水泵的抽水量为$Q=28\ \mathrm{m^3/h}$，吸水管的管长$l_{吸}=5$ m，压水管的长度$l_{压}=18$ m，沿程阻力系数$\lambda_{吸}=\lambda_{压}=0.046$。局部阻力系数：进口$\zeta_{网}=8.5$ m，90°弯头$\zeta_{弯}=0.36$，其他弯头$\zeta=0.26$，出口$\zeta_{出口}=1.0$，水泵的抽水高度$z=18$ m，水泵进口断面的最大允许真空度$h_v=6$ m。试确定以下各项：

(1)管道的直径。

(2)水泵的安装高度。

(3)水泵的扬程。

(4)水泵的电机功率（水泵的效率$\eta_{泵}=0.8$，电机的效率$\eta_{动}=0.90$）。

解　1. 水泵管道直径的确定

根据吸水管允许流速$v_{吸}=1.2\sim 2$ m/s，压力水管允许流速$v_{压}=1.5\sim 2.5$ m/s，选取$v_{吸}=2$ m/s，$v_{压}=2.5$ m/s，则相应的管径为

$$d_{吸}=\sqrt{\frac{4Q}{\pi v}}=\sqrt{\frac{4\times 28}{3.14\times 2.0\times 3\,600}}=0.070(\mathrm{m})=70\ \mathrm{mm}$$

$$d_{压}=\sqrt{\frac{4Q}{\pi v}}=\sqrt{\frac{4\times 28}{3.14\times 2.5\times 3\,600}}=0.063(\mathrm{m})=63\ \mathrm{mm}$$

由上述计算结果并查表选用与它接近并大于它的直径得：

$$d_{吸}=d_{压}=75\ \mathrm{mm}$$

则吸水管和压水管的流速均为：

$$v=\frac{Q}{A}=\frac{4\times 28}{3.14\times 0.075^2\times 3\,600}=1.76(\mathrm{m/s})$$

2. 水泵的安装高度确定

$$h_s = h_真 - h_s = h_v - (1 + \lambda \frac{l}{d} + \sum \zeta) \frac{v_2^2}{2g}$$

$$= 6 - (1 + 0.046 \times \frac{5}{0.075} + 8.5 + 0.36) \times \frac{1.76^2}{19.6} = 3.96(\text{m})$$

安装高度说明：安装高度最大不超过3.96 m，否则将因水泵真空受到破坏，而产生不能抽上水或抽水量非常小的现象。

3. 水泵扬程

吸水管水头损失

$$h_{w吸} = (\lambda_吸 \frac{l_吸}{d_吸} + \zeta_网 + \zeta_弯) \frac{v_吸^2}{2g} = (0.046 \times \frac{5}{0.075} + 8.5 + 0.36) \times \frac{1.76^2}{19.6} = 1.89(\text{m})$$

压水管水头损失

$$h_{w压} = (\lambda_压 \frac{l_压}{d_压} + \zeta_压 + \zeta_压) \frac{v_压^2}{2g} = (0.046 \times \frac{18}{0.075} + 2 \times 0.26 + 1.0) \times \frac{1.76^2}{19.6} = 1.98(\text{m})$$

所以，水泵的扬程为

$$H = z + h_{w吸} + h_{w压} = 18 + 1.89 + 1.98 = 21.87(\text{m})$$

4. 水泵电动机的功率 N

$$N = \frac{\gamma QH}{\eta_泵 \eta_动} = \frac{9.8 \times \frac{28}{3\,600} \times 21.87}{0.8 \times 0.9} = 2.32(\text{kW})$$

【例10-6】 一横穿公路的钢筋混凝土倒虹吸管，如图10-12所示。已知管中流量 Q 为2 m^3/s，倒虹吸管全长 l 为30 m，中间经过两个弯管，每个弯管的局部阻力系数 $\zeta_弯$ 为0.21；进口局部阻力系数为0.5，出口局部阻力系数为1.0，管壁粗糙系数 $n = 0.014$，若上下游渠中流速 v_1 及 v_2 不计。试确定倒虹吸管上、下游水位差。

解 首先选定倒虹吸管的允许流速为2 m/s，则管径为

$$d = \sqrt{\frac{4Q}{\pi v}} = \sqrt{\frac{4 \times 2}{3.14 \times 2}} = 1.13(\text{m})$$

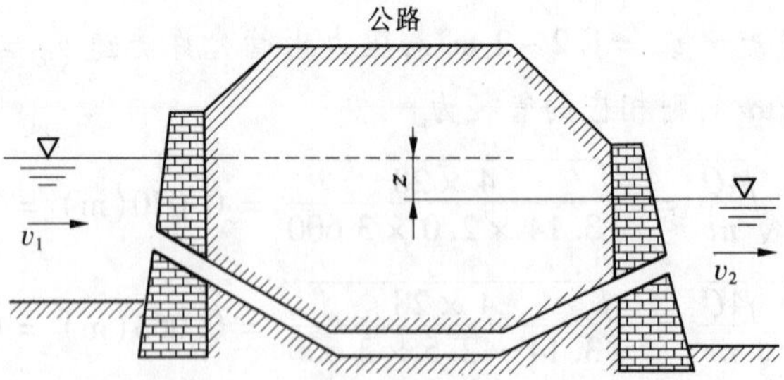

图10-12

为便于施工，采用直径 $d = 1.1$ m，再计算沿程阻力系数 λ 值。因

$$C = \frac{1}{n} R^{\frac{1}{6}} = \frac{1}{0.014} \times \left(\frac{1.1}{4}\right)^{\frac{1}{6}} = 57.6(\text{m}^{1/2}/\text{s})$$

$$\lambda = \frac{8g}{C^2} = \frac{8 \times 9.8}{57.6^2} = 0.0236$$

所以,根据短管淹没出流 $z=h_w$,此倒虹吸管的上下游水头差为

$$z = \left(\lambda \frac{l}{d} + \sum \zeta\right)\frac{v^2}{2g} = \left(0.0236 \times \frac{30}{1.1} + 0.5 + 2 \times 0.21 + 1\right) \times \frac{2.11^2}{19.6} = 0.52(\text{m})$$

学习单元 3 简单长管的水力计算

1 学习目标

掌握简单长管的有关水力计算。

2 学习内容

简单长管的水力计算方法和类型。

3 任务实施

3.1 简单长管水力计算的基本公式

由长管的定义,长管水力计算时,局部水头损失和流速水头忽略不计,能量方程式可简化为

$$H = h_f$$

3.1.1 由谢才公式计算沿程水头损失

水利工程中的有压管道,水流一般属于紊流的水力粗糙区,其水头损失可直接由谢才公式计算。

将 $Q = Av, v = C\sqrt{RJ}, J = \frac{h_f}{l} = \frac{H}{l}$ 联立求解得

$$H = \frac{Q^2}{A^2C^2R}l$$

令

$$K = AC\sqrt{R}$$

即得

$$H = \frac{Q^2}{K^2}l \tag{10-15}$$

或

$$Q = K\sqrt{\frac{H}{l}} \tag{10-16}$$

式中 K——流量模数。

由式(10-16)可以看出,当水力坡降 $J=1$ 时,$Q=K$,故 K 具有与流量相同的量纲,在水力学中 K 称为流量模数,或特性流量。它综合反映管道断面形状、尺寸及边壁粗糙对输水能力的影响。水力坡度 J 相同时,输水能力与流量模数成正比。对于粗糙系数 n 为定值的圆管,K 值为管径的函数。不同直径及糙率的圆管,当谢才系数采用 $C = \frac{1}{n}R^{1/6}$ 计算

时，其流量模数 K 值如表 10-2 所示。

表 10-2　给水管道的流量模数 K 数值　（单位：L/s）

直径 d（mm）	K		
	清洁管 $n=0.011$	正常管 $n=0.012\,5$	污秽管 $n=0.014\,3$
50	9.624	8.460	7.403
75	28.37	24.94	21.83
100	61.11	53.72	47.01
125	110.80	97.40	85.23
150	180.20	158.40	138.60
175	271.80	238.90	209.00
200	388.00	341.10	298.50
225	531.20	467.00	408.60
250	703.50	618.50	541.20
300	1.144×10^3	1.006×10^3	880.00
350	1.726×10^3	1.517×10^3	1.327×10^3
400	2.464×10^3	2.166×10^3	1.895×10^3
450	3.373×10^3	2.965×10^3	2.594×10^3
500	4.467×10^3	3.927×10^3	3.436×10^3
600	7.264×10^3	6.386×10^3	5.587×10^3
700	10.96×10^3	9.632×10^3	8.428×10^3
750	13.17×10^3	11.58×10^3	10.13×10^3
800	15.64×10^3	13.57×10^3	12.03×10^3
900	21.42×10^3	18.83×10^3	16.47×10^3
1 000	28.36×10^3	24.93×10^3	21.82×10^3
1 200	46.12×10^3	40.55×10^3	35.48×10^3
1 400	69.57×10^3	61.16×10^3	53.52×10^3
1 600	99.33×10^3	87.32×10^3	76.41×10^3
1 800	136.00×10^3	119.50×10^3	104.60×10^3
2 000	180.10×10^3	158.30×10^3	138.50×10^3

对于一般给水管道，一般流速不太大，可能属于紊流的粗糙区或过渡区。可以近似认为当 $v<1.2$ m/s 时，管流属于过渡区，h_f 约与流速 v 的 1.8 次方成正比。计算水头损失时，可在式（10-15）中乘以修正系数 k，即

$$H = k\frac{Q^2}{K^2}l \tag{10-17}$$

对于钢管或铸铁管,修正系数可查表 10-3。

表 10-3 钢管及铸铁管修正系数 k 值

v(m/s)	k	v(m/s)	k	v(m/s)	k	v(m/s)	k
0. 20	1. 41	0. 45	1. 175	0. 70	1. 085	1. 00	1. 03
0. 25	1. 33	0. 50	1. 15	0. 75	1. 07	1. 10	1. 015
0. 30	1. 28	0. 55	1. 13	0. 80	1. 06	1. 20	1. 00
0. 35	1. 24	0. 60	1. 115	0. 85	1. 05		
0. 40	1. 20	0. 65	1. 10	0. 90	1. 04		

3.1.2 按《灌溉与排水工程设计规范标准》(GB 50288—99)公式计算管道沿程水头损失

$$h_f = f\frac{Q^m}{D^b}L \tag{10-18}$$

式中 Q——流量,m^3/h;

f——管材摩阻系数;

L——管长,m;

D——管道直径,mm;

m——流量指数;

b——管径指数。

各种管材的 f、m、b 值,可按表 10-4 取用。

表 10-4 f、m、b 值表

管材类别	f	m	b
混凝土管、钢筋混凝土管			
n = 0. 013	1.312×10^6	2. 00	5. 33
n = 0. 014	1.516×10^6	2. 00	5. 33
n = 0. 015	1.749×10^6	2. 00	5. 33
当地材料管	$7.76n^2\times10^9$	2. 00	5. 33
旧钢管、旧铸铁管	6.25×10^5	1. 90	5. 1
石棉水泥管	1.455×10^5	1. 85	4. 89
硬塑料管	0.948×10^5	1. 77	4. 77
铝管、铝合金管	0.861×10^5	1. 74	4. 74

注:1. 地埋薄壁塑料管的 f 值,宜用表列硬塑料管 f 值的 1. 05 倍。

2. n 为糙率,水泥沙土管 n = 0. 014 3。

3.2 简单长度水力计算的类型

(1)输水能力计算。已知作用水头、管道尺寸、管道材料及管线布置,计算输水能力。

(2)已知管道尺寸、材料、管线布置和输水能力,计算作用水头(确定水塔高度),可利用标准中管道水头损失的计算方法。

(3)管线布置已定,当要求输送一定流量时,确定所需的管径。

4 案例分析

【例 10-7】 由水塔供水的简单管道 AB 长 $l=1\ 600$ m,直径 $d=200$ mm,材料为铸铁管,水塔水面及管道末端 B 点的高程如图 10-13 所示,求管道的供水流量。

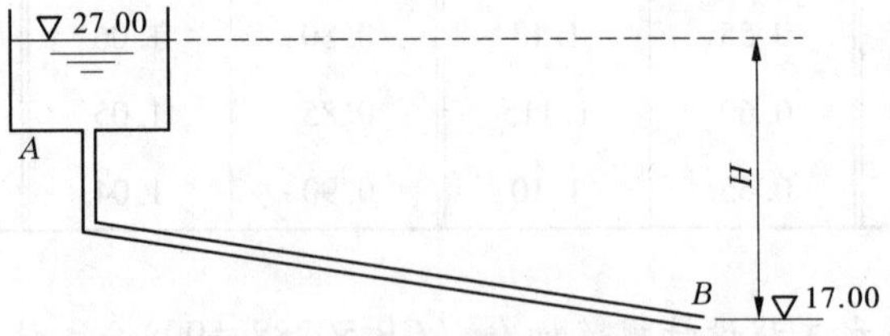

图 10-13

解 水塔供水的水头为

$$H = 27.0 - 17.0 = 10(\text{m})$$

假设管内的水流为阻力平方区的紊流,由表 10-2 查得管径 $d=200$ mm 的流量模数 $K=341.1$ L/s,则管中通过的流量为

$$Q = K\sqrt{\frac{H}{l}} = 341.1 \times \sqrt{\frac{10}{1\ 600}} = 26.97(\text{L/s}) = 0.026\ 97\ \text{m}^3/\text{s}$$

验算流速是否符合假设条件

$$v = \frac{Q}{A} = \frac{4Q}{\pi d^2} = \frac{4 \times 0.026\ 97}{3.14 \times 0.2^2} = 0.859(\text{m/s})$$

因为 $v<1.2$ m/s,属紊流过渡区,与假设不符,需要修正。由表 10-2 内插得 $v=0.859$ m/s 时的修正系数 $k=1.042$。

$$Q = K\sqrt{\frac{H}{kl}} = 341.1 \times \sqrt{\frac{10}{1.042 \times 1\ 600}} = 26.42(\text{L/s}) = 0.026\ 42\ \text{m}^3/\text{s}$$

【例 10-8】 某给水管道选用硬聚氯乙烯(UPVC)管,管长 $l=500$ m,管中通过流量 $Q=60$ L/s,选用经济流速 $v=1.2$ m/s。试确定管径和作用水头。

解 首先计算管径

$$D = \sqrt{\frac{4Q}{\pi v}} = \sqrt{\frac{4 \times 0.06}{3.14 \times 1.2}} = 0.252(\text{m})$$

选用 250 mm 管径,则沿程水头损失为

$$h_f = f\frac{Q^m}{D^b}L$$

查表 10-4 得, $f=0.948 \times 10^5$, $m=1.77$, $b=4.77$, $Q=60$ L/s $=216$ m³/h,则有

$$h_f = f\frac{Q^m}{D^b}L = 0.948 \times 10^5 \times \frac{216^{1.77}}{250^{4.77}} \times 500 = 2.34(\text{m})$$

则该管道的直径选用 250 mm,管道的作用水头为 2.34 m。

【例10-9】 由一条长为3 300 m的新铸铁管向水文站供水，作用水头$H=20$ m，需要通过流量为$Q=32$ L/s，试确定管道的直径d。

解 按一般自来水管计算。考虑到管道在使用中，水里含有的杂质会逐渐沉积致使新管子变得有些污垢，故应按正常管考虑，取$n=0.0125$。

第一种方法：

先求流量模数K值，因为$H=\frac{Q^2}{K^2}l$，则

$$H = k\frac{Q^2}{K^2}l$$

查表10-2，当$K=411.1$ L/s时，所对应的管道直径在以下两个数字之间

$$d = 200\ \text{mm},\quad K = 341.1\ \text{L/s}$$

$$d = 225\ \text{mm},\quad K = 467.0\ \text{L/s}$$

为了保证对水文站的供水，应采用标准管$d=225$ mm的管子，此时管中的流速为：

$$v = \frac{Q}{A} = 0.805\ \text{m/s}$$

由于$v<1.2$ m/s，管中水流处于紊流过渡区，需要修正。查表10-3，取$k=1.059$。

按公式$H = k\frac{Q^2}{K^2}l$得修正后的流量模数K为

$$K = Q\sqrt{\frac{kl}{H}} = 423\ \text{L/s}$$

此时流量模数仍在管径为200 mm与225 mm的流量模数之间，故采用管径为225 mm的管子，足可以保证供水。

第二种方法：

根据

$$h_f = f\frac{Q^m}{D^b}L$$

并查表10-4得$n=0.0125$时计算

$$h_f = f\frac{Q^m}{D^b}L = 7.76n^2\times10^9\frac{Q^{2.0}}{D^{5.33}}L = 1.2125\times10^6\frac{Q^{2.0}}{D^{5.33}}L$$

$$D = \left(1.2125\times10^6\frac{Q^{2.0}}{h_f}L\right)^{\frac{1}{5.33}} = \left(1.2125\times10^6\times\frac{115.2^{2.0}}{20}\times3\,300\right)^{\frac{1}{5.33}} = 214(\text{mm})$$

所以，选用的管径为225 mm。

知识训练

10-1 什么是管流？它的主要特点是什么？

10-2 何为短管和长管，判别标准是什么？长管和短管的主要区别是什么？

10-3 压力管道中水力计算的主要内容是什么？

10-4 管道直径的确定方法有几种？各是如何计算的？

10-5　抽水机安装高度和虹吸管的安装高度计算公式是否相同？具体是什么？

10-6　什么是水泵的扬程？水泵的扬程与上下游水位差是否相等？

10-7　坝下埋设一预制混凝土引水管（见图10-14），直径 D 为1 m，长100 m，进口处有一道平板闸门来控制流量，引水管出口底部高程为62.5 m。当上游水位为70.0 m，下游水位60.5 m，试求闸门全开时能引多少流量？

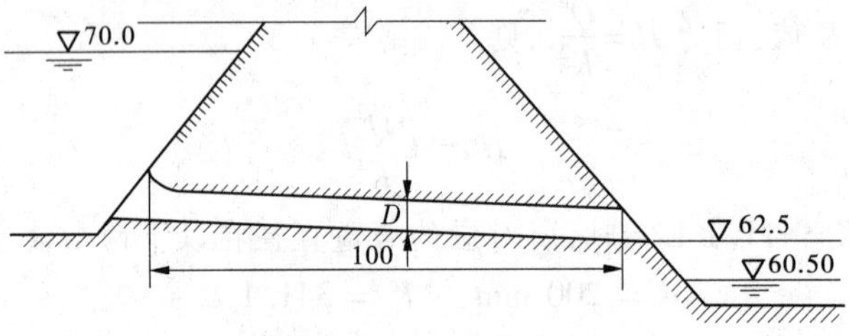

图10-14　（单位：m）

10-8　如图10-15所示倒虹吸管，采用500 mm直径的铸铁管，长 l 为125 m，进出口水位差为5 m。根据地形，两转角各为60°和50°，上下游渠道流速相等。问：能通过多大流量？

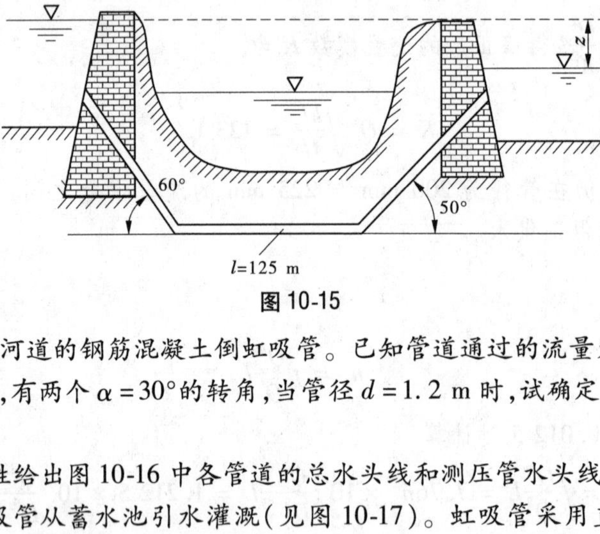

图10-15

10-9　一横穿河道的钢筋混凝土倒虹吸管。已知管道通过的流量为2 m^3/s，长度 $L=30$ m，$\lambda=0.022\,3$，有两个 $\alpha=30°$ 的转角，当管径 $d=1.2$ m时，试确定上下游渠道中的水位差 z。

10-10　试定性给出图10-16中各管道的总水头线和测压管水头线。

10-11　用虹吸管从蓄水池引水灌溉（见图10-17）。虹吸管采用直径为0.4 m的钢管，管道进口处安装一莲蓬头，有2个40°转角；上下游水位差 z 为4.0 m；上游水面至管顶高度为1.8 m；管段长度 l_1 为8 m，l_2 为4 m，l_3 为12 m。要求计算：(1)通过虹吸管的流量为多少？(2)虹吸管中压强最小的地方在哪里？其最大真空值是多少？

10-12　用离心式水泵将湖水抽到水池，流量为 $Q=0.2$ m^3/s，湖面高程 z_1 为85.0 m，水池水面高程 z_3 为105.0 m，吸水管长 l_1 为10 m，水泵的允许真空值为4.5 m，吸水管底阀局部水头损失系数 $\zeta_1=2.5$，90°弯头局部阻力系数 ζ_2 为0.3，水泵入口前的渐变收缩段局部阻力系数 $\zeta_3=0.1$，吸水管沿程阻力系数 $\lambda=0.022$，压水管采用铸铁管。其直径 $d_2=500$ mm，长度 $l_2=1\,000$ m，$n=0.013$（见图10-18）。试确定：(1)吸水管的直径 d_1；(2)水泵的安装高度；(3)抽水机的扬程。

10-13　有一输水管路，自山上水源引水向用户供水，采用铸铁管（$n=0.012\,5$），已知

管长 $l=150$ m，作用水头 $H=12$ m，供水流量 $Q=120\ m^3/h$，为了充分利用水头，试确定水管的直径。

10-14　某输水钢管布置图如图 10-19 所示。已知管道工作水头 $H=12$ m，各管道的直径与管长分别为：$d_1=300$ mm，$l_1=1\ 500$ m；$d_2=400$ mm，$l_2=500$ m；$d_3=200$ mm，$l_3=300$ m。求管道的供水流量。

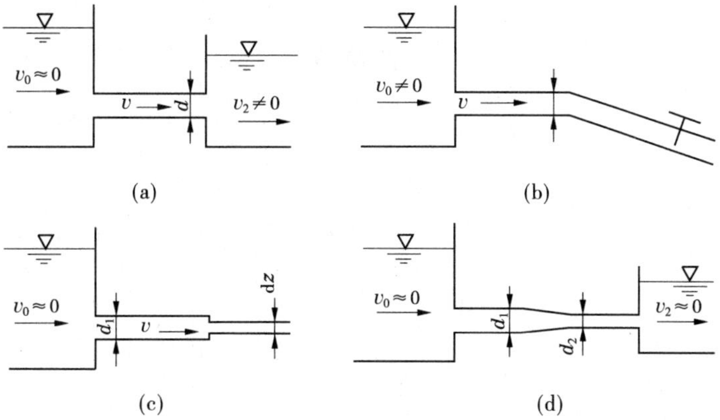

图 10-16

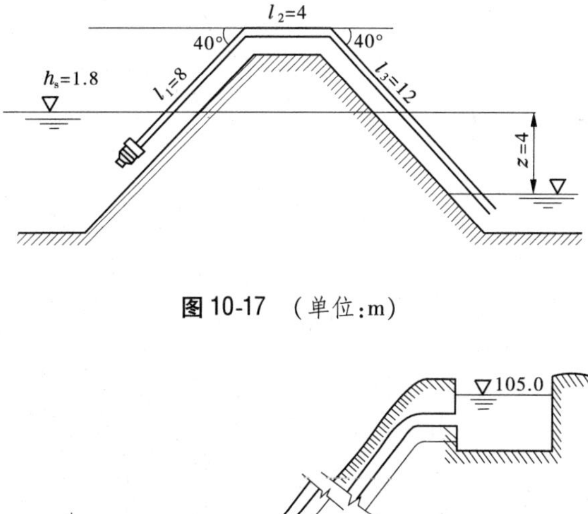

图 10-17　（单位：m）

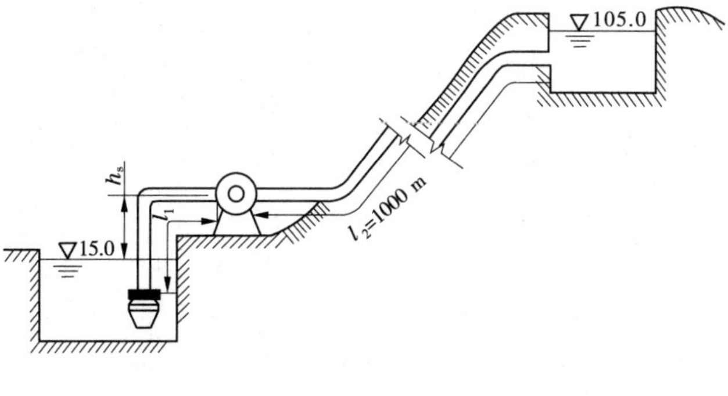

图 10-18

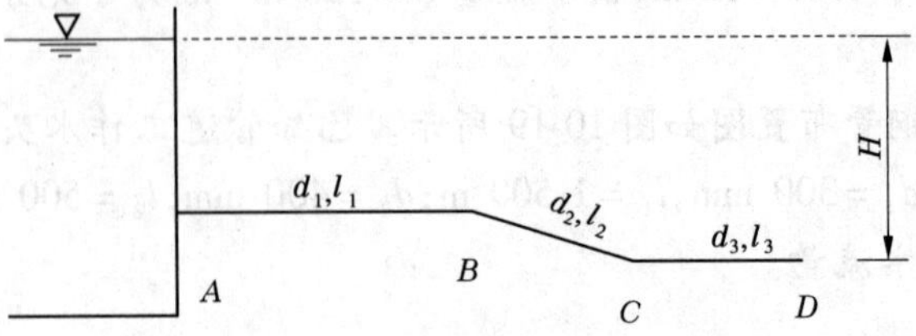

图 10-19

学习项目11　明渠恒定均匀流和非均匀流

学习单元1　明渠恒定均匀流的基本公式及有关问题

1　学习目标

（1）掌握明渠均匀流的特征及产生条件。
（2）明渠均匀流的基本公式及水力计算。

2　学习内容

（1）梯形断面水力要素、正常水深、流量、水力最佳断面的计算及断面设计。
（2）明渠均匀流的特性及产生条件、底坡、湿周、水力半径、允许流速等概念。

3　任务实施

3.1　明渠的概念及分类

3.1.1　明渠水流

天然河道、人工渠道中的水流通称为明渠水流。其具有自由水面，表面压强为一个大气压，相对压强为零，故又称为无压流。其流动主要是靠重力流动，不仅天然河道、人工渠道中的水流为明渠水流，只要管道、隧洞等建筑物中的水流未充满整个断面，水面是大气压的，均为明渠水流。

明渠水流根据水流运动要素是否随时间发生变化，分为明渠恒定流和明渠非恒定流。根据水流运动要素是否沿程变化，分为明渠恒定均匀流和明渠恒定非均匀流。本学习项目主要讨论明渠恒定均匀流问题，明渠恒定非均匀流将在学习项目12讨论。

明渠均匀流是指渠道中的流速及流速分布沿流程不变的水流。

3.1.2　渠道的形式

渠道是约束明渠水流运动的外部条件，渠道边壁的几何特征和水力特性对明渠中的水流运动有着重要的影响，因此必须对明渠槽身的形式有所了解。

渠道横向几何特性是指横向断面的形状和尺寸，纵向几何特性是指渠道底坡及其变化情况。

3.1.2.1　按横断面的形状分类

人工修建的渠槽一般为对称断面，其基本形状有矩形、梯形、U形、圆形和复式断面等。当明渠修在土基上时，为避免崩塌和便于施工，以及从优化的角度考虑，多做成梯形断面；矩形断面多用于岩石中开凿或混凝土衬砌的渠道；圆形断面则常用于无压输水涵管或下水道；而复式断面则多用于大型或地基比较特殊的、水位变化较大的渠道，如图 11-1 所示。

天然河道的横断面形状往往是不规则的，常见的形式多是由主槽和边滩组成的复式断面，如图 11-2 所示。

在实际工程中，人工渠道应用较多的断面形状是梯形和矩形。其过水断面的水力要素如下：

水面宽度 B　　$B = b + 2mh$　　(11-1)

过水断面面积　　$A = (b + mh)h$　　(11-2)

湿周 χ　　$\chi = b + 2h\sqrt{1 + m^2}$　　(11-3)

水力半径 R　　$R = \dfrac{A}{\chi} = \dfrac{(b + mh)h}{b + 2h\sqrt{1 + m^2}}$　　(11-4)

式中　b—— 渠底宽度；

m——边坡系数，为渠道侧坡的水平投影长度与垂直投影高度的比值。

它表示梯形断面两侧边壁的倾斜程度。$m = \cot\theta$，常取垂直方向为 1 m 时水平方向的长度来表示。θ 为边坡与水平线的夹角。m 的大小取决于土壤的种类和护面情况，其值由土力学试验研究确定，也可参考表 11-1 选取。

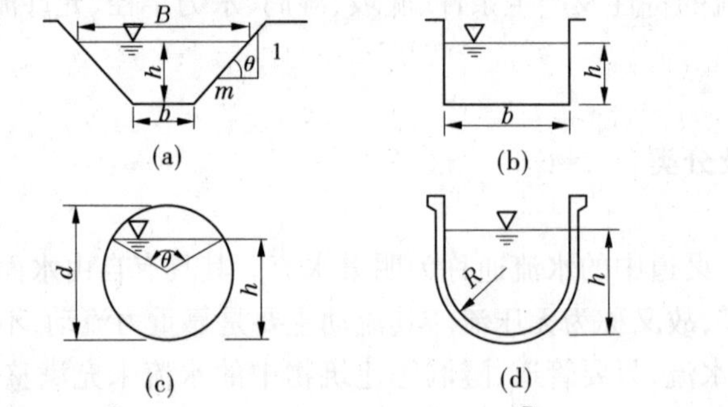

图 11-1

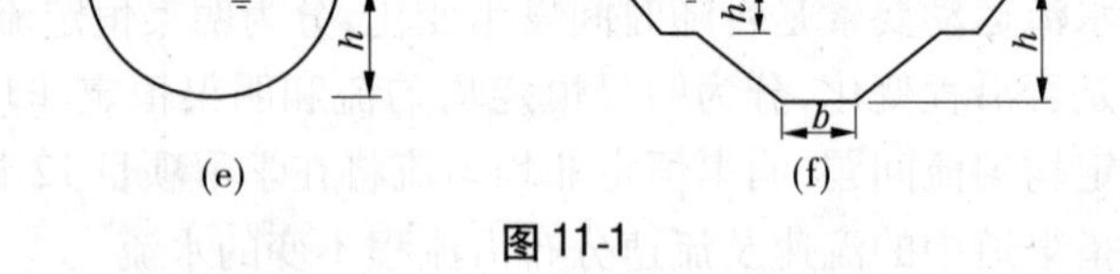

图 11-2

对于矩形断面的水力要素，可看作是边坡系数 $m = 0$ 的梯形断面，则

$$B = b \qquad A = bh \qquad \chi = b + 2h$$

对于圆形断面、U 形断面的水力要素，可根据它们的几何尺寸来确定。

表11-1 梯形断面边坡系数值

岩土种类	边坡系数 m	岩土种类	边坡系数 m
粉砂	3.0~3.5	黄土或黏土	1.0~1.5
细砂、中砂和粗砂		卵石和砂砾	1.25~1.5
1.疏松的和中等密实的	2.0~2.5	半岩性耐水土壤	0.5~1.0
2.密实的	1.5~2.0	风化的岩石	0.25~0.5
黏壤土或砂壤土	1.25~2.0	未风化的岩石	0~0.25

3.1.2.2 按断面形状、尺寸是否沿程变化分类

断面形状和尺寸沿程不变且渠道轴线为直线的渠道称为棱柱体渠道。如轴线顺直且断面形状大小不变的人工渠道、渡槽等,都属于棱柱体渠道。在棱柱体渠道中,水流的过水断面面积仅随水深而变,即 $A=f(h)$。

断面形状和尺寸沿程变化的渠道称为非棱柱体渠道。如梯形断面和矩形断面的渠道间的过渡段、人工渠道的弯段、一般的天然河道等,都属于非棱柱体渠道。在非棱柱体渠道中,过水断面面积既随水深 h 变化,又沿流程 l 变化,即 $A=f(h,l)$。

3.1.3 渠道的底坡

渠段首末两端底部高差与渠段长度的比值,称为渠道的底坡,它也等于渠底线与水平线的夹角 θ 的正弦,用字母 i 表示,如图11-3所示,在渠道中取1—1和2—2断面,两断面间的渠底线长度为 Δl,1—1断面的渠底高程为 z_1,2—2断面渠底高程为 z_2,则此段渠道的底坡为

$$i=\sin\theta=\frac{z_1-z_2}{\Delta l} \tag{11-5}$$

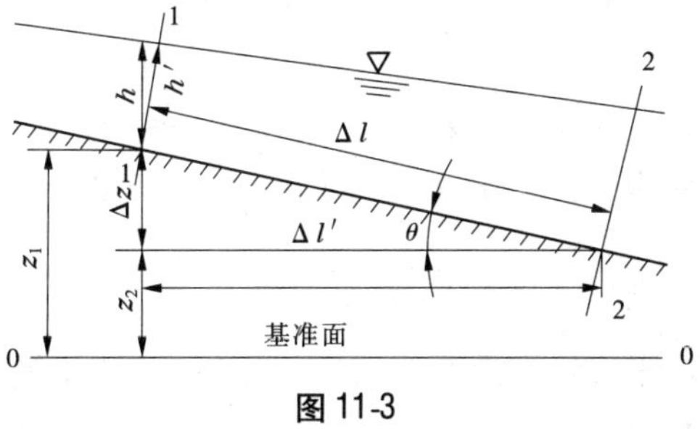

图11-3

一般当底坡较小时($i<0.10,\theta\leqslant6°$),$\sin\theta\approx\tan\theta$,即水平距离 Δl 与渠底线距离 $\Delta l'$ 相差很小,则渠底坡度可用下式替代

$$i\approx\tan\theta=\frac{z_1-z_2}{\Delta l'} \tag{11-6}$$

必须注意:明渠水流的过水断面是垂直于水流方向的横断面,渠道的水深应为垂直于流向的水深 h',但为了测量的方便,当坡度较小时($\theta\leqslant6°$),常用铅直水深 h 替代(如图11-3所示),当角较大时,则另当别论。

根据底坡沿程的变化,明渠的底坡分为三类:渠底沿程下降的称为顺坡(或正坡,$i>0$);渠底水平的称为平坡($i=0$);坡的倾斜方向与水流方向相反,渠底高程沿程升高的称为逆坡($i<0$),见图 11-4。

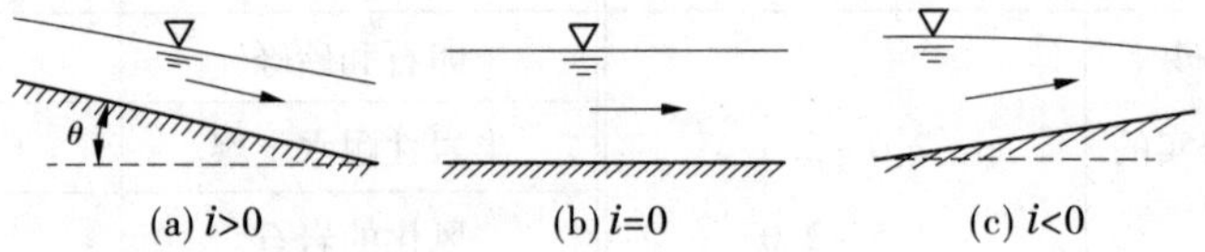

图 11-4

天然河道的河底起伏不平,底坡沿程变化,在进行河道水力计算时,常用一个平均底坡来替代河道的实际底坡。

3.2　明渠均匀流的特性

明渠均匀流是指渠道中的水流流速及流速分布沿程不变的水流。其实际上是物理学中的匀速直线运动,从力学角度分析,作用在明渠水流运动方向的各种力必须相互平衡。如图 11-5 所示,在明渠中选择一段水体 $ABCD$,其受力分别为重力 G,前后水压力 P_1、P_2,周界的摩擦阻力 F_f。

α 为渠底线与水平方向的夹角,则沿流向的平衡方程为

$$P_1 + G\sin\alpha - F_f - P_2 = 0$$

因为均匀流中过水断面上的动水压强按静水压强分布,且各过水断面水深的过水断面面积相等,则有 $P_1 = P_2$,且 $G\sin\alpha = F_f$。这说明,在明渠均匀流中,水流阻力与重力在水流方向上的分力相平衡。同理,对于非均匀流 $G\sin\alpha \neq F_f$,明渠水流做加速或减速运动。

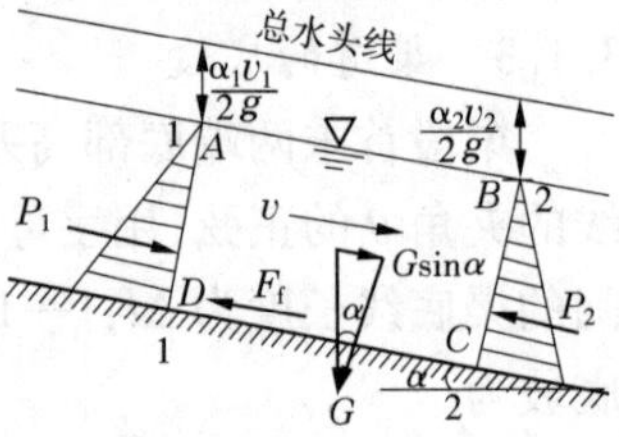

图 11-5

在明渠均匀流段选择断面 1—1、2—2 列能量方程

$$z_1 + \frac{p_1}{\gamma} + \frac{\alpha_1 v_1^2}{2g} = z_2 + \frac{p_2}{\gamma} + \frac{\alpha_2 v_2^2}{2g} + h_w$$

因为是均匀流,则有 $h_w = JL, v_1 = v_2, \alpha_1 = \alpha_2, p_1 = p_2$,由此可得明渠均匀流的基本特征为:

$$J = J_p = i \tag{11-7}$$

所以,明渠水流的水面线、渠底线和总水头线三线平行,三坡相等。

3.3　明渠均匀流产生的条件

由以上明渠均匀流特性可知,明渠水流必须具备以下条件,才能形成恒定均匀流。

(1)明渠水流为恒定流。

(2)流量沿程保持不变。在明渠中,沿程无水流汇入和分出。

(3)明渠必须是正坡($i>0$)的棱柱体渠道。非正坡渠道,重力与阻力不可能平衡,不能形成均匀流。非棱柱体渠道,则流速会发生变化,不能形成均匀流。

(4)明渠糙率系数沿程不变。糙率系数如沿程发生变化,则摩擦阻力也将变化,重力与阻力失去平衡,则不能形成均匀流。

(5)渠道上不应有建筑物对水流的干扰,如闸、坝、桥墩等建筑物。因为建筑物上下游水流衔接,必然有一段非均匀流,要经过一段距离才能达到均匀流。

由上述内容可知,明渠水流运动受到各种因素的影响,从理论上讲要产生真正的均匀流是很少的,实际明渠中大量存在的是非均匀流。但是,足够长的正坡棱柱体渠道中的水流运动过程中,各种促使水流加速运动的主动力和阻滞水流的阻力,互相消长,总有接近平衡而形成均匀流的趋势。一般情况下,只要是正坡棱柱体渠道,且采用同一种材料建成,流量沿程不变,渠段上没有建筑物的影响或离建筑物很远,基本能满足均匀流条件时,即可按均匀流计算,其产生的误差很小。在非均匀流中,也常常假设在很短的距离近似按均匀流考虑,其产生的误差,通过实验来修正。

一般天然河道断面形状、尺寸、底坡、糙率等沿程多变,不容易形成均匀流,但对于某些顺直、整齐一致的河段,也可按均匀流做近似计算。因此,明渠均匀流虽然是明渠水流最简单的流动形式,其理论却是分析明渠水流的重要基础,也是渠道设计的重要依据。

3.4　明渠均匀流的基本公式

由于明渠水流一般在阻力平方区,则其基本公式可根据谢才公式 $v = C\sqrt{RJ}$ 和流量公式 $Q = vA$ 得:

$$Q = AC\sqrt{RJ}$$

根据明渠均匀流的基本特征有:$J = J_p = i$,代入上式得:

$$Q = AC\sqrt{Ri} \tag{11-8}$$

令 $K = AC\sqrt{R}$,称为流量模 数,则有

$$Q = K\sqrt{i} \tag{11-9}$$

式中的流量模数 K 的单位为 m^3/s。它综合反映明渠断面形状、尺寸和糙率对过水能力的影响。其表示当渠底坡度 $i=1$ 时渠道能通过的流量。在底坡为定值时,流量与流量模数成正比。

当谢才系数用曼宁公式 $C'' = \frac{1}{n}R^{\frac{1}{6}}$ 计算时,则公式可整理为

$$Q = \frac{A}{n}R^{2/3}i^{1/2} \tag{11-10}$$

或

$$Q = \frac{\sqrt{i}}{n}\frac{A^{5/3}}{\chi^{2/3}} \tag{11-11}$$

水力学中常把均匀流水深叫作正常水深,用 h_0 表示;相应于正常水深的过水断面面积、湿周、水力半径、谢才系数、流量模数也同样以 A_0、χ_0、R_0、C_0、K_0 表示。

3.5　渠道糙率确定

明渠糙率系数 n 值表示渠道表面粗糙程度的无因次数。设计时必须合理选定 n 值,尽量使选定的 n 值和实际的大致相近。影响 n 值的主要因素有渠床状况、渠道流量、渠水含沙量、渠道弯曲情况、施工质量、养护情况等。一般情况下,渠床糙率可根据渠道特性、渠道流量等参考表 11-2 ~ 表 11-4 选择糙率值。对于大型渠道的糙率值,则要进行试验测定。

3.5.1　均质渠道糙率的确定

均质渠道是指在同一横断面上，各边界湿周上的材料相同，糙率也相同。

表 11-2　土渠糙率值

渠道流量(m^3/s)	渠槽特征	灌溉渠道	泄(退)水渠道
>20	平整顺直，养护良好	0.020 0	0.022 5
	平整顺直，养护一般	0.022 5	0.025 0
	渠床多石，杂草丛生，养护较差	0.025 0	0.027 5
20～1	平整顺直，养护良好	0.022 5	0.025 0
	平整顺直，养护一般	0.025 0	0.027 5
	渠床多石，杂草丛生，养护较差	0.027 5	0.033 0
<1	渠床弯曲，养护一般	0.025 0	0.027 5
	支渠以下的固定渠道	0.027 5	0.030 0
	渠床多石，杂草丛生，养护较差	0.030 0	0.035 0

表 11-3　石渠糙率

渠槽表面特征	糙率	渠槽表面特征	糙率
经过良好修整	0.025 0	经过中等修整，有凸出部分	0.033 0
经过中等修整，无凸出部分	0.030 0	未经修整，有凸出部分	0.035 0～0.045 0

表 11-4　防渗衬砌渠槽糙率

防渗衬砌结构类别及特征		糙率
黏土、黏沙混合土、膨润混合土	平整顺直，养护良好	0.0225
	平整顺直，养护一般	0.0250
	平整顺直，养护较差	0.0275
灰土、三合土、四合土	平整，表面光滑	0.015 0～0.017 0
	平整，表面较粗糙	0.018 0～0.020 0
水泥土	平整，表面光滑	0.014 0～0.016 0
	平整，表面较粗糙	0.016 0～0.018 0
砌石	浆砌料石、石板	0.015 0～0.023 0
	浆砌块石	0.020 0～0.025 0
	干砌块石	0.025 0～0.033 0
	浆砌卵石	0.023 0～0.027 5
	干砌卵石、砌工良好	0.025 0～0.032 5
	干砌卵石、砌工一般	0.027 5～0.037 5
	干砌卵石、砌工粗糙	0.032 5～0.042 5

防渗衬砌结构类别及特征		糙率
沥青混凝土	机械现场浇筑，表面光滑	0.012 0～0.014 0
	机械现场浇筑，表面粗糙	0.015 0～0.017 0
	预制板砌筑	0.016 0～0.018 0
混凝土	抹光的水泥砂浆面	0.012 0～0.013 0
	金属模板浇筑，平整顺直，表面光滑	0.012 0～0.014 0
	刨光木模板浇筑，表面一般	0.015 0
	表面粗糙，缝口不齐	0.017 0
	修整及养护较差	0.018 0
	预制板砌筑	0.016 0～0.018 0
	预制渠槽	0.012 0～0.016 0
	平整的喷浆面	0.015 0～0.016 0
	不平整的喷浆面	0.017 0～0.018 0
	波状断面的喷浆面	0.018 0～0.025 0

注意:在设计计算渠道断面时,要慎重选取糙率值。如果边壁糙率值取得大了,则按一定流量设计的过水断面面积或底坡就会偏大,增加了工程量和造价;渠道建成后运行时,渠中实际流速大于设计流速,可能产生渠道冲刷,并造成实际水位降低,导致次级渠道进水困难,减小经济效益(如减小自流灌溉面积)。反之,如果糙率值选得比实际的小了,则按设计流量确定的过水断面面积或渠道底坡就会偏小,而实际糙率系数大,边壁对水流的阻力大,渠道过水时实际流速小,不能满足流量的要求或可能造成渠水漫堤事故;实际流速小于设计流速还可能导致挟沙水流的淤积等。因而糙率系数值的确定非常重要,在渠道断面设计时,选择合适的糙率值,直接影响到断面的大小和工程的造价。

3.5.2 综合糙率的确定

在水利工程中,一些傍山渠道(见图 11-6),常采用渠道断面一侧及渠底为岩石而边坡用另一种材料做面的渠道。这种渠道在同一过水断面上各部分湿周的糙率不同,因此称为非均质渠道。非均质渠道的水力计算一般按均匀流公式计算,但为了反映同一断面各周界上不同糙率的影响,明渠均匀流公式 $Q=\frac{A}{n}R^{2/3}i^{1/2}$ 中的糙率 n 应采用综合糙率 n_e 代替。n_e 与各部分湿周 $\chi_1,\chi_2,\cdots$,以及其相应的糙率 $n_1,n_2,\cdots$有关。

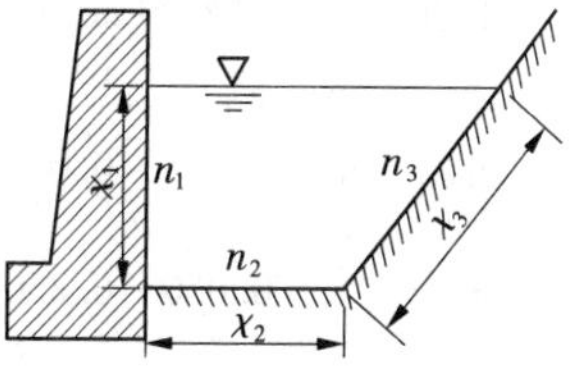

图 11-6

当渠道底部的糙率系数小于侧壁的糙率系数时按式(11-12)计算

$$n_e=\sqrt{\frac{n_1^2\chi_1+n_2^2\chi_2+n_3^2\chi_3}{\chi_1+\chi_2+\chi_3}} \tag{11-12}$$

在一般情况下,n_e 也可用加权平均法估算,即

$$n_e=\frac{n_1\chi_1+n_2\chi_2+n_3\chi_3}{\chi_1+\chi_2+\chi_3} \tag{11-13}$$

3.6 渠道中的允许流速

当渠道通过不同流量时,对应的流速是不同的。如果流速过大,可能引起渠床冲刷而使渠道破坏;如果流速过小,又会导致水流挟带的泥沙淤积,降低渠道过流能力;对于水电站的引水渠道,流速的大小还影响着电站的动力经济性。此外,某些渠道还有特殊要求,例如,为使渠道中不致滋生水草的允许流速限制。所以,必须对渠道断面平均流速加以限制。这种既不使渠道产生冲刷,又不使渠道发生淤积的流速限制值称为允许流速,即

$$v_{不淤}<v<v_{不冲} \tag{11-14}$$

式中 $v_{不冲}$——不冲允许流速,主要与渠道边壁土壤类型或护砌材料的性质有关,也与流量、水力半径、水深等水力要素有关,可参照表 11-5 ~ 表 11-8 选取;

$v_{不淤}$——不淤允许流速,主要与渠水中含沙量的大小、泥沙颗粒性质及组成有关,可查阅有关手册,在清水土渠中的流速一般应不小于 0.5 m/s。

由标准可知,土渠设计平均流速宜控制在 0.6 ~ 1.0 m/s,但不宜小于 0.3 m/s。寒冷地区冬、春季灌溉的渠道,设计平均流速不宜小于 1.5 m/s。

表 11-5　黏性土渠道的允许不冲流速

土质	允许不冲流速(m/s)	土质	允许不冲流速(m/s)
轻壤土	0.060 ~ 0.80	重壤土	0.70 ~ 0.95
中壤土	0.65 ~ 0.85	黏土	0.75 ~ 1.00

表 11-6　非黏性土渠道允许不冲流速

土质	粒径(mm)	不同水深(m)下的允许不冲流速(m/s)			
		0.4	1.0	2.0	≥3.0
淤泥	0.005 ~ 0.050	0.12 ~ 0.17	0.15 ~ 0.21	0.17 ~ 0.24	0.19 ~ 0.26
细砂	0.050 ~ 0.250	0.17 ~ 0.27	0.21 ~ 0.32	0.24 ~ 0.37	0.26 ~ 0.40
中砂	0.250 ~ 1.000	0.27 ~ 0.47	0.32 ~ 0.57	0.37 ~ 0.65	0.40 ~ 0.70
粗砂	1.000 ~ 2.500	0.47 ~ 0.53	0.57 ~ 0.65	0.65 ~ 0.75	0.70 ~ 0.80
细砾石	2.500 ~ 5.000	0.53 ~ 0.65	0.65 ~ 0.80	0.75 ~ 0.90	0.80 ~ 0.95
中砾石	5.000 ~ 10.000	0.65 ~ 0.80	0.80 ~ 1.00	0.90 ~ 1.10	0.95 ~ 1.20
大砾石	10.000 ~ 15.000	0.80 ~ 0.95	1.00 ~ 1.20	1.10 ~ 1.30	1.20 ~ 1.40
小卵石	15.000 ~ 20.000	0.95 ~ 1.20	1.20 ~ 1.40	1.30 ~ 1.60	1.40 ~ 1.80
中卵石	20.000 ~ 40.000	1.20 ~ 1.50	1.40 ~ 1.80	1.60 ~ 2.10	1.80 ~ 2.20
大卵石	40.000 ~ 70.000	1.50 ~ 2.00	1.80 ~ 2.40	2.10 ~ 2.80	2.20 ~ 3.00
小漂石	75.000 ~ 100.000	2.00 ~ 2.30	2.40 ~ 2.80	2.80 ~ 3.20	3.00 ~ 3.40
中漂石	100.000 ~ 150.000	2.30 ~ 2.80	2.80 ~ 3.40	3.20 ~ 3.90	3.40 ~ 4.20
大漂石	150.000 ~ 200.000	2.80 ~ 3.20	3.40 ~ 3.90	3.90 ~ 4.50	4.20 ~ 4.90
顽石	>200.000	>3.20	>3.90	>4.50	>4.90

注：表 11-5、表 11-6 中所列允许不冲流速值为水力半径 $R = 1.0$ m 时的情况；当 $R \neq 1.0$ m 时，表中所列数值应乘以 R^{α} 才得相应的不冲允许流速值，即 $v_{不冲} = v_{表} R^{\alpha}$。对砂、砾石、卵石、疏松的壤土、黏土，$\alpha = 1/3 \sim 1/4$；对于密实的壤土、黏土，$\alpha = 1/4 \sim 1/5$；非黏性土，$\alpha = 1/3 \sim 1/5$。

表 11-7　防渗衬砌渠道允许不冲流速

防渗衬砌结构类别			允许不冲流速(m/s)	防渗衬砌结构类别		允许不冲流速(m/s)
土料	黏土、黏沙混合土		0.75～1.00	膜料(土料保护层)	砂壤土、轻壤土	<0.45
	灰土、三合土、四合土		<1.00		中壤土	<0.60
水泥土	现场填筑		<2.50		重壤土	<0.65
	预制铺砌		<2.00		黏土	<0.70
砌石	干砌卵石(挂淤)		2.50～4.00		砂砾料	<0.90
	浆砌块石	单层	2.50～4.00	沥青混凝土	现场浇筑	<3.00
		双层	3.50～5.00		预制铺砌	<2.00
	浆砌料石		4.0～6.0	混凝土	现场浇筑	<8.00
	浆砌石板		<2.50		预制铺砌	<5.00
					喷射法施工	<10.00

注：表 11-7 中土料类和膜料类(土料保护层)防渗衬砌结构允许不冲流速值为水力半径 $R=1.0$ m 时的情况；当 $R\neq 1.0$ m 时，表中所列数值应乘以 R^{α}。指数值可按下列情况采用：①疏松的土料或土料保护层，$\alpha=1/3\sim1/4$；②中等密实和密实的土料或土料保护层，$\alpha=1/4\sim1/5$。

表 11-8　石渠允许不冲流速

岩性	不同水深(m)下的允许不冲流速(m/s)			
	0.4	1.0	2.0	3.0
砾岩、泥灰岩、页岩	2.0	2.5	3.0	3.5
石灰岩、致密的砾岩、砂岩、白云石灰岩	3.0	3.5	4.0	4.5
白云砂岩、致密的石灰岩、硅质石灰岩、大理岩	4.0	5.0	5.5	6.0
花岗岩、辉绿岩、玄武岩、安山岩、石英岩、斑岩	15.0	18.0	20.0	22.0

3.7　水力最佳断面

由均匀流公式可知，明渠的输水能力，主要取决于过水断面的形状、尺寸、底坡和糙率的大小。设计渠道时，底坡和糙率由具体情况选定。在底坡和糙率已定的前提下，渠道的过水能力则取决于渠道的横断面形状和尺寸。从设计的角度上，总是希望所选定的渠道的流量、底坡、糙率一定时，过水断面的面积最小；或者在渠道的过水断面面积、底坡、糙率一定时，通过的流量最大，符合这个条件的断面，称为水力最佳断面。

由明渠均匀流公式 $Q=\dfrac{\sqrt{i}}{n}\dfrac{A^{5/3}}{\chi^{2/3}}$ 分析可知：当渠道的底坡 i、糙率 n 及过水断面面积 A 一定时，湿周 χ 最小(水力半径最大)通过的流量 Q 最大；或者说，当 i、n、Q 一定时，湿周 χ 最小(或水力半径最大)，所需的过水断面面积 A 也最小。

由几何学可知，面积一定时，圆形断面的湿周最小，水力半径最大；又因半圆形的过水断面与圆形断面的水力半径相同,所以在明渠的各种断面形状中,半圆形是水力最佳断面。但半圆形施工难度大、造价高,不能普遍应用,只有在钢筋混凝土或钢丝网水泥做成的渡槽等建筑物中才采用类似半圆形的断面(如U形断面)。因此,以下主要内容均以常见的梯形和矩形为例。

3.7.1 梯形水力最佳断面的宽深比公式

工程中多采用梯形断面,其边坡系数 m 可以直接由边坡稳定确定。因而在 m 一定的情况下,同样的过水断面面积 A,湿周的大小因底宽与水深的比值即宽深比 b/h 而异。根据水力最佳断面的条件有:A、i、n 一定,最小湿周 χ 应满足 $\frac{d\chi}{dh}=0\ (\frac{d^2\chi}{dh^2}>0)$,由 $A=(b+mh)h$ 得 $b=\frac{A}{h}-mh$,代入 $\chi=b+2h\sqrt{1+m^2}$,求 χ 对 h 的一阶导数并使之为零可推得梯形水力最佳断面的宽深比公式

$$\beta_m=\frac{b}{h}=2(\sqrt{1+m^2}-m) \tag{11-15}$$

上式表明:梯形水力最佳断面的宽深比 b/h 值仅与边坡系数有关。

3.7.2 梯形水力最佳断面的特征

因 $R=\frac{A}{\chi}=\frac{(b+mh)h}{b+2h\sqrt{1+m}}$,将 $b=\beta h$,$\beta_m=2(\sqrt{1+m^2}-m)$ 代入即可得:$R_m=\frac{h}{2}$

上式说明:梯形水力最佳断面的水力半径只与水深有关且等于水深的一半,而与渠道的底坡及边坡系数无关。

对于矩形断面,因可看作是 $m=0$ 的梯形,则由上式可得:

$$\beta_m=\frac{b}{h}=2$$

也就是说,矩形水力最佳断面的特征是:底宽为水深的2倍。

必须说明:水力最佳断面的特点一般为窄深式。其具有工程量省、占地少、过流量大的优点,但施工中由于开挖深、土方单价高,易受地质条件等因素的影响,所以并不一定是经济实用断面。对于大型或较大型的渠道,渠线很长,因此在渠道设计中要综合考虑各种条件,进行经济技术比较。一般不能把水力最佳断面看作是设计渠道的唯一条件。

4 案例分析

【例11-1】 有一梯形断面中壤土土渠,平整顺直,养护一般糙率,边坡系数 $m=1.5$,底宽 $b=1.5$ m,水深 $h=1.2$ m,底坡 $i=0.000\ 35$,求渠道的过水能力,并校核渠道中的流速是否满足要求。

解 1.渠道过水能力计算

查表11-2,对于土渠,平整顺直、养护一般的糙率值为0.025。渠道断面的水力要素为

过水断面面积 A:$A=(b+mh)h=(1.5+1.5\times1.2)\times1.2=3.96$ (m)

湿周 χ:$x=b+2h\sqrt{1+m^2}=1.5+2\times1.2\sqrt{1+1.5^2}=5.83$ (m)

水力半径 R：$R = \frac{A}{\chi} = \frac{3.96}{5.83} = 0.679\ (\text{m})$

流量 Q 可用明渠均匀流公式(11-10)计算

$$Q = \frac{A}{n} R^{2/3} i^{1/2} = \frac{3.96}{0.025} \times (0.679)^{\frac{2}{3}} \times (0.000\ 35)^{\frac{1}{2}} = 2.29(\text{m}^3/\text{s})$$

2. 校核流速

因是土渠，流量 $2.29\ \text{m}^3/\text{s}$，中壤土，查表11-5得，$R = 1.0$ m 时的 $v_{表} = 0.70$ m/s，则当 $R = 0.679$ m 时的允许不冲流速为

$$v_{不冲} = v_{表} R^{\alpha} = 0.70 \times 0.679^{\frac{1}{4}} = 0.635(\text{m/s})$$

渠中流速为

$$v = \frac{Q}{A} = \frac{2.29}{3.96} = 0.578(\text{m/s})$$

渠中最小流速选择为 $v_{不淤} = 0.5$ m/s，则渠道满足 $v_{不淤} < v < v_{不冲}$ 的设计要求。

学习单元2 明渠均匀流水力计算

1 学习目标

掌握两类明渠均匀流的水力计算类型。

2 学习内容

(1) 对已建成的渠道进行水力计算。

(2) 设计新渠道的水力计算。

3 任务实施

在水利工程中，梯形渠道应用最为广泛，因而后面以梯形断面为代表，讨论渠道的水力计算方法。

因明渠流量计算公式 $Q = \frac{A}{n} R^{\frac{2}{3}} i^{\frac{1}{2}} = \frac{\sqrt{i}}{n} \frac{A^{5/3}}{\chi^{2/3}}$，将梯形的面积 $A = (b + mh)h$、湿周 $\chi = b + 2h\sqrt{1 + m^2}$ 代入上式得

$$Q = \frac{\sqrt{i}}{n} \frac{[(b + mh)h]^{5/3}}{(b + 2h\sqrt{1 + m^2})^{2/3}} \tag{11-16}$$

所以，$Q = f(b,h,m,n,i)$，这说明，梯形断面水力计算存在着(Q,b,h,m,n,i)六个变量。通常渠道的边坡系数 m 和糙率系数 n，可由渠的地质情况、施工条件、护面材料等实测确定，或由经验查表确定，则渠道的水力计算主要是流量计算、正常水深计算、渠宽度计算及渠底坡度计算。

明渠均匀流的水力计算问题，可分为两大类：一类是对已建成的渠道进行计算，如校核流速、流量、糙率和底坡；另一类是按要求设计新渠道，如确定底宽、水深、底坡、边坡系

数或超高等。

4 案例分析

4.1 已成渠道的水力计算

已成渠道的水力计算任务是校核过水能力及流速，或由实测过水断面的流量反推粗糙系数和底坡。下面以例题形式来说明。

4.1.1 流量和流速的校核

【例11-2】 某灌溉工程黏土渠道，总干渠全长70 km，糙率 $n=0.028$，断面为梯形，底宽为8 m，边坡系数 $m=1.5$，底坡 $i=1/8\ 000$，设计流量 Q 为40 m^3/s。试校核当水深为4 m时，能否满足通过设计流量的要求。

解 1.流量校核

由于渠道较长，断面规则，底坡和糙率固定，故可按明渠均匀流计算。

因为 $$A=(b+mh)h=(8+1.5\times4)\times4=56(m^2)$$

$$\chi=b+2h\sqrt{1+m^2}=8+2\times4\times\sqrt{1+1.5^2}=22.42\ (m)$$

所以，水力半径：$R=\dfrac{A}{\chi}=\dfrac{56}{22.42}=2.498(m)$

谢才系数： $$C=\frac{1}{n}R^{\frac{1}{6}}=\frac{1}{0.028}\times2.498^{\frac{1}{6}}=41.6(m^{1/2}/s)$$

流量：$Q=AC\sqrt{Ri}=56\times41.6\times\sqrt{2.498\times(1/8\ 000)}=41.17(m^3/s)$

2.流速校核

$$v=\frac{Q}{A}=\frac{41.17}{56}=0.74\ (m/s)>v_{不淤}=0.5(m/s)$$

查表11-5黏土渠道，不冲流速允许值为0.75~1.00 m/s，水力半径为2.498 m，则实际允许流速为

$$v_{不冲}=v_{表}R^{\alpha}=(0.75\sim1.00)\times(2.498)^{\frac{1}{4}}=0.942\sim1.26(m/s)$$

因计算流量大于设计流量，则满足能过设计流量的要求；实际流速满足不冲、不淤允许流速要求。

4.1.2 确定糙率 n 值计算

对于已成渠道，为了检验采用的糙率系数是否符合实际，或当渠道运行一段时间后，为了检验糙率是否发生变化，选择一段长度适中的明渠均匀流段，实测 A、Q、i，反推糙率 n 值。

【例11-3】 某矩形有机玻璃水槽，底宽 $b=15$ cm，水深 $h=6.5$ cm，底坡 $i=0.02$，槽内水流系均匀流动，实测该槽通过的流量 $Q=17.3$ L/s，求糙率为多少？

解 根据明渠均匀流公式：$Q=AC\sqrt{Ri}$

推导得： $$n=\frac{A}{Q}R^{\frac{2}{3}}i^{\frac{1}{2}}$$

因 $$A=bh=0.15\times0.065=0.009\ 75(m^2)$$

$$\chi=b+2h=0.15+2\times0.065=0.28(m)$$

$$R = \frac{A}{\chi} = \frac{0.009\ 75}{0.28} = 0.034\ 8(\mathrm{m})$$

所以 $$n = \frac{A}{Q}R^{\frac{2}{3}}i^{\frac{1}{2}} = \frac{0.009\ 75}{0.017\ 3} \times 0.034\ 8^{\frac{2}{3}}0.02^{\frac{1}{2}} = 0.008\ 5$$

该有机玻璃槽的糙率为0.008 5。

4.1.3 计算底坡

【例11-4】 根据某渡槽中部水流为明渠均匀流，$n=0.017$，$l=200$ m，矩形断面，底宽 $b=2$ m，当水深 $h=1.0$ m 时，通过的流量 $Q=3.30\ \mathrm{m^3/s}$。问该渡槽底坡为多少？两断面的水面落差为多少？

分析：根据明渠均匀流特性可知，底坡 $i=J_p=\Delta z/l$，则水面落差等于渠底高差。

解 根据明渠均匀流公式 $Q = AC\sqrt{Ri}$ 推得如下公式：

$$i = \frac{Q^2}{A^2C^2R}$$

$$A = bh = 2 \times 1.0 = 2(\mathrm{m^2})$$

$$\chi = b + 2h = 2 + 2 \times 1.0 = 4(\mathrm{m})$$

$$R = \frac{A}{\chi} = \frac{2}{4} = 0.5(\mathrm{m})$$

$$C = \frac{1}{n}R^{\frac{1}{6}} = \frac{1}{0.017} \times 0.5^{\frac{1}{6}} = 52.4(\mathrm{m^{1/2}/s})$$

所以 $$i = \frac{Q^2}{A^2C^2R} = \frac{3.30^2}{2^2 \times 52.4^2 \times 0.5} = 0.002$$

则 $$\Delta z = il = 0.002 \times 200 = 0.4(\mathrm{m})$$

该渡槽底坡为0.002，水面落差为0.4 m。

4.2 新渠道的水力计算

新设计渠道水力计算的任务主要是根据具体土质、地形、渠道设计流量和使用要求等选择断面形式，设计过水断面尺寸，或确定渠道的底坡 i。

对梯形和矩形断面主要计算渠底宽 b、正常水深 h_0，也就是说已知 Q、m、n、i 求 h_0 和 b。工程中一般是根据具体要求确定一个值，求出另一个值，或确定宽深比 β 求 b 和 h_0。过水断面大小的确定方法很多，选用哪一种 b、h 组合，工程上常用经济技术比较来确定。下面介绍各种计算方法。

4.2.1 一般断面试算法求 h_0

对于梯形断面即为已知 Q、m、n、i、b 求 h_0。

根据 $Q = AC\sqrt{Ri} = K\sqrt{i}$（因 $K = AC\sqrt{R}$），令 $\frac{Q}{\sqrt{i}} = K_0$，则明渠水流应满足 $K=K_0$。

因 K_0 已知，设 h，求出 K。当假设 h 后求出的 K 与 K_0 相等时，则说明假设成立，假设的 h 即为所求，试算结束。如果 $K \neq K_0$，则要继续假设 h，求出 K 值，直到 $K \approx K_0$。

4.2.2　梯形断面的迭代试算法

4.2.2.1　已知 Q、m、n、i、b，求 h_0

将 $Q = \frac{\sqrt{i}}{n}\frac{[(b+mh)h]^{5/3}}{[b+2h\sqrt{1+m^2}]^{2/3}}$ 整理得

$$h_{(j+1)} = \left(\frac{nQ}{\sqrt{i}}\right)^{\frac{3}{5}}\frac{(b+2h_j\sqrt{1+m^2})^{\frac{2}{5}}}{b+mh_j} \tag{11-17}$$

迭代水深时可取初值 $h_{(0)} = \left(\frac{nQ}{\sqrt{i}}\right)^{0.6}$

将式中的边坡系数 m 取为零，可得矩形断面正常水深的迭代计算公式：

$$h_{(j+1)} = \left(\frac{nQ}{\sqrt{i}}\right)^{0.6}\frac{(b+2h_j)^{0.4}}{b} \tag{11-18}$$

4.2.2.2　已知 Q、m、n、i、h，求 b

由面积公式直接导出迭代公式：

$$b_{(j+1)} = \left(\frac{nQ}{\sqrt{i}}\right)^{0.6}\frac{(b_j+2h\sqrt{1+m^2})^{0.4}}{h} - mh \tag{11-19}$$

以上各式中 j 代表迭代次数。

具体的迭代过程为：先计算出式中的常数项，然后设一初值（$h_{(0)}$ 或 $b_{(0)}$），代入迭代式的右边，解出 $h_{(1)}$；将 $h_{(1)}$ 代回到公式右边的未知项中，解出 $h_{(2)}$，即完成了一个迭代过程。如此重复迭代，直到代入的 h 值与计算出的值十分接近，差值小于 0.01 即可，则最后计算得到的水深即为正常水深。

4.2.3　梯形断面选择宽深比，求出 h_0 和 b_0

根据工程经验，查相关资料，选择合适的宽深比，则可直接求出 h_0 和 b_0。

公式推导：因 $\beta = \frac{b}{h}$，则 $b = \beta h$，将其代入前迭代式中，即可推导出如下公式：

$$h = \left(\frac{nQ}{\sqrt{i}}\right)^{\frac{3}{8}}\frac{(\beta+2\sqrt{1+m^2})^{\frac{1}{4}}}{(\beta+m)^{\frac{5}{8}}} \tag{11-20}$$

4.2.4　根据梯形水力最佳断面计算断面

由水力最佳断面得 $\beta_m = \frac{b}{h} = (\sqrt{1+m^2} - m)$，代入式(11-20)整理得

$$h_0 = 1.189\left[\frac{nQ}{\sqrt{i}(2\sqrt{1+m^2}-m)}\right]^{\frac{3}{8}} \tag{11-21}$$

$$b_0 = \beta_m h_0$$

$$A_0 = (b_0 + mh_0)h_0$$

式中　β_m——水力最佳断面宽深比。

学习单元 3　明渠恒定非均匀流的基本概念

1　学习目标

(1)掌握明渠水流三种流态及其判别。

(2)理解断面比能、临界水深、临界底坡等概念的含义。

2　学习内容

(1)明渠水流三种流态的定义、判别。

(2)弗劳德数、断面比能、临界水深的概念与计算。

3　任务实施

3.1　干扰波的传播与明渠水流的三种流态

3.1.1　明渠水流的三种流态

在生活中大家会观察到一种现象,在平静的湖面上投一颗石子,水面将会产生一个干扰波,而且这个波动是以石子的着水点为中心,以一定的速度 v_w 向四周传播。平面上干扰波的波形是半径不等的同心圆,如图 11-7 所示。如果在流动的水中投一颗石子,设水流的断面平均流速为 v,那么水面波的传播速度应是水流的速度与波速的矢量和。根据 v 和 v_w 的大小,水面波的传播图形如图 11-7(b)、(c)、(d)所示。当 $v < v_w$ 时,水面波将以 $v'_w = v_w - v$ 的速度向上游传播,以速度 $v'_w = v_w + v$ 向下游传播;当 $v \geq v_w$ 时,水面波不能向上游传播,只能向下游传播,向下游传播的速度为 $v + v_w$;$v = v_w$ 时,$v + v_w = 2v_w$。在水力学研究中,根据干扰微波能否向上游传播,将水流分为缓流、急流和临界流。

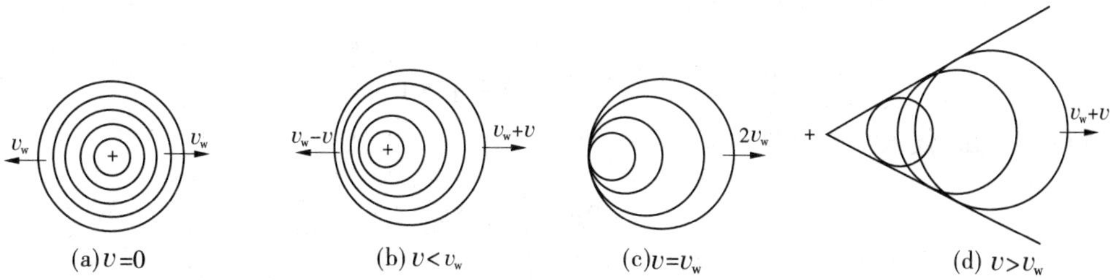

图 11-7

当 $v < v_w$ 时,干扰波能向上游传播,称为缓流;

当 $v > v_w$ 时,干扰波不能向上游传播,称为急流;

当 $v = v_w$ 时,干扰波不能向上游传播,但处于临界状态,称为临界流。

正确判别水流的三种流态,对分析研究明渠非均匀流的水面曲线变化有着重要作用。

3.1.2　干扰波的相对波速

由上面的分析可知，要判别水流的流态，不仅需要知道水流的断面平均流速，还必须求出微波的波速，下面建立微波波速的表达式。

如图 11-8(a)、(b)所示，一任意形状的平底棱柱体明渠，渠内水流处于静止状态，水深为 h，断面面积为 A，水面宽度为 B。若用一竖直平板，以一定的速度向左拨动一下，水面将产生一个向左移动的干扰微波。设微波的波高为 Δh，波速为 v_w，如果忽略摩阻力的影响，则微波将保持开始的形状和速度一直传到无限远处。若用相对运动的概念，也可认为干扰波是静止的，水体以速度 v_w 向右运动，如同观察者坐在火车上看到车厢是不动的，铁路两侧的物体向后跑一样。对于以速度 v_w 自右向左运动的坐标系而言，明槽中的水流运动是不随时间而变化的恒定流，但因水深沿流程变化，所以是非均匀流动。如图 11-8(c)所示，以渠底为基准，对相距很近的 1—1 断面和 2—2 断面列能量方程，不计两断面间的能量损失，则

$$h + \frac{\alpha_1 v_1^2}{2g} = (h + \Delta h) + \frac{\alpha_2 v_2^2}{2g} \tag{11-22}$$

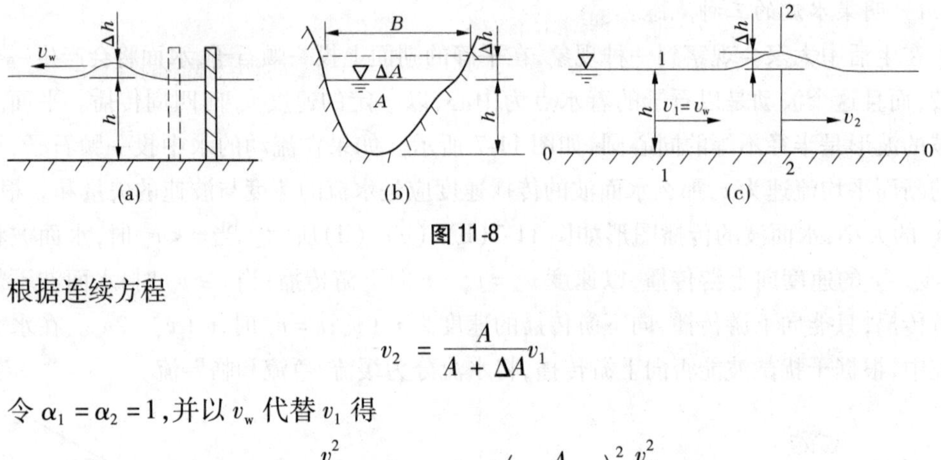

图 11-8

根据连续方程

$$v_2 = \frac{A}{A + \Delta A} v_1$$

令 $\alpha_1 = \alpha_2 = 1$，并以 v_w 代替 v_1 得

$$h + \frac{v_w^2}{2g} = h + \Delta h + \left(\frac{A}{A + \Delta A}\right)^2 \frac{v_w^2}{2g}$$

将 $\Delta A \approx B \cdot \Delta h$ 代入上式整理得

$$v_w = \sqrt{\frac{2g\left(\frac{A}{B} + \Delta h\right)^2}{\frac{2A}{B} + \Delta h}}$$

对于微波，波高 Δh 远小于 $\frac{A}{B}$（断面平均水深），略去 Δh，则微波波速 v_w 的表达式为

$$v_w = \sqrt{g \frac{A}{B}} \tag{11-23}$$

若明槽的断面形状为矩形，$A = Bh$，则

$$v_w = \sqrt{gh} \tag{11-24}$$

断面为任意形状时,式(11-23)可简化为

$$v_w = \sqrt{g\bar{h}} \tag{11-25}$$

式中 $\bar{h}$——断面平均水深。

由上式可以看出,在忽略摩阻力的情况下,微波的波速与断面平均水深的1/2次方成比例,水深愈大,波速亦愈大。

3.1.3 流态判别数

当求出明渠中的断面平均流速和干扰波的波速之后,将两者比较,就可以判别水流的流态。但在水力学研究中,通常是以水流的流速和波速的比值作为流态的判别数,称为弗劳德数,用符号 Fr 表示

$$Fr = \frac{v}{v_w} = \frac{v}{\sqrt{g\frac{A}{B}}} = \frac{v}{\sqrt{g\bar{h}}} \tag{11-26}$$

当 $Fr<1$,则 $v<v_w$,水流为缓流;

当 $Fr>1$,则 $v>v_w$,水流为急流;

当 $Fr=1$,则 $v=v_w$,水流为临界流。

弗劳德数是一个无量纲数,是水力学中的一个极其重要的判别数。为了理解其物理意义,可以将弗劳德数改变一下形式,写为

$$Fr = \frac{v}{\sqrt{g\bar{h}}} = \sqrt{2\frac{\frac{v^2}{2g}}{\bar{h}}} \tag{11-27}$$

显而易见,弗劳德数 Fr 反映了过水断面上单位重量的液体所具有的平均动能与平均势能之比。Fr 愈大,水流的平均动能所占的比重愈大,当平均单位动能等于平均单位势能的1/2时,$Fr = 1$,水流为临界流。当平均单位动能大于或小于平均单位势能的1/2时,$Fr > 1$ 或 $Fr < 1$,水流分别为急流或缓流。

3.2 断面单位能量、临界水深

为了从能量的角度进一步分析明渠水流的三种流态,需要引入断面单位能量和临界水深的概念。

3.2.1 断面单位能量

如图11-9所示,明渠的底坡与水平面的夹角为 θ,水流为非均匀渐变流。任取一过水断面,设水深为 h、流速为 v。若以过水断面最低点的水平面为基准面,以水面为代表点,断面上单位重量的液体所具有的机械能,称为断面单位能量或断面比能,以 E_s 表示。

$$E_s = h\cos\theta + \frac{\alpha v^2}{2g} \tag{11-28}$$

当底坡较小(工程中一般当底坡 $i<10\%$)时, $\cos\theta \approx 1$,常采用

$$E_s = h + \frac{\alpha v^2}{2g} \tag{11-29}$$

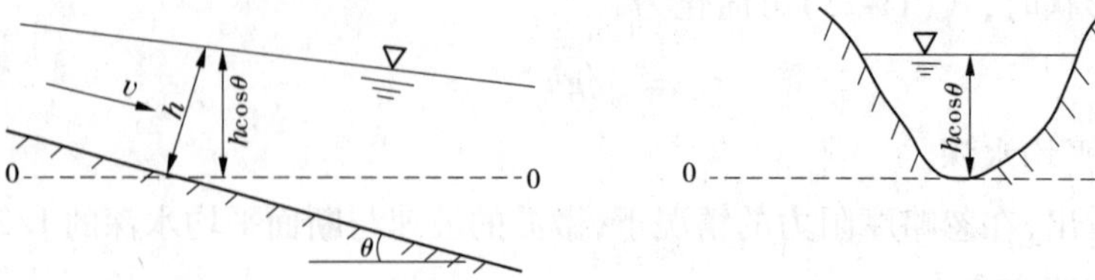

图 11-9

上式可改写为

$$E_s = h + \frac{\alpha Q^2}{2gA^2} \tag{11-30}$$

由式(11-30)可以看出,当流量 Q 和渠道的过水断面的形状和尺寸一定时,断面比能仅仅是水深的函数,即 $E_s = f(h)$ 。在非均匀流中,由于边界条件的影响,同一流量可能会以不同的水深通过某一过水断面,水深不同,过水断面面积 A 和流速 v 也不同,可以计算出不同的断面比能 E_s 值。以水深 h 为纵坐标,以 E_s 为横坐标,可以绘制出 $h—E_s$ 关系曲线。$h—E_s$ 关系曲线,称为比能曲线。下面首先定性分析一下比能曲线的变化规律。

由式(11-30)可以看出:当 $h\to 0$ 时, $A\to 0$, $\frac{\alpha Q^2}{2gA^2}\to\infty$, $E_s\to\infty$,比能曲线以横坐标轴为渐近线;当 $h\to\infty$ 时, $A\to\infty$, $\frac{\alpha Q^2}{2gA^2}\to 0$, $E_s\to\infty$,比能曲线以45°线为渐近线。因为断面比能是水深的连续函数,并且水深 h 从0增加到∞,断面单位能量 E_s 从∞先是减小,而后再增加到∞,故比能曲线中间必有一拐点,拐点所对应的断面比能为最小值。根据上面的讨论,定性绘制出的比能曲线如图 11-10 所示。

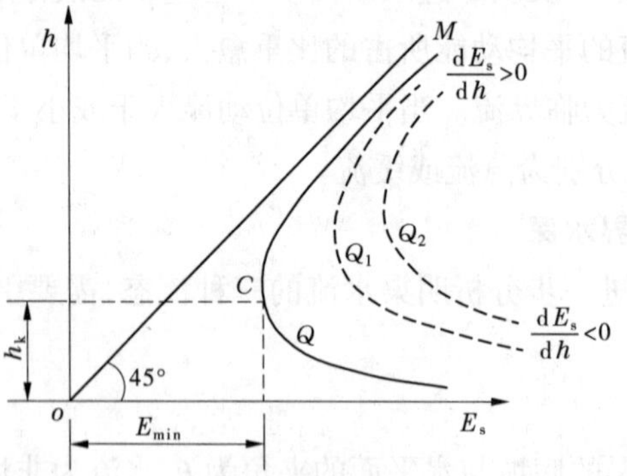

图 11-10

3.2.2 临界水深

为了解断面比能最小值所对应的水深的意义,可以将式(11-30)对 h 求一阶导数,并令其等于零。

$$\frac{dE_s}{dh} = \frac{d}{dh}\left(h + \frac{\alpha Q^2}{2gA^2}\right) = 1 - \frac{\alpha Q^2}{gA^3}\frac{dA}{dh}$$

式中 dA 是水深变化 dh 而引起的过水断面面积的变化，故$\frac{\mathrm{d}A}{\mathrm{d}h}=B$，$B$ 为过水断面的水面宽度，代入上式得

$$\frac{\mathrm{d}E_s}{\mathrm{d}h}=1-\frac{\alpha Q^2}{gA^3}\frac{\mathrm{d}A}{\mathrm{d}h}=1-\frac{\alpha v^2}{g\frac{A}{B}} \tag{11-31}$$

取 $\alpha=1$，则式(11-31)可写为

$$\frac{\mathrm{d}E_s}{\mathrm{d}h}=1-Fr^2=0 \tag{11-32}$$

上式表明，断面比能最小时，$Fr=1$，这就是前面讲到的临界流动。因此，把断面比能最小值所对应的水深称为临界水深，用 h_k 表示。在图 11-10 中，临界水深在比能曲线上所对应的点 C，将比能曲线分成上下两支，曲线上半支随水深 h 的增大，断面比能 E_s 增大，即$\frac{\mathrm{d}E_s}{\mathrm{d}h}>0$，$Fr<1$，为缓流；曲线下半支随水深 h 的增大，断面比能 E_s 减小，即$\frac{\mathrm{d}E_s}{\mathrm{d}h}<0$，$Fr>1$，为急流。断面比能曲线是对某一固定断面而言的，且与流量有关。对于同一断面，不同流量可以得出不同的比能曲线及相应的临界水深，如图 11-10 中虚线所示。当渠道中通过某一流量时，实际水深 h 大于临界水深 h_k，相应于比能曲线上支，为缓流；实际水深 h 小于临界水深 h_k，相应于比能曲线下支，为急流；实际水深 $h=h_k$，则为临界流。所以，用临界水深也可判别水流的流态。

若以 A_k、B_k 分别表示临界水深 h_k 所对应的过水断面面积和水面宽度，由式(11-31)可以得到临界水深的计算公式为

$$1-\frac{\alpha Q^2}{gA^3}\frac{\mathrm{d}A}{\mathrm{d}h}=0$$

即

$$\frac{\alpha Q^2}{g}=\frac{A_k^3}{B_k} \tag{11-33}$$

当流量 Q、断面形状和尺寸一定时，可以用上式求解临界水深。由式(11-33)可知，临界水深既不与渠底坡度有关，也不与渠道糙率有关，完全取决于渠道通过的流量及明渠的断面形状。对于任意形状的断面，式(11-33)是临界水深的隐函数形式，求解临界水深需要试算。对于矩形断面 $A_k=B_kh_k$，总流量 $Q=B_kq$，q 为单宽流量，单位是 $\mathrm{m^3/(s\cdot m)}$，代入式(11-33)可以得到临界水深的计算公式为

$$h_k=\sqrt[3]{\frac{\alpha q^2}{g}} \tag{11-34}$$

下面再分析一下矩形明槽中的临界流动的水深、流速水头和断面单位能量间的关系。将 $q=h_kv_k$ 代入式(11-34)，整理得

$$h_k=2\frac{\alpha v_k^2}{2g} \tag{11-35}$$

临界流动的断面比能为

$$E_s = h_k + \frac{h_k}{2} = \frac{3}{2}h_k$$

或
$$h_k = \frac{2}{3}E_s \tag{11-36}$$

由上面可以看出，矩形明槽中的临界流动，临界水深是临界流速水头的 2 倍，是断面单位能量的 2/3。

前面分析了一定流量通过固定断面时断面比能与水深的关系，下面以矩形明槽为例，进一步分析对某一固定断面，若断面比能一定，水深与单宽流量之间的关系。

将 $v = q/h$ 代入式(11-29)，并取 $\alpha = 1$，可得

$$q = h\sqrt{2g(E_s - h)} \tag{11-37}$$

由式(11-37)可知：若 $E_s = \text{const}$，$q = 0$ 时，水深存在最小值 $h = 0$ 和最大值 $h = E_s$，在 $0 < h < E_s$ 区间，$q > 0$。因此，水深由 $h = 0$ 增大到 $h = E_s$，单宽流量则经历由 0 增大再减小至 0 的变化过程，单宽流量必定存在最大值，它所对应的水深可以从 $\frac{\mathrm{d}q}{\mathrm{d}h} = 0$ 求出，求解得

$$h = \frac{2}{3}E_s$$

前面已证明，水深 $h = \frac{2}{3}E_s$ 时，为临界水深，即 $h = h_k$，故 $E_s = \text{const}$ 时，临界流动的过流流量最大。以 h 为纵坐标，q 为横坐标，点绘 $h \sim q$ 关系曲线，如图 11-11 所示。

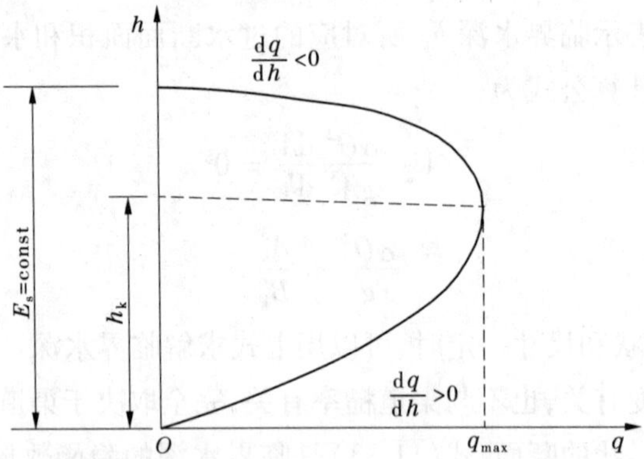

图 11-11

从图中可以看出，当断面比能不变时，对于缓流（曲线上半支），单宽流量愈大，水深愈小，$\frac{\mathrm{d}q}{\mathrm{d}h} < 0$；对于急流（曲线下半支），单宽流量愈大，水深愈大，$\frac{\mathrm{d}q}{\mathrm{d}h} > 0$。

3.3　临界底坡、缓坡与陡坡

从明渠均匀流知道，对于断面形状、尺寸和糙率一定的棱柱体明渠，当通过一定流量形成均匀流动时，渠道中的正常水深 h_0 仅仅与底坡 i 有关。底坡 i 越大，h_0 越小；底坡 i 越小，h_0 越大。正常水深 h_0 与底坡 i 的关系曲线，如图 11-12 所示。如果某一底坡正好使

渠道中的正常水深 h_0 等于相应流量的临界水深 h_k，该底坡称为临界底坡，用 i_k 表示。临界底坡上的流动应满足以下两个条件：一是均匀流动，二是临界流动，应同时满足关系式

$$\begin{cases} Q = A_k C_k \sqrt{R_k i_k} \\ \dfrac{\alpha Q^2}{g} = \dfrac{A_k^3}{B_k} \end{cases}$$

联解上式可得临界底坡的计算式为

$$i_k = \frac{g_k \chi_k}{\alpha C_k^2 B_k} \qquad (11\text{-}38)$$

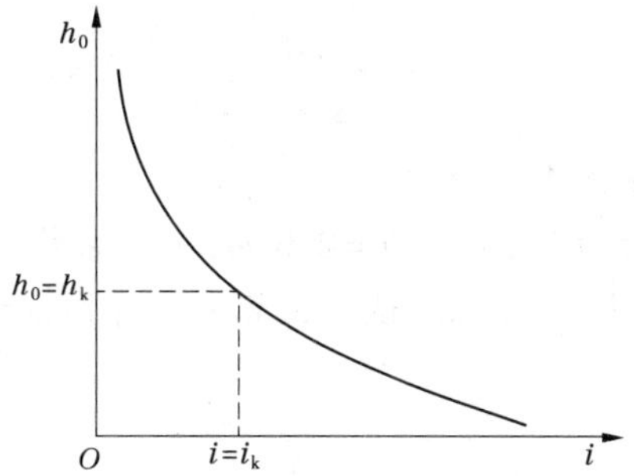

图 11-12

对于宽浅渠道，$\chi_k \approx B_k$，上式可简化为

$$i_k = \frac{g}{a C_k^2} \qquad (11\text{-}39)$$

式中 A_k、C_k、R_k、B_k、χ_k——临界水深所对应的过水断面面积、谢才系数、水力半径、水面宽度和湿周。

由式(11-39)可知，临界底坡 i_k 与流量、断面形状及尺寸、糙率有关，与渠道的实际底坡 i 无关。对于一定的流量，如果渠中形成均匀流动，渠道的底坡与临界底坡比较，存在三种情况：① $i < i_k$，$h_0 > h_k$，为缓流，渠道的底坡称为缓坡；② $i > i_k$，$h_0 < h_k$，为急流，称为陡坡；③ $i = i_k$，$h_0 = h_k$，为临界流，称为临界坡。所以，在均匀流的情况下，根据临界底坡即可判别水流的流态。但是，对于非均匀流，由于边界条件的控制，渠中的水深不等于正常水深 h_0，所以在缓坡上可能会出现急流，陡坡上也可能出现缓流，不能用临界坡判别急流和缓流。还需要注意的是，临界坡与流量有关，对于同一渠道，流量不同，临界坡也不同，所以要判别渠道底坡的类型，必须求出相应流量下的临界底坡。

4 案例分析

【例 11-5】 有一矩形渠道，渠底宽 1.5 m，水深 1.0 m，渠道中通过的流量 $Q = 2.0\ m^3/s$，试判别渠道中水流的流态。

解 矩形断面的平均流速为

$$v = \frac{Q}{A} = \frac{Q}{bh} = \frac{2.0}{1.0 \times 1.5} = 1.33(m/s)$$

微波的相对波速

$$v_w = \sqrt{gh} = \sqrt{9.8 \times 1.0} = 3.13\ (\text{m/s})$$

因为 $v<v_w$，所以水流为缓流。

【例 11-6】 在某河道中，已测得其过水断面面积 $A=524\ \text{m}^2$，水面宽度 $B=119\ \text{m}$，流量 $Q=1\ 620\ \text{m}^3/\text{s}$，试用流态判别数 Fr 判别水流流态。

解 河道中的断面平均流速

$$v = \frac{Q}{A} = \frac{1\ 620}{524} = 3.09(\text{m/s})$$

断面平均水深
$$\bar{h} = \frac{A}{B} = \frac{524}{119} = 4.40\ (\text{m})$$

则
$$Fr = \frac{v}{\sqrt{gh}} = \frac{3.09}{\sqrt{9.8 \times 4.40}} = 0.471$$

因为 $Fr<1$，则河道中水流为缓流。

【例 11-7】 某梯形断面渠道，底宽 $b=2.0\ \text{m}$，边坡系数 $m=1.5$，当通过流量 $Q=10\ \text{m}^3/\text{s}$ 时，渠道中的实际水深 $h=1.0\ \text{m}$。试用试算法和查图法计算临界水深 h_k，并判别水流的流态。

解 计算公式为

$$\frac{\alpha Q^2}{g} = \frac{A_k^3}{B_k} \qquad A = (b + mh)h \qquad B = b + 2mh$$

首先算出已知值

$$\frac{\alpha Q^2}{g} = \frac{1 \times 10^2}{9.8} = 10.2$$

然后假设不同的水深 h，算出相应的比值$\frac{A_k^3}{B_k}$，计算结果列于表 11-9 中。

表 11-9

水深 h(m)	A(m²)	B(m)	A^3/B
0.5	1.375	3.50	0.743
0.8	2.56	4.40	3.81
1.0	3.50	5.00	8.58
1.05	3.75	5.15	10.2
1.1	4.02	5.30	12.26

从表中数据可以看出，当 $h=1.05\ \text{m}$ 时，$\frac{A^3}{B} = 10.2 = \frac{\alpha Q^2}{g}$，所以 $h_k = 1.05\ \text{m}$。

因为渠道实际水深 $h=1\ \text{m}<h_k=1.05\ \text{m}$，所以水流为急流。

【例 11-8】 有一矩形断面明渠流量 $Q=25\ \text{m}^3/\text{s}$，底宽 $b=6\ \text{m}$，渠道中实际水深 $h=3.0\ \text{m}$，求渠道中的临界水深 h_k，并判别水流的流态。

解
$$q = \frac{Q}{b} = \frac{25}{6} = 4.17\ (\text{m}^3/(\text{s}\cdot\text{m}))$$

临界水深
$$h_k = \sqrt[3]{\frac{\alpha q^2}{g}} = \sqrt[3]{\frac{1 \times 4.17^2}{9.8}} = 1.21\ (\text{m})$$

因为渠道水深 $h=3.0\ \text{m}>h_k=1.21\ \text{m}$,所以渠道中的水流为缓流。

学习单元 4 明渠恒定非均匀渐变流水面曲线的定性分析

1 学习目标

(1)理解明渠恒定非均匀流的定义、特征。
(2)掌握棱柱体渠道恒定非均匀渐变流水面曲线的定性分析与计算。

2 学习内容

(1)棱柱体明渠水深沿程变化的微分方程。
(2)棱柱体渠道恒定非均匀渐变流水面曲线分类、定性分析与计算。

3 任务实施

3.1 棱柱体明渠水深沿程变化的微分方程

对于人工渠道,渠底一般为平面,水深沿流程的变化能够反映出水面线的变化。为了便于分析人工棱柱体渠道的水面线,可将明渠非均匀流的基本微分方程变换为水深沿流程变化的形式。人工渠道的底坡一般都较小,可取 $\cos\theta=1$,下面仅讨论这种情况。

将明渠非均匀流的基本微分方程两端同除以 $\mathrm{d}s$,经整理则有

$$i-J=\frac{\mathrm{d}h}{\mathrm{d}l}+(\alpha+\zeta)\frac{\mathrm{d}}{\mathrm{d}l}\left(\frac{v^2}{2g}\right) \tag{11-40}$$

因为棱柱体渠道的过水断面面积 A 是水深的函数,即 $A=f(h)$,而非均匀流水深 h 又是流程 l 的函数,故 A 是 l 的复合函数,则

$$\frac{\mathrm{d}A}{\mathrm{d}l}=\frac{\mathrm{d}A}{\mathrm{d}h}\frac{\mathrm{d}h}{\mathrm{d}l}=B\frac{\mathrm{d}h}{\mathrm{d}l}$$

式中 B 为明渠的水面宽度,由此可得

$$\frac{\mathrm{d}}{\mathrm{d}l}\left(\frac{v^2}{2g}\right)=\frac{\mathrm{d}}{\mathrm{d}l}\left(\frac{Q^2}{2gA^2}\right)=-\frac{Q^2}{gA^3}\frac{\mathrm{d}A}{\mathrm{d}l}$$

代入式(11-40),整理得

$$i-J=\left[1-(\alpha+\zeta)\frac{Q^2B}{gA^3}\right]\frac{\mathrm{d}h}{\mathrm{d}l}$$

对于棱柱体明渠中的渐变流,局部水头损失很小,可忽略不计,取 $\zeta=0$,于是上式可简化为

$$i-J=\frac{\mathrm{d}h}{\mathrm{d}l}\left(1-\frac{\alpha v^2}{g\frac{A}{B}}\right)=\frac{\mathrm{d}h}{\mathrm{d}l}(1-Fr^2)$$

$$\frac{\mathrm{d}h}{\mathrm{d}l}=\frac{i-J}{1-Fr^2} \tag{11-41}$$

式(11-41)就是棱柱体明渠水深沿程变化的微分方程,主要用于分析棱柱体明渠非均

匀渐变流水面线的变化规律。

3.2　水面线的分类

从式(11-41)可以看出,水深沿流程的变化率为 $\frac{dh}{dl}$,与渠道的底坡 i 有关,明渠的底坡不同,可以产生不同型式的水面线。为了便于分析,需要根据底坡对水面线进行分类。明渠的底坡分为:正坡($i>0$)、平坡($i=0$)和逆坡($i<0$)。在正坡棱柱体渠道中,水流既可能是均匀流动,也可能是非均匀流动;既可能是缓流,也可能是急流。如果用 $N—N$ 线表示渠道的正常水深线,用 $K—K$ 线表示渠道的临界水深线($N—N$ 线和 $K—K$ 线分别是水深等于正常水深 h_0 和临界水深 h_k,且与渠底平行的直线),那么用 $N—N$ 线可以判别水流是均匀流还是非均匀流,用 $K—K$ 线可以判别水流是急流还是缓流。

正坡渠道又分为缓坡($i<i_k$)、陡坡($i>i_k$)和临界坡($i=i_k$)。三种情况的 $N—N$ 线和 $K—K$ 线的相对位置不同,缓坡 $h_0>h_k$,$N—N$ 线位于 $K—K$ 线之上;陡坡 $h_0<h_k$,$N—N$ 线位于 $K—K$ 线之下;临界坡 $h_0=h_k$,$N—N$ 线与 $K—K$ 线重合,如图 11-13 所示。根据渠道中的实际水面线相对于 $N—N$ 线和 $K—K$ 线的位置,可以将水面线分为三个区。位于 $N—N$ 线和 $K—K$ 线之上,为 a 区;位于二者之间,为 b 区;位于 $N—N$ 线和 $K—K$ 线之下,为 c 区;在临界底坡上 $N—N$ 线和 $K—K$ 线重合,没有 b 区,只有 a 区和 c 区,见图 11-13。

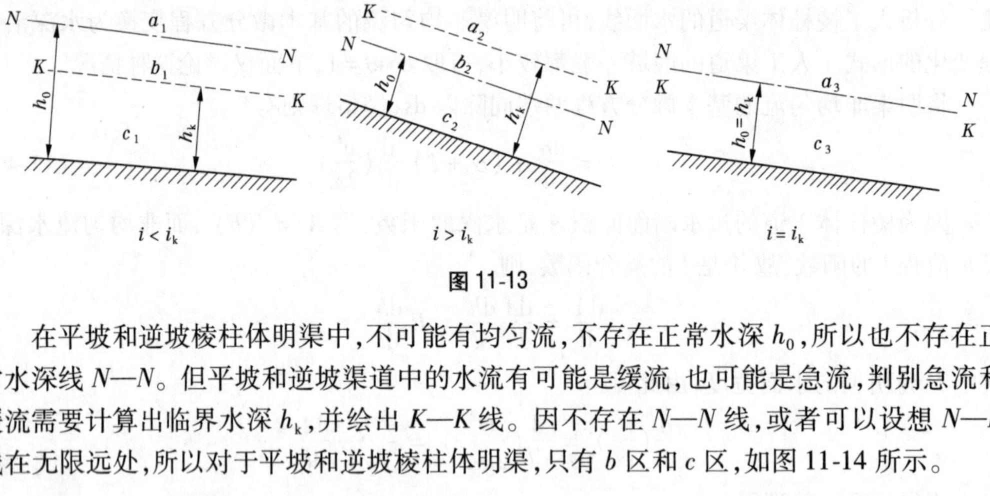

图 11-13

在平坡和逆坡棱柱体明渠中,不可能有均匀流,不存在正常水深 h_0,所以也不存在正常水深线 $N—N$。但平坡和逆坡渠道中的水流有可能是缓流,也可能是急流,判别急流和缓流需要计算出临界水深 h_k,并绘出 $K—K$ 线。因不存在 $N—N$ 线,或者可以设想 $N—N$ 线在无限远处,所以对于平坡和逆坡棱柱体明渠,只有 b 区和 c 区,如图 11-14 所示。

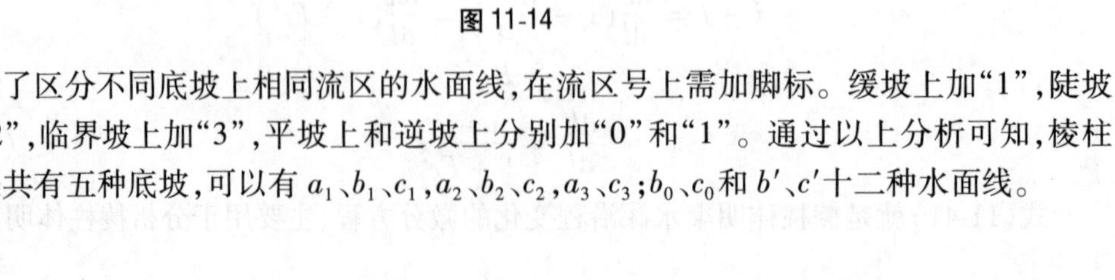

图 11-14

为了区分不同底坡上相同流区的水面线,在流区号上需加脚标。缓坡上加“1”,陡坡上加“2”,临界坡上加“3”,平坡上和逆坡上分别加“0”和“1”。通过以上分析可知,棱柱体明渠共有五种底坡,可以有 a_1、b_1、c_1,a_2、b_2、c_2,a_3、c_3;b_0、c_0 和 b'、c' 十二种水面线。

3.3 水面线分析

棱柱体明渠中的各种水面线的定性分析,可以从式(11-41)得出。下面以缓坡渠道为例,分析各区水面线的型式。

3.3.1 a 区

该区水深 $h>h_0>h_k$。$h>h_0$,摩阻坡度 $J<i,i-J>0$;$h>h_k,Fr<1,1-Fr^2>0$,由式(11-41)可得$\frac{dh}{dl}>0$,水深沿程增加,为 a_1 型壅水曲线。当 $h\to\infty$ 时,$J\to0,Fr\to0,\frac{dh}{dl}=i$,不难证明,水面线趋近水平线。这就是说 a_1 型水面线的下游以水平线为渐近线。向上游水深减小,当 $h\to h_0$ 时,$J\to i,Fr\to0$,水深沿程不变,趋于均匀流动。所以,a_1 型水面线的上游端以正常水深线 $N—N$ 为渐近线,下游以水平线为渐近线,见图 11-15(a)。在缓坡渠道上修建的挡水建筑物,当抬高上游水位,使上游控制水深 $h>h_0$ 时,建筑物上游出现的水面线,就是 a_1 型壅水曲线,见图 11-15(b)。

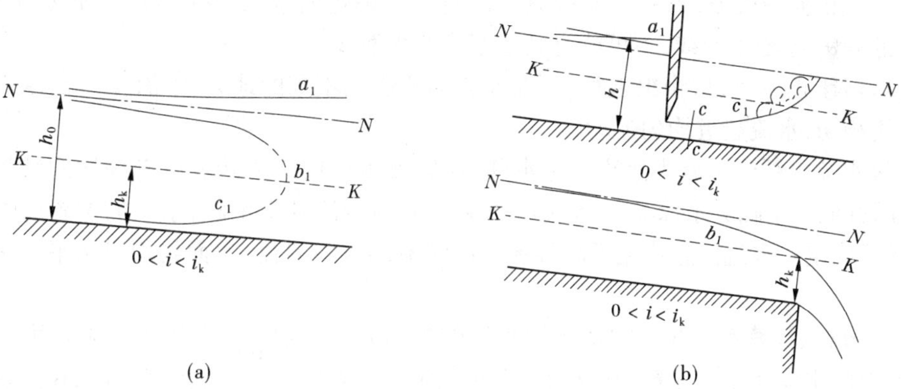

(a) (b)

图 11-15

3.3.2 b 区

该区水深 $h_k<h<h_0$。$h>h_k,Fr<1,1-Fr>0,h<h_0,J>i,i-J<0$,由式(11-41)得$\frac{dh}{dl}<0$,故水深沿程减小,为 b_1 型降水曲线。向下游水深减小,当 $h\to h_k$ 时,$Fr\to1$、$1-Fr^2\to0,\frac{dh}{dl}\to\infty$,水面线与 $K—K$ 线有成正交的趋势,将出现从缓流向急流转换的水跌现象。向上游水深增大,当 $h\to h_0$ 时,$J\to i,i-J\to0,\frac{dh}{dl}\to0$ 水深沿程不变,趋于均匀流动,见图 11-16(a)。当缓坡渠道的下游存在跌坎时,跌坎上游的水面线,便是 b_1 型降水曲线,见图 11-16(b)。

3.3.3 c 区

该区水深 $h<h_k<h_0$。$h<h_0,J>i,i-J<0,h<h_k,Fr>1,1-Fr^2<0$,由式 $\frac{dh}{dl}>0$,水深沿程增加,为 c_1 型壅水曲线。向下游水深增大,当 $h\to h_k$ 时,$Fr\to1,1-Fr^2\to0,\frac{dh}{dl}\to\infty$,水面线有与 $K—K$ 线成正交的趋势,将产生水跃现象,见图 11-15(a)。c_1 型水面线的上游

端的水深不可能为0,其最小水深通常是由水工建筑物控制的。在缓坡渠道上修建的水闸,当闸门局部开启时,闸门后收缩断面 $c—c$ 的水深 $h_c < h_k$ 为急流,在流动过程中克服阻力,断面单位能量减小,水深增大,自 $c—c$ 断面至跃前断面就是 c_1 型壅水曲线,如图 11-15(b)所示。

用同样的方法,可以分析陡坡、临界坡、平坡和逆坡棱柱体渠道上的水面线,这里不再一一进行讨论。图 11-16 给出了陡坡($i > i_k$)、临界坡($i = i_k$)、平坡($i = 0$)和逆坡($i < 0$)上各类水面线的型式及实例供参考。需要指出的是,a_3 型和 c_3 型水面线,当水深 $h \to h_k$ 时,水面线以水平线为渐近线,这两种水面线实际上是很少出现的。

3.4 水面线分析应注意的问题

总结棱柱体明渠可能出现的十二种水面线可以发现,它们既有共同的规律,又有各自的特点,进行水面线分析时应注意以下几个问题。

(1)所有 a 区和 c 区只能产生壅水曲线,b 区只能产生降水曲线。

(2)无论何种底坡,每一个流区只可能有一种确定的水面曲线型式。如缓坡上的 a 区,只能是 a_1 型壅水曲线,不可能有其他型式的水面线。

(3)对于正坡渠道,当渠道很长,在非均匀流影响不到的地方,水深 $h \to h_0$,水面线与 $N—N$ 线相切,水流趋近均匀流动。

(4)水流由缓流过渡为急流产生水跌,在底坡由缓坡变为陡坡或有跌坎的转折断面上,水深近似等于临界水深 h_k。水流由急流过渡到缓流发生水跃,水跃的位置应根据跃前与跃后确定。水流由急流趋近临界流或由缓流趋近临界流,水面线均以水平线为渐近线。

(5)分析、计算水面线必须从已知水深的断面开始,这种断面称为控制断面。例如,当明渠中的水深受水工建筑物的控制,建筑物上、下游的水深作为控制水深;在跌坎上或其他缓流过渡为急临界水深,则 h_k 即为控制水深。

(6)因为急流中的干扰波不能向上游传播,缓坡中的干扰波能向上游传播,所以急流应自上而下分析、推算水面线;缓流的控制水深在下游,应自下而上分析、推算水面线。

4 案例分析

【例 11-9】 图 11-17 为两段断面尺寸及糙率相同的长直棱柱体渠道,底坡 $0 < i_1 < i_2 < i_k$,试分析渠道中水面线的形式。

解 首先分别绘出两段渠道的临界水深线 $K—K$ 和正常水深线 $N—N$。由于两段渠道的断面尺寸相同,故两段渠道的临界水深相等。又因 $0 < i_1 < i_2 < i_k$,则 $h_{01} > h_{02}$,渠道上游段的 $N_1—N_1$ 线高于下游段的 $N_2—N_2$ 线,如图 11-17 中所示。

本题产生非均匀流的因素是底坡的改变,远离底坡转折断面上下游的水流均应趋近均匀流,水深应分别为 h_{01} 和 h_{02},由上游水深 h_{01} 要转变到下游较小的水深 h_{02},水面必然发生降落,有以下三种可能:

(1)转折断面上的水深 $h = h_{01}$,水面完全在下游段降落。

(2)转折断面上的水深 $h_{02} < h < h_{01}$,水面在上下游段各降落一部分。

(3)转折断面上的水深 $h = h_{02}$,水面在上游段降落。

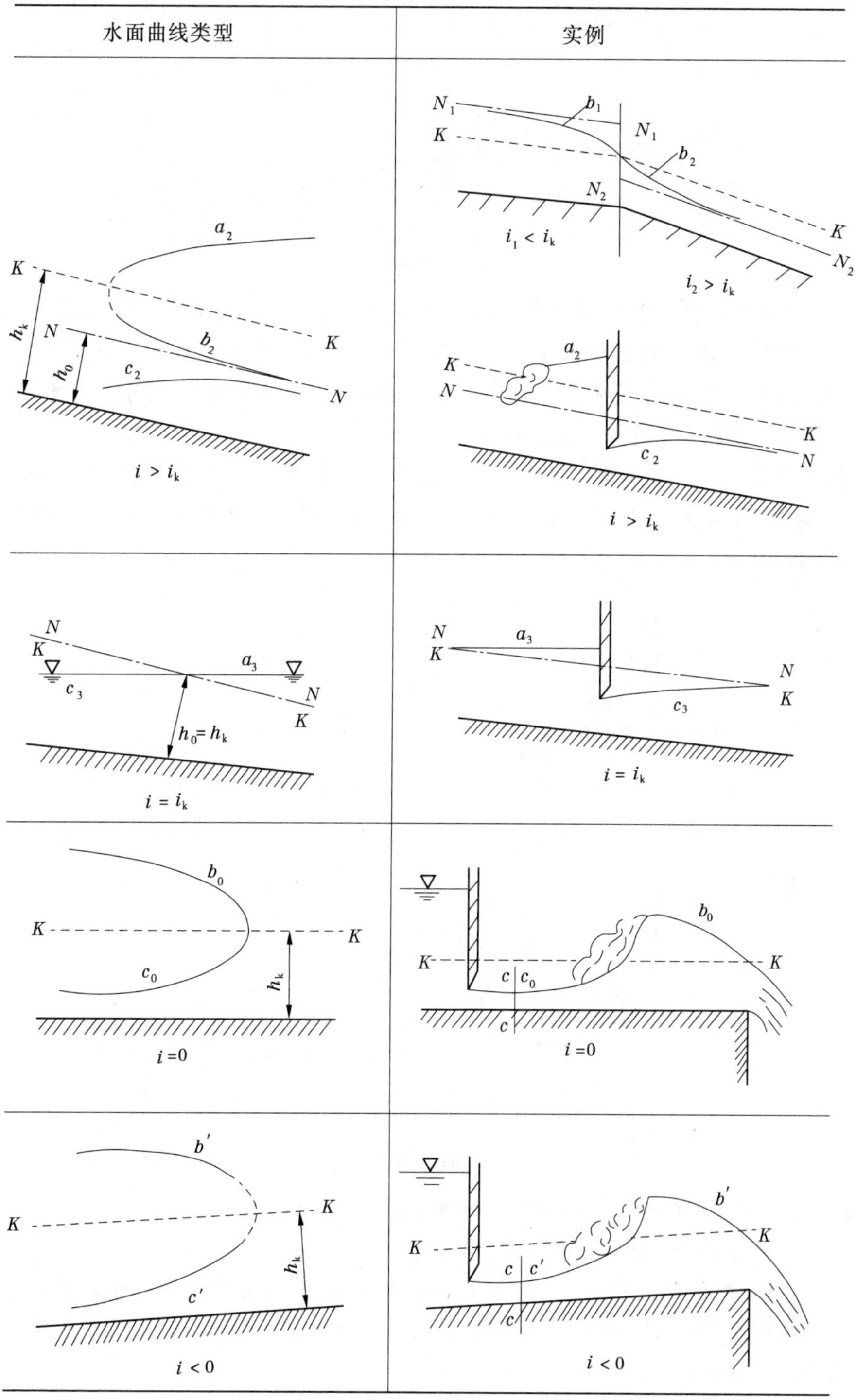
水面曲线类型
实例
a2
K
hk
N
b2
h0
c2
K
N
i > ik
N1
b1
K
N1
b2
N2
i1 < ik
K
N2
i2 > ik
a2
K
N
K
c2
N
i > ik
N
K
a3
c3
N
K
h0= hk
i = ik
N
a3
K
N
K
c3
i = ik
b0
K
K
c0
hk
i =0
b0
K
c
c0
K
c'
i =0
b'
K
K
hk
c'
i < 0
b'
K
K
c
c'
c'
i < 0

图 11-16

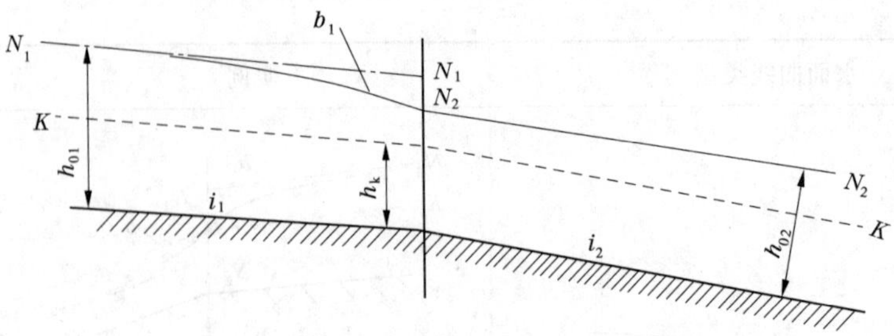

图 11-17

在上述三种情况中,若是第一种或第二种情况,则在下游段 a 区将产生降水曲线,这和前面所讨论的 a 区只能是壅水曲线相矛盾,所以第一种和第二种水面线的型式是不可能出现的。只有第三种情况在第一段产生 b_1 型降水曲线,上游水面线与正常水深 N_1—N_1 线相切,符合水面的变化规律,是正确的。

【例 11-10】 水库溢洪道为棱柱体渠道,进口设有闸门控制流量,纵剖面如图 11-18 所示。已知 $i_1=0$、$i_2>i_k$,下游河道不影响陡坡上的流动,试定性分析闸门局部开启时的沿程水面线的变化。

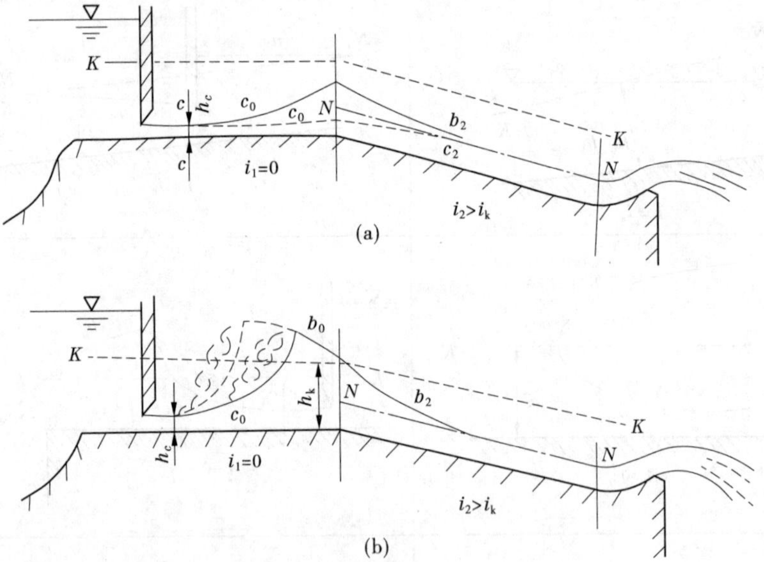

图 11-18

解 (1)根据已知条件,分别绘出 K—K 线和 N—N 线。

(2)确定控制断面,分析控制水深。

水流在进口处受到闸门的控制,由于惯性的作用,闸门后存在一最小水深小于闸门的开度,称为收缩断面水深。h_c 就是闸后急流段的控制水深。平坡与陡坡的转折断面为另一控制断面,其水深受上游水流条件的影响。

(3)水面线定性分析。

收缩断面水深位于 c 区,收缩断面之后将出现 c_0 型壅水曲线,根据平坡段的长度不同,可以出现两种情况。

一种情况如图11-18(a)所示，平坡段较短，c_0型水面线由于升高至水深$h<h_k$已达底坡转折断面。如果$h<h_{02}$在陡坡上形成c_2型壅水曲线，如图中虚线所示；如果$h_{02}<h<h_k$，则在陡坡上形成b_2型降水曲线，如图中实线所示。陡坡上的流动为急流，如果陡坡段较长，在陡坡段下游水流趋于均匀流动，通过下游挑坎泄入下游河道。

另一种情况如图11-18(b)所示，平坡段较长，当c_0型水面线趋近h_k时，距底坡转折断面尚远，在平坡段上出现急流向缓流转变，产生水跃。跃后断面的流动为缓流，下游陡坡为急流，则必然发生缓流向急流转变的水跌现象，转折断面上的水深为临界水深h_k，陡坡上产生b_2型降水曲线，平坡段水跃之后为b_0型降水曲线，如图11-18(b)中实线所示。因为转折断面上的水深h_k是平坡段上缓流的控制水深(缓流的控制水深在下游)，所以b_0型降水曲线的始端水深受平坡段上缓流长度的影响，该段愈长，b_0型降水曲线的始端水深愈大，根据跃前、跃后水深的共轭关系，水跃位置将向闸门方向移动，如图中虚线所示。当跃前水深为收缩断面水深h_c或收缩断面被淹没时，将不存在c_0型壅水曲线。

学习单元5　水跃与水跌

1　学习目标

(1)理解水跃、水跌的概念。
(2)掌握水跃的计算。

2　学习内容

(1)水跃基本方程、水跃函数。
(2)共轭水深、水跃长度计算。

3　任务实施

3.1　水跌

水跌是明渠水流由缓流状态过渡到急流状态产生的水面连续跌落现象。如图11-19所示，在缓坡上处于缓流状态的明渠水流，因渠底变为陡坡或末端存在跌坎，水流在底坡改变的c—c断面的上下游一段距离内，由于重力作用增大，它力图将水流的势能转变为动能，因此水面会发生急剧降落，并以临界流动状态通过c—c断面，转变为急流，这就是水跌现象。

下面以图11-19(a)渠道底坡由缓坡转变为陡坡的情况为例，说明c—c断面处的水深为什么等于临界水深。根据比能曲线图11-11可以知道，当上游段水深由正常水深h_{01}减小时，断面比能E_s将随之减小，但转折断面c—c的水深最低只能降至临界水深h_k。因为如果在c—c断面之前已小于临界水深，水流将成为急流状态，根据比能曲线，若水深继续减小，将会形成在缓坡上(重力在运动方向的分量没有变化)水流一边克服阻力流动，断面比能反而增大的现象，这显然是不可能的，故c—c断面的最小极限水深是临界水深。在c—c断面之后的一段距离内，因底坡变为陡坡，重力在运动方向的分量增大，并大于下

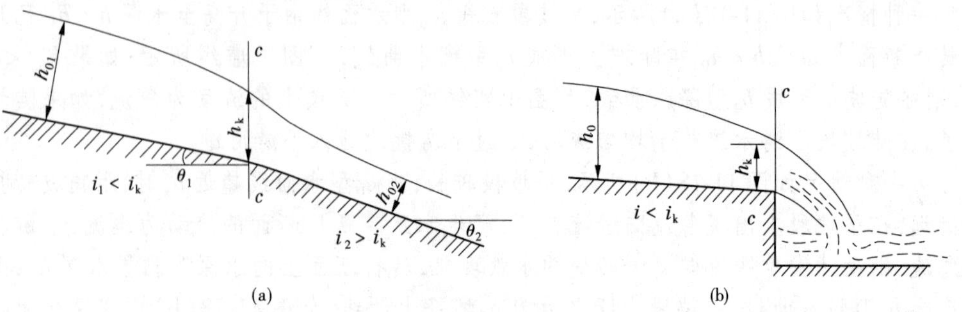

图 11-19

游均匀流段的沿程阻力 F_{f2}，即 $G\sin\theta_2 > F_{f2}$，所以在 $c—c$ 断面之后的一段距离内，渠道水流的断面比能沿程增加，$c—c$ 断面下游必定是急流，因为只有急流，水深减小，断面比能才会增加。随着深度进一步减小，流速增大，沿程阻力增大，经过一定距离，$G\sin\theta_2 = F_{f2}$，断面比能不再变化，恢复为均匀流动。从上面的分析可知，$c—c$ 断面之前不可能是急流，$c—c$ 断面下游必定是急流，故 $c—c$ 断面的水深一定是临界水深。根据试验观测，$c—c$ 断面的水深并不等于 h_k，h_k 出现在 $c—c$ 断面的上游，距 $c—c$ 断面的距离为 $(3 \sim 4)h_k$ 处。这是因为水跌属于急变流动，前面分析是根据渐变流条件得出的结果，没有考虑流线弯曲的影响。由于这种影响很小，在实际工程中，一般仍近似认为转折断面 $c—c$ 处的水深为 h_k。

3.2 水跃

3.2.1 水跃现象

水跃是明渠水流从急流状态过渡到缓流状态时，水面突然跃起的局部水力现象。例如，在水闸、溢流堰的下游，下泄的水流多为急流状态，如果下游河(渠)道中为缓流，就会产生水跃现象。图 11-20 为水闸下游产生的水跃。水跃区的流动可以分为主流区和表面漩滚区。主流区位于水跃的下部，在流动过程中，水流急剧扩散，水深增大，流速减小。主流区的上面有一个回漩翻腾的表面漩滚，水流饱掺空气。主流区与表面漩滚区的交界面上的流速梯度很大，水流紊动混掺强烈，水质点不断交换，致使造成大量的能量损失，使流速急剧下降，很快转化为缓流状态。由于水跃的消能效果好，所以常作为泄水建筑物下游，消除动能，减小河(渠)道冲刷的有效方法。

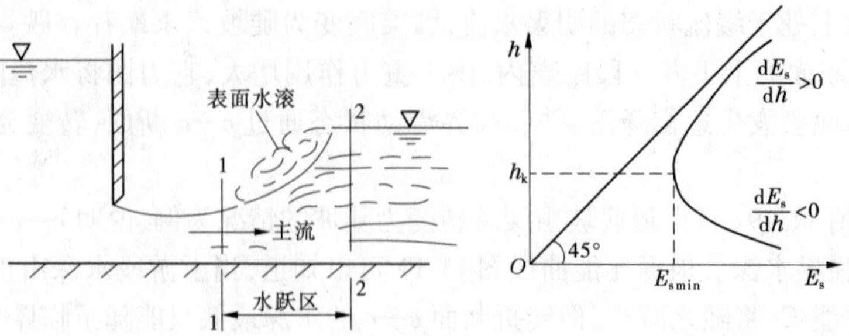

图 11-20

为什么从急流状态过渡到缓流状态，水面线不是光滑曲线，而会产生水跃现象呢？我们以平底棱柱体渠道上产生的水跃现象为例来说明这一问题。图 11-20 中，水跃以前水流为急流，水深 $h<h_k$，在流动过程中，水流克服阻力，断面比能减小，水深增大，符合能量的变化规律。但是，水深不可能平稳地通过 h_k 再继续增大和下游水面衔接。因为水深一旦大于 h_k 成为缓流，水深再增大，从比能曲线可以看出，断面比能就会增大，即水流的单位机械能增大。水流边克服阻力流动，能量边增大，这是不可能的。因此，水流必然垂直跃起通过临界水深，在跃后水压力的作用下，垂直跃起的水流向前倾倒，形成水跃现象。

水跃发生在什么位置，主要取决于跃前断面 1—1 和跃后断面 2—2 的水深，分别称为跃前水深和跃后水深，两者必须满足一定的关系才能发生水跃，这一对水深称为共轭水深。跃后水深与跃前水深之差叫作水跃高度。跃前与跃后两断面间的水平距离，叫作水跃长度。水跃的主要计算任务是求解共轭水深和计算水跃的长度。

3.2.2　棱柱体平底明渠的水跃方程

共轭水深的关系式，即水跃方程式。图 11-21 示为一棱柱体水平明渠中的水跃，这种不采取任何工程措施而产生的水跃，称为自由水跃。由于水跃区的水流非常紊乱，能量损失很大，且不能求出，所以无法应用能量方程建立自由水跃的共轭水深关系，只能应用动量方程推求。

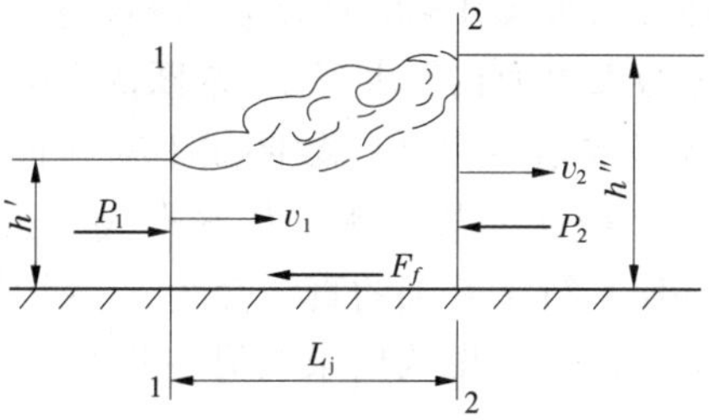

图 11-21

设渠道中通过的流量为 Q，跃前断面 1—1 的水深为 h'，断面平均流速为 v_1；跃后断面 2—2 的水深为 h''，断面平均流速为 v_2；水跃长度为 L_j。取跃前断面 1—1 和跃后断面 2—2 之间的水体为隔离体，并作如下假定：

(1) 因水跃长度不大，水流与槽身之间的摩擦力与水跃两端的水压力相比甚小，可以忽略不计。

(2) 跃前、跃后两断面上的水流满足渐变流条件，动水压强分布可以按静水压强的分布规律计算，故作用于跃前和跃后两断面上的动水总压力分别为 $P_1=\gamma h_{c1}A_1$，$P_2=\gamma h_{c2}A_2$。式中 A_1、A_2 分别表示跃前断面和跃后断面的面积；h_{c1}、h_{c2} 分别表示跃前、跃后断面形心处的水深。

(3) 跃前、跃后断面的动量修正系数 $\beta_1=\beta_2=1$。

对 1—1 断面和 2—2 断面写动量方程，得

$$\gamma h_{c1}A_1-\gamma h_{c2}A_2=\frac{\gamma Q}{g}(v_2-v_1) \tag{11-42}$$

把 $v_1=\dfrac{Q}{A_1}$，$v_2=\dfrac{Q}{A_2}$ 代入式(11-42)，整理可得

$$\frac{Q^2}{gA_1}+A_1h_{c1}=\frac{Q^2}{gA_2}+A_2h_{c2} \tag{11-43}$$

上式就是棱柱体水平明渠的水跃方程式。

当渠道的断面形状、尺寸一定时，上式中的断面面积 A 和形心在水面以下的深度 h_c，都是水深 h 的函数。所以，当流量 Q 一定时，水跃方程的左右两边分别是跃前水深 h' 和跃后水深 h'' 的函数，此函数称为水跃函数，并以 $J(h)$ 表示，即

$$J(h) = \frac{Q^2}{gA} + Ah_c$$

水跃方程可以写为

$$J(h') = J(h'') \tag{11-44}$$

上式表明，对于平底棱柱体明槽，跃前水深与跃后水深所对应的水跃函数值应相等。

3.2.3 棱柱体平底明渠共轭水深的计算

根据水跃方程式可知，只要已知共轭水深中的一个便可求出另一个。但水跃方程中的 A 和 h_c 都与共轭水深有关，除矩形断面外，一般讲，共轭水深不易直接求出，通常需采用图解法求解。方法是：在给定流量、断面形状和尺寸的情况下，设不同的水深 h，可算出一系列与水深相应的水跃函数值 $J(h)$。以 h 为纵坐标，$J(h)$ 为横坐标，可以绘出 $J(h) \sim h$ 关系曲线，称为水跃函数曲线，如图 11-22 所示。从图上可以看出，水跃函数存在最小值 $J_{\min}$ 可以证明，与 $J_{\min}$ 相应的水深为临界水深 h_k，水跃函数的上半支 $h > h_k$ 为缓流，下半支 $h < h_k$ 为急流。同一水跃函数值在水跃函数曲线上对应的两个水深，必为共轭水深。因此，当已知一个共轭水深 h'（或 h''），以该水深作水平线交 $J(h) \sim h$ 关系曲线下半支 a 点（或上半支 b 点），自该点作平行于 h 轴的直线交 $J(h) \sim h$ 关系曲线的另一支 b 点（或 a 点），该点所对应的水深 h''（或 h'），即为所求的另一共轭水深。

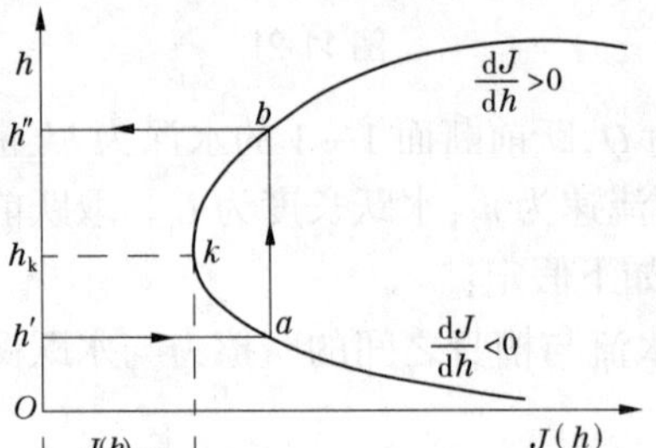

图 11-22

从 $J(h) \sim h$ 关系曲线上还可以看出，跃前水深 h' 愈小，对应的跃后水深愈大；跃前水深 h' 愈大，对应的跃后水深愈小。

泄水建筑物下游明槽的断面多为矩形，讨论求解矩形断面明槽中的水跃共轭水深更具有实际意义。

设矩形断面明槽的底宽为 b，则单宽流量 $q = \frac{Q}{b}$。将 $Q = bq$，$A = bh$，$h_c = \frac{h}{2}$ 代入式(11-43)得

$$\frac{b^2q^2}{gbh'} + \frac{h'}{2}bh' = \frac{b^2q^2}{gbh''} + \frac{h''}{2}bh''$$

两端消去 b,经整理得

$$h'h''(h'+h'')=\frac{2q^2}{g} \tag{11-45}$$

分别以跃后水深 h'' 和跃前水深 h' 为未知数,求解上式可得

$$h''=\frac{h'}{2}\left(\sqrt{1+\frac{8q^2}{gh'^3}}-1\right) \tag{11-46}$$

$$h'=\frac{h''}{2}\left(\sqrt{1+\frac{8q^2}{gh''^3}}-1\right) \tag{11-47}$$

式(11-46)、式(11-47)即矩形棱柱体水平明渠的水跃方程。因 $\frac{q^2}{gh'^3}=Fr_1^2$,$\frac{q^2}{gh''^3}=Fr_2^2$,式(11-46)、式(11-47)可改写为

$$h''=\frac{h'}{2}\left(\sqrt{1+8Fr_1^2}-1\right) \tag{11-48}$$

$$h'=\frac{h''}{2}\left(\sqrt{1+8Fr_2^2}-1\right) \tag{11-49}$$

式中,Fr_1 和 Fr_2 分别为跃前和跃后断面的弗劳德数。利用上面的式子可直接计算棱柱体矩形平底明槽中的水跃共轭水深。

3.2.4　棱柱体水平明渠中的水跃长度

水跃区水流紊动强烈,底部流速大,冲刷能力强,一般在水跃区均需建造护坦。因此,水跃长度是泄水建筑物消能设计的主要依据之一。由于水跃现象非常复杂,迄今理论分析还没有成熟的结果,还只能依据试验研究得出的经验公式计算水跃的长度。常用自由水跃长度计算公式。

矩形断面的跃长公式:

欧勒佛托斯基公式

$$L_j=6.9(h''-h') \tag{11-50}$$

切尔托乌索夫公式

$$L_j=10.3h'(Fr_1-1)^{0.81} \tag{11-51}$$

陈椿庭公式

$$L_j=9.4(Fr_1-1)h' \tag{11-52}$$

以上各式中　h'、h''——跃前水深、跃后水深;

Fr_1——跃前断面的弗劳德数。

知识训练

11-1　明渠水流的特点是什么?特性是什么?

11-2　发生明渠均匀流的条件有哪些?平坡和逆坡上能否发生均匀流?为什么?

11-3　一顺坡棱柱体渠道,根据生产需要要求扩大输水能力,可采用哪些措施?

11-4　水力最佳断面有什么优点?为什么说水力最佳断面并不是最经济断面?

11-5　渠道糙率选择是否重要?选择时需注意哪些方面?

11-6　一梯形断面渠道,底坡 $i=0.008$,糙率 $n=0.03$,边坡系数 $m=1.5$,$b=2.0$ m,水深 $h=1.2$ m,求此渠道的流速和流量。

11-7　一半圆混凝土 U 形渠道，如图 11-23 所示，宽度 $b=1.2$ m，底坡为 1/1000，糙率为 0.017。当槽内均匀流水深为 0.8 m 时，求此渠道的过水能力。

11-8　某干渠为梯形黏土渠，通过流量 $Q=35\ m^3/s$，边坡系数为 1.5，底坡 $i=1/5000$，糙率为 0.025，请按水力最佳断面设计该渠道，并校核流速是否满足要求。

11-9　一环山渠道如图 11-24 所示。底坡 $i=0.002$，靠山一边按 1:0.5 的边坡开挖，$n_1=0.027$；另一边为直立的混凝土墙，$n_2=0.017$；渠底宽 $b=2.0$ m，$n_3=0.02$。试求当水深 $h=1.5$ m 时的输送流量。

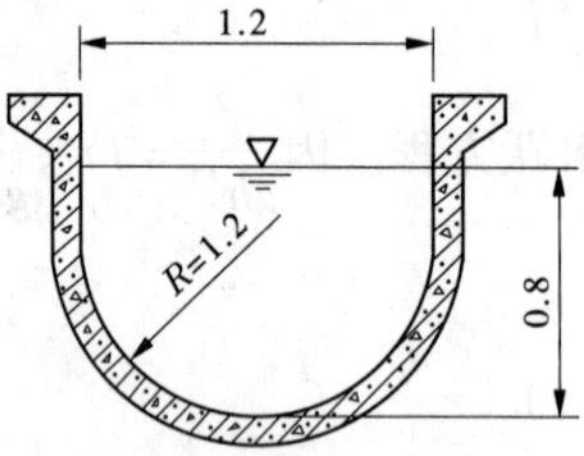

图 11-23　(单位：m)

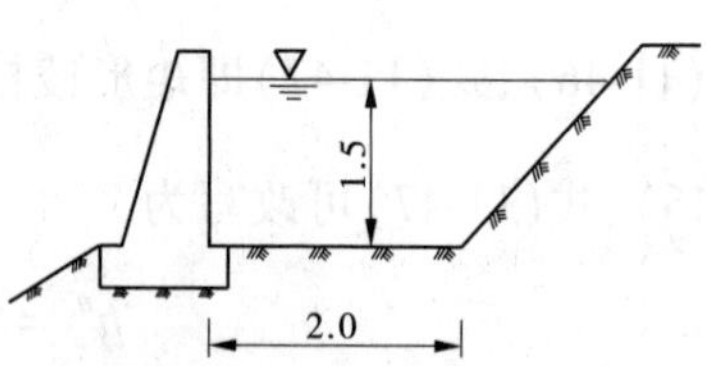

图 11-24　(单位：m)

11-10　已知矩形渠道底宽 $b=8.0$ m，底坡 $i=1/2000$，测得渠道为均匀流时的流量 $Q=20\ m^3/s$，水深 $h_0=1.6$ m，试求渠道的糙率值。

11-11　一梯形断面黏土渠道，需要输送的流量为 $3.0\ m^3/s$，初步确定渠道底坡 i 为 0.007，边坡系数 m 为 1.5，糙率 n 为 0.025，底宽 b 为 2.0 m，试用试算法和查图法求渠中正常水深，并校核渠中流速。

11-12　一梯形土质灌溉渠道，按均匀流设计。选定底坡 $i=0.002$，$m=1.5$，$n=0.02$，渠道设计流量 $Q=5\ m^3/s$，现选定水深为 $h_0=0.85$ m，试设计渠道的底宽 b。

学习项目12 泄水建筑物的水力计算

学习单元1 孔口与管嘴出流

1 学习目标

(1)掌握闸、堰流的判别条件、淹没条件。
(2)理解孔口、管嘴出流。

2 学习内容

(1)判别堰流与闸孔出流。
(2)孔口与管嘴出流流量公式。

3 任务实施

3.1 堰流与闸孔出流

实际生活中有各种泄水建筑物。在装有液体的容器器壁上开设孔口,液体经孔口泄流的水力现象,称为孔口出流,见图12-1(a)。若器壁较厚或在孔口上加设短管,且器壁厚度或加设短管的长度是孔口尺寸的3~4倍,则叫管嘴,液体经管嘴泄出的水流称为管嘴出流,如图12-1(b)所示。

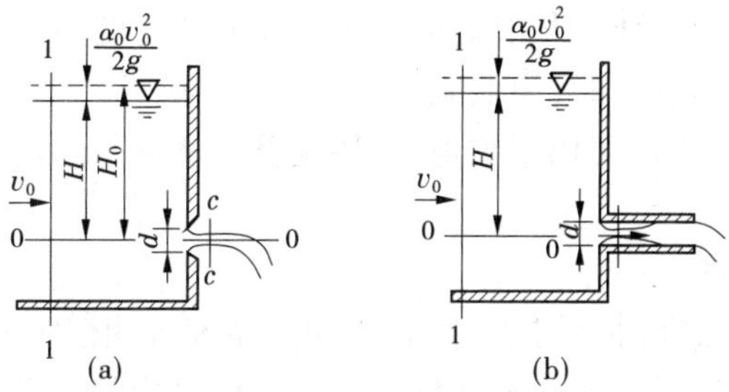

图12-1

在水利工程中,为了泄放洪水、引水灌溉、发电、给水等目的,常修建各种泄水建筑物和挡水建筑物,以控制和调节河渠的水位和流量,如闸和堰。当闸门部分开启,水流受到闸门控制而从闸门下孔口泄出的水流称为闸口出流,见图12-2(a)、(c)。闸孔出流实质上就是一种孔口出流,通常把孔口出流与闸孔出流统称为孔流。

凡对水流有局部约束,且顶部溢流的建筑物,称为堰。液体经堰顶下泄的水流称堰流,如图12-2(b)、(d)所示。堰流与闸孔出流是两种不同的水力现象,但它们既有区别又有联系。堰流由于不受闸门的控制，水面线为一光滑连续的降水曲线；闸孔出流由于受闸门的控制，闸孔上、下游的水面是不连续的。也正是由于堰流及闸孔出流这种边界条件的差异，它们的水流特征及过水能力也各不相同。

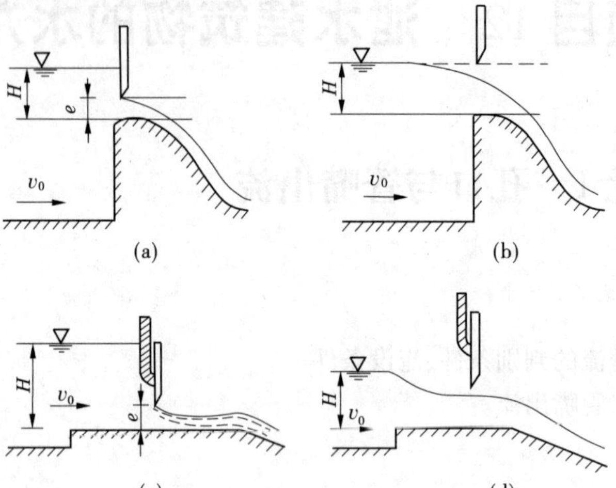

图 12-2

堰流与闸孔出流的相同点：首先，堰流和闸孔出流都是建筑物对水流的局部阻碍，在上游壅高了水位，从能量的角度上看，出流的过程都是一种势能转化为动能的过程。其次，这两者都是在较短的距离内流线发生急剧弯曲的急变流，离心惯性力对建筑物表面的压强分布及建筑物的过水能力均有一定影响，能量损失主要是局部水头损失，沿程水头损失可忽略不计。

在实际工程中，装有闸门的堰上，可能发生堰流或闸孔出流，这两种水流转换时的临界值$(e/H)_c$受闸底坎型式、门型、闸门的相对开度、闸门在堰顶的位置及孔流和堰流的变换方式等的影响。可根据堰闸型式和实测的闸门相对开度e/H值进行判别：$e/H \leqslant (e/H)_c$时，为孔流；$e/H > (e/H)_c$时，为堰流。

初步计算临界值$(e/H)_c$可取平均值：实用堰及驼峰堰平均值为0.75，而宽顶堰、平底闸平均值为0.65。

3.2　孔口出流水力计算

孔口出流也有恒定流与非恒定流之分，本单元主要说明恒定的孔口出流。

在实际工程中，孔口的断面形状以圆形为主。孔口边缘有薄壁（锐缘）、厚壁和修圆等不同情况。若孔口具有尖锐边缘，称为薄壁孔口。

对于圆形孔口，根据孔径d与孔口的水头H（孔口中心到上游自由水面的高度，见图12-3）之比，把孔口分为两类：$\frac{d}{H} \leqslant \frac{1}{10}$为小孔口；$\frac{d}{H} > \frac{1}{10}$为大孔口。

对于小孔口而言，由于孔口直径d比水头H小得多，故可假定孔口断面上各点的水头H均相等。对大孔口上述假定是不适用的。

3.2.1 薄壁小孔口的自由出流

薄壁小孔口自由出流现象，如图12-3(a)所示。出流时由于惯性作用，流线只能逐渐弯曲，则水流在出口处产生收缩现象。收缩断面一般在离孔口约 $d/2$ 处，流线成平行直线，一般用 $c—c$ 来表示，收缩程度用收缩系数 ε' 来表示

$$\varepsilon' = \frac{A_c}{A} \tag{12-1}$$

式中 A——孔口过水断面面积；

A_c——收缩断面面积，小于孔口在完全收缩时的断面面积。

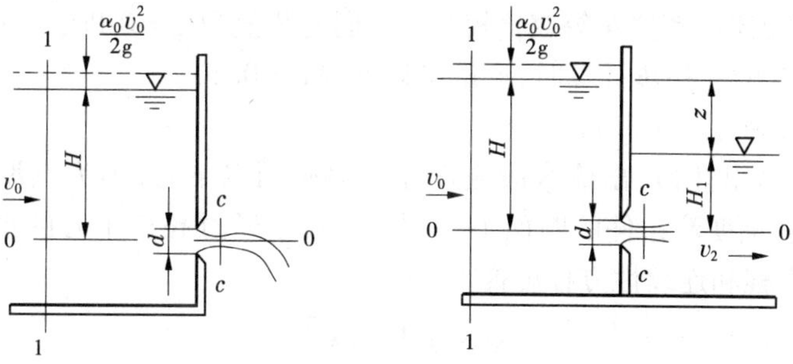

(a) (b)

图12-3

影响 ε' 值的主要因素是：孔口形状、边缘情况和孔口离开边界的距离，如图12-4所示。当孔口在位置Ⅰ时，液体经孔口出流，仅在局部发生收缩，称为不完全收缩。当孔口在位置Ⅱ时，水流在各边均发生收缩，称为完全收缩。不完全收缩的收缩系数要比完全收缩的大些。完全收缩，又分为完全收缩和不完全收缩两种。经验证明，当孔口边界离开最近的边界距离大于孔口尺寸的3倍以上时，边界已不再影响垂直收缩系数 ε'，此时称为完全收缩；否则称为不完全收缩。

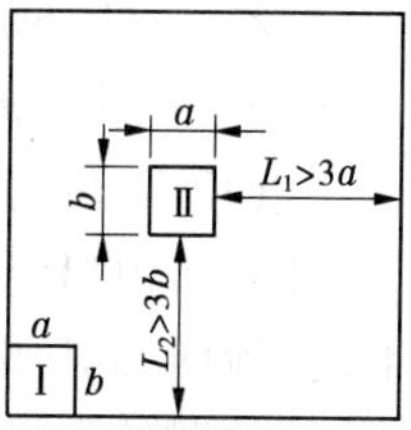

图12-4

试验测得，薄壁圆形小孔口在完全完善收缩时，$\varepsilon' = 0.60 \sim 0.64$。

恒定薄壁小孔口自由出流的流量公式的推导：

取符合渐变流条件的断面1—1与 $c—c$，并取通过孔口中心的水平面0—0为基准面（见图12-3(a)），写出能量方程如下：

$$H + 0 + \frac{\alpha_0 v_0^2}{2g} = 0 + 0 + \frac{\alpha_c v_c^2}{2g} + \zeta \frac{v_c^2}{2g}$$

式中 v_0——上游断面的行近流速；

v_c——收缩断面的流速；

ζ——孔口局部阻力系数。

令 $H_0 = H + \frac{\alpha_0 v_0^2}{2g}$，代入上式整理得

$$v_c = \frac{1}{\sqrt{1+\zeta}} \sqrt{2gH_0} = \varphi \sqrt{2gH_0}$$

φ 称为流速系数，令 $\varphi = \frac{1}{\sqrt{1+\zeta}}$，$A_c = \varepsilon' A$，又 $Q = Av$，则有

$$Q = A_c v_c$$

μ 称为流量系数，令 $\mu = \varepsilon'\varphi$，则薄壁小孔口自由出流流量公式为

$$Q = \mu A \sqrt{2gH_0} \qquad (12\text{-}2)$$

式(12-2)说明：在孔口面积一定的情况下，孔口的过水能力与作用水头的平方根成正比。

薄壁圆形小孔口自由出流，在完全收缩情况下，孔口的局部阻力系数 ζ、流速系数 φ、垂直收缩系数 ε' 及流量系数 μ 等变化较小。它们的数值为：$\zeta = 0.06$，$\varphi = 0.97$，$\varepsilon' = 0.61 \sim 0.64$，$\mu = 0.58 \sim 0.62$。初步计算时，流量系数可取 $\mu = 0.60$。

3.2.2 薄壁小孔口的淹没出流

当下游水位高出孔口，出流水股淹没在下游水面以下时，则为淹没出流，如图 12-3(b)所示。取符合渐变流条件的断面 1—1 及 c—c，以通过孔口中心的水平线 0—0 为基准面，利用能量方程和连续性方程可推得

$$Q = \mu A \sqrt{2gZ_0} \qquad (12\text{-}3)$$

式中 Z_0——上游总水头，$Z_0 = Z + \frac{\alpha_0 v_0^2}{2g}$；

Z——上下游水位差，$Z = H - H_1$；

μ——孔口淹没出流时的流量系数，其值与孔口自由出流时的流量系数值相同。

式(12-3)表明：在淹没出流情况下，通过孔口的流量与上下游水位差 Z 有关。

比较自由出流与淹没出流的计算公式可知，它们具有相同的形式，所不同的仅在于：自由出流时，孔口的作用水头为 H_0，而淹没出流时的作用水头为 Z_0。对于同一孔口来说，自由出流时的流量大于淹没出流时的流量。

3.3 管嘴出流水力计算

3.3.1 管嘴的分类及出流特征

管嘴也有自由出流与淹没出流两类。在图 12-5 中，(a)为恒定的圆柱形管嘴自由出流的示意图，(d)为管嘴淹没出流，(b)和(c)为管嘴的另外两种形式。

在图 12-5(a)中，上游水头为 H_0，水流进入管嘴后，由于水流的惯性作用发生收缩现象，形成收缩断面 c—c。水流经 c—c 断面后充满全管流到大气中。由于 $A_c < A$，故 $v_c > v_2$，即水流在断面 c—c 的动能大于管嘴出口断面的动能。因此，收缩断面的压强必然小于出口断面 2—2 处的压强，即在 c—c 断面处产生真空现象。由于管嘴内真空的存在，如同水泵吸水管的作用一样，把液体吸出，从而加大了作用水头，致使在相同的条件下，管嘴比孔口出流的过流能力大些。

对于断面 1—1 及断面 c—c 写能量方程，则可得到 c—c 断面真空表达式，然后写 c—c 断面与 2—2 断面的连续性方程，可得管嘴内收缩断面处的真空度为 $h_{真} = 0.75H_0$。可以看出，圆柱形外管嘴的收缩断面上的真空度是一个不小的数值。正是由于这种真空的存在，增大了作用水头。作用水头的增大，超过了加管嘴后水头损失的增加值，结果使管嘴较孔口出流流量有所增加。

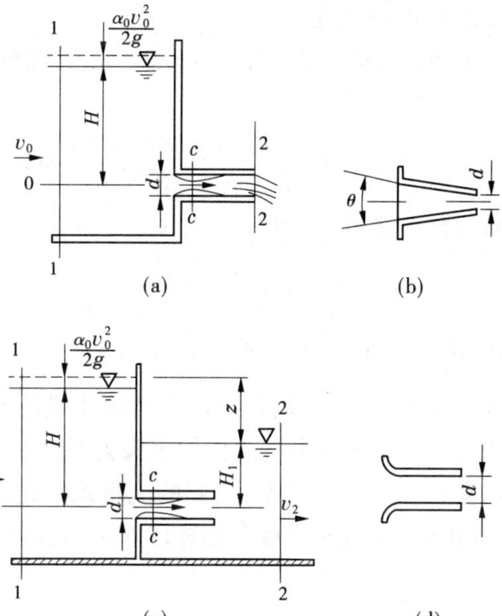

图 12-5

保证管嘴的正常工作应满足的条件：

(1)管嘴的长度 $l=(3\sim4)d$ 。若 $l<(3\sim4)d$，则水股不与管壁接触，这时的水流仍为孔口出流。

(2)断面 $c—c$ 处的真空度不能过大。理论上最大真空值为 10 m 水柱高，但实际上，当管嘴内收缩断面的真空值大于 7 m 时，管段中的液体会发生汽化作用，使水流不稳定，并且空气将从管嘴处进入，导致收缩断面处真空破坏，从而会失去管嘴的作用。由式 $h_{真}=0.75H_0$ 可知，圆柱形外管嘴的作用水头 H_0 不能大于 9.0 m。

3.3.2　管嘴自由出流与淹没出流的流量公式

在图 12-5(a)中，取管嘴上游符合渐变流条件的断面 1—1 与管嘴出口断面 2—2，以管嘴中心线为基准面，列能量方程

$$H+\frac{\alpha_0 v_0^2}{2g}=\frac{\alpha v^2}{2g}+\zeta\frac{v^2}{2g}$$

令 $H_0=H+\dfrac{\alpha_0 v_0^2}{2g}$，整理得

$$v=\frac{1}{\sqrt{\alpha+\zeta}}\sqrt{2gH_0}$$

$\varphi_{管}$ 为管嘴的流速系数，令 $\varphi_{管}=\dfrac{1}{\sqrt{\alpha+\zeta}}$，则通过管嘴的流量为

$$Q=vA=\varphi_{管}A\sqrt{2gH_0}$$

令 $\mu_{管}$ 为管嘴的流量系数，此时 $\mu_{管}=\varphi_{管}$

$$Q=\mu_{管}A\sqrt{2gH_0} \tag{12-4}$$

式中　A——管嘴出口 2—2 断面面积；

v——2—2 断面的断面平均流速。

因管嘴出口断面为满流,不发生收缩,$\varepsilon' = 1.0$。对于圆柱形管嘴,可取 $\zeta = 0.5$,设 $\alpha = 1.0$,则管嘴流量系数为

$$\mu_{管} = \varphi_{管} = \frac{1}{\sqrt{\alpha + \zeta}} = \frac{1}{\sqrt{1.5}} = 0.82$$

同理,管嘴淹没出流时的流量公式可推导得

$$Q = \mu_{管} A \sqrt{2gZ_0} \tag{12-5}$$

式中 Z_0——淹没出流时的作用水头,$Z_0 = Z + \frac{\alpha_0 v_0^2}{2g}$。

从上式可看出,淹没出流公式与自由出流时的流量公式的形式一样,流量系数也相同,自由出流的作用水头为 H_0,而淹没出流的作用水头为 Z_0。

在工程实际中,管嘴有许多不同的类型,它们的流量系数也各不相同。如锥形管(见图 12-5(b)),流量系数为 0.94;流线型管嘴(见图 12-5(c)),流量系数为 0.98。

4 案例分析

【例 12-1】 有一直径 $d = 20$ cm 的圆形锐缘孔口,其中心在水下的深度 $H = 3.0$ m,出流前的行近流速 $v_0 = 0.8$ m/s,孔口出流为完全收缩的自由出流,求孔口出流量。

解 因 $\frac{d}{H} = \frac{0.2}{3} = 0.06 < 0.1$,则为小孔口出流。

$$A = \frac{\pi}{4}d^2 = \frac{\pi}{4} \times 0.2^2 = 0.031\,4(\text{m}^2)$$

$$H_0 = H + \frac{\alpha_0 v_0^2}{2g} = 3.0 + \frac{1.0 \times 0.8^2}{2 \times 9.8} = 3.03(\text{m})$$

取流量系数 $\mu = 0.62$

所以孔口流量为:$Q = \mu A\sqrt{2gH_0} = 0.62 \times 0.031\,4 \times \sqrt{2 \times 9.8 \times 3.03} = 0.15\ (\text{m}^3/\text{s})$

【例 12-2】 有一圆形薄壁孔口,直径 $d = 20$ mm,在作用水头 $H = 2$ m 条件下,恒定自由出流。试求:(1)孔口出流的流量;(2)在孔口处接一等直径的圆柱形管嘴后的流量;(3)管嘴收缩断面处的真空高度。

解 1. 求孔口出流的流量

因 $\frac{d}{H} = \frac{0.02}{2} = 0.01 < 0.1$,所以为小孔口出流。

取孔口流量系数 $\mu = 0.62$,$H_0 \approx H = 2$ m,则有

$$Q = \mu A\sqrt{2gH_0} = 0.62 \times \frac{\pi}{4} \times (0.02)^2 \times \sqrt{2 \times 9.8 \times 2} = 1.22(\text{L/s})$$

2. 求管嘴出流量

取圆柱形外管嘴的流量系数 $\mu_{管} = 0.82$,则

$$Q = \mu_{管} A\sqrt{2gH_0} = 0.82 \times \frac{\pi}{4} \times (0.02)^2 \times \sqrt{2 \times 9.8 \times 2} = 1.61(\text{L/s})$$

3. 求管嘴收缩断面处的真空高度

$$h_{真} = 0.75H_0 = 0.75 \times 2 = 1.5\text{m} \text{ 水柱}$$

学习单元 2 堰 流

1 学习目标

(1)掌握宽顶堰、实用堰水力计算。

(2)掌握流量系数、侧收缩系数、淹没系数的计算。

2 学习内容

(1)堰流基本公式。

(2)薄壁堰、实用堰和宽顶堰的水流特点和过流能力。

3 任务实施

3.1 堰流的类型及计算公式

3.1.1 堰流的类型

在实际工程中,根据不同的使用要求和施工条件,常将堰做成不同的形状,如图 12-6 所示。不同形状、大小堰之间的主要区别在于堰顶厚度 δ 对过堰水流的影响不同。一般根据堰顶厚度 δ 与堰顶水头 H 的比值 $\frac{\delta}{H}$ 分类。

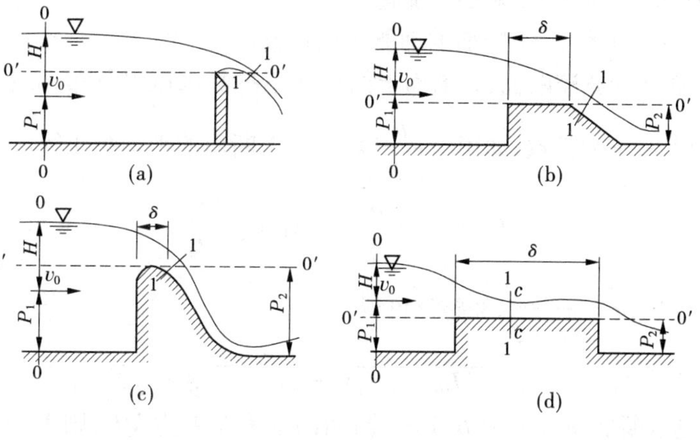

图 12-6

3.1.1.1 薄壁堰

当 $\frac{\delta}{H} < 0.67$ 时,过堰水流不受堰顶厚度的影响,水舌与缘和堰顶呈线性接触,水面呈单一降落曲线,这种堰流称为薄壁流,如图 12-6(a)所示。

3.1.1.2 实用堰

当$0.67<\frac{\delta}{H}<2.5$时，过堰水流受到堰的约束和顶托作用，水舌与堰顶呈面接触，但顶托力影响很小，溢流水面仍为单一的降水曲线，这种堰流称为实用堰流。工程中的实用堰分曲线型和折线型两种，如图 12-6(b)、(c)所示。

3.1.1.3 宽顶堰

当$2.5<\frac{\delta}{H}<10$时，过堰水流受堰顶顶托力的约束明显，使得水流在进口处有第一次跌落，形成收缩断面，然后在堰顶形成与堰顶接近平行的水面，最后出堰时形成第二次水面降落，如图 12-6(d)所示。

当$\frac{\delta}{H}>10$时，水流的主要特征不再属于堰流，而变为明渠渐变流。

注意：δ 为堰顶沿水流方向的厚度；H 为堰顶水头，为距堰上游$(3\sim5)H$处的水面与堰顶的高差；P_1、P_2 为上、下游堰高；v_0 为上游行近流速；B_0 为堰上游渠宽（引水槽宽）；B 为堰顶净宽。

由于三种堰流具有不同的水流特征，影响水流的因素各有差异，因此需要分别研究。

3.1.2 堰流基本公式

根据理论，将 $Q=Av$ 和能量方程联立求解。如图 12-6(a)所示，对各种堰取堰顶水平面为基准面，列 0—0、1—1 断面的能量方程如下：

$$z_0+\frac{p_0}{\gamma}+\frac{\alpha_0 v_0^2}{2g}=z_1+\frac{p_1}{\gamma}+\frac{\alpha_1 v_1^2}{2g}+\zeta\frac{v_1^2}{2g}$$

式中 v_0、v_1—— 0—0 和 1—1 断面的流速；

α_0、α_1——0—0 和 1—1 断面的动能改正系数。

又因 1—1 断面为急流断面，该断面上的压强不按静水压强分布，而且断面上有垂直收缩，则测压管水头不为常数，如用$\overline{z_1+\frac{p_1}{\gamma}}$表示 1—1 断面的平均测压管水头，则有：

$$H_0=\overline{z_1+\frac{p_1}{\gamma}}+(\alpha_1+\zeta)\frac{v_1^2}{2g}$$

令$\overline{z_1+\frac{p_1}{\gamma}}=\xi H_0$，$\varphi=\frac{1}{\sqrt{\alpha+\zeta}}$，经整理可得：

$$v_1=\varphi\sqrt{2g(H_0-\zeta H_0)}=\varphi\sqrt{1-\xi}\cdot\sqrt{2gH_0}$$

又设堰顶过水断面净宽度为 B，1—1 断面的水舌厚度为 kH_0，则 1—1 断面的面积为 $A_1=kH_0B$，通过 1—1 断面的流量为

$$Q=A_1v_1=kH_0B\varphi\sqrt{1-\xi}\cdot\sqrt{2gH_0}=Bk\varphi\sqrt{1-\xi}\sqrt{2g}H_0^{3/2}$$

令 $m=\varphi k\sqrt{1-\xi}$，m 为堰流的流量系数，则

$$Q=mB\sqrt{2g}H_0^{3/2} \tag{12-6}$$

上式说明，过堰流量与堰上总水头的 3/2 次方成正比，即 $Q\propto H^{3/2}$。流量系数 m 与 φ、k、ξ 系数值有关。流速系数 φ 值主要反映流速分布不均匀的程度和局部阻力对堰流的影

响;k 值主要反映过堰水流垂直收缩程度;ξ 值反映急变流过水断面 1—1 上动水压强不按直线分布的影响。三个系数的值主要取决于堰的边界条件及堰前水头 H。由于堰的边界条件变化多样,则堰流流量系数对于不同的边界具有不同的试验数值。因此,以后对于具体堰型,分别讲解。

注意:(1)根据下游水位是否影响堰的过流,将堰分为两类:自由出流和淹没出流。自由出流是指下游水位较低,不影响堰的过流能力时的水力现象;而当下游水位较高时,影响堰的过流能力时,称为淹没出流。但在什么情况下,下游水位才影响堰的过流能力,对于不同的堰型有不同的确定方法,在计算时用淹没系数 σ_s 来表示淹没程度。当堰为淹没出流时,$\sigma_s < 1.0$;当自由出流时,$\sigma_s = 1.0$。

(2)当堰顶的过流宽度 B 小于堰前的引水渠宽 B_0 时(如堰顶设有闸墩和边墩等),引起过流的侧向收缩,影响了堰的过流能力,这种堰流称为有侧收缩的堰流。侧收缩的影响程度用侧收缩系数 ε 来表示。当有侧向收缩时,$\varepsilon < 1.0$;当无侧向收缩时,$\varepsilon = 1.0$。

(3)当为低堰且进口不正时,则水流的流态将发生变化,其对流量的影响用流态系数 K 来表示。本书均按进水渠顺直、正向进流条件,$K = 1$。

考虑各种因素的影响,堰流的一般流量公式为

$$Q = Km\sigma_s\varepsilon B\sqrt{2g}H_0^{3/2} \tag{12-7}$$

式中当有闸墩时,$B = nb$ 为堰顶过水断面总净宽,其中 n 为孔数,b 为单孔宽度。

堰流的水力计算,关键是根据不同类型的几何边界条件和水流条件,确定相应的流量系数 m、淹没系数 σ_s 和侧收缩系数 ε。

3.2　薄壁堰流的水力计算

薄壁堰是指 $\dfrac{\delta}{H} < 0.67$ 时,过堰水流不受堰顶厚度的影响,水舌下缘与堰顶呈线性接触,水面为单一跌落曲线,这种堰流称为薄壁流。通过实践证明,自由出流时具有稳定的压强分布和流速分布,作用水头与流量的关系非常稳定,而且制作简单,使用方便,量测流量的精度高,则薄壁堰一般用于实验室和小型渠道上的流量测量。

常见的薄壁堰,根据堰板开口形状,分为矩形薄壁堰、三角形薄壁堰和梯形堰等,如图 12-7所示。

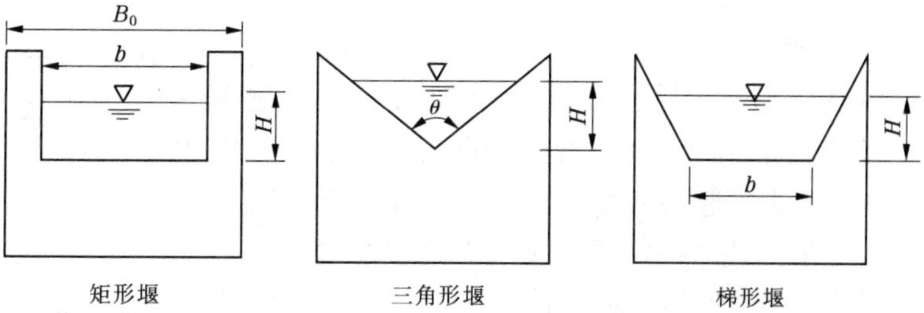

图 12-7

3.2.1　矩形薄壁堰

利用矩形薄壁堰测流量时,为了得到较高的测量精度,一般要求:

(1)单孔无侧向收缩。

(2) 自由出流(下游水位较低,不影响堰的出流)。当下游水位超过堰顶一定高度时,堰的过水能力开始减小,这种溢流状态为淹没出流。在淹没出流时,水面有较大的波动,水头不易测准,作为测流设备不宜在淹没条件下工作。为了保证薄壁堰不被淹没,一般要求 $Z/P_2>0.7$。其中,Z 为上下游水位差,P_2 为下游堰高。

(3) 堰上水头 $H>2.5$ cm,见图 12-8(a)。因为当 H 过小时,水流将贴堰溢出,不起挑,出流将不稳定。

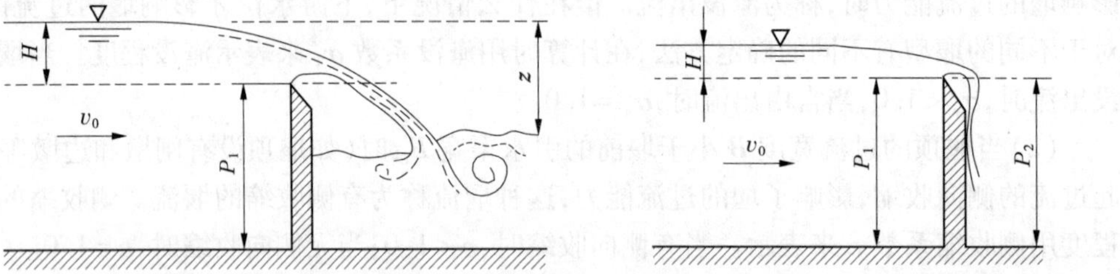

(a)矩形薄壁自由出流 $H>2.5$ cm　　(b)矩形薄壁 $H<2.5$ cm时的水力现象

图 12-8　矩形薄壁出流

(4) 自由水舌下缘的空间应与大气相通。否则,由于溢流水舌把空气带走,压强降低,水舌下面形成局部真空,出流将不稳定。

在无侧向收缩、自由出流时,矩形薄壁堰流的流量公式可用 $Q=mB\sqrt{2g}H_0^{3/2}$ 计算。但实践中,为使用方便,将行近流速的影响计入流量系数,则把上式改写成为:

$$Q = m_0 B\sqrt{2g}H^{3/2} \tag{12-8}$$

式中　m_0——考虑行近流速影响在内的流量系数,可用雷伯克公式计算

$$m_0 = 0.403\,4 + 0.053\,4\frac{H}{P} + \frac{1}{1\,610H - 4.5} \tag{12-9}$$

适用条件:$H\geqslant 0.025$ m。

有侧向收缩的矩形薄壁堰的流量系数可用板谷－手岛公式确定

$$m_0' = 0.403\,2 + \frac{0.006\,6}{P} + 0.053\,4\frac{H}{P} - 0.096\,7\sqrt{\frac{(B_0 - B)H}{B_0 P}} + 0.007\,68\sqrt{\frac{B_0}{P}} \tag{12-10}$$

3.2.2　三角形薄壁堰

在实验室量测较小流量时,若用矩形堰时水头过小,测量精度降低。为了提高测量精度,常采用三角形薄壁堰,见图 12-9。三角形薄壁堰在小水头时堰口水面宽度较小,流量的微小变化将引起显著的水头变化,在量测小流量时比矩形堰的精度高。

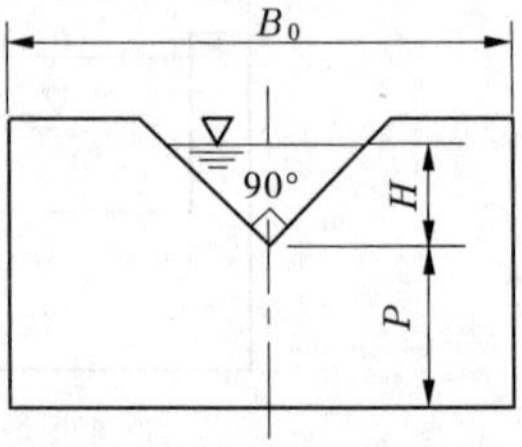

图 12-9　三角形薄壁堰

直角三角形薄壁堰的流量计算公式:

$$Q = 1.343H^{2.47} \tag{12-11}$$

式中,H 以 m 计,Q 以 m^3/s 计。

适用条件:渠宽 $B_0>5H$;堰高 $P\geqslant 2H$,$H=0.06\sim0.65$。

3.3　实用堰的水力计算

当 $0.67 < \frac{\delta}{H} < 2.5$ 时，称为实用堰。根据其剖面形状，可分为曲线形实用堰和折线形实用堰两类。曲线型实用堰常用于混凝土修筑的中、高水头溢流坝，堰顶的曲线形状适合于水流情况，可提高过水能力。折线形常用于中、小型溢流坝，具有取材方便和施工简单等优点。下面主要介绍曲线形实用堰，因为它在水利工程中被广泛应用。曲线形实用堰顶，经常有边墩和中墩，则可能有侧收缩的影响；同时下游水位对堰的过流能力也可能产生影响产生淹没出流，则计算公式仍按式(12-7)计算

$$Q = \sigma_s \varepsilon m B \sqrt{2g} H_0^{3/2}$$

3.3.1　堰剖面组成

曲线型实用堰的剖面形状如图 12-10(a)所示。一般由上游直线段 AB、堰顶曲线段 BC、下游斜坡段 CD 和反弧段 DE 组成。上游直线段 AB，可以做成铅直，也可以做成倾斜坡线；下游斜坡段 CD 的坡度主要依据堰的稳定和强度要求选定，一般采用 1∶0.6 ~ 1∶0.7；反弧段 DE 的反弧半径可根据堰的设计水头及下游堰高确定。

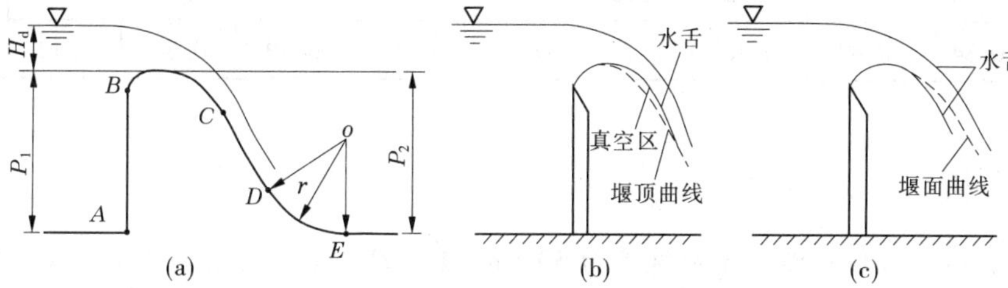

图 12-10　曲线堰示意图

3.3.2　堰面分类

堰顶曲线段 BC 对过流能力影响最大，是设计曲线型实用堰剖面形状的关键。堰顶曲线段常根据矩形薄壁堰自由出流时水舌下缘面的形状来设计。根据堰面伸入水舌下缘的程度，可形成真空堰和非真空堰。

真空堰即水流溢过堰顶时，堰顶表面出现真空现象的剖面，如图 12-10(b)所示。它主要是因水舌部分脱离堰面而造成的。其优点是，真空可相应地增大堰的溢流量。缺点是，堰面可能受到正负压力的交替作用，增加了动荷载，且造成水流的不稳定；当真空达到一定的程度时，堰面还可能发生气蚀而遭到破坏。所以，真空剖面堰一般较少使用。非真空型堰为堰面伸入自由水舌下缘，水流溢过堰顶时一般为正压，如图 12-10(c)所示。

曲线型实用堰有许多剖面形状，其流量系数的确定与堰的剖面形状、特征尺寸(如标准堰的定型水头 H_d、驼峰堰的圆顶半径 R 等)、堰高（包括上游堰高 P_1 和下游堰高 P_2）、高堰还是低堰及实际水头等因素有关，不同的堰面有不同的流量系数实验公式或求解图，确定的方法各有差异。

3.4　宽顶堰的水力计算

当 $2.5 < \frac{\delta}{H} < 10$ 时，称为宽顶堰。宽顶堰流发生地点一般在闸孔全开或无压涵洞进口、隧洞进口、溢洪道进口及渡槽进口等。宽顶堰示意图见图 12-11。

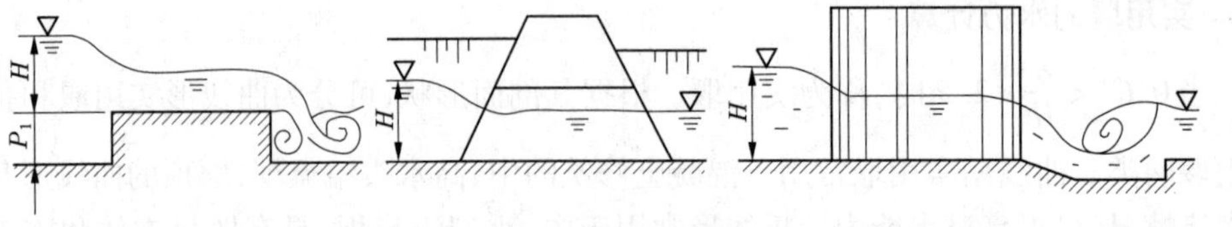

(a)直角进口宽顶堰　　(b)无压涵洞　　(c)闸孔堰流

图 12-11　宽顶堰示意图

宽顶堰流量计算公式与实用堰相同,为:

$$Q = \sigma_s \varepsilon m B \sqrt{2g} H_0^{3/2}$$

淹没系数 σ_s 可根据表 12-1 取用。

表 12-1　宽顶堰淹没系数 σ_s 值

h_s/H_0	≤0.80	0.81	0.82	0.83	0.84	0.85	0.86	0.87	0.88	0.89
σ_s	1.00	0.995	0.990	0.98	0.97	0.96	0.95	0.93	0.90	0.87
h_s/H_0	0.90	0.91	0.92	0.93	0.94	0.95	0.96	0.97	0.98	
σ_s	0.84	0.82	0.78	0.74	0.70	0.65	0.59	0.50	0.40	

4　案例分析

【例 12-3】　当堰口断面水面宽度为 50 cm,堰高 $P = 40$ cm,水头 $H = 20$ cm 时,分别计算无侧收缩矩形薄壁堰、直角三角形薄壁堰的过流量。

解　(1) 无侧收缩矩形薄壁堰:$B = b = 0.5$ m,$H = 0.2$ m,$P = 40$ cm $= 0.4$ m,由式(12-9)得流量系数

$$m_0 = 0.403\,4 + 0.053\,4\frac{H}{P} + \frac{1}{1\,610H - 4.5} = 0.403\,4 + 0.053\,4 \times \frac{0.2}{0.4} + \frac{1}{1\,610 \times 0.2 - 4.5}$$

$$= 0.432$$

由式(12-8)得:

$$Q = m_0 B\sqrt{2g}H^{3/2} = 0.432 \times 0.5 \times \sqrt{2 \times 9.8} \times 0.2^{3/2} = 0.085\,7(\mathrm{m^3/s}) = 85.7\ \mathrm{L/s}$$

(2) 直角三角形薄壁堰:$H = 0.2$ m 时,由式(12-11)有

$$Q = 1.343H^{2.47} = 1.343 \times 0.2^{2.47} = 0.025\,2(\mathrm{m^3/s}) = 25.2\ \mathrm{L/s}$$

由上面的例题可以看出,在同样水头作用下,矩形薄壁堰的过流量大于三角形薄壁堰的过流量。

【例 12-4】　某水利枢纽溢流坝采用 WES 标准实用堰,如图 12-12 所示。闸墩头部为半圆形,边墩头部为圆角形,共 16 孔,每孔净宽 $b = 15.0$ m。已知堰顶高程为 110.0 m,下游河床为 30.0 m,当上游设计水位为 125.0 m 时,相应下游水位为 52.0 m,流量系数 $m = 0.502$,不考虑侧收缩,不计行近流速的影响,求过堰流量。

解　(1) 因下游水位比堰顶低很多,则应为自由出流,$\sigma_s = 1.0$。

(2) 因不计行近流速的影响,$H_0 \approx H$;因不考虑侧收缩,ε 取 1。

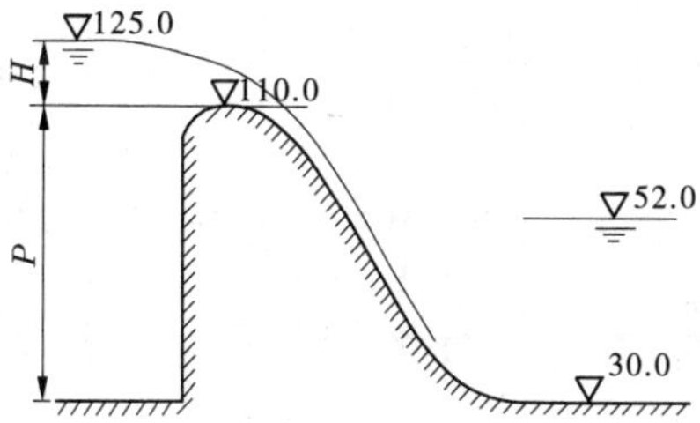

图 12-12

$$Q = \sigma_s \varepsilon m B \sqrt{2g} H_0^{3/2}$$
$$= 1.0 \times 1.0 \times 0.502 \times 15 \times 16 \times 4.43 \times 15^{3/2} = 31\ 006\ (\text{m}^3/\text{s})$$

学习单元 3　闸孔出流

1　学习目标

掌握闸孔出流计算的基本公式。

2　学习内容

(1)闸孔出流分类及水力特征。
(2)闸孔出流计算的基本公式。

3　任务实施

3.1　闸孔出流的水力特征

3.1.1　水平底板上的闸孔出流特征

图 12-13 为平底上的平板闸门闸孔出流。水流经闸孔出流后,由于液流惯性作用,受闸门的约束,在距闸门(0.5 ~1.0)e 处出现水深最小的收缩断面。收缩断面 c—c 处的水深 h_c 一般小于临界水深 h_k,水流为急流状态,而闸孔下游渠槽中的水深 h_t 一般大于临界水深 h_k,水流为缓流。因此闸后必然发生水跃现象。水跃的位置随下游水深的大小而变,发生的位置不同对闸孔出流的影响就不一样,使得闸孔出流分为自由出流和淹没出流两类。闸孔出流是自由还是淹没,取决于闸后水跃的形式。

当下游水深较小时,闸后发生临界式或远离式水跃,如图 12-13(a)、(b)所示,水跃不影响闸孔的过流能力,闸孔为自由出流;当下游水深较大,闸后产生淹没式水跃,如图 12-13(c)所示,称为闸孔的淹没出流。

注意:对于有坎宽顶堰上的闸孔出流,只要闸孔断面位于宽顶堰进口后一定距离处,且收缩断面仍位于堰顶之上(如图 12-14 所示),则上述分析结果以及关于闸孔垂直收缩系数的确定方法完全适用。

闸孔出流收缩程度可用垂直收缩系数 ε' 表示,其值的大小主要取决于闸门门型、闸门的相对开度$\frac{e}{H}$以及闸底坎形式。

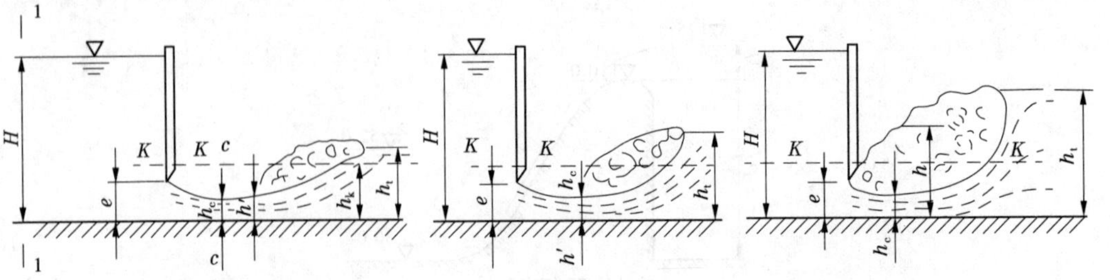

图 12-13　闸孔出流示意图

$$\varepsilon' = \frac{A_c}{A} = \frac{h_c}{e} \tag{12-12}$$

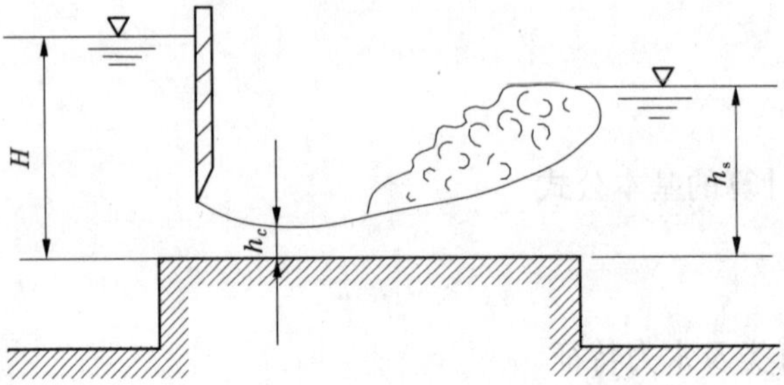

图 12-14

平板闸门的垂直收缩系数可由理论分析求得,并已经实验验证,可按表 12-2 选用。

表 12-2　平板闸门垂直收缩系数

e/H	0.10	0.15	0.20	0.25	0.30	0.35	0.40
ε′	0.615	0.618	0.620	0.622	0.625	0.628	0.630
e/H	0.45	0.50	0.55	0.60	0.65	0.70	0.75
ε′	0.638	0.645	0.650	0.660	0.675	0.690	0.705

闸底板为平底的弧形闸门(见图 12-15)垂直收缩系数 ε' 主要取决于闸门底缘切线与水平线的夹角 θ。ε' 与 θ 之间的关系可查表 12-3。

θ 值可按下式计算:

$$\cos\theta = \frac{c - e}{R} \tag{12-13}$$

式中　c——弧形闸门的转轴高度;

　　　R——弧形闸门的旋转半径。

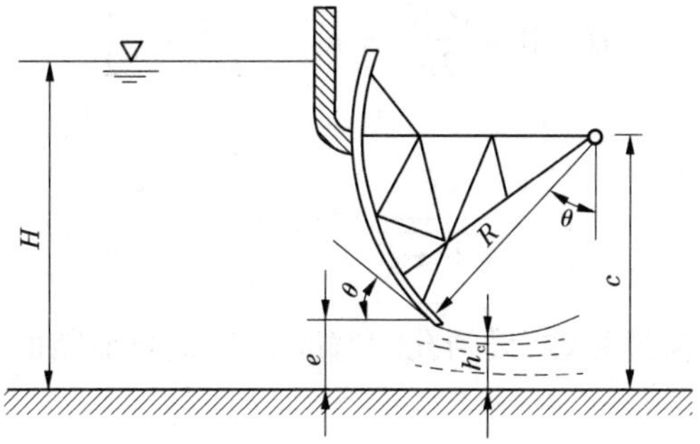

图 12-15

表 12-3　弧形闸门的垂直收缩系数

θ	35	40	45	50	55	60	65	70	75	80	85	90
ε'	0.789	0.766	0.742	0.720	0.698	0.678	0.622	0.646	0.635	0.627	0.622	0.620

3.1.2　曲线型实用堰上的闸孔出流特征

曲线型实用堰上的闸孔泄流时，由于闸前水流是在整个堰前水深范围内向闸孔汇集，因此出孔水流的收缩比平底上的闸孔出流更充分、更完善。但是，出闸后的水舌在重力作用下，紧贴堰面下泄，无明显的收缩断面。

曲线型实用堰上的闸孔出流也有自由和淹没之分，如图 12-16 所示。实用堰闸和跌水闸，当闸下水位高于闸门底坎，闸下出现淹没式水跃，水跃前端接触闸门底缘，则产生闸孔淹没出流。但一般情况下，实用堰为高堰，闸孔出流多为自由出流，只有为低堰闸孔出流时，才可能产生淹没出流。

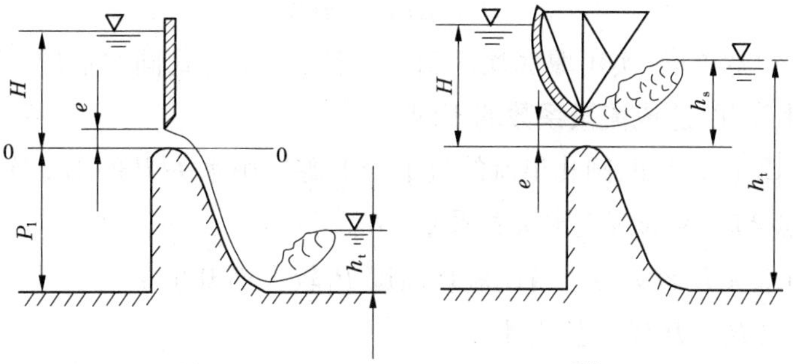

(a)　(b)

图 12-16

3.2　闸孔出流的基本公式

如图 12-13(a) 所示平板闸门下自由出流，在上游取断面 1—1 和闸后 c—c 断面列能量方程：

$$H + 0 + \frac{\alpha_0 v_0^2}{2g} = h_c + \frac{\alpha_c v_0^2}{2g} + \zeta \frac{v_c^2}{2g}$$

整理得

$$v_c = \frac{1}{\sqrt{1+\zeta}} \sqrt{2g(H_0 - h_c)}$$

令 $\varphi = \frac{1}{\sqrt{1+\zeta}}$,称为流速系数,设闸孔的宽度为 b,则收缩断面面积 $A_c = b\varepsilon' e$,则通过闸孔的流量为

$$Q = \varphi\varepsilon' be\sqrt{2g(H_0 - h_c)} \tag{12-14}$$

为了便于应用,上式还可以简化为更简单的形式:

$$Q = \varphi\varepsilon' \sqrt{1 - \varepsilon' \frac{e}{H_0}} \cdot be\sqrt{2gH_0}$$

令 $\mu = \varphi\varepsilon' \sqrt{1 - \varepsilon' \frac{e}{H_0}}$,称为闸孔出流的流量系数,则得

$$Q = \mu be\sqrt{2gH_0} \tag{12-15}$$

式(12-14)、式(12-15)即为闸孔自由出流的基本计算公式。式(12-15) 形式简单,更方便使用。

注意:

(1)对于多孔、有边墩或闸墩的闸孔出流,因为侧向收缩相对垂直收缩程度来说,影响很小,一般情况下不必考虑,但流量公式中的 b 应变为 $B = nb$,n 为闸孔数,b 为单孔宽度。

$$Q = \mu Be\sqrt{2gH_0} \tag{12-16}$$

(2)对于有坎宽顶堰、实用堰底坎的闸孔出流,上述公式同样适用,主要区别在于出流边界条件发生变化,造成流量系数的不同。

(3)由式 (12-15)可知,闸孔出流的流量与上游作用水头 H 的 1/2 次方成正比例,即 $Q \propto H_0^{1/2}$。这一点与堰流的流量水头关系 $Q \propto H_0^{3/2}$ 不同。

(4)当闸前水头 H 较大或上游闸底坎高度 P_1 较大而开度 e 较小时,行近流速水头可忽略不计,即可取 $H_0 \approx H$ 代入公式计算。

3.3 闸孔出流的流量系数

3.3.1 利用推导出的公式计算 μ

由上述推导过程可知,平底上的闸孔出流流量系数的表达式为

$$\mu = \varphi\varepsilon' \sqrt{1 - \varepsilon' \frac{e}{H_0}} \tag{12-17}$$

式中,φ 为流速系数,反映了过闸水流的局部水头损失和收缩断面或闸孔断面的流速分布不均匀性的影响。φ 值取决于闸孔入口的边界条件,与闸坎型式、闸门底缘形状和闸门的

相对开度$\frac{e}{H}$等因素有关，目前尚无准确的计算方法，一般可查相应资料中的表格，见表 12-4。

表 12-4　平板闸门的流速系数 φ 值

闸坎型式	水流图形	φ 值
闸孔出流的跌水	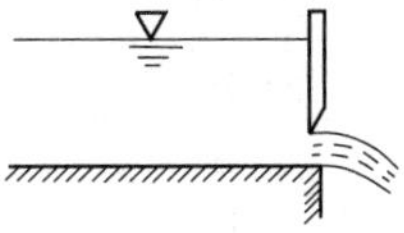	0.97 ~ 1.00
闸下底孔出流	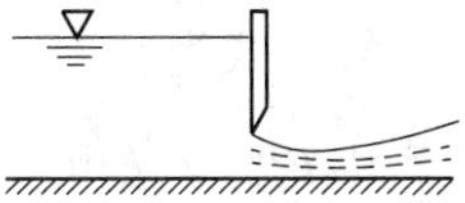	0.95 ~ 1.00
堰顶有闸门的曲线型实用堰流	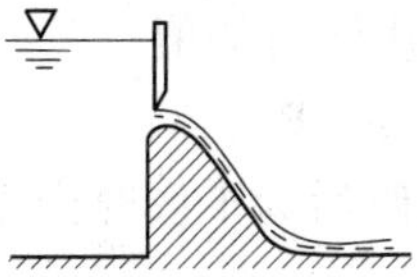	0.80 ~ 0.95
闸底坎高于渠底的闸孔出流	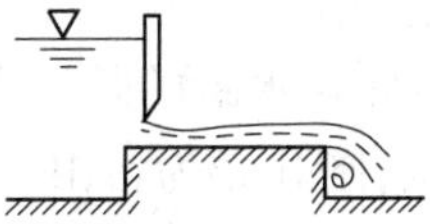	0.85 ~ 0.95

对于曲线型实用堰上的闸孔出流，如果取闸孔断面代替 c—c 断面，类似上述推导可得其流量系数的表达式为

$$\mu = \varphi\sqrt{1 - \beta\frac{e}{H_0}} \tag{12-18}$$

式中 β 为闸孔断面的平均测压管水头与闸孔开度的比值，它也取决于闸孔入孔边界条件和闸孔的相对开度$\frac{e}{H}$。

综上所述，闸孔自由出流的流量系数 μ 值，取决于闸底坎形式、闸门形式及闸孔相对开度$\frac{e}{H}$的大小。

3.3.2　利用经验公式求 μ

经验流量系数应根据不同堰闸形式分别用《水利技术标准汇编》中公式计算：

(1) 平底平板闸门（下游平坡）：

$$\mu = 0.454\left(\frac{e}{H}\right)^{-0.138} \tag{12-19}$$

(2) 弧形门平底闸（下游平坡）：

$$\mu = 1 - 0.016\ 6\theta^{0.723} - (0.582 - 0.037\ 1\theta^{0.547})\frac{e}{H} \tag{12-20}$$

(3)平板门曲线形实用堰闸：

$$\mu = 0.530\left(\frac{e}{H}\right)^{-0.120} \tag{12-21}$$

(4)弧形门曲线型实用堰闸：

$$\mu = 0.531\left(\frac{e}{H}\right)^{-0.139} \tag{12-22}$$

以上经验公式中$\frac{e}{H} \geqslant 0.03$。

3.4 闸孔出流的淹没系数

根据工程经验，为了计算方便，考虑淹没对流量的影响，可在自由出流的流量前乘以淹没系数来考虑。淹没出流时的流量计算公式为：

$$Q = \sigma_s \mu be \sqrt{2gH_0} \tag{12-23}$$

式中，σ_s 为闸孔出流的淹没系数，它反映了下游水深对过闸水流的淹没影响程度。闸孔淹没出流时，流量系数 μ 仍为自由出流时的值。

3.4.1 闸孔自由出流与淹没出流的判别

对于宽顶堰闸（包括平底闸），闸后为平底时产生淹没出流的机会较多。当闸后产生淹没式水跃时，即为闸孔淹没出流。

关于闸后水跃形式的判别方法为：

当 $h_t > e$ 时，计算 h_c''。h_c'' 为临界式水跃的跃后水深，跃前水深为 h_c。

当 $h_t < h_c''$ 时，产生远离式水跃；闸孔必为自由出流。临界式水跃也为自由出流。

当 $h_t > h_c''$ 时，产生淹没式水跃；为淹没出流。

$$h_c'' = \frac{h_c}{2}\left(\sqrt{1 + 8\frac{v_c^2}{gh_c}} - 1\right)$$

式中

$$v_c = \varphi\sqrt{2g(H_0 - h_c)}$$

或

$$h_c'' = \frac{h_c}{2}\left(\sqrt{1 + 8\frac{q^2}{gh_c^3}} - 1\right)$$

式中　q——自由出流时的闸孔单宽流量。

3.4.2 淹没系数的确定

对于平板闸门判别为淹没出流时，可利用 e/H、$\Delta Z/H$ 查图 12-17 得淹没系数。

4 案例分析

【例 12-5】 某矩形渠道中修建一水闸，共两孔，每孔宽度 $b = 3$ m，闸门为平板闸门，闸底板与渠底齐平，闸前水深 $H = 6$ m，闸门开度 $e = 1.5$ m，求闸孔自由出流时的流量。

解　1. 判别是否为闸孔出流

因为$\frac{e}{H} = \frac{1.5}{6} = 0.25 < 0.65$，故为闸孔出流，忽略闸上游流速水头的影响 $H \approx H_0$。

2. 计算流量系数

(1)利用公式　$\mu = \varphi\varepsilon'\sqrt{1 - \varepsilon'\frac{e}{H_0}}$ 计算流量系数。

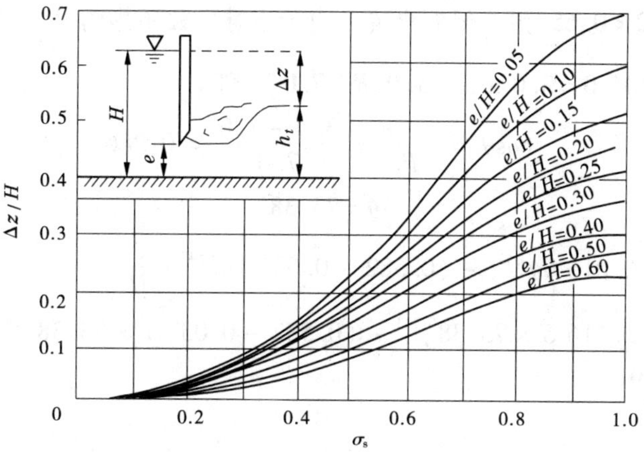

图12-17 平板闸门淹没系数

由$\frac{e}{H}=0.25$查表12-2得$\varepsilon'=0.622$,查表12-4流速系数$\varphi=0.97$,则流量系数为

$$\mu=\varphi\varepsilon'\sqrt{1-\varepsilon'\frac{e}{H_0}}=0.97\times0.622\times\sqrt{1-0.622\times0.25}=0.554$$

(2)用经验公式计算流量系数。

$$\mu=0.454\left(\frac{e}{H}\right)^{-0.138}=0.454\times(0.25)^{-0.138}=0.55$$

由上可知,两种计算流量系数的方法,所得的值基本相同。

3. 计算流量

$$Q=\mu Be\sqrt{2gH_0}=0.55\times2\times3\times1.5\times\sqrt{2\times9.8\times6}=53.68(\mathrm{m^3/s})$$

【例12-6】 某水闸底坎与渠底齐平,如图12-18所示。闸底板高程为104.00 m,共3孔,每孔宽度$b=5$ m,闸前水位为109.00 m,弧形门半径$R=7.0$ m,转轴高程为107.00 m。当闸门开度$e=1.0$ m时,闸下水位较低不影响出流,不计闸前行近流速,试计算过闸流量。

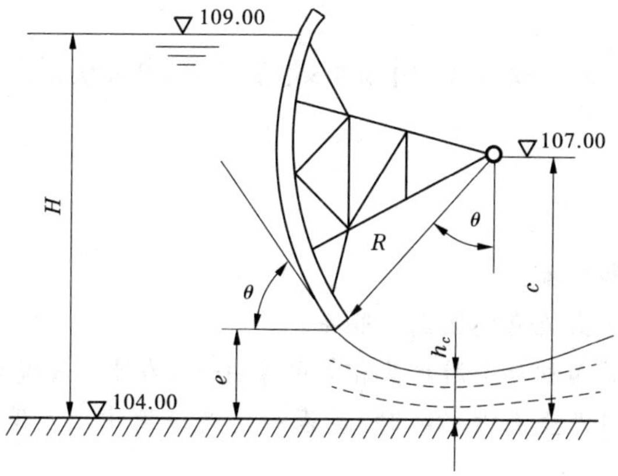

图12-18

解 因$H=109.0-104.0=5.0(\mathrm{m})$

$\frac{e}{H}=\frac{1.0}{5.0}=0.2<0.65$,则为闸孔出流。由于下游水位不影响泄流,则为自由出流。

$c=107.00-104.0=3.0$ m,$e=1.0$,$R=7.0$ m 则

$$\cos\theta=\frac{c-e}{R}=\frac{3.0-1.0}{7.0}=0.286$$

则

$$\theta=73.38°$$

$$\mu=1-0.0166\theta^{0.723}-(0.582-0.0371\theta^{0.547})\frac{e}{H}$$
$$=1-0.0166\times73.38^{0.723}-(0.582-0.0371\times73.38^{0.547})\times0.2$$
$$=0.591$$

则闸孔出流量:

$$Q=\mu Be\sqrt{2gH_0}=0.591\times3\times5\times1.0\times\sqrt{2\times9.8\times5.0}=87.76(\mathrm{m^3/s})$$

【例 12-7】 在例 12-6 中,当下游水位升高为 4.0 m 时,其他条件不变,求闸孔出流量。

解 1. 判别闸后水跃形式

因闸后的水深 $h_t=4.0$ m $>e=1.0$ m,则可能为淹没出流。

由$\frac{e}{H}=0.20$查表 12-3 得 $\varepsilon'=0.640$,查表 12-4 得流速系数 $\varphi=0.97$,则

$$h_c=\varepsilon'e=0.640\times1=0.640(\mathrm{m})$$

$$v_c=\varphi\sqrt{2g(H_0-h_c)}=0.97\times\sqrt{19.6\times(5-0.640)}=8.97(\mathrm{m/s})$$

$$h_c''=\frac{h_c}{2}\left(\sqrt{1+8\frac{v_c^2}{gh_c}}-1\right)=\frac{0.640}{2}\times\left(\sqrt{1+8\times\frac{8.97^2}{9.8\times0.640}}-1\right)=2.94(\mathrm{m})<h_t$$

下游水深大于临界式水跃的跃后水深,为淹没水跃,则闸孔为淹没出流。

2. 查淹没系数 σ_s

由$\frac{\Delta Z}{H}=\frac{5-4}{5}=0.2$,$\frac{e}{H}=0.20$,查图 12-17 得 $\sigma_s=0.54$。

3. 实际流量 Q

$$Q=\sigma_s\mu be\sqrt{2gH_0}=0.54\times0.591\times5\times3\times1\times\sqrt{2\times9.8\times5}=47.39\ (\mathrm{m^3/s})$$

知识训练

12-1 什么叫堰和堰流?

12-2 堰流和闸孔出流有何区别和联系?

12-3 在孔口断面面积和上游水头相等的条件下,为什么管嘴比孔口过流能力大?

12-4 宽顶堰下游产生淹没水跃时,是否一定是淹没出流?宽顶堰的淹没出流如何判别?

12-5 闸孔出流发生淹没出流时,下游是否一定为淹没水跃?

12-6 堰流流量计算时关键要确定哪些系数?此系数各自有哪些影响因素?

12-7 有一薄壁小孔口，直径 $d=20$ mm，水头 $H=2.0$m，现测得收缩断面的直径 $d_c=18$ mm，在 20 s 时间内，经孔口流出的水量为 24.5 L，试求孔口的收缩系数 ε'、流速系数 φ 和流量系数 μ。

12-8 在一矩形渠槽中，设置一无侧向收缩的矩形薄壁堰。已知堰宽 $b=0.5$ m，上下游堰高相同，$P_1=0.70$ m，下游水深 $h_t=0.6$ m，当堰上水头 $H=0.4$ m 时，试求过堰流量。

12-9 某直角三角形薄壁堰，堰高 $P_1=0.65$ m，上游渠槽水面宽度 $B=1.0$ m。今测得堰上水头 $H=0.3$ m，求自由出流时的过堰流量。

12-10 某河中筑有单孔 WES 曲线型溢流坝。已知：筑堰处河底高程为 12.2 m，堰顶高程为 20.00 m，上游设计水位高程为 21.31 m，下游水位高程为 16.35 m，坝前河道断面近似为矩形，河道宽度 $B=100$ m，不考虑侧向收缩。试求上游为设计水位时，通过流量 $Q=100\ m^3/s$ 时所需的堰顶宽度 b 为多少？

12-11 某拦河闸共 9 孔，每孔净宽为 14 m；闸前水位高程为 18 m，闸底板与上游河底平齐，高程为 6 m；闸前行近流速为 3 m/s；下游水位不影响出流。不考虑侧向收缩，试确定闸门开启度 $e=3$ m 时的过闸流量。

12-12 某水利枢纽设有平底冲沙闸，用弧形闸门控制流量。闸孔宽 $b=10$ m，弧形门半径 $R=15$ m，门轴高程为 16.0 m，上游水位高程为 18.0 m，闸底板高程为 6.0 m。试计算：闸孔开度 $e=2.0$ m，下游水位高程为 8.5 m 及 14.0 m 时，通过闸孔的流量（不计行近流速水头的影响）。

学习项目13　泄水建筑物下游水流衔接与消能

学习单元1　底流式衔接与消能的水力计算

1　学习目标

(1)掌握实际工程中常采用的水流衔接与消能形式。

(2)掌握底流式衔接与消能的水力计算思路及步骤。

(3)理解各种水流衔接与消能形式的原理与方法。

2　学习内容

(1)水流衔接与消能的三种主要形式。

(2)底流式衔接与消能的水力计算。

3　任务实施

3.1　消能形式

目前,实际工程中常采用的水流衔接与消能形式主要有三种。

3.1.1　*底流式衔接与消能*

水流自闸、坝下泄时,势能逐渐转化为动能,流速增大,水深减小,到达 $c—c$ 断面,水深最小,称该断面为收缩断面,其水深以 h_c 表示,h_c 一般都小于临界水深,水流属于急流,而下游河渠中的水深 h_t 常大于临界水深,属于缓流。由急流向缓流过渡,必然要发生水跃,如图13-1(a)所示。底流式衔接与消能就是在建筑物下游修建消力池(见图13-1(b)、(c)),控制水跃在消力池内发生,利用水跃消能(可消耗大部分下泄水流能量),同时可以减小急流范围,使水流安全地与下游缓流衔接。在这种衔接与消能过程中,因为水流主流靠近河床底部,因此称这种衔接消能为底流式衔接与消能。底流式衔接与消能多用于中、低水头及下游地质条件较差的泄水建筑物的消能。

3.1.2　*挑流式衔接与消能*

这种消能方式是利用在泄水建筑物末端修建的反弧坎,将下泄的水流挑离建筑物,使之落入下游较远的河道中,如图13-2所示。挑射的水流在空中受到空气阻力,水舌扩散,消耗一部分能量。落入下游水流中后,与下游水体碰撞,产生剧烈的混掺紊动,又消耗大量的能量,从而达到消能目的。因为是被挑向下游与下游水流进行衔接,因此称这种衔接与消能为挑流式衔接与消能。挑流式衔接与消能多用于高水头且下游河床地质条件好的泄水建筑物下游的消能。

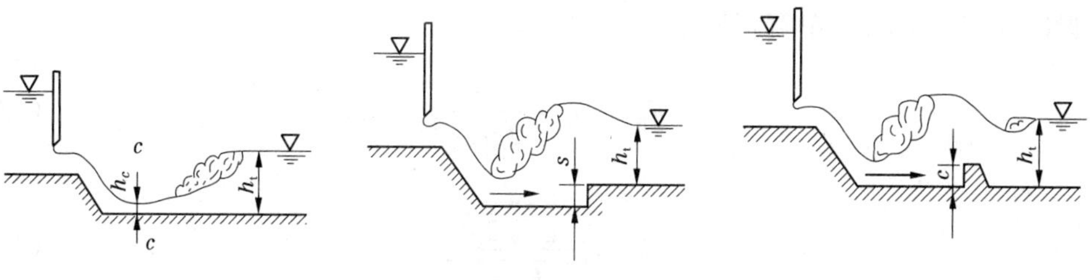

图 13-1

3.1.3　面流式衔接与消能

当下游水深较大且较稳定时，常将建筑物末端做成垂直跌坎，跌坎顶部低于下游水位，如图 13-3 所示。下泄的水流被送到下游水流表层，底部形成巨大的漩滚，然后主流在垂直方向逐渐扩散，并与下游水流衔接。其消能是在底部漩滚和主流扩散的过程中实现的。因为高流速的主流位于表层，故称这种消能衔接形式为面流式衔接与消能。

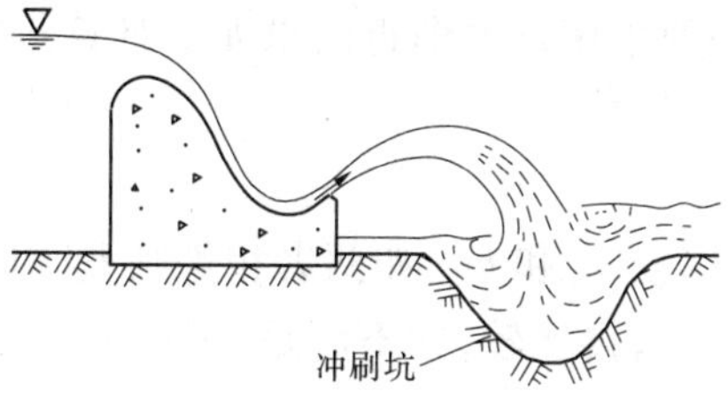

图 13-2

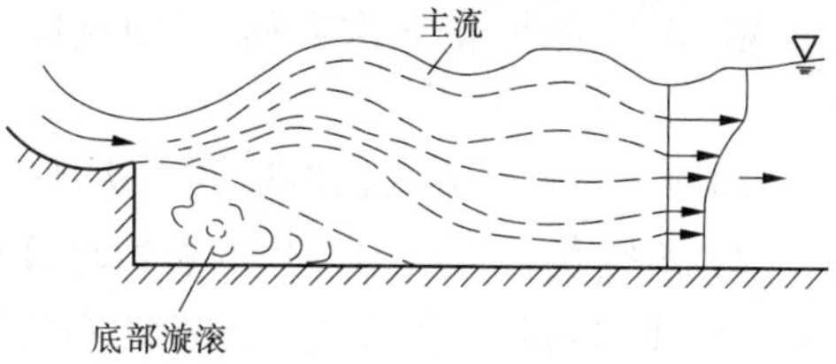

图 13-3

除上述三种基本消能型式以外，还可以将这三者相互结合起来得到综合式消能措施。图 13-4 就是一种底流与面流相结合的型式，称为戽流式衔接与消能。

本项目只介绍常用的底流式衔接与消能和挑流式衔接与消能的水力计算方法。其他消能方式的水力计算，可查阅《水力计算手册》或《水利技术标准汇编》。

3.2　收缩断面水深 h_c 的计算

以图 13-5 所示的溢流坝为例，建立收缩断面水深计算的基本方程。选通过收缩断面底部的水平面为基准面，对断面 0—0 和断面 c—c 列能量方程，可得下式

$$E_0 = h_c + \frac{Q^2}{2gA_c{}^2\varphi^2} \tag{13-1}$$

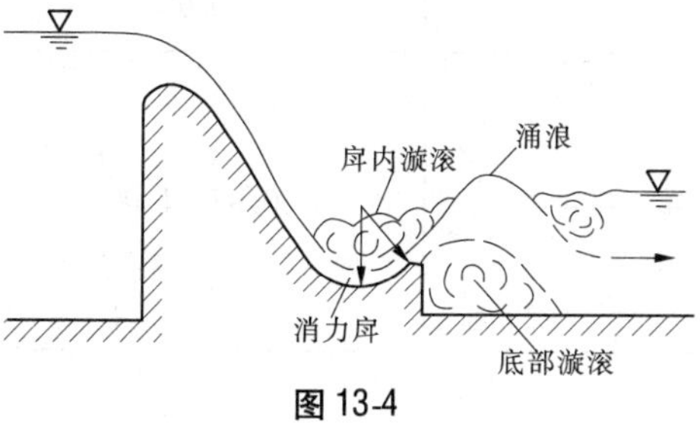

图 13-4

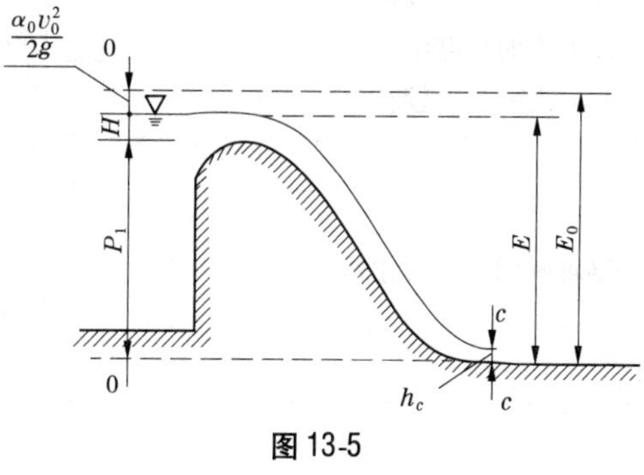

图 13-5

对矩形断面：$A_c = bh_c$，取单宽流量 $q = \frac{Q}{b}$，则

$$E_0 = h_c + \frac{q^2}{2gh_c^2\varphi^2} \tag{13-2}$$

得

$$h_c = \frac{\frac{q}{\varphi\sqrt{2g}}}{\sqrt{E_0 - h_c}} \tag{13-3}$$

$$E_0 = P_1 + H_0 = P_1 + H + \frac{\alpha_0 v_0^2}{2g}$$

$$\varphi = \frac{1}{\sqrt{\alpha_c - \zeta}}$$

式中　E_0——坝前断面的总水头；

φ——泄水建筑物的流速系数，φ 值的大小主要取决于建筑物的形式和尺寸，初估可按表 13-1 选用。

式(13-3)是 h_c 的三次方程，不便直接求解，一般采用逐次渐近法求 h_c。计算步骤如下：

(1)令 $h_c = 0$ 代入式(13-3)的右边计算得 h_{c1}。

(2)将 h_{c1} 仍代入式(13-3)的右边计算得 h_{c2}，比较 h_{c1} 和 h_{c2}，如两者相等则 h_{c2} 即为所求 h_c。否则，再将 h_{c2} 代入式(13-3)的右边计算得 h_{c3}，再比较，如不满足，再计算，就这样逐次渐近，直至两者近似相等为止。

表 13-1　泄水建筑物的流速系数

建筑物泄流方式	图形	φ 值
表面光滑的曲线型实用堰平板闸闸孔自由出流	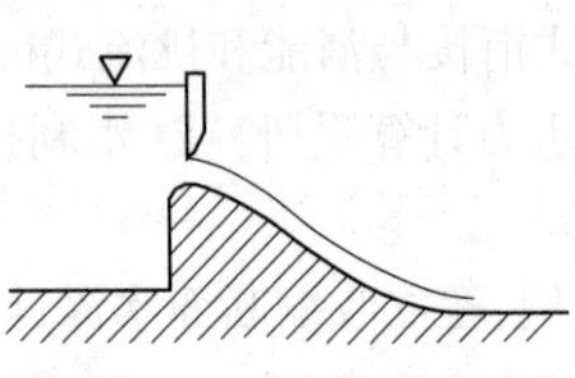	0.85 ~ 0.95
表面光滑的曲线型实用堰自由出流： 1. 溢流面长度较短； 2. 溢流面长度中等； 3. 溢流面长度较长	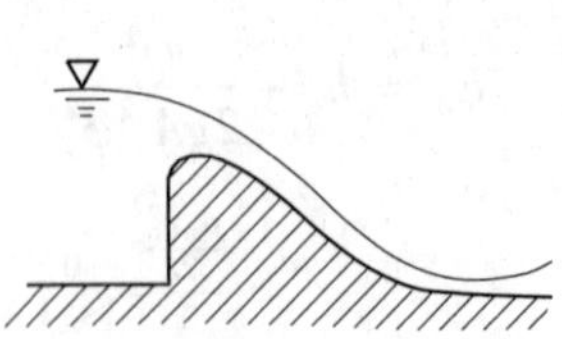	 1.00 0.95 0.90
平板闸闸孔自由出流	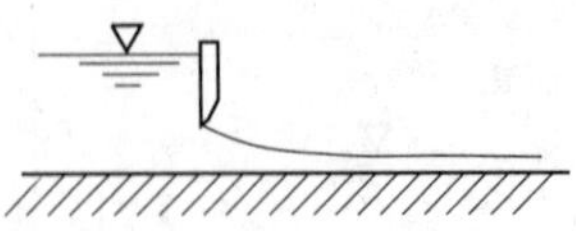	0.97 ~ 1.00

续表 13-1

建筑物泄流方式	图形	φ 值
折线型断面实用堰自由出流	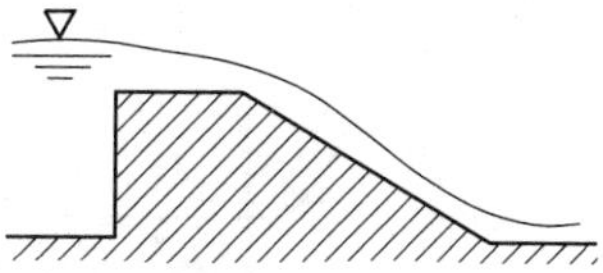	0.80 ~ 0.90
宽顶堰自由出流	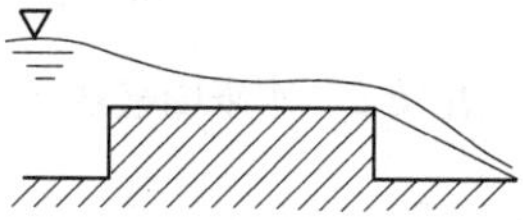	0.85 ~ 0.95
无闸门跌水	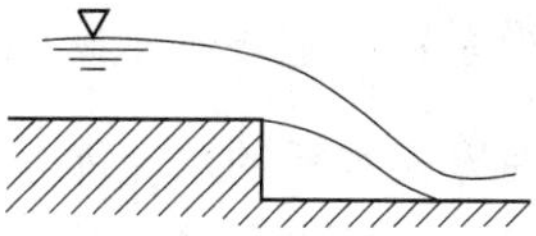	1.00
末端设闸门的跌水	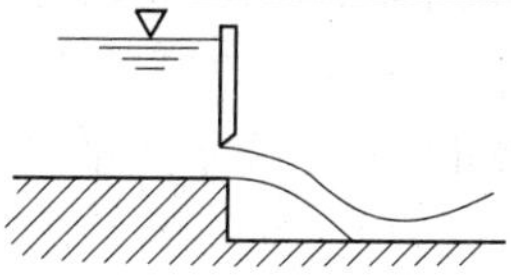	0.97 ~ 1.00

3.3　水跃衔接形式的判断

闸、坝等泄水建筑物下游发生水跃，水跃发生的位置有三种情况：正好在收缩断面处开始发生，在收缩断面以前发生，在收缩断面以后发生，这是三种不同的水跃形式，会发生何种形式的水跃，取决于建筑物下游收缩断面水深 h_c 的共轭水深 h''_c 与下游水深 h_t 的孰大孰小。判断方法是：先以 $h_c = h'$（即以收缩断面水深作为跃前水深），将 h_c 代入水跃方程求得跃后水深 h''_c，然后将求得的 h''_c 与下游水深 h_t 比较，$h_t = h''_c$、$h_t < h''_c$、$h_t > h''_c$ 三种情况，由此可判断出发生何种水跃。

3.3.1　$h_t = h''_c$

表明此时下游水深 h_t 正好等于收缩断面水深 h_c 所对应的跃后水深 h''_c，水跃恰好在收缩断面处开始发生，称这种水跃为临界式水跃，这种水流衔接称为临界式水跃衔接，如图 13-6(a)所示。

3.3.2　$h_t < h''_c$

这时，下游水深 h_t 小于与收缩断面水深 h_c 相对应的共轭水深 h''_c。下游水深 h_t 即为实际跃后水深，由水跃函数曲线可知，较小的跃后水深要求较大的跃前水深与之相对应，因

而 h' 应大于 h_c，所以应从收缩断面后、在水深增大到正好等于 h_t 的共轭水深 h' 时开始发生水跃，如图 13-7(b) 所示。称这种水跃为远离式水跃，这种衔接称为远离式水跃衔接。

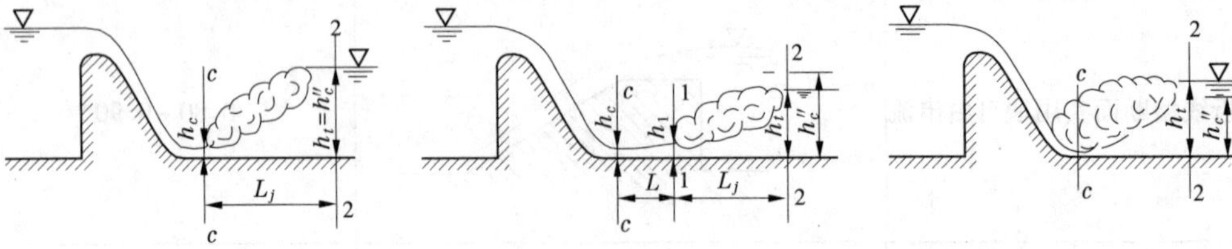

图 13-6　水跃衔接形式

3.3.3　$h_t > h_c''$

这种情况与上一种情况正好相反。水跃被水深较大的下游水流向上推移，收缩断面被淹没，因而称这种水跃为淹没式水跃，这种衔接为淹没式水跃衔接，如图 13-6(c) 所示。

令 $\sigma=\dfrac{h_t}{h_c''}$，称 σ 为水跃的淹没系数。它表示水跃的淹没程度。

根据理论和试验研究表明，临界式水跃的水流能量损失最大，其消能效果最好。但临界式水跃不稳定，当流量稍有增大或下游水深稍有减小时，很容易转变为远离式水跃。而远离式水跃其消能效果较差。而且从收缩断面到跃前断面为急流，流速较大，对河床的冲刷能力很强，不利于建筑物的安全。对于淹没式水跃，当淹没系数 $\sigma>1.2$ 时，消能率降低；但当淹没系数 $\sigma=1.05\sim1.10$ 时，淹没式水跃的消能效果接近临界式水跃，而且不易变为远离式水跃。

综上所述，远离式水跃衔接形式最为不利，工程中应避免出现；临界式水跃衔接形式不稳定，很容易转变为远离式水跃衔接，也应避免出现，所以选取淹没系数 $\sigma=1.05\sim1.10$ 的稍有淹没程度的淹没式水跃衔接形式为最好。因此，当建筑物下游水流的自然衔接形式经判断为远离式水跃或临界式水跃衔接时，则需要设置消能工（消能工程），即要进行相应的消能水力计算，避免出现这两种水流衔接形式。设置底流式消能工的目的就是迫使建筑物下游发生淹没系数 $\sigma=1.05\sim1.10$ 的稍有淹没程度的淹没式水跃，使水流成为稍有淹没程度的淹没式水跃衔接。

3.4　消力池的水力计算

如果判定泄水建筑物下游发生临界式或远离式水跃，则需增加下游水深迫使其能发生淹没系数 $\sigma=1.05\sim1.10$ 的淹没式水跃，但没有必要增加整个河道的水深，只需在靠近建筑物下游较短的距离内建一消力池（即水池），使池内水深增大到能够产生 $\sigma=1.05\sim1.10$ 的淹没式水跃即可，底流式消能就是利用上述建消力池的方法，使池内恰好产生所需淹没式水跃达到消能的目的。消力池的水力计算就是求消力池的池深和池长。由于池内水流湍急，池底需进行强化加固，这种加固结构称为“护坦”。

实际工程中常见的消力池有三种：

(1) 挖深式消力池（又称消力池）：主要适用于河床易开挖且造价又比较经济的情况，在泄水建筑物下游原河床下挖形成所需消力池，使池内产生所需水跃，见图 13-7(a)。

(2)坎式消力池(又称消力坎):当河床不易开挖或开挖太深造价不经济时,可在原河床上修建一道坎(墙),使坎前形成消力池,壅高池内水深,使池内产生所需水跃,见图13-7(b)。

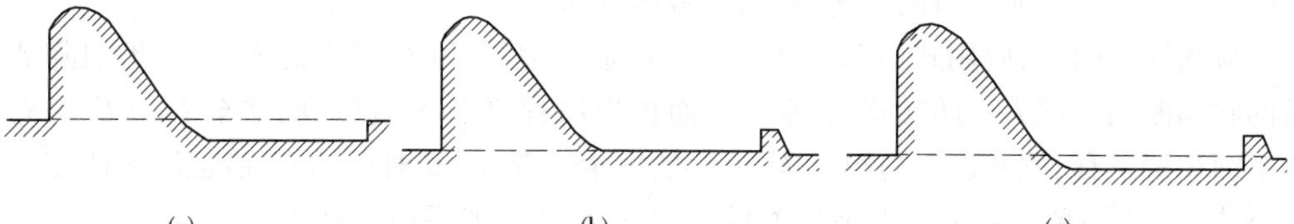

图 13-7

(3)综合式消力池:当单纯开挖,开挖量太大,单纯建坎,坎又太高,不经济,且坎后易形成远离式水跃,冲刷河床,可两者兼用。这种既降低护坦高程,又修建消力坎的消力池称为综合式消力池,如图13-7(c)所示。

本单元只讨论矩形断面的挖深式消力池和坎式消力池的水力计算。消力池的水力计算主要包括池深(或坎高)及池长的计算。

3.4.1 挖深式消力池的水力计算

3.4.1.1 消力池池深 S 的确定

将下游河床下挖一深度 S 后,形成消力池,池内水流现象如图13-8所示。出池水流由于垂向收缩,过水断面减小,动能增加,形成一水面跌落 ΔZ,其出池水流可视为宽顶堰流,由图13-8中可得池末水深 h_T:

$$h_T = S + h_t + \Delta Z \tag{13-4}$$

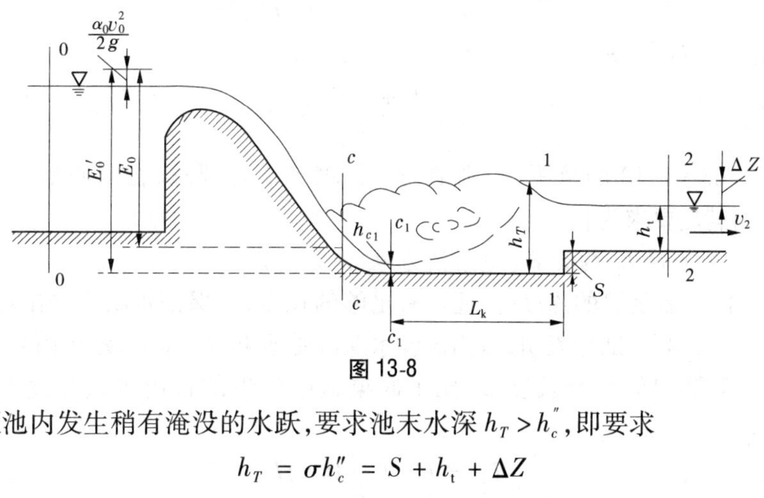

图 13-8

为保证池内发生稍有淹没的水跃,要求池末水深 $h_T > h_c''$,即要求

$$h_T = \sigma h_c'' = S + h_t + \Delta Z$$

$$\sigma = 1.05 \sim 1.10$$

式中 σ——淹没系数,通常取1.05~1.10。

由上述条件可得池深 S 的计算公式为

$$S = \sigma h_c'' - (h_t + \Delta Z) \tag{13-5}$$

水面跌落 ΔZ 的计算公式,可通过对消力池出口断面1—1及下游断面2—2列能量方程(以通过断面2—2底部的水平面为基准面)推得:

$$\Delta Z = \frac{q^2}{2g}\left[\frac{1}{(\varphi' h_t)^2} - \frac{1}{(\sigma h_c'')^2}\right] \tag{13-6}$$

$$\varphi' = 0.95$$

式中　φ'——消力池出口的流速系数,一般取0.95 。

应当注意的是,应用式(13-5)和式(13-6)求解池深 S 时,式中的 h_c'' 应是护坦降低以后的收缩断面水深 h_c 对应的跃后水深。而护坦高程降低 S 值后,E_0 增至 $E_0' = E_0 + S$,收缩断面位置下移,据式(13-3)可知 h_c 值必然发生改变,与其对应的 h_c'' 值也随之改变。显然,S 与 h_c'' 之间是一复杂的隐函数关系,所以求解 S 一般采用试算法。

求解 S 试算步骤:

(1)估算池深 S。初估时可用略去 ΔZ 的近似式:

$$S = \sigma h_c'' - h_t \tag{13-7}$$

式中,σ 取1.05;h_c'' 近似用建池前 h_c'' 代替建池后 h_c'',仅供估算用。

(2)计算建池后的 h_c 和 h_c'':

$$h_c = \frac{\dfrac{q}{\varphi\sqrt{2g}}}{\sqrt{E_0 - h_c}} \qquad (E'_0 = E_0 + S) \tag{13-8}$$

$$h_c'' = \frac{h_c}{2}\left(\sqrt{1 + \frac{8q^2}{gh_c^3}} - 1\right)$$

(3)计算 ΔZ(建池后 h_c''):

$$\Delta_Z = \frac{q^2}{2g}\left[\frac{1}{(\varphi' h_t)^2} - \frac{1}{(\sigma h_c'')^2}\right]$$

(4)计算 σ(建池后 h_c''):

$$\sigma = \frac{S + h_t + \Delta_Z}{h_c''} \tag{13-9}$$

若 σ 在1.05~1.10的范围内,则消力池深度 S 满足要求,否则调整 S,重复(2)~(4)步骤,直到满足要求为止。

3.4.1.2　消力池长度 L_k 的计算(适用消力池、消力坎)

消力池除需具有足够的深度外,还需有足够的长度,以保证水跃不冲出池外,而对下游河床产生不利影响。试验表明,池内淹没水跃因受池末端竖立壁坎产生的反向力作用,由池内收缩断面算起的水跃长度 L_j' 比平底渠道中产生的自由水跃长度 L_j 短20%~30%,则

$$L_j' = (0.7 \sim 0.8)L_j$$

当泄水建筑物为曲线型实用堰时,消力池长度 L_k 等于池内水跃长度 L_j',即

$$L_k = L_j' = (0.7 \sim 0.8)L_j \tag{13-10}$$

$$L_j = 6.9(h_c'' - h_c) \quad (h_c'' \text{ 和 } h_c \text{ 为建池后跃后和跃前水深})$$

式中　L_j——平底渠中自由水跃长度。

当泄水建筑物为跌坎或宽顶堰时,消力池长度还应考虑跌坎或宽顶堰到收缩断面间的距离,具体计算请参阅《水力计算手册》或其他有关水力学书籍。

3.4.1.3　消力池的设计流量 Q_s、Q_L

上述消力池池深、池长的计算是在固定某一流量情况下进行的，而建好后的消力池要通过一定范围内的各种流量，那么用哪一个流量来计算池深和池长，才能使全部流量变化范围内都能保证在池内发生稍有淹没的淹没式水跃呢？显然，应考虑最不利的情况，即要选取具有最大池深和最大池长的流量作为消力池的设计流量（Q_s 为池深设计流量、Q_L 为池长设计流量）。

由简化公式(13-7)（$S=\sigma h_c''-h_t$）可知，（$\sigma h_c''-h_t$）差值最大时池深 S 最大，因此（$\sigma h_c''-h_t$）差值最大时所对应的流量就是设计流量，所以只要在包含 Q_{max}、Q_{min} 在内的流量变化范围内选取几个 Q 值，算出相应的 h_c''、h_t，绘出 Q 与（$\sigma h_c''-h_t$）的关系曲线，从曲线上选取最大（$\sigma h_c''-h_t$）对应的流量，即为消力池池深的设计流量 Q_s。实践表明，池深的设计流量一般比 Q_{max} 小。

需注意，池长的设计流量不等于池深的设计流量，即 $Q_L\neq Q_s$，一般情况，水跃长度随流量增大而增大，因此池长的设计流量 Q_L 就是建筑物所通过的最大流量 Q_{max}。

综上所述，给出底流式衔接与消能水力计算的思路步骤：

(1)求建池前 h_c。

(2)求建池前 h_c''，判断水跃衔接形式。

(3)经判别为临界或远离式水跃时拟建消力池；①求池深 S；②求池长 L_k。

3.4.2　坎式消力池的水力计算

(1)坎高 C 的计算

当河床不易开挖或开挖不经济时，可在护坦末端修筑消力坎，壅高坎前水位形成消力池，以保证在建筑物下游产生稍有淹没的水跃。池内水流现象，如图 13-9 所示，坎式消力池池内水流现象与挖深式消力池基本相同，但出池水流是折线型实用堰流。

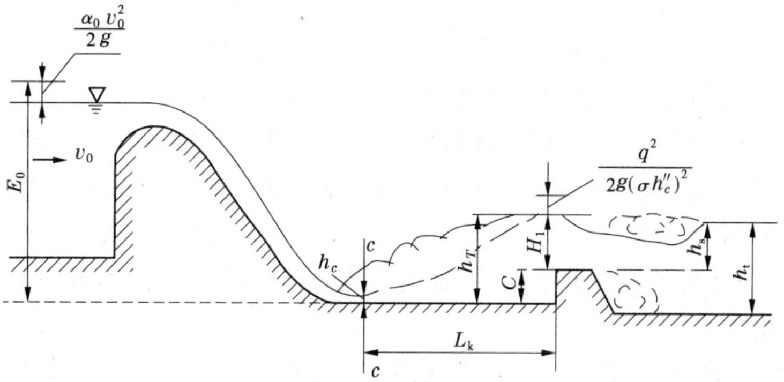

图 13-9

同理，为保证池内产生稍有淹没的水跃，坎前水深 h_T 应为 $h_T=\sigma h_c''$。

由图 13-9 可知　　$h_T=C+H_1$

式中　C——坎高；

H_1——坎顶水头。

则坎高

$$C=\sigma h''-H_1 \tag{13-11}$$

坎顶水头 H_1 可用堰流公式计算

$$H_1 = H_{10} - \frac{v_0^2}{2g} = \left(\frac{q}{\sigma_s m_1 \sqrt{2g}}\right)^{2/3} - \frac{q^2}{2g\,(\sigma h_c'')^2} \tag{13-12}$$

则

$$C = \sigma h_c'' + \frac{q^2}{2g\,(\sigma h_c'')^2} - \left(\frac{q}{\sigma_s m_1 \sqrt{2g}}\right)^{2/3} \tag{13-13}$$

$$\sigma_s = f\left(\frac{h_t - c}{H_{10}}\right) = f\left(\frac{h_s}{H_{10}}\right)$$

式中　m_1——折线型实用堰的流量系数，一般取 $m_1 = 0.42$。

σ_s——消力坎淹没系数，其大小与下游水深和坎高有关。

试验表明：当$\frac{h_s}{H_{10}} \leqslant 0.45$ 时，出池水流为堰流自由出流，$\sigma_s = 1$；当$\frac{h_s}{H_{10}} > 0.45$ 时，出池水流为堰流淹没出流，σ_s 值可根据相对淹没度$\frac{h_s}{H_{10}}$查表 13-2 确定。

应当指出的是：如果消力坎出池水流为自由出流，则应校核坎后的水流衔接情况，如坎后为临界或远离式水跃衔接时，必须设置第二道消力坎或采取其他消能措施。消力坎的流速系数一般取 0.90～0.95。

表 13-2　消力坎的淹没系数 σ_s 值

h_s/H_{10}	0.45	0.50	0.55	0.60	0.65	0.70	0.72	0.74	0.76	0.78
σ_s	1.00	0.990	0.985	0.975	0.960	0.940	0.930	0.915	0.900	0.885
h_s/H_{10}	0.80	0.82	0.84	0.86	0.88	0.90	0.92	0.95	1.00	
σ_s	0.865	0.845	0.815	0.785	0.750	0.710	0.651	0.535	0.000	

(2)坎式消力池池长 L_k 的计算(方法同挖深式消力池)。

(3)坎式消力池设计流量 Q_c、Q_L 的确定。

坎高 C 的设计流量 Q_c 的确定：选取包括 Q_{max} 和 Q_{min} 在内的若干 Q 值，分别计算出其相应的坎高 C 值，绘制 $Q \sim C$ 曲线，最大 C 值对应的流量即为坎高的设计流量。实践表明，一般情况 $Q_c < Q_{max}$。

坎式消力池池长的设计流量 Q_L 即是消力池通过的最大流量，须知 $Q_L \neq Q_c$。

3.4.3　辅助消能工

为提高消能效果，可在消力池中设置辅助消能工，如趾墩、消力墩、池末齿坎等，如图 13-10所示。

3.4.3.1　趾墩

趾墩又称分流墩，常布置在消力池入口处。它的作用是发散入池水股，加剧消力池中水流的紊动混掺作用，提高消能效率。对于单独加设的趾墩，可以增大收缩断面水深 h_c，使共轭水深 h_c'' 减小，因此可以减小消力池的深度 S。

3.4.3.2　消力墩

消力墩常布置在消力池内的护坦上。它的作用除分散水流、形成更多漩涡以提高消

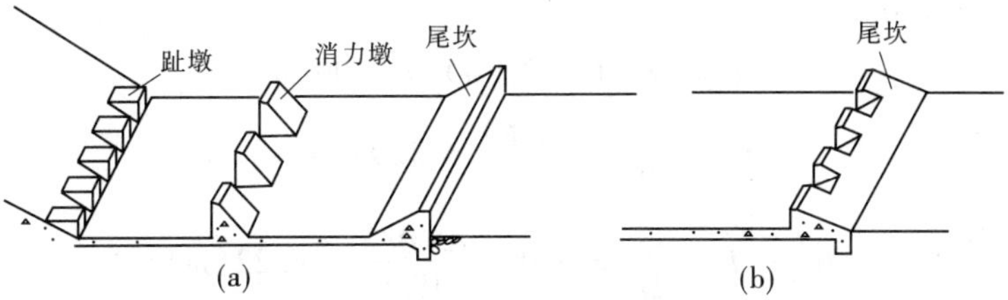

图 13-10

能效果外，还有迎拒水流、对水流产生反冲击力。根据动量方程分析可知，消力墩对水流的反冲击力将降低水跃的共轭水深，从而可以减小消力池的池深 S。

3.4.3.3 尾坎

尾坎的作用是将池末流速较大的底部水流挑起，改变下游的流速分布，使面层流速较大，底部流速较小，从而减轻出池水流对池后河床或海漫的冲刷作用。

3.4.3.4 辅助消能工

辅助消能工的《水力计算》，可查阅有关水力计算手册。

3.4.3.5 护坦下游的河床加固

由于出消力池水流紊动仍很剧烈，底部流速较大，故对河床仍有较强的冲刷能力。所以，在消力池后，除岩质较好，足以抵抗冲刷外，一般都要设置较为简易的河床保护段，这段保护段称为海漫。海漫不是依靠旋滚来消能，而是通过加糙、加固过流边界，促使流速加速衰减，并改变流速分布，使海漫末端的流速沿水深的分布接近天然河床，以减小水流的冲刷能力，保护河床。因此，海漫通常用粗石料或表面凹凸不平的混凝土块铺砌而成，如图 13-11 所示。海漫长度一般采用经验公式估算。

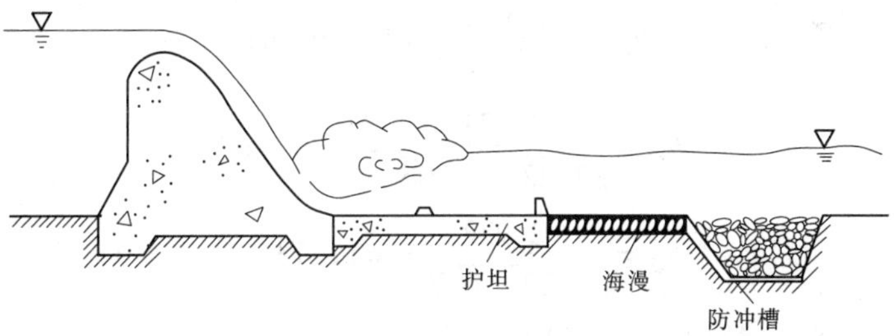

图 13-11

海漫下游水流仍具有一定冲刷能力，会在海漫末端形成冲刷坑。为保护海漫基础的稳定，海漫后一般应设置比冲刷坑略深的齿槽或防冲槽。具体设计可参阅有关书籍。

4 案例分析

【例 13-1】 某水闸单宽流量 $q = 12.50\ m^3/(s\cdot m)$，上游水位 28.00 m，下游水位 24.50 m，渠底高程 21.00 m，闸底高程 22.00 m，$\varphi = 0.95$，如图 13-12 所示，求闸下游收缩断面水深 h_c。

解 首先计算 E_0。计算下游坝高 P_1

$$P_1 = 22.00 - 21.00 = 1.00(m)$$

计算闸前水深 H_0：

$$H = 28.00 - 22.00 = 6.00(\mathrm{m})$$

$$v_0 = \frac{q}{H} = \frac{12.50}{6.00} = 2.08(\mathrm{m/s})$$

$$H_0 = H + \frac{v_0^2}{2g} = 6.00 + \frac{2.08^2}{19.6} = 6.22(\mathrm{m})$$

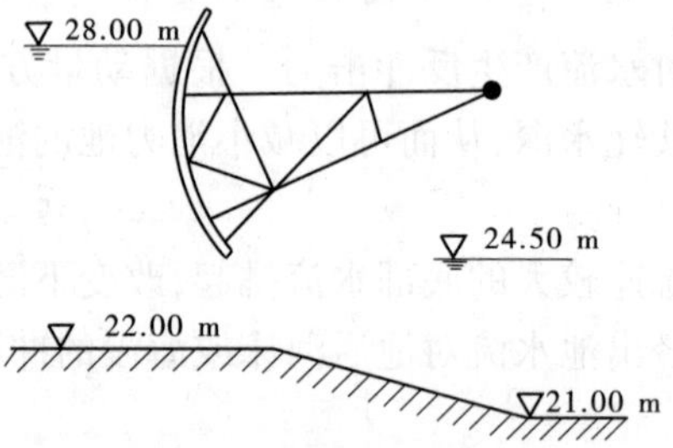

图 13-12

所以 $$E_0 = P_1 + H_0 = 1.00 + 6.22 = 7.22(\mathrm{m})$$

渐进法求 h_c

$$h_c = \frac{\dfrac{q}{\varphi\sqrt{2g}}}{\sqrt{E_0 - h_c}} = \frac{12.5/0.95\sqrt{2\times 9.8}}{\sqrt{E_0 - h_c}} = \frac{2.972}{\sqrt{E_0 - h_c}}$$

令式中根号内的 $h_c = 0$，则

第一次 $$h_{c1} = \frac{2.972}{\sqrt{7.22 - 0}} = 1.106(\mathrm{m})$$

第二次 $$h_{c2} = \frac{2.972}{\sqrt{7.22 - 1.106}} = 1.202(\mathrm{m})$$

第三次 $$h_{c3} = \frac{2.972}{\sqrt{7.22 - 1.202}} = 1.213(\mathrm{m})$$

因 h_{c3} 与 h_{c2} 很接近，故取 $h_c = 1.213$ m

【例 13-2】 按例 13-1 题意，判断闸下游水流衔接形式。

解 将 $h_c = 1.213$ m 代入水跃方程得 h''_c

$$h''_c = \frac{h_c}{2}\left(\sqrt{1 + \frac{8q^2}{gh_c^3}} - 1\right)$$

$$= \frac{1.213}{2} \times \left(\sqrt{1 + \frac{8 \times 12.5^2}{9.8 \times 1.213^3}} - 1\right) = 4.56(\mathrm{m})$$

$$h_t = 24.50 - 21.00 = 3.50(\mathrm{m})$$

$h_t < h''_c$，因此闸下游发生远离式水跃，需设置底流式消能工。

【例 13-3】 已知条件同例 13-1、例 13-2，拟在闸下游建一挖深式消力池，求消力池尺寸（出池水流流速系数 $\varphi' = 0.95$）。

解 1. 确定池深 S

(1) 估算池深 S：

$$S = \sigma h_c'' - h_t = 1.05 \times 4.56 - 3.50 = 1.288(\text{m})$$

(2) 计算建池后的 h_c''：

$$E_0' = E_0 + S = 7.22 + 1.288 = 8.508(\text{m})$$

将 E_0'、q、φ 代入 $h_c = \dfrac{\dfrac{q}{\varphi\sqrt{2g}}}{\sqrt{E_0' - h_c}}$，经计算求得 $h_c = 1.091$ m

$$h_c'' = \frac{h_c}{2}\left(\sqrt{1 + \frac{8q^2}{gh_c^3}} - 1\right) = \frac{1.091}{2} \times \left(\sqrt{1 + \frac{8 \times 12.5^2}{9.8 \times 1.091^3}} - 1\right) = 4.89(\text{m})$$

(3) 计算 ΔZ：

$$\Delta Z = \frac{q^2}{2g}\left[\frac{1}{(\varphi' h_t)^2} - \frac{1}{(\sigma h_c'')^2}\right] = \frac{12.5^2}{2 \times 9.8} \times \left[\frac{1}{(0.95 \times 3.5)^2} - \frac{1}{(1.05 \times 4.89)^2}\right] = 0.419(\text{m})$$

(4) 计算 σ：

$$\sigma = \frac{S + h_t + \Delta_Z}{h_c''} = \frac{1.288 + 3.5 + 0.419}{4.89} = 1.065$$

σ 在 1.05 ~ 1.10 范围内，所以池深满足要求，为方便施工，池深取 $S = 1.3$ m

2. 确定池长

$$L_k = (0.7 \sim 0.8)\, L_j$$

$$L_j = 6.9(h_c'' - h_c) = 6.9 \times (4.89 - 1.091) = 26.21(\text{m})$$

$$L_k = (0.7 \sim 0.8)L_j = 0.7 \times 26.21 \sim 0.8 \times 26.21 = 18.35 \sim 20.97(\text{m})$$

取池长 $L_k = 20$ m。

【例 13-4】 某 WES 剖面堰堰顶高程 456.50 m，下游河床底部高程 420.00 m，泄流单宽流量为 20.00 $\text{m}^3/(\text{s} \cdot \text{m})$ 时，堰上水头 4.50 m，下游水深 8.30 m，流速系数 $\varphi = 0.9$，忽略行近流速水头，试判断是否需建消力池，若需建请按消力坎式消力池设计尺寸。

解 1. 判断下游水流衔接情况

因为 $H_0 \approx H = 4.50(\text{m})$，则

$$E_0 = P_1 + H_0 = (456.50 - 420.00) + 4.50 = 41.00(\text{m})$$

$$h_c = \frac{\dfrac{q}{\varphi\sqrt{2g}}}{\sqrt{E_0 - h_c}} = \frac{\dfrac{20}{0.9 \times \sqrt{19.6}}}{\sqrt{41.00 - h_c}}$$

经计算得 $h_c = 0.79$ m。

$$h_c'' = \frac{h_c}{2}\left(\sqrt{1 + \frac{8q^2}{gh_c^3}} - 1\right) = \frac{0.79}{2} \times \left(\sqrt{1 + \frac{8 \times 20^2}{9.8 \times 0.79^3}} - 1\right) = 9.87(\text{m}) > h_t = 8.30(\text{m})$$

所以，下游发生远离式水跃，需建消力池。

2. 确定消力坎式消力池尺寸

(1) 坎高计算：

$$C = \sigma h_c'' + \frac{q^2}{2g(\sigma h_c'')^2} - H_{10}$$

$$H_{10} = \left(\frac{q}{\sigma_s m_1 \sqrt{2g}}\right)^{2/3}$$

设消力坎为自由出流，$\sigma_s=1$，取 $m_1=0.42$，则

$$H_{10} = \left(\frac{20}{0.42\sqrt{2 \times 9.8}}\right)^{2/3} = 4.87(\mathrm{m})$$

$$C_1 = 1.05 \times 9.78 + \frac{20^2}{2 \times 9.8 \times (1.05 \times 9.78)^2} - 4.87 = 5.59(\mathrm{m})$$

$$h_s = h_t - C_1 = 8.30 - 5.59 = 2.71(\mathrm{m})$$

$$\frac{h_s}{H_{10}} = \frac{2.71}{4.87} = 0.556 > 0.45$$

所以，消力坎为淹没出流，$\sigma_s<1$，采用逐次渐近法重算坎高。

据$\frac{h_s}{H_{10}}=0.556$ 查表 13-2 得 $\sigma_s=0.984$

$$H_{10} = \left(\frac{20}{0.984 \times 0.42\sqrt{2 \times 9.8}}\right)^{2/3} = 4.92(\mathrm{m})$$

$$C_2 = 1.05 \times 9.78 + \frac{20^2}{2 \times 9.8 \times (1.05 \times 9.78)^2} - 4.92 = 5.54(\mathrm{m})$$

$$h_s = h_t - C_2 = 8.30 - 5.54 = 2.76(\mathrm{m})$$

由$\frac{h_s}{H_{10}}=\frac{2.76}{4.96}=0.556$，查表 13-2 得 $\sigma_s=0.983$，则

$$H_{10} = \left(\frac{20}{0.983 \times 0.42\sqrt{2 \times 9.8}}\right)^{2/3} = 4.93(\mathrm{m})$$

$$C_3 = 1.05 \times 9.78 + \frac{20^2}{2 \times 9.8 \times (1.05 \times 9.78)^2} - 4.93 = 5.53(\mathrm{m})$$

因 C_3 与 C_2 很接近，故取 $C=5.53$ m，实际坎高可取为 5.50 m。

(2)池长计算：

$$L_k = (0.7 \sim 0.8)L_j$$

$$L_j = 6.9(h_c'' - h_c) = 6.9 \times (9.78 - 0.79) = 62.03(\mathrm{m})$$

$$L_k = 0.7 \times 62.03 \sim 0.8 \times 62.03 = 43.42 \sim 49.62(\mathrm{m})$$

取池长为 46 m。

学习单元 2　挑流消能的水力计算

1　学习目标

(1)掌握挑流消能的水力计算。

2 学习内容

(1)挑距、冲刷坑深度的计算,挑坎尺寸拟定。

3 任务实施

3.1 挑距 L 的计算

挑距是指挑坎末端至冲刷坑最深点间的水平距离。

计算挑距的目的是为了确定冲刷坑最深点的位置。试验和原型观测表明,冲刷坑最深点大致位于水舌轴线在水中的延长线上,如图13-13所示,挑距 L 由空中挑距 L_0 和水下挑距 L_1 组成

$$L = L_0 + L_1 \tag{13-14}$$

3.1.1 空中挑距 L_0 的计算

空中挑距 L_0 是指挑坎末端至水舌轴线与下游水面交点间的水平距离。对平滑的连续式挑坎(见图13-14),假定挑坎出口断面1—1上流速均匀分布,且为 v_1。略去空气阻力和水舌扩散影响,把抛射水流的运动视为自由抛射体的运动,应用质点自由抛射运动原理可导出空中挑距 L_0 的计算公式:

$$L_0 = \varphi^2 S_1 \sin 2\theta \left[1 + \sqrt{1 + \frac{(\alpha - h_t)}{\varphi^2 S_1 \sin^2\theta}}\right] \tag{13-15}$$

$$\varphi = \sqrt[3]{1 - \frac{0.055}{K^{0.5}}} \tag{13-16}$$

$$k = \frac{q}{\sqrt{g} S_1^{1.5}}$$

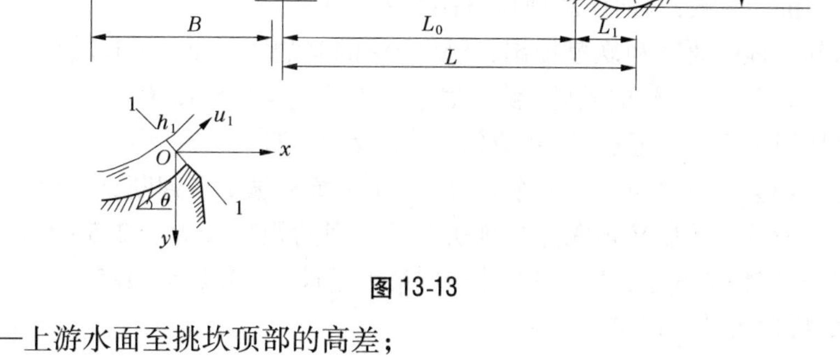

图13-13

式中 S_1——上游水面至挑坎顶部的高差;

a——挑坎高度,即下游河床至挑坎顶部的高差;

θ——鼻坎挑射角；

h_t——冲刷坑后下游水深；

φ——坝面流速系数，式(13-16)为长江流域规化办公室1973年提出的经验公式；

k——流能比；

q——单宽流量。

式(13-16)用于 $k=0.004\sim0.15$ 范围内，当 $k>0.15$ 时，取 $\varphi=0.95$。

3.1.2 水下挑距 L_1 的计算

水下挑距指水舌轴线与下游水面交点至冲刷坑最深点间的水平距离。水舌射入下游水面后，属于射流的潜没扩散运动，与质点的自由抛射运动不同。可以近似认为，水舌落入下游水面后仍沿入水角方向直线前进，并假设冲坑最深点位于该直线上，则

$$L_1 = \frac{T + h_t}{\tan\beta} \tag{13-17}$$

式中 T——冲刷坑深度；

h_t——冲刷坑下游水深；

β——水舌入水角，可按下式近似计算

$$\cos\beta = \sqrt{\frac{\varphi^2 S_1}{\varphi^2 S_1 + z - S_1}}\cos\theta \tag{13-18}$$

式中 z——上、下游水位差。

3.2 冲刷坑深度 T 的估算

冲刷坑深度取决于水舌跌入下游水面后的冲刷能力及河床的抗冲能力。当潜入下游河底的水舌冲刷能力仍大于河床的抗冲能力时，河床被冲刷，形成冲刷坑。随着坑深的增加，坑内水垫消能作用加大，水舌冲刷能力下降，当其与河床抗冲能力达到平衡时，冲坑深度不再增加。

水舌的冲刷能力主要与单宽流量、上下游水位差、下游水深、坝面形式、水流在空中的能量损失、掺气程度及入水角等因素有关。而河床的抗冲能力则与河床的地质条件有关。

综上所述，影响冲刷坑深度的因素众多且复杂。因此，目前工程上还只能依靠一些经验公式来粗略估算冲刷坑的深度。对于岩石河床，我国目前普遍采用的计算公式为

$$T = K_s q^{0.5} z^{0.25} - h_t \tag{13-19}$$

式中 K_s——抗冲系数，与河床的地质条件有关。

国内水利工程的研究和规范提出：坚硬完整的基岩 $K_s=0.9\sim1.2$，坚硬但完整性较差的基岩 $K_s=1.2\sim1.5$，软弱破碎、裂隙发育的基岩 $K_s=1.5\sim2.0$。

其他地质河床 T 的经验公式，可查阅《水工设计手册》。

冲刷坑是否会危及建筑物的安全，一般用冲刷坑后坡 i 来判断，$i=T/L$，T：冲刷坑深度，L：挑距，一般认为冲刷坑最深点与挑坎末端之间的距离 L 大于2.5~5倍冲刷坑深度时，将不影响建筑物的安全，即允许的冲刷坑最大后坡 $i_c=1/2.5\sim1/5$。

3.3 连续式挑坎尺寸的拟定

3.3.1 挑坎型式

常用的挑坎型式有连续式和差动式两种，如图13-14所示。连续式沿整个挑坎宽度

具有同一反弧半径 R 和挑射角 θ。其优点是施工简便，不易产生气蚀，比相同条件下的差动式挑坎挑射距离远；缺点是水舌比较集中，冲刷坑较深。差动式挑坎是将挑坎作成齿状，使通过挑坎的水流分成上下两层，优点是使水舌在垂直方向有较大扩散，增强消能效果，下游形成的冲刷坑深度较小；缺点是流速较高时，差动坎处易产生气蚀。目前，多采用连续式。

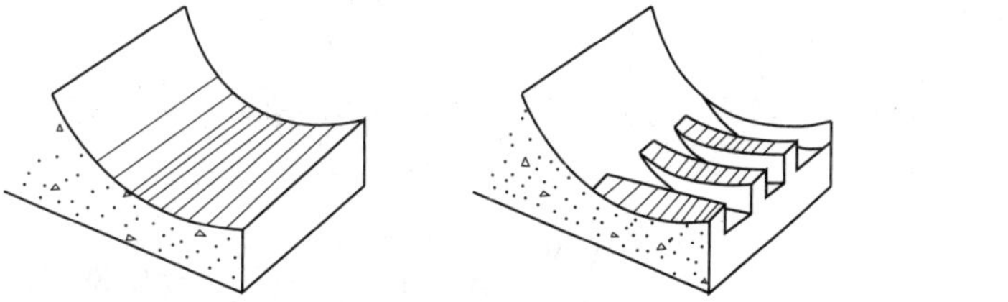

图 13-14

除上述两种挑坎外，工程中还有一些异型挑坎、窄缝挑坎、扭曲挑坎、高低挑坎等，可查阅《水工设计手册》，但目前应用较多的是连续式挑坎。

3.3.2 挑坎尺寸拟定

挑坎尺寸拟定的原则是使同样水力条件下得到的挑距最大，冲刷坑深度较浅。下面简单介绍连续式挑坎的尺寸选择。

3.3.2.1 挑射角 θ

根据质点抛射运动原理，当挑射角 $\theta<45°$ 时，θ 值愈大，空中挑距 L_0 愈大，但入水角 β 也相应增大，水下挑距 L_1 减小，冲刷坑深度增加，而总挑距基本不变。此外，随着挑射角的增大，开始形成挑流的流量，即所谓起挑流量也增大。当下泄流量小于起挑流量时，水流挑射不出去，必在反弧段内形成旋滚，然后沿挑坎漫溢而下，冲刷坝址，危及建筑物的安全。所以，挑射角不宜选得过大，实践证明，较适当的挑射角 $\theta=15°\sim30°$。

3.3.2.2 反弧半径 r_0

水流在挑坎反弧段内运动时产生的离心力，将使反弧段内压强加大，r_0 愈小，离心力愈大，挑坎内水流的压能增大，动能减小，挑距也减小，因此为保证有较远的挑距，r_0 至少应大于反弧最低点水深 h_c 的 4 倍，一般设计时多采用 $r_0=(4\sim10)h_c$。

3.3.2.3 挑坎高程

挑坎高程愈低，出口流速愈大，挑距愈远，同时减小混凝土方量降低工程造价，但为了保证水舌下缘与坝址附近的下游水面间有足够的空间，避免因水舌运动使该空间空气被带走后得不到补充，形成真空，压低水舌，减小挑距，甚至形成贴流冲刷坝址，设计中一般取挑坎最低高程等于或略高于最高下游水位。

事实上，挑射角、反弧半径、挑坎高程三者是彼此相关的，应统一考虑，选择最优组合。

4 案例分析

【例 13-5】 承例 13-4 的水力条件，溢流坝下游改为挑流消能，鼻坎高程为429.50 m，挑射角采用 25°，下游河床基岩软弱破碎、裂隙发育。试计算水舌挑距及冲刷坑深度，并判断冲刷坑是否危及建筑物的安全。

解　基本数据计算：

$$S_1 = (456.50 + 4.50) - 429.50 = 461.00 - 429.50 = 31.50(\text{m})$$

$$z = 461.00 - (420.00 + 8.30) = 461.00 - 428.30 = 32.70(\text{m})$$

$$\alpha = 429.50 - 420.00 = 9.50(\text{m})$$

$\sin 25° = 0.4226$　　$\sin(2 \times 25°) = 0.766$　　$\cos 25° = 0.9063$

流能比：

$$K = \frac{q}{\sqrt{g}S_1^{\ 1.5}} = \frac{20}{\sqrt{9.8} \times 31.50^{1.5}} = 0.036$$

流速系数：

$$\varphi = \sqrt[3]{1 - \frac{0.055}{K^{0.5}}} = \sqrt[3]{1 - \frac{0.055}{0.036^{0.5}}} = 0.892$$

入水角 β：

$$\cos\beta = \sqrt{\frac{\varphi^2 S_1}{\varphi^2 S_1 + z - S_1}}\cos\theta = \sqrt{\frac{0.892^2 \times 31.50}{0.892^2 \times 31.50 + 32.70 - 31.50}} \times 0.9063 = 0.885$$

所以　$\beta = 27.75°, \tan\beta = 0.5261$

空中挑距：

$$L_0 = \varphi^2 S_1 \sin 2\theta\left[1 + \sqrt{1 + \frac{\alpha - h_t}{\varphi^2 S_1 \sin^2\theta}}\right]$$

$$= 0.892^2 \times 31.50 \times 0.766 \times \left[1 + \sqrt{1 + \frac{9.50 - 8.30}{0.892^2 \times 31.50 \times 0.4226^2}}\right] = 40.81(\text{m})$$

冲刷坑深度：

因基岩软弱破碎、裂隙发育，故取 $K_s = 1.6$。

$$T = K_s q^{0.5} z^{0.25} - h_t = 1.60 \times 20.00^{0.5} \times 32.70^{0.25} - 8.30 = 8.81(\text{m})$$

水下挑距　$L_1 = \dfrac{T + h_t}{\tan\beta} = \dfrac{8.81 + 8.30}{0.5261} = 32.52(\text{m})$

总挑距　$L = L_0 + L_1 = 40.81 + 32.52 = 73.33(\text{m})$

冲刷坑后坡：　$i = \dfrac{T}{L} = \dfrac{8.81}{73.33} = 0.12 < i_c = \dfrac{1}{5} = 0.2$

所以，不会危及建筑物的安全。

知识训练

13-1　自闸、坝下泄的水流有何特点？对建筑物有什么影响？

13-2　工程中常见的水流衔接和消能措施有哪些？其消能原理是什么？如何防止冲刷破坏的发生？

13-3　底流式消能要求泄水建筑物下游的水流衔接形式是什么？如不满足，可采取哪些工程措施？

13-4 计算 h_c 的目的是什么？简介常用的计算方法。

13-5 底流式消能工的作用是什么？

13-6 挑流消能的水力计算包含哪些内容？连续式挑坎的挑射角、反弧半径、挑坎高程选择应考虑哪些因素？

13-7 某矩形单孔引水闸，闸门宽等于河底宽，闸前水深 $H = 8$ m。闸门开度 $e = 2.5$ m 时，下泄单宽流量 $q = 12$ $m^3/(s \cdot m)$，下游水深 $h_t = 3.5$ m，闸下出流的流速系数 $\varphi = 0.97$。要求判明下游水流的衔接情况。如需消能，请设计消力池池深、池长。

13-8 在矩形河槽中筑一曲线型溢流坝，下游坝高 $P_1 = 12.5$ m，流量系数 $m = 0.502$，侧收缩系数 $\varepsilon = 0.95$，溢流时坝上水头 $H = 3.5$ m，下游水深 $h_t = 5$ m，坝的流速系数 $\varphi = 0.95$，试判别是否需建消力池，如需要请按消力坎式设计消力池尺寸。

13-9 某溢流坝下游采用挑流消能，其挑射角 $\theta = 25°$，鼻坎高程 $Z_{鼻坎} = 678$ m，鼻坎处溢流宽度 $B = 40$ m，下游河床高程 $Z_{河底} = 675$ m，当通过设计流量 $Q_{设} = 800$ m^3/s 时，对应的上游水位 $Z_{上} = 714.4$ m，堰顶水头 $H = 4.4$ m，下游水位 $Z_{下} = 677$ m，下游河床基岩坚硬，但完整性较差。试计算水舌挑距，估算冲刷坑深度，并校核建筑物是否安全。

第二部分　综合训练领域

训练项目1　灌溉引水系统的水力计算

1　基本资料

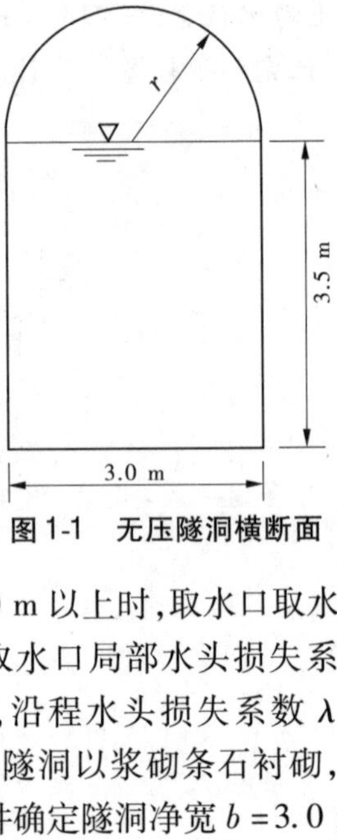

图1-1　无压隧洞横断面

为了从水库引水灌溉,在某水库的岸边修建一取水口,取水口后经过无压隧洞流入渠道。为控制引水流量,取水口设有控制闸门,控制闸门通过竖井来操作,取水口前缘为喇叭口形,其后为断面尺寸不变的(矩形)压力引水段直至门孔,闸门后有一(在平面上)扩散段进入消力池,扩散段长度为12 m。从进口至闸门之间水流为有压流,门后转为无压流。闸后有消力池,消力池后隧洞中水流保持缓流状态,水流出隧洞以后进入干渠。引水系统的首部纵剖面构造情况见图1-1。水库正常蓄水位为460.0 m,取水口进口高程为442.0 m。根据规划,取水口过流能力的要求是:当水位在445.0 m以上时,取水口取水流量不低于干渠的设计流量,$Q=12\ m^3/s$。取水口宽度为2 m,取水口局部水头损失系数$\zeta=0.1$,工作闸门及检修闸门共计局部水头损失系数$\zeta=0.3$,沿程水头损失系数$\lambda=0.016$。根据地形、地质条件,选定无压隧洞的底坡$i=1/2\ 000$,隧洞以浆砌条石衬砌,糙率$n=0.02$,无压隧洞的横断面形状及尺寸见图1-1,结合施工条件确定隧洞净宽$b=3.0$ m,隧洞直墙高度3.5 m。渠首纵剖面构造见图1-2,自消力池末算起的隧洞长度为200.0 m。

2　计算任务

(1)按规划的过流能力要求,闸孔全开的工作条件校核过流能力是否满足要求。

(2)绘制在不同闸门开度下,水库水位和泄放流量的关系曲线。不同闸门开度下的流速系数见表1-1。

(3)计算通过设计流量时无压隧洞洞内水深,校核洞内流速是否满足抗冲要求。

(4)计算消力池的池深及池长。

提示:计算消力池深度时所考虑的工作条件是:库水位为最高水位,流量从小到大直至设计流量为止。

表1-1　平板闸门不同开度下的流速系数

开度 e(m)	0.15	0.3	0.6	0.9	1.2	1.5
φ	0.96	0.95	0.93	0.89	0.85	0.73

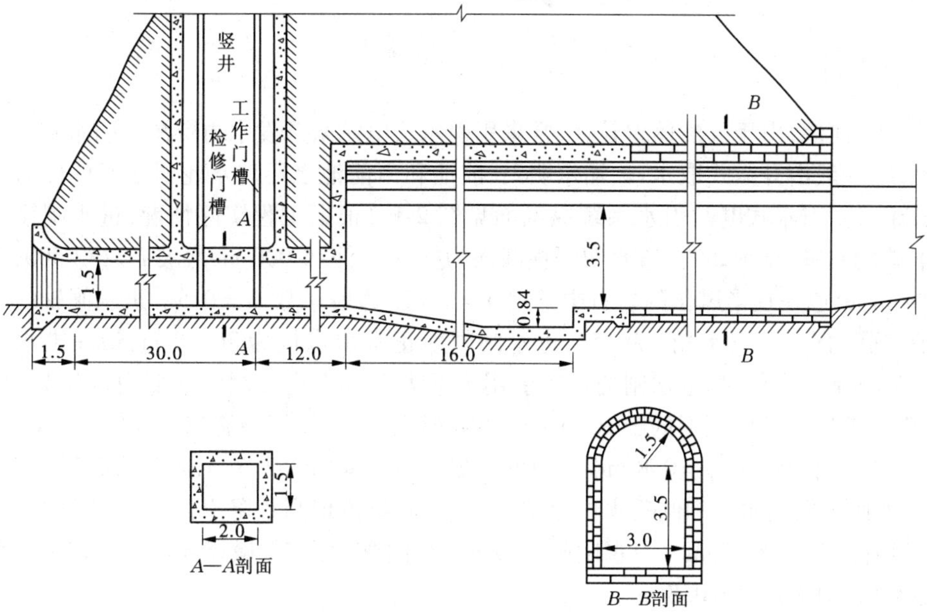

图1-2　灌溉引水系统首部纵剖面构造　(单位:m)

训练项目 2 引水式电站引水系统的水力计算

1 基本资料

在山区河流,由于天然落差较大,常采用引水式电站来开发水力资源。引水式电站的引水系统,一般由开敞式取水口、输水明渠、前池和由前池至厂房水轮机之间的压力管道四部分组成。引水式电站引水系统纵剖面见图 2-1。根据工程实际情况,进水闸设在拦河闸上游的右岸,见图 2-2。输水明渠横断面为梯形,渠长 5 000 m,底坡 $i=1/2\ 500$,渠底宽 $b=4$ m,渠道是在半风化的岩石中开挖,$n=0.02$,边坡系数 $m=0.5$。进水闸轴线与河道水流之间的夹角(引水角)为 45°,进水闸闸前正常引水位为 761.0 m,最高洪水位为 763.5 m,正常引水位时,进水闸的设计引用流量为 16 m^3/s,在闸前最低引水位为 760.2 m 时,引用流量要求保证不低于 10 m^3/s。在正常引水位时,河中流速 $v_0=1.0$ m/s。在最低引水位时,河中流速 $v_0=0.8$ m/s。进水闸处河床高程为 757.5 m,闸底板高程为 759.0 m,为了使闸前的河水位和闸后水位保持一定落差,将护坦高程降至闸底板高程以下 0.8 m,即护坦高程为 758.2 m。引水闸闸孔数 $n=3$,闸墩为圆形,墩厚 $d=1.0$ m,边墩为矩形,边墩的计算厚度 $\Delta=0.8$ m。

2 计算任务

(1)绘制输水明渠中水深与流量关系曲线。

(2)确定在正常引水位和最低引水位都满足流量要求的闸孔宽度(假设护坦末端的水深与输水明渠中水深相同)。

(3)校核引水闸后是否需要修建消能设施,如需要则进行消能设计。

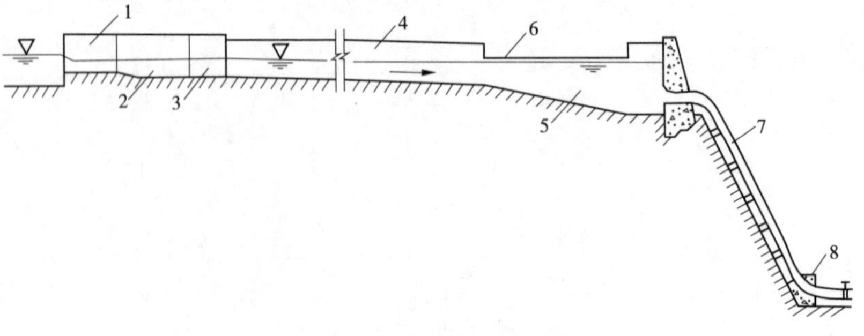

1—进水闸;2—护坦;3—渐变段;4—输水明渠;5—前池;
6—溢流堰;7—压力管道;8—镇墩

图 2-1 引水式电站引水系统纵剖面

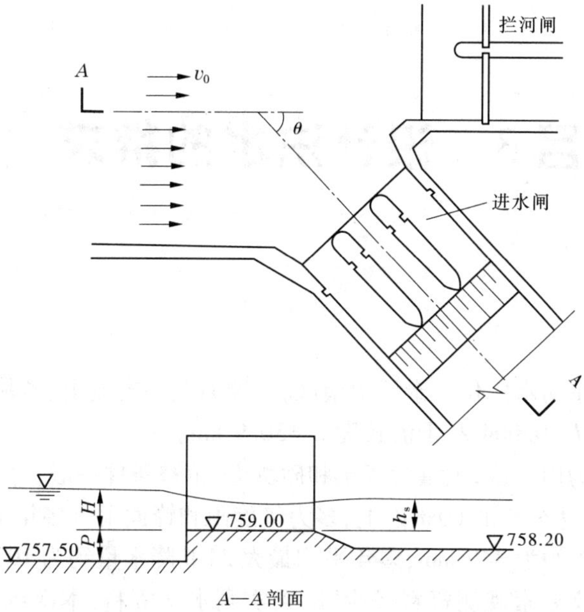

图 2-2

训练项目3　设计洪水的推求

1　基本资料

1.1　流域概况

山东省新泰市东周水库位于泰沂山南区，柴汶河上游支流上，流域面积 $F=189\ km^2$，河道干流平均坡度 $J=0.004\ 2$，干流长度 $L=30.9$ km。

设计流域内皆为山丘区，土壤为壤土和砂壤土，植被条件一般，每年7～9月为该流域的主雨期，降水量可达全年的60%以上，多为气旋雨和锋面雨。多年平均降雨量约为800 mm，多年平均径流深约为340 mm，多年平均最大24 h降水量约为103 mm。

由于本流域水文要素观测资料较少，缺乏实测水文资料，本次练习按无资料情况进行。

1.2　水库简况

东周水库为综合性中型大库，设计总库容为8 000万 m^3，防洪库容为740万 m^3，兴利库容为6 630万 m^3，设计灌溉面积为13万亩，设计年发电量为103万kWh。水库上游有3座小(1)型水库，水库距新汶矿区、磁莱铁路约10 km，离津浦铁路约80 km。

根据国家规范，该水库为二等工程，大坝为2级建筑物，由此确定大坝的防洪设计标准为百年一遇，千年一遇校核，并以可能最大洪水作为保坝设计洪水。

水库方面的基本资料如下：

(1)水库水位(G)与面积(F)、水库水位(G)与库容(V)关系曲线见表3-1。

(2)泄洪建筑物为开敞式溢洪道，溢洪道底(堰顶)高程为217.5 m，堰顶净宽为40 m，内设四孔闸门，闸门尺寸(宽×高)为10 m×12 m，其蓄泄关系曲线见表3-1。

(3)假定溢洪道不设闸门控制运用；水库汛前限制水位，兴利水位与溢洪道堰顶高程齐平。

表3-1　东周水库特性曲线表

水位(m)	库容(万 m^3)	水面面积(km^2)	4孔全开泄量(m^3/s)	水位(m)	库容(万 m^3)	水面面积(km^2)	4孔全开泄量(m^3/s)
216.55	600			225	3 817	6.086	1 236
217.5			0	225.5			1 360
218	925	2.448	20	226	4 459	6.775	1 488
218.5			60	226.5			1 620
219	1 186	2.767	112	227	5 170	7.462	1 752
219.5			170	227.5			1 900

续表 3-1

水位(m)	库容(万 m^3)	水面面积(km^2)	4孔全开泄量(m^3/s)	水位(m)	库容(万 m^3)	水面面积(km^2)	4孔全开泄量(m^3/s)
220	1 487	3.277	236	228	5 951	8.137	2 040
220.5			310	228.5			2 190
221	1 843	3.843	392	229	6 798	8.820	2 348
221.5			480	229.5			2 492
222	2 253	4.384	572	230	7 714	9.156	2 640
222.5			675	230.5			2 816
223	2 718	4.926	776	231	8 691		2 992
223.5			890	231.5			3 146
224	3 238	5.481	996	232	9 729		3 300
224.5			1 120				

2　基本方法

(1)由暴雨资料推求设计洪水。由于资料缺乏,水文分析计算采用图集法。根据山东省水利厅暴雨洪水组编制的《山东省山丘区暴雨径流查算图》中提供的方法及有关图表进行计算。其中,设计暴雨量的计算采用暴雨参数等值线图法,暴雨设计历时取最大3 d,设计暴雨的时程分配采用分区设计雨型,取计算时段长2 h。产流计算采用降雨径流相关法,汇流计算采用综合瞬时单位线法。

(2)由设计洪水经过水库调洪演算求出出库洪水,水库调洪计算采用单辅助曲线法或简化三角形法。

(3)确定坝顶高程。

3　综合指导

3.1　设计暴雨的计算

采用山东省暴雨参数等值线图推求,设计历时取24 h,先求设计标准的点雨量,再由点面关系换算为面雨量。

3.1.1　设计点雨量的计算

由"山东省多年平均最大24 h降雨量等值线图"及"山东省最大24 h降水量变差系数 C_v 等值线图",查流域中心处的 $\overline{H}_{24h}$,C_v。再由"P-Ⅲ型曲线模比系数 K_P 值表"求 K_P,由此求得东周水库百年一遇最大24 h设计点暴雨量 H_{24hP}。通过长短历时暴雨的转换,求得百年一遇最大3 d设计点雨量 H_{3dP}。

3.1.2　设计面雨量的计算

流域面积 $F=189\ km^2$,设计历时 $t_p=24$ h,3 d,查"山东省点面换算系数表",可求点面换算系数 K_{24h},K_{3d}。由此求得24 h,3d设计面雨量 $\overline{H}_{24hP}$,$\overline{H}_{3dP}$。按"山东省泰沂山南北

区 2 h 雨型表”进行日程分配：查得：第 1 天：$H_{1dP}=0.35(\overline{H}_{3dP}-\overline{H}_{24hP})$；第 2 天：$H_{2dP}=0.65(\overline{H}_{3dP}-H_{24hP})$；第 3 天，$\overline{H}_{3dP}=\overline{H}_{24hP}$。

3.2 设计净雨量的计算

根据“山东省暴雨径流关系使用范围表”，东周水库以上流域为大汶河流域，津浦铁路以东山丘地区，且 $F=189\ \text{km}^2$ 小于 $300\ \text{km}^2$，由此确定该流域的设计 $P_a=40$ mm，$I_m=60$ mm，使用 $H+P_a$—y 相关图的第四号线。第四号线关系见表 3-2。

表 3-2 东周水库以上流域暴雨径流关系表

$x+P_a$	径流深	$x+P_a$	径流深	$x+P_a$	径流深
50	4	190	111	330	243
60	8	200	120	340	252
70	13	210	130	350	262
80	18	220	139	360	271
90	24	230	148	370	281
100	33	240	157	380	290
110	40	250	167	390	299
120	48	260	177	400	308
130	57	270	186	410	317
140	65	280	196	420	326
150	74	290	205		
160	83	300	214		

(1)设计净雨量的计算。注意用累计降雨量查算。

(2)设计净雨的时程分配。为了计算简单，采用先计算逐日净雨量，然后将日净雨量分配到各阶段的方法求得各时段净雨。

由“山东省泰沂山南北区 2 h 雨型表”，计算设计净雨的时程分配，填入表 3-3。

表 3-3 设计净雨时程分配计算表

日程	净雨深	净雨分配过程($\Delta t=2$ h)												
		1	2	3	4	5	6	7	8	9	10	11	12	合计
第 1 日	%		53.9	40.1	6.0									100
第 2 日	%		30.0	40.0				23.0	7.0					100
第 3 日	%		1.5	0.3	3.9	3.9	2.9	13.7	21.2	34.5	8.5	6.4	3.2	100

3.3　设计洪水过程线的计算

(1)计算各日瞬时单位线参数 M_1。各日根据净雨量及产流历时的不同,采用不同的单位线。该设计流域属于入黄山丘区,计算公式为

$$M_1 = 0.24F^{0.33} \times J^{-0.27} \times t_c^{0.17} \times h^{-0.20}$$

式中　F——流域面积,km^2;

J——干流平均坡度,m/m;

t_c——该日的产流历时,h;

h——日净雨量,mm。

计算结果填入表3-4。

表3-4　逐日 M_1 计算表

日程	h (mm)	t_c (h)	M_1	备注
第1天		6		$F = 189\ km^2$ $J = 0.004\ 2$
第2天		8		
第3天		22		

(2)推求各日采用的单位线。查"山东省山丘地区、山丘平原混合区瞬时单位线参数 M 与2 h单位线表",得各日 $F = 100\ km^2$,$h = 10$ mm,$\Delta t = 2$ h 的单位线(也可进行时段转换而得到,将其乘以 $\frac{F}{100} = 1.89$,便得到设计流域采用的单位线($F = 189\ km^2$,$h = 10$ mm,$\Delta t = 2$ h)。

(3)设计洪水过程线的计算。先求出各时段净雨形成的部分径流过程,将其叠加,即求得地面径流过程,再加入基流(按每100 km^2 加基流量1 m^3/s),求得设计洪水过程线,最后绘出洪水过程线图。

(4)成果合理性分析。与其他方法如推理公式法的计算成果比较,与当地历史调查洪水的成果相比较,与邻近水文站根据实测资料计算成果相比较。

通过多种方法、多种途径的计算成果相比较、论证,最后采用较为合理、可靠的成果。

(5)设计洪水计算成果汇编。通过分析论证,设计洪水过程采用瞬时单位线法,计算成果填入汇总表中,以便相互比较。

训练项目 4 拦河溢流坝的水力计算

为了解决某区农田灌溉问题，于某河建造拦河溢流坝一座，用以抬高河中水位，引水灌溉，进行水力计算的有关资料有：

(1)设计洪水流量为 550 m^3/s。

(2)坝址处河底高程为 43.50 m。

(3)由灌区高程及灌溉要求确定坝顶高程为 48.00 m。

(4)为减小建坝后的壅水对上游的影响，根据坝址处河面宽度采用坝的溢流宽度 $B=60$ m。

(5)溢流坝为无闸墩及闸门的单孔堰，采用上游面铅直的三圆弧段 WES 型实用堰剖面，并设有圆弧形翼墙。

(6)坝前水位与河道过水断面面积关系曲线，见图 4-1。

(7)坝下水位与河道流量关系曲线，见图 4-2。

(8)坝基土壤为中砾石。

(9)河道平均底坡 $i=0.001\ 27$。

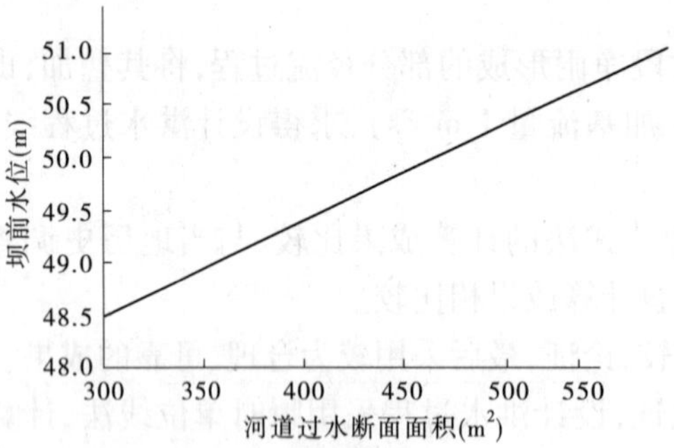

图 4-1

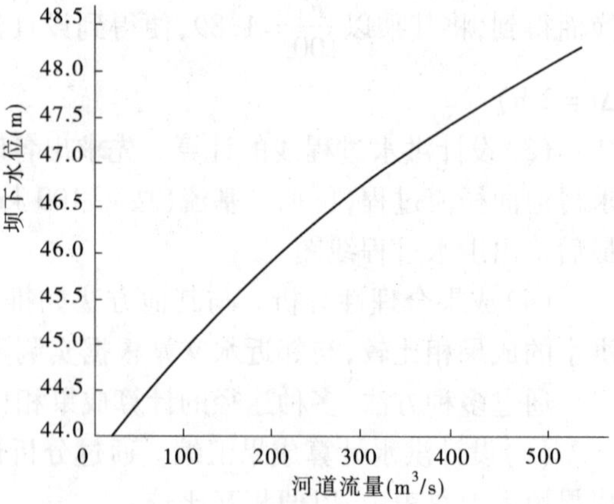

图 4-2

(10)河道实测平均糙率 $n=0.04$。

水力计算任务如下：

1. 确定坝前设计洪水位

坝前设计洪水位决定了坝顶高程及设计水头 H_d，已知坝顶高程为 48.00 m，求出 H_d 后，即可确定坝前设计洪水位。

溢洪坝设计水头 H_d 可用堰流基本方程 $Q=\sigma\varepsilon mB\ \sqrt{2g}H_0^{3/2}$ 计算。因式中 H_0、ε 及 σ 均与 H_d 有关，不能直接解出 H_d，故用试算法求解。

2. 绘制坝前水位与流量关系曲线

不同水头 H 的溢流坝流量仍按 $Q=\sigma\varepsilon mB\sqrt{2g}H_0^{3/2}$ 计算。现以 $H=2.0$ m 为例说明求流量的方法。

因 A_0 为未知,无法计算 v_0 及 H_0,故先取 $H_0\approx H=2.0$ m,又因下游水位与 Q 有关,尚无法判别堰的出流情况,可先按自由出流算出 Q 后,再行校核。

对于自由出流,$\sigma=1$。根据 $H_{01}/H_d=2.0/2.53=0.791$,由《水力计算手册》流量系数图查得 $m=0.485$,则侧收缩系数

$$\varepsilon = 1-0.2[(n-1)\zeta_0+\zeta_k]\frac{H_0}{nb}$$

$$=1-0.2\times0.7\times\frac{2.0}{1\times60}=0.995$$

流量的第一次近似值

$$Q=\sigma\varepsilon mB\sqrt{2g}H_0^{3/2}=1\times0.995\times0.485\times60\sqrt{2\times9.8}\times2^{3/2}=362.6(\text{m}^3/\text{s})$$

按坝前水位 $=48.0+2.0=50.0$ m,由图4-1查得 $A_0=459$ m^2,则

$$v_0=\frac{Q}{A_0}=\frac{362.6}{459}=0.79(\text{m/s})$$

$$\frac{\alpha v_0^2}{2g}=\frac{1.0\times0.79^2}{2\times9.8}=0.031(\text{m})$$

$$H_0=H+\frac{\alpha v_0^2}{2g}=2.0+0.031=2.031(\text{m})$$

$$\varepsilon=1-0.2\times0.7\times\frac{2.031}{1\times60}=0.995$$

流量的第二次近似值

$$Q=1\times0.995\times0.485\times60\times\sqrt{2g}\times2.031^{3/2}$$

$$=371(\text{m}^3/\text{s})$$

因流量的微小变化,对 v_0 及 H_0 影响甚小,故以上所求 Q 值可认为正确。

校核出流情况,按 $Q=371$ m^3/s 由图4-2查得相应的坝下水位为47.20 m,则

$$h_s=47.20-48.00=-0.80\ \text{m}$$

$$\frac{h_s}{H_0}=\frac{-0.80}{2.031}=-0.394<0.15$$

$$\frac{P_1}{H_0}=\frac{4.50}{2.031}=2.22>2.0$$

满足实用堰自由出流条件,为自由出流,原假设的出流情况是正确的。

再设几个 H,按上述方法计算相应的 Q,计算成果列于表4-1中。按表4-1中的数据绘制坝前水位与流量关系曲线图。

表 4-1

H (m)	坝前水位(m)	H_0 (m)	m	s	σ	Q (m^3/s)	说明
2.0	50.00	2.031	0.485	0.995	1.000	371.6	自由出流

3. 坝下消能计算

(1)确定消能设计流量。

设一系列流量 Q,求出一系列相应的临界水跃跃后水深 h''_c 及 $h''_c - t$(t 为下游水深)。绘出($h''_c - t$)—Q 关系曲线,由该曲线找出相应的($h''_c - t$),最大值时的流量即为消能设计流量。

现以 $Q = 229.9\ m^3/s$ 为例求($h''_c - t$)值。

单宽流量

$$q = \frac{Q}{B} = \frac{229.9}{60} = 3.83(m^3/s \cdot m)$$

临界水深

$$h_k = \sqrt[3]{\frac{\alpha q^2}{g}} = \sqrt[3]{\frac{1.0 \times 3.83^2}{9.8}} = 1.144(m)$$

由坝前水位与流量关系表查得 $H_0 = 1.516$ m,则

$$T_0 = H_0 + P_1 = 1.516 + 4.5 = 6.016(m)$$

$$\frac{T_0}{h_k} = \frac{6.016}{1.144} = 5.26$$

按$\frac{T_0}{h_k}$及 $\varphi = 0.90$ 由矩形断面底流式消能水力计算求解图查得$\frac{h''_c}{h_k} = 2.2$,则

$$h''_c = 2.2h_k = 2.2 \times 1.144 = 2.517(m)$$

按 $Q = 229.9\ m^3/s$,由图 4-2 查得相应坝下水位为 46.2 m,则相应下游水深

$$t = 46.2 - 43.5 = 2.7(m)$$

于是

$$h''_c - t = 2.517 - 2.7 = -0.183(m)$$

设一系列 Q 值,按上述方法求得一系列相应的($h''_c - t$) 值,计算结果列于试算表 4-2 中。由试算表可知,相应于($h''_c - t$) 最大值时的 Q,为消能设计流量。

表 4-2　试算表

Q (m^3/s)	q ($m^3/(s \cdot m)$)	h_k (m)	T_0 (m)	T_0/h_k	h''_c/h_k	h''_c (m)	t (m)	$h''_c - t$ (m)

(2)求消力池深度。

(3)求消力池长度。

附 表

附表 1 P-Ⅲ型曲线的离均系数 Φ_P 值表

C_s	P(%)												
	0.1	0.2	0.5	1	2	5	10	20	50	75	90	95	99
0.0	3.09	2.88	2.58	2.33	2.05	1.64	1.28	0.84	0.00	-0.67	-1.28	-1.64	-2.33
0.1	3.23	3.00	2.67	2.40	2.11	1.67	1.29	0.84	-0.02	-0.68	-1.27	-1.62	-2.25
0.2	3.38	3.12	2.76	2.47	2.16	1.70	1.30	0.83	-0.03	-0.69	-1.26	-1.59	-2.18
0.3	3.52	3.24	2.86	2.54	2.21	1.73	1.31	0.82	-0.05	-0.70	-1.24	-1.55	-2.10
0.4	3.67	3.36	2.95	2.62	2.26	1.75	1.32	0.82	-0.07	-0.71	-1.23	-1.52	-2.03
0.5	3.81	3.48	3.04	2.68	2.31	1.77	1.32	0.81	-0.08	-0.71	-1.22	-1.49	-1.96
0.6	3.96	3.60	3.13	2.75	2.35	1.80	1.33	0.80	-0.10	-0.72	-1.20	-1.45	-1.88
0.7	4.10	3.72	3.22	2.82	2.40	1.82	1.33	0.79	-0.12	-0.72	-1.18	-1.42	-1.81
0.8	4.24	3.85	3.31	2.89	2.45	1.84	1.34	0.78	-0.13	-0.73	-1.17	-1.38	-1.74
0.9	4.39	3.97	3.40	2.96	2.50	1.86	1.34	0.77	-0.15	-0.73	-1.15	-1.35	-1.66
1.0	4.53	4.09	3.49	3.02	2.54	1.88	1.34	0.76	-0.16	-0.73	-1.13	-1.32	-1.59
1.1	4.67	4.20	3.58	3.09	2.58	1.89	1.34	0.74	-0.18	-0.74	-1.10	-1.28	-1.52
1.2	4.81	4.32	3.66	3.15	2.62	1.91	1.34	0.73	-0.19	-0.74	-1.08	-1.24	-1.45
1.3	4.95	4.44	3.74	3.21	2.67	1.92	1.34	0.72	-0.21	-0.74	-1.06	-1.20	-1.38
1.4	5.09	4.56	3.83	3.27	2.71	1.94	1.33	0.71	-0.22	-0.73	-1.04	-1.17	-1.32
1.5	5.23	4.68	3.91	3.33	2.74	1.95	1.33	0.69	-0.24	-0.73	-1.02	-1.13	-1.26
1.6	5.37	4.80	3.99	3.39	2.78	1.96	1.33	0.68	-0.25	-0.73	-0.99	-1.10	-1.20
1.7	5.50	4.91	4.07	3.44	2.82	1.97	1.32	0.68	-0.27	-0.72	-0.97	-1.06	-1.14
1.8	5.64	5.01	4.15	3.50	2.85	1.98	1.32	0.64	-0.28	-0.72	-0.94	-1.02	-1.09
1.9	5.77	5.12	4.23	3.55	2.88	1.99	1.31	0.63	-0.29	-0.72	-0.92	-0.98	-1.04

续附表 1

C_s	P(%)												
	0.1	0.2	0.5	1	2	5	10	20	50	75	90	95	99
2.0	5.91	5.22	4.30	3.61	2.91	2.00	1.30	0.61	-0.31	-0.71	-0.90	-0.95	-0.99
2.1	6.04	5.33	4.37	3.66	2.93	2.00	1.29	0.59	-0.32	-0.71	-0.87	-0.91	-0.95
2.2	6.17	5.43	4.44	3.71	2.96	2.00	1.28	0.57	-0.33	-0.70	-0.84	-0.88	-0.90
2.3	6.30	5.53	4.51	3.76	2.99	2.00	1.27	0.55	-0.34	-0.69	-0.82	-0.85	-0.87
2.4	6.42	5.63	4.58	3.81	3.02	2.01	1.26	0.54	-0.35	-0.68	-0.80	-0.82	-0.83
2.5	6.55	5.73	4.65	3.85	3.04	2.01	1.25	0.52	-0.36	-0.67	-0.77	-0.79	-0.80
2.6	6.67	5.82	4.72	3.89	3.06	2.01	1.23	0.50	-0.37	-0.66	-0.75	-0.76	-0.77
2.7	6.79	5.92	4.78	3.93	3.09	2.01	1.22	0.48	-0.37	-0.65	-0.73	-0.74	-0.74
2.8	6.91	6.01	4.84	3.97	3.11	2.01	1.21	0.46	-0.38	-0.64	-0.70	-0.71	-0.71
2.9	7.03	6.10	4.90	4.01	3.13	2.01	1.20	0.44	-0.39	-0.63	-0.68	-0.69	-0.69
3.0	7.15	6.20	4.96	4.05	3.15	2.00	1.18	0.42	-0.39	-0.62	-0.66	-0.67	-0.67
3.1	7.26	6.30	5.02	4.08	3.17	2.00	1.16	0.40	-0.40	-0.60	-0.64	-0.64	-0.64
3.2	7.38	6.39	5.08	4.12	3.19	2.00	1.14	0.38	-0.40	-0.59	-0.62	-0.62	-0.62
3.3	7.49	6.48	5.14	4.15	3.21	1.99	1.12	0.36	-0.40	-0.58	-0.60	-0.61	-0.61
3.4	7.60	6.56	5.20	4.18	3.22	1.98	1.11	0.34	-0.41	-0.57	-0.59	-0.59	-0.59
3.5	7.72	6.65	5.25	4.22	3.23	1.97	1.09	0.32	-0.41	-0.55	-0.57	-0.57	-0.57
3.6	7.83	6.73	5.30	4.25	3.24	1.96	1.08	0.30	-0.41	-0.54	-0.56	-0.56	-0.56
3.7	7.94	6.81	5.35	4.28	3.25	1.95	1.06	0.28	-0.42	-0.53	-0.54	-0.54	-0.54
3.8	8.05	6.89	5.40	4.31	3.26	1.94	1.04	0.26	-0.42	-0.52	-0.53	-0.53	-0.53
3.9	8.15	6.97	5.45	4.34	3.27	1.93	1.02	0.24	-0.41	-0.51	-0.51	-0.51	-0.51
4.0	8.25	7.05	5.50	4.37	3.27	1.92	1.00	0.23	-0.41	-0.50	-0.50	-0.50	-0.50
4.1	8.35	7.13	5.54	4.39	3.28	1.91	0.98	0.21	-0.41	-0.48	-0.49	-0.49	-0.49
4.2	8.45	7.21	5.59	4.41	3.29	1.90	0.96	0.19	-0.41	-0.47	-0.48	-0.48	-0.48
4.3	8.55	7.29	5.63	4.44	3.29	1.88	0.94	0.17	-0.41	-0.46	-0.47	-0.47	-0.47
4.4	8.65	7.36	5.68	4.46	3.30	1.87	0.92	0.16	-0.40	-0.45	-0.46	-0.46	-0.46

续附表 1

C_s	P(%)												
	0.1	0.2	0.5	1	2	5	10	20	50	75	90	95	99
4.5	8.75	7.43	5.72	4.48	3.30	1.85	0.90	0.14	-0.40	-0.44	-0.44	-0.44	-0.44
4.6	8.85	7.50	5.76	4.50	3.30	1.84	0.88	0.13	-0.40	-0.44	-0.44	-0.44	-0.44
4.7	8.95	7.57	5.80	4.52	3.30	1.82	0.86	0.11	-0.39	-0.43	-0.43	-0.43	-0.32
4.8	9.04	7.64	5.84	4.54	3.30	1.80	0.84	0.09	-0.39	-0.42	-0.42	-0.42	-0.42
4.9	9.13	7.70	5.88	4.55	3.30	1.78	0.82	0.08	-0.38	-0.41	-0.41	-0.41	-0.41
5.0	9.22	7.77	5.92	4.57	3.30	1.77	0.80	0.06	-0.38	-0.40	-0.40	-0.40	-0.40
5.1	9.31	7.84	5.95	4.58	3.30	1.75	0.78	0.05	-0.37	-0.39	-0.39	-0.39	-0.39
5.2	9.40	7.90	5.99	4.59	3.30	1.73	0.76	0.03	-0.37	-0.39	-0.39	-0.39	-0.39
5.3	9.49	7.96	6.02	4.60	3.30	1.72	0.74	0.02	-0.36	-0.38	-0.38	-0.38	-0.38
5.4	9.57	8.02	6.05	4.62	3.29	1.70	0.72	0.00	-0.36	-0.37	-0.37	-0.37	-0.37
5.5	9.66	8.08	6.08	4.63	3.28	1.68	0.70	-0.01	-0.35	-0.36	-0.36	-0.36	-0.36
5.6	9.71	8.14	6.11	4.64	3.28	1.66	0.67	-0.03	-0.35	-0.36	-0.36	-0.36	-0.36
5.7	9.82	8.21	6.14	4.65	3.27	1.65	0.65	-0.04	-0.34	-0.35	-0.35	-0.35	-0.35
5.8	9.91	8.27	6.17	4.67	3.27	1.63	0.63	-0.05	-0.34	-0.35	-0.35	-0.35	-0.35
5.9	9.99	8.32	6.20	4.68	3.26	1.61	0.61	-0.06	-0.33	-0.34	-0.34	-0.34	-0.34
6.0	10.07	8.38	6.23	4.68	3.25	1.59	0.59	-0.07	-0.33	-0.33	-0.33	-0.33	-0.33
6.1	10.15	8.43	6.26	4.69	3.24	1.57	0.57	-0.08	-0.33	-0.33	-0.33	-0.33	-0.33
6.2	10.22	8.49	6.28	4.70	3.23	1.55	0.55	-0.09	-0.32	-0.32	-0.32	-0.32	-0.32
6.3	10.30	8.54	6.30	4.70	3.22	1.53	0.53	-0.10	-0.32	-0.32	-0.32	-0.32	-0.32
6.4	10.38	8.60	6.32	4.71	3.21	1.51	0.51	-0.11	-0.31	-0.31	-0.31	-0.31	-0.31

附表2 P-Ⅲ型曲线的模比系数 K_P 值表

(1) $C_s = C_v$

C_v	P(%)														
	0.01	0.1	0.2	0.33	0.5	1	2	5	10	20	50	75	90	95	99
0.05	1.19	1.16	1.15	1.14	1.13	1.12	1.11	1.09	1.07	1.04	1.00	0.97	0.94	0.92	0.89
0.10	1.39	1.32	1.30	1.28	1.27	1.24	1.21	1.17	1.13	1.08	1.00	0.93	0.87	0.84	0.78
0.15	1.61	1.50	1.46	1.43	1.41	1.37	1.32	1.26	1.20	1.13	1.00	0.90	0.81	0.77	0.67
0.20	1.83	1.68	1.62	1.58	1.55	1.49	1.43	1.34	1.26	1.17	0.99	0.86	0.75	0.68	0.56
0.25	2.07	1.86	1.80	1.74	1.70	1.63	1.55	1.43	1.33	1.21	0.99	0.83	0.69	0.61	0.47
0.30	2.31	2.06	1.97	1.91	1.86	1.76	1.66	1.52	1.39	1.25	0.98	0.79	0.63	0.54	0.37
0.35	2.57	2.26	2.16	2.08	2.02	1.91	1.78	1.61	1.46	1.29	0.98	0.76	0.57	0.47	0.28
0.40	2.84	2.47	2.34	2.26	2.18	2.05	1.90	1.70	1.53	1.33	0.97	0.72	0.51	0.39	0.19
0.45	3.13	2.69	2.54	2.44	2.35	2.19	2.03	1.79	1.60	1.37	0.97	0.69	0.45	0.33	0.10
0.50	3.42	2.91	2.74	2.63	2.52	2.34	2.16	1.89	1.66	1.40	0.96	0.65	0.39	0.26	0.02
0.55	3.72	3.14	2.95	2.82	2.70	2.49	2.29	1.98	1.73	1.44	0.95	0.61	0.34	0.20	−0.06
0.60	4.03	3.38	3.16	3.01	2.88	2.65	2.41	2.08	1.80	1.48	0.94	0.57	0.28	0.13	−0.13
0.65	4.36	3.62	3.38	3.21	3.07	2.81	2.55	2.18	1.87	1.52	0.93	0.53	0.23	0.07	−0.2
0.70	4.70	3.87	3.60	3.42	3.25	2.97	2.68	2.27	1.93	1.55	0.92	0.50	0.17	0.01	−0.27
0.75	5.05	4.13	3.84	3.63	3.45	3.14	2.82	2.37	2.00	1.59	0.91	0.45	0.12	−0.05	−0.33
0.80	5.40	4.39	4.08	3.84	3.65	3.31	2.96	2.47	2.07	1.62	0.90	0.42	0.06	−0.1	−0.39
0.85	5.78	4.67	4.33	4.07	3.86	3.49	3.11	2.57	2.14	1.66	0.88	0.37	0.01	−0.16	−0.44
0.90	6.16	4.95	4.57	4.29	4.06	3.66	3.25	2.67	2.21	1.69	0.86	0.34	−0.04	−0.22	−0.49
0.95	6.56	5.24	4.83	4.53	4.28	3.84	3.40	2.78	2.28	1.73	0.85	0.31	−0.09	−0.27	−0.55
1.00	6.96	5.53	5.09	4.76	4.49	4.02	3.54	2.88	2.34	1.76	0.84	0.27	−0.13	−0.32	−0.59

续附表 2

(2) $C_s = 2C_v$

C_v	P(%)														
	0.01	0.1	0.2	0.33	0.5	1	2	5	10	20	50	75	90	95	99
0.05	1.20	1.16	1.15	1.14	1.13	1.12	1.11	1.08	1.06	1.04	1.00	0.97	0.94	0.92	0.89
0.10	1.42	1.34	1.31	1.29	1.27	1.25	1.21	1.17	1.13	1.08	1.00	0.93	0.87	0.84	0.78
0.15	1.67	1.54	1.48	1.46	1.43	1.38	1.33	1.26	1.20	1.12	0.99	0.90	0.81	0.77	0.69
0.20	1.92	1.73	1.67	1.63	1.59	1.52	1.45	1.35	1.26	1.16	0.99	0.86	0.75	0.70	0.59
0.25	2.22	1.96	1.87	1.81	1.77	1.67	1.58	1.45	1.33	1.20	0.98	0.82	0.70	0.63	0.52
0.30	2.52	2.19	2.08	2.01	1.94	1.83	1.71	1.54	1.40	1.24	0.97	0.78	0.64	0.56	0.44
0.35	2.86	2.44	2.31	2.22	2.13	2.00	1.84	1.64	1.47	1.28	0.96	0.75	0.59	0.51	0.37
0.40	3.20	2.70	2.54	2.42	2.32	2.16	1.98	1.74	1.54	1.31	0.95	0.71	0.53	0.45	0.30
0.45	3.59	2.98	2.80	2.65	2.53	2.33	2.13	1.84	1.60	1.35	0.93	0.67	0.48	0.40	0.26
0.50	3.98	3.27	3.05	2.88	2.74	2.51	2.27	1.94	1.67	1.38	0.92	0.64	0.44	0.34	0.21
0.55	4.42	3.58	3.32	3.12	2.97	2.70	2.42	2.04	1.74	1.41	0.90	0.59	0.40	0.30	0.16
0.60	4.85	3.89	3.59	3.37	3.20	2.89	2.57	2.15	1.80	1.44	0.89	0.56	0.35	0.26	0.13
0.65	5.33	4.22	3.89	3.64	3.44	3.09	2.74	2.25	1.87	1.47	0.87	0.52	0.31	0.22	0.10
0.70	5.81	4.56	4.19	3.91	3.68	3.29	2.90	2.36	1.94	1.50	0.85	0.49	0.27	0.18	0.08
0.75	6.33	4.93	4.52	4.19	3.93	3.50	3.06	2.46	2.00	1.52	0.82	0.45	0.24	0.15	0.06
0.80	6.85	5.30	4.84	4.47	4.19	3.71	3.22	2.57	2.06	1.54	0.80	0.42	0.21	0.12	0.04
0.85	7.41	5.69	5.17	4.77	4.46	3.93	3.39	2.68	2.12	1.56	0.77	0.39	0.18	0.10	0.03
0.90	7.98	6.08	5.51	5.07	4.74	4.15	3.56	2.78	2.19	1.58	0.75	0.35	0.15	0.08	0.02
0.95	8.59	6.49	5.86	5.38	5.02	4.38	3.74	2.89	2.25	1.60	0.72	0.31	0.13	0.07	0.01
1.00	9.21	6.91	6.22	5.70	5.30	4.61	3.91	3.00	2.30	1.61	0.69	0.29	0.11	0.05	0.01

续附表2

(3) $C_s = 2.5C_v$

C_v	P(%)														
	0.01	0.1	0.2	0.33	0.5	1	2	5	10	20	50	75	90	95	99
0.05	1.20	1.16	1.15	1.14	1.14	1.12	1.11	1.08	1.07	1.04	1.00	0.97	0.94	0.92	0.89
0.10	1.43	1.35	1.31	1.29	1.28	1.25	1.22	1.17	1.13	1.08	1.00	0.93	0.88	0.84	0.79
0.15	1.70	1.55	1.50	1.47	1.44	1.39	1.34	1.26	1.20	1.12	0.99	0.89	0.82	0.77	0.70
0.20	1.97	1.76	1.70	1.65	1.61	1.54	1.46	1.35	1.26	1.16	0.98	0.86	0.76	0.70	0.61
0.25	2.29	2.00	1.92	1.85	1.79	1.70	1.60	1.45	1.33	1.20	0.97	0.82	0.70	0.64	0.54
0.30	2.62	2.25	2.14	2.05	1.98	1.86	1.73	1.55	1.40	1.24	0.96	0.78	0.65	0.58	0.47
0.35	3.00	2.53	2.39	2.27	2.19	2.03	1.87	1.65	1.47	1.27	0.95	0.75	0.60	0.53	0.41
0.40	3.38	2.81	2.64	2.50	2.40	2.21	2.02	1.75	1.54	1.30	0.94	0.71	0.55	0.47	0.36
0.45	3.82	3.12	2.91	2.75	2.62	2.40	2.17	1.85	1.60	1.33	0.92	0.67	0.51	0.43	0.32
0.50	4.26	3.44	3.19	3.00	2.85	2.59	2.32	1.96	1.67	1.36	0.90	0.63	0.47	0.39	0.29
0.55	4.75	3.79	3.50	3.27	3.10	2.79	2.48	2.07	1.73	1.39	0.88	0.60	0.43	0.35	0.26
0.60	5.25	4.14	3.81	3.54	3.35	3.00	2.64	2.17	1.80	1.42	0.86	0.56	0.39	0.32	0.24
0.65	5.80	4.52	4.14	3.83	3.61	3.21	2.81	2.27	1.86	1.44	0.83	0.53	0.36	0.30	0.23
0.70	6.36	4.90	4.47	4.13	3.88	3.43	2.98	2.39	1.92	1.46	0.81	0.50	0.33	0.27	0.22
0.75	6.96	5.31	4.82	4.44	4.16	3.66	3.15	2.49	1.98	1.47	0.78	0.46	0.31	0.26	0.21
0.80	7.57	5.73	5.18	4.76	4.44	3.89	3.33	2.60	2.04	1.49	0.75	0.43	0.28	0.24	0.21
0.85	8.22	6.17	5.55	5.09	4.73	4.12	3.50	2.70	2.10	1.50	0.72	0.40	0.27	0.23	0.21
0.90	8.88	6.61	5.93	5.43	5.03	4.36	3.68	2.80	2.15	1.50	0.70	0.37	0.25	0.22	0.20
0.95	9.59	7.09	6.33	5.78	5.34	4.60	3.86	2.90	2.20	1.51	0.67	0.35	0.24	0.21	0.20
1.00	10.30	7.55	6.73	6.13	5.65	4.85	4.04	3.01	2.25	1.52	0.64	0.33	0.23	0.21	0.20

续附表 2

(4) $C_s = 3C_v$

C_v	P(%)														
	0.01	0.1	0.2	0.33	0.5	1	2	5	10	20	50	75	90	95	99
0.05	1.20	1.17	1.15	1.14	1.14	1.12	1.11	1.08	1.07	1.04	1.00	0.97	0.94	0.92	0.89
0.10	1.44	1.35	1.32	1.30	1.29	1.25	1.22	1.17	1.13	1.08	0.99	0.93	0.88	0.85	0.79
0.15	1.71	1.56	1.51	1.48	1.45	1.40	1.35	1.26	1.20	1.12	0.99	0.89	0.82	0.78	0.70
0.20	2.02	1.79	1.72	1.67	1.63	1.55	1.47	1.36	1.27	1.16	0.98	0.86	0.76	0.71	0.62
0.25	2.35	2.05	1.95	1.88	1.82	1.72	1.61	1.46	1.34	1.20	0.97	0.82	0.71	0.65	0.56
0.30	2.72	2.32	2.19	2.10	2.02	1.89	1.75	1.56	1.40	1.23	0.96	0.78	0.66	0.60	0.50
0.35	3.12	2.61	2.46	2.33	2.24	2.07	1.90	1.66	1.47	1.26	0.94	0.74	0.61	0.55	0.46
0.40	3.56	2.92	2.73	2.58	2.46	2.26	2.05	1.76	1.54	1.29	0.92	0.70	0.57	0.50	0.42
0.45	4.04	3.26	3.03	2.85	2.70	2.46	2.21	1.87	1.60	1.32	0.90	0.67	0.53	0.47	0.39
0.50	4.55	3.62	3.34	3.12	2.96	2.67	2.37	1.98	1.67	1.35	0.88	0.64	0.49	0.44	0.37
0.55	5.09	3.99	3.66	3.42	3.21	2.88	2.54	2.08	1.73	1.36	0.86	0.60	0.46	0.41	0.36
0.60	5.66	4.38	4.01	3.71	3.49	3.10	2.71	2.19	1.79	1.38	0.83	0.57	0.44	0.39	0.35
0.65	6.26	4.81	4.36	4.03	3.77	3.33	2.88	2.29	1.85	1.40	0.80	0.53	0.41	0.37	0.34
0.70	6.90	5.23	4.73	4.35	4.06	3.56	3.05	2.40	1.90	1.41	0.78	0.50	0.39	0.36	0.34
0.75	7.57	5.68	5.12	4.69	4.36	3.80	3.24	2.50	1.96	1.42	0.76	0.48	0.38	0.35	0.34
0.80	8.26	6.14	5.50	5.04	4.66	4.05	3.42	2.61	2.01	1.43	0.72	0.46	0.36	0.34	0.34
0.85	9.00	6.62	5.92	5.40	4.98	4.29	3.59	2.71	2.06	1.43	0.69	0.44	0.35	0.34	0.34
0.90	9.75	7.11	6.33	5.75	5.30	4.54	3.78	2.81	2.10	1.43	0.67	0.42	0.35	0.34	0.34
0.95	10.54	7.62	6.76	6.13	5.62	4.80	3.96	2.91	2.14	1.43	0.64	0.39	0.34	0.34	0.34
1.00	11.35	8.15	7.20	6.51	5.96	5.05	4.15	3.00	2.18	1.42	0.61	0.38	0.34	0.34	0.34

续附表 2

(5) $C_s = 3.5C_v$

C_v	P(%)														
	0.01	0.1	0.2	0.33	0.5	1	2	5	10	20	50	75	90	95	99
0.05	1.20	1.17	1.16	1.15	1.14	1.12	1.11	1.09	1.07	1.04	1.00	0.97	0.94	0.92	0.89
0.10	1.45	1.36	1.33	1.31	1.29	1.26	1.22	1.17	1.13	1.08	0.99	0.93	0.88	0.85	0.79
0.15	1.73	1.58	1.52	1.49	1.46	1.41	1.35	1.27	1.20	1.12	0.99	0.89	0.82	0.78	0.71
0.20	2.06	1.82	1.74	1.69	1.64	1.56	1.48	1.36	1.27	1.16	0.98	0.86	0.76	0.72	0.64
0.25	2.42	2.09	1.99	1.91	1.85	1.74	1.62	1.46	1.34	1.19	0.96	0.82	0.71	0.66	0.58
0.30	2.82	2.38	2.24	2.14	2.06	1.92	1.77	1.57	1.40	1.22	0.95	0.78	0.67	0.61	0.53
0.35	3.26	2.70	2.52	2.39	2.29	2.11	1.92	1.67	1.47	1.26	0.93	0.74	0.62	0.57	0.50
0.40	3.75	3.04	2.82	2.66	2.53	2.31	2.08	1.78	1.53	1.28	0.91	0.71	0.58	0.53	0.47
0.45	4.27	3.40	3.14	2.94	2.79	2.52	2.25	1.88	1.60	1.31	0.89	0.67	0.55	0.50	0.45
0.50	4.82	3.78	3.48	3.24	3.06	2.74	2.42	1.99	1.66	1.32	0.86	0.64	0.52	0.48	0.44
0.55	5.41	4.20	3.83	3.55	3.34	2.96	2.58	2.10	1.72	1.34	0.84	0.60	0.50	0.46	0.44
0.60	6.06	4.62	4.20	3.87	3.62	3.20	2.76	2.20	1.77	1.35	0.81	0.57	0.48	0.45	0.43
0.65	6.73	5.08	4.58	4.22	3.92	3.44	2.94	2.30	1.83	1.36	0.78	0.55	0.46	0.44	0.43
0.70	7.43	5.54	4.98	4.56	4.23	3.68	3.12	2.41	1.88	1.37	0.75	0.53	0.45	0.44	0.43
0.75	8.16	6.02	5.38	4.92	4.55	3.92	3.30	2.51	1.92	1.37	0.72	0.50	0.44	0.43	0.43
0.80	8.94	6.53	5.81	5.29	4.87	4.18	3.49	2.61	1.97	1.37	0.70	0.49	0.44	0.43	0.43
0.85	9.75	7.05	6.25	5.67	5.20	4.43	3.67	2.70	2.00	1.36	0.67	0.47	0.44	0.43	0.43
0.90	10.60	7.59	6.71	6.06	5.54	4.69	3.86	2.80	2.04	1.35	0.64	0.46	0.43	0.43	0.43
0.95	11.46	8.15	7.18	6.47	5.89	4.95	4.05	2.89	2.06	1.34	0.61	0.45	0.43	0.43	0.43
1.00	12.37	8.72	7.65	6.86	6.25	5.22	4.23	2.97	2.09	1.32	0.59	0.45	0.43	0.43	0.43

续附表 2

(6) $C_s = 4C_v$

C_v	P(%)														
	0.01	0.1	0.2	0.33	0.5	1	2	5	10	20	50	75	90	95	99
0.05	1.21	1.17	1.16	1.15	1.14	1.12	1.11	1.08	1.06	1.04	1.00	0.97	0.94	0.92	0.89
0.10	1.46	1.37	1.34	1.31	1.30	1.26	1.23	1.18	1.13	1.08	0.99	0.93	0.88	0.85	0.80
0.15	1.76	1.59	1.54	1.50	1.47	1.41	1.35	1.27	1.20	1.12	0.98	0.89	0.82	0.78	0.72
0.20	2.10	1.85	1.77	1.71	1.66	1.58	1.49	1.37	1.27	1.16	0.97	0.85	0.77	0.72	0.65
0.25	2.49	2.13	2.02	1.94	1.87	1.76	1.64	1.47	1.34	1.19	0.96	0.82	0.72	0.67	0.60
0.30	2.92	2.44	2.30	2.18	2.10	1.94	1.79	1.57	1.40	1.22	0.94	0.78	0.68	0.63	0.56
0.35	3.40	2.78	2.60	2.45	2.34	2.14	1.95	1.68	1.47	1.25	0.92	0.74	0.64	0.59	0.54
0.40	3.92	3.15	2.92	2.74	2.60	2.36	2.11	1.78	1.53	1.27	0.90	0.71	0.60	0.56	0.52
0.45	4.49	3.54	3.25	3.03	2.87	2.58	2.28	1.89	1.59	1.29	0.87	0.68	0.58	0.54	0.51
0.50	5.10	3.96	3.61	3.35	3.15	2.80	2.45	2.00	1.65	1.31	0.84	0.64	0.55	0.53	0.50
0.55	5.76	4.39	3.99	3.68	3.44	3.03	2.63	2.10	1.70	1.31	0.82	0.62	0.54	0.52	0.50
0.60	6.45	4.85	4.38	4.03	3.75	3.29	2.81	2.21	1.76	1.32	0.79	0.59	0.52	0.51	0.50
0.65	7.18	5.34	4.78	4.38	4.07	3.53	2.99	2.31	1.80	1.32	0.76	0.57	0.51	0.50	0.50
0.70	7.95	5.84	5.21	4.75	4.39	3.78	3.18	2.41	1.85	1.32	0.73	0.55	0.51	0.50	0.50
0.75	8.76	6.36	5.65	5.13	4.72	4.03	3.36	2.50	1.88	1.32	0.71	0.54	0.51	0.50	0.50
0.80	9.62	6.90	6.11	5.53	5.06	4.30	3.55	2.60	1.91	1.30	0.68	0.53	0.50	0.50	0.50
0.85	10.50	7.46	6.58	5.93	5.42	4.55	3.74	2.68	1.94	1.29	0.65	0.52	0.50	0.50	0.50
0.90	11.41	8.05	7.06	6.34	5.77	4.82	3.92	2.76	1.97	1.27	0.63	0.51	0.50	0.50	0.50
0.95	12.37	8.65	7.55	6.75	6.13	5.10	4.10	2.84	1.99	1.25	0.60	0.51	0.50	0.50	0.50
1.00	13.36	9.25	8.05	7.18	6.50	5.37	4.27	2.92	2.00	1.23	0.59	0.50	0.50	0.50	0.50

附表 3 瞬时单位线 S 曲线查用表

t/K	n					t/K	n															
	1.0	1.5	2.0	2.5	3.0		3.1	3.2	3.3	3.4	3.5	3.6	3.7	3.8	3.9	4.0	4.2	4.3	4.5	4.7	4.8	5.0
0	0	0	0	0	0	0	0	0	0	0	0	0	0	0	0	0	0	0	0	0	0	0
0.1	0.095	0.022	0.005	0.001	0	0.5	0.012	0.010	0.008	0.006	0.005	0.004	0.003	0.003	0.002	0.002	0.001	0.001	0.001	0	0	0
0.2	0.181	0.060	0.018	0.004	0.001	1.0	0.070	0.061	0.053	0.046	0.040	0.035	0.030	0.026	0.022	0.019	0.014	0.012	0.009	0.006	0.005	0.004
0.3	0.259	0.104	0.037	0.012	0.004	1.1	0.088	0.077	0.068	0.060	0.052	0.045	0.040	0.034	0.030	0.026	0.019	0.016	0.012	0.009	0.008	0.005
0.4	0.330	0.150	0.061	0.023	0.008	1.2	0.107	0.095	0.084	0.074	0.066	0.058	0.051	0.044	0.039	0.034	0.026	0.022	0.017	0.012	0.011	0.008
0.5	0.393	0.198	0.090	0.037	0.014	1.3	0.128	0.114	0.102	0.091	0.081	0.071	0.063	0.056	0.049	0.043	0.033	0.029	0.022	0.017	0.014	0.011
0.6	0.451	0.237	0.122	0.055	0.023	1.4	0.150	0.135	0.121	0.109	0.097	0.087	0.077	0.069	0.061	0.054	0.042	0.037	0.028	0.022	0.019	0.014
0.7	0.503	0.294	0.156	0.075	0.034	1.5	0.173	0.157	0.142	0.128	0.115	0.103	0.092	0.083	0.074	0.066	0.052	0.046	0.036	0.028	0.024	0.019
0.8	0.551	0.340	0.191	0.098	0.047	1.6	0.198	0.180	0.164	0.148	0.134	0.121	0.109	0.098	0.088	0.079	0.063	0.056	0.044	0.035	0.031	0.024
0.9	0.593	0.385	0.228	0.124	0.063	1.7	0.223	0.204	0.186	0.170	0.154	0.140	0.127	0.115	0.103	0.093	0.075	0.067	0.054	0.043	0.038	0.030
1.0	0.632	0.428	0.264	0.151	0.080	1.8	0.248	0.228	0.210	0.192	0.175	0.160	0.146	0.132	0.120	0.109	0.089	0.080	0.064	0.051	0.046	0.036
1.1	0.667	0.468	0.301	0.179	0.100	1.9	0.274	0.253	0.234	0.215	0.197	0.181	0.166	0.151	0.138	0.125	0.103	0.093	0.076	0.061	0.055	0.044
1.2	0.699	0.506	0.337	0.219	0.121	2.0	0.301	0.279	0.258	0.239	0.220	0.203	0.186	0.171	0.156	0.143	0.119	0.108	0.089	0.072	0.065	0.053
1.3	0.728	0.543	0.373	0.239	0.143	2.1	0.327	0.305	0.283	0.263	0.244	0.225	0.208	0.191	0.176	0.161	0.135	0.123	0.102	0.084	0.076	0.062
1.4	0.753	0.577	0.408	0.269	0.167	2.2	0.354	0.331	0.309	0.287	0.267	0.248	0.230	0.212	0.196	0.181	0.153	0.140	0.117	0.097	0.088	0.072
1.5	0.777	0.608	0.442	0.300	0.191	2.3	0.380	0.356	0.334	0.312	0.291	0.271	0.252	0.234	0.217	0.201	0.171	0.157	0.132	0.111	0.101	0.084
1.6	0.798	0.638	0.475	0.331	0.217	2.4	0.406	0.382	0.359	0.337	0.316	0.295	0.275	0.256	0.238	0.221	0.190	0.175	0.149	0.125	0.115	0.096
1.7	0.817	0.666	0.507	0.361	0.243	2.5	0.432	0.408	0.385	0.362	0.340	0.319	0.299	0.279	0.260	0.242	0.209	0.194	0.166	0.141	0.129	0.109
1.8	0.835	0.692	0.537	0.392	0.269	2.6	0.457	0.433	0.410	0.387	0.364	0.343	0.322	0.302	0.283	0.264	0.229	0.213	0.183	0.157	0.145	0.123
1.9	0.850	0.716	0.566	0.421	0.296	2.7	0.482	0.458	0.434	0.411	0.389	0.367	0.346	0.325	0.305	0.286	0.250	0.233	0.202	0.174	0.161	0.137
2.0	0.865	0.739	0.594	0.451	0.323	2.8	0.506	0.482	0.459	0.436	0.413	0.391	0.369	0.348	0.328	0.308	0.271	0.253	0.221	0.191	0.178	0.152
2.1	0.878	0.759	0.620	0.479	0.350	2.9	0.530	0.506	0.483	0.460	0.437	0.414	0.392	0.371	0.350	0.330	0.292	0.274	0.240	0.209	0.195	0.168
2.2	0.890	0.778	0.645	0.507	0.377	3.0	0.553	0.530	0.506	0.483	0.460	0.438	0.416	0.394	0.373	0.353	0.314	0.295	0.260	0.228	0.213	0.185
2.3	0.900	0.796	0.669	0.533	0.404	3.1	0.576	0.552	0.529	0.506	0.483	0.461	0.439	0.417	0.396	0.375	0.335	0.316	0.280	0.246	0.231	0.202
2.4	0.909	0.790	0.692	0.559	0.430	3.2	0.574	0.574	0.552	0.528	0.506	0.484	0.462	0.440	0.418	0.397	0.357	0.338	0.301	0.266	0.250	0.219

续附表3

t/K	n				
	1.0	1.5	2.0	2.5	3.0
2.5	0.918	0.828	0.713	0.584	0.456
2.6	0.926	0.842	0.733	0.608	0.482
2.7	0.933	0.855	0.751	0.631	0.506
2.8	0.939	0.867	0.769	0.653	0.531
2.9	0.945	0.878	0.785	0.674	0.554
3.0	0.950	0.888	0.801	0.694	0.577
3.1	0.955	0.898	0.815	0.713	0.599
3.2	0.959	0.906	0.829	0.731	0.620
3.3	0.963	0.914	0.841	0.748	0.641
3.4	0.967	0.921	0.853	0.764	0.660
3.5	0.970	0.928	0.864	0.779	0.679
3.6	0.973	0.934	0.874	0.794	0.697
3.7	0.975	0.940	0.884	0.807	0.715
3.8	0.978	0.945	0.893	0.820	0.731
3.9	0.980	0.950	0.901	0.834	0.747
4.0	0.982	0.954	0.908	0.844	0.762
4.2	0.985	0.962	0.922	0.864	0.790
4.4	0.988	0.968	0.934	0.883	0.815
4.6	0.990	0.973	0.944	0.899	0.837
4.8	0.992	0.978	0.952	0.913	0.857
5.0	0.993	0.981	0.960	0.925	0.875
5.5	0.996	0.988	0.973	0.949	0.912
6.0	0.998	0.993	0.983	0.965	0.938
7.0	0.999	0.997	0.993	0.984	0.970
8.0		0.999	0.997	0.993	0.986
9.0			0.999	0.997	0.994

t/K	n															
	3.1	3.2	3.3	3.4	3.5	3.6	3.7	3.8	3.9	4.0	4.2	4.3	4.5	4.7	4.8	5.0
3.3	0.618	0.596	0.573	0.551	0.528	0.506	0.484	0.462	0.441	0.420	0.379	0.359	0.321	0.286	0.269	0.237
3.4	0.638	0.616	0.594	0.572	0.550	0.528	0.506	0.484	0.463	0.442	0.400	0.380	0.342	0.306	0.289	0.256
3.5	0.658	0.636	0.615	0.593	0.571	0.549	0.528	0.506	0.485	0.462	0.442	0.404	0.363	0.326	0.308	0.275
3.6	0.677	0.656	0.634	0.613	0.592	0.570	0.549	0.527	0.506	0.484	0.443	0.423	0.384	0.346	0.328	0.293
3.7	0.695	0.674	0.653	0.633	0.612	0.590	0.569	0.548	0.527	0.506	0.464	0.444	0.404	0.366	0.348	0.313
3.8	0.712	0.692	0.672	0.651	0.631	0.610	0.589	0.568	0.547	0.527	0.485	0.465	0.425	0.387	0.368	0.332
3.9	0.728	0.709	0.689	0.670	0.649	0.629	0.609	0.588	0.567	0.548	0.506	0.485	0.446	0.407	0.388	0.352
4.0	0.744	0.725	0.706	0.687	0.667	0.647	0.627	0.607	0.587	0.567	0.526	0.506	0.466	0.427	0.403	0.371
4.2	0.773	0.756	0.738	0.720	0.701	0.682	0.663	0.644	0.624	0.605	0.565	0.545	0.506	0.467	0.448	0.410
4.4	0.799	0.783	0.767	0.750	0.733	0.715	0.697	0.678	0.660	0.641	0.602	0.582	0.544	0.506	0.486	0.449
4.6	0.823	0.809	0.793	0.778	0.761	0.745	0.728	0.710	0.692	0.674	0.637	0.619	0.581	0.543	0.524	0.487
4.8	0.845	0.831	0.817	0.803	0.788	0.772	0.756	0.740	0.723	0.706	0.671	0.653	0.616	0.579	0.560	0.524
5.0	0.864	0.851	0.838	0.825	0.811	0.797	0.782	0.767	0.751	0.735	0.702	0.683	0.650	0.614	0.596	0.560
5.2	0.881	0.870	0.858	0.846	0.833	0.820	0.806	0.792	0.777	0.762	0.731	0.714	0.681	0.647	0.629	0.594
5.4	0.896	0.886	0.875	0.864	0.852	0.840	0.828	0.814	0.801	0.787	0.757	0.742	0.710	0.678	0.661	0.627
5.6	0.909	0.900	0.891	0.880	0.870	0.859	0.847	0.835	0.822	0.809	0.782	0.768	0.738	0.707	0.691	0.658
5.8	0.921	0.913	0.904	0.895	0.885	0.875	0.865	0.854	0.842	0.830	0.805	0.791	0.763	0.734	0.719	0.687
6.0	0.930	0.924	0.916	0.908	0.899	0.890	0.881	0.870	0.860	0.849	0.825	0.813	0.787	0.759	0.745	0.715
6.5	0.952	0.947	0.941	0.935	0.927	0.921	0.913	0.905	0.897	0.888	0.869	0.859	0.837	0.814	0.802	0.776
7.0	0.967	0.963	0.958	0.954	0.949	0.943	0.938	0.932	0.925	0.918	0.903	0.895	0.878	0.859	0.848	0.827
7.5	0.977	0.974	0.971	0.968	0.964	0.960	0.956	0.951	0.946	0.941	0.929	0.923	0.911	0.894	0.886	0.868
8.0	0.984	0.982	0.980	0.978	0.975	0.972	0.969	0.965	0.962	0.958	0.949	0.944	0.933	0.921	0.915	0.900
9.0	0.993	0.991	0.990	0.989	0.988	0.986	0.985	0.983	0.981	0.979	0.974	0.971	0.965	0.958	0.954	0.945
10.0	0.997	0.996	0.996	0.995	0.994	0.994	0.993	0.992	0.991	0.990	0.987	0.985	0.982	0.978	0.976	0.971
11.0	0.999	0.998	0.998	0.998	0.997	0.997	0.997	0.996	0.996	0.995	0.994	0.993	0.991	0.989	0.988	0.985
12.0		0.999	0.999	0.999	0.999	0.999	0.998	0.998	0.998	0.998	0.997	0.997	0.996	0.994	0.994	0.992

参考文献

[1] 詹道江,叶守泽. 工程水文学[M]. 北京:中国水利水电出版社,2000.
[2] 蒋金珠. 工程水文与水利计算[M]. 北京:水利电力出版社,1992.
[3] 朱伯俊. 水利水电规划[M]. 北京:水利电力出版社,1992.
[4] 丁炳坤. 工程水文学[M]. 北京:中国水利水电出版社,1994.
[5] 叶秉如. 水利计算及水资源规划[M]. 北京:中国水利水电出版社,1995.
[6] 周之豪,沈曾源,施熙灿,等. 水利水能规划[M]. 北京:中国水利水电出版社,1997.
[7] 崔振才. 水文及水利水电规划[M]. 北京:中国水利水电出版社,2007.
[8] 宋星原,雒文生,等. 工程水文题库及题解[M]. 北京:中国水利水电出版社,2003.
[9] 朱歧武,拜存有. 水文与水利水电规划[M]. 郑州:黄河水利出版社,2008.
[10] 马细霞,康万营,等. 工程水文学学习与指导[M]. 北京:气象出版社,1997.
[11] 蔡文祥,许大明. 水文计算[M]. 南京:河海大学出版社,1989.
[12] 刘雅鸣. 水利技术标准汇编(水文卷)[M]. 北京:中国水利水电出版社,2002.
[13] 杨邦柱,焦爱萍. 水工建筑物[M]. 北京:中国水利水电出版社,2009.
[14] 清华大学水力学教研组. 水力学[M]. 北京:人民教育出版社,1980.
[15] 徐正凡. 水力学[M]. 北京:高等教育出版社,1986.
[16] 孙道宗. 水力学[M]. 北京:中国水利水电出版社,1992.
[17] 张耀先,丁新求. 水力学[M]. 郑州:黄河水利出版社,2004.
[18] 赵建东,者建仑. 水力学[M]. 北京:中国水利水电出版社,2007.
[19] 王金亭. 工程水力水文学[M]. 郑州:黄河水利出版社,2008.
[20] 中华人民共和国水利部. SL 104—95 水利工程水利计算规范[S]. 北京:中国水利水电出版社,1995.
[21] 中华人民共和国水利部. SL 61—2003 水文自动测报系统技术规范[S]. 北京:中国水利水电出版社,2003.
[22] 中华人民共和国水利部. SL 58—93 水文普通测量规范[S]. 北京:中国水利水电出版社,1993.
[23] 中华人民共和国水利部. SL 77—94 小型水力发电站水文计算规范[S]. 北京:中国水利水电出版社,1994.
[24] 中华人民共和国水利部. SL 76—94 小水电水能设计规程[S]. 北京:中国水利水电出版社,1994.
[25] 中华人民共和国水利部. SL 196—97 水文调查规范[S]. 北京:中国水利水电出版社,1997.
[26] 中华人民共和国水利部. SL 207—98 节水灌溉技术规范[S]. 北京:中国水利水电出版社,1998.
[27] 中华人民共和国水利部. SL/T 238—1999 水资源评价导则[S]. 北京:中国水利水电出版社,1999.
[28] 中华人民共和国水利部. GB 50201—94 防洪标准[S]. 北京:中国水利水电出版社,1994.
[29] 中华人民共和国水利部. GB/T 50265—97 泵站设计规范[S]. 北京:中国水利水电出版社,1997.
[30] 中华人民共和国水利部. GB 50288—99 灌溉与排水工程设计规范[S]. 北京:中国水利水电出版社,1999.
[31] 中华人民共和国水利部. SL 207—98 节水灌溉技术规范[S]. 北京:中国水利水电出版社,1998.